뇌 중심 인식론

플라톤의 카메라

폴 처칠랜드 지음

박제윤 옮김

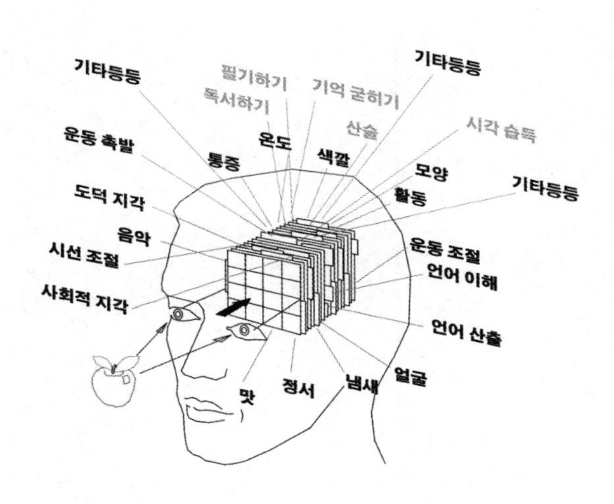

뇌 중심 인식론

플라톤의 카메라

물리적 뇌가 추상적 보편자의 풍경을 어떻게 담아내는가?

폴 처칠랜드 지음

박제윤 옮김

철학과현실사

Plato's Camera:

How the Physical Brain Captures a Landscape of Abstract Universals

by Paul M. Churchland

한국의 독자들에게

이 책은 최근 등장하는 **물리적 뇌**에 관한 여러 과학 분야의 성과에 기초하여, **지식**과 일반적 **인지 활동**을 새로운 개념에서 개략적으로 해명하려는 시도이다. 뇌와 관련한 여러 과학 분야들은, 분자와 세포 수준에서부터, 그러한 세포들 사이의 복잡한 정보-전달 연결 구조, 그리고 학습 중인 뇌의 발달 변화에 이르기까지, 뇌 활동에 관해 아주 많은 것들을 밝혀내었다. 뇌 과학은 그렇게 여러 수준의 모든 활동에 대한 **계산적 모델**을 포함하며, 인간과 동물 모두의 인지 활동에 대한 그림, 즉 그런 활동에 대한 우리의 일반적 상식 개념에 담긴 그림과 아주 다른 그림을 제시한다. 그러므로 우리는, 지식이 무엇인지, 지식을 어떻게 습득하는지, 그리고 지식이 시간에 걸쳐 어떻게 성장하는지 등에 대한 우리의 이해에 혁명이 일어날 가능성을 마주하고 있다. 그러한 새로운 그림을 수용할 것인지 여부는 독자들과 후속 연구자들이 결정해야 할 몫이다.

2015년 8월 5일

폴 처칠랜드

역자 서문

이 책의 원제목은 "플라톤의 카메라(*Plato's Camera*)"이다. 이 제목이 책의 내용을 전달하기에 부족하다 싶어, 저자에게 요청하여 "뇌 중심 인식론"이란 말을 제목에 추가할 수 있었다. 이 책에서 저자가 어떤 내용을 밝히고 있는지는, 저자가 새로운 제목과 함께 보내준 앞의 '한국의 독자들에게'에서 간략히 요약하고 있으며, 조금 더 자세한 내용은 저자 '서문'에 잘 담겨 있다. 따라서 여기에서 역자가 이 책의 내용에 대해 다시 요약할 필요는 없어 보인다.

2011년 겨울 샌디에이고를 방문하여 처칠랜드 부부와 점심을 먹으며, 역자가 번역한 패트리샤의 책에 대해 대화를 나누던 중 이 책의 저자인 폴로부터 자신의 책도 번역해주기를 간곡히 부탁받았다. 수일 후 저자로부터 이 책, 『플라톤의 카메라』 원고를 건네받고는, 이 책을 번역하겠다고 얼른 약속하지 않을 수 없었다. 번역이 만만치 않을 것이라 생각했으나, 한국에 소개할 의미가 매우 큰 책이라 생각되었기 때문이다. 특별히 이 책은 철학의 인식론을 과학적으로 새롭게 전망하는 내용을 담고 있다. 다시 말해서, 이 책은 자연주의 인식론으로서, 뇌

과학과 연결주의 인공지능(connectionist AI) 연구에 기초하여 전통 인식론의 문제들에 (가설적으로) 대답한다. 그러나 또한 이 책은 그러한 철학적 대답을 통해서 거꾸로 인공지능이 어떻게 가능하며 어떤 방향으로 개발되어야 하는지 방향을 안내하는 측면도 있다. 그러므로 이 책이 세계에 대한 인간의 인식에 대해 관심을 갖는 모든 독자들에게 흥미롭겠지만, 누구보다 이 책을 먼저 읽었으면 바라는 독자는 분명 인공지능 관련 연구자들이다. 역자는 한국의 인공지능 연구에 초석 하나를 놓는다는 소망으로 이 책을 번역하였다.

왜 이 책의 제목이 하필이면 "플라톤의 카메라"인가? 일찍이 화이트헤드는 "서양 철학사는 플라톤의 주석서이다"라고 말했다고 한다. 역자는 감히 이 책을 통해서 이렇게 말하고 싶다. "처칠랜드는 서양 철학사에서 플라톤의 주석서 쓰기를 이제 마친다." 플라톤 이래로 철학의 중심 주제들 중 가장 중요한 핵심은, 우리가 어떻게 개념 지식을 가질 수 있는가이다. 그는 당시에 피타고라스 기하학을 공부하고 가르치면서, 아마도 모래판 위에 그린 도형을 보면서 학생들과 기하학 이야기를 주고받았을 것이다. 그의 철학적 반성에 따르면, 기하학을 논의하는 학자는 모래 위에 대충 그려진 그림 자체에 대해 말하는 것이 아니며, 감각적 지각과 다른 의미에서, 이성적으로 알 수 있는 상상적 도형을 두고 말한다. 다시 말해서, 기하학자는 눈에 보이는 그림이 아닌, 진짜 기하학적 도형, 즉 실재(reality)를 다룬다. (이런 이유에서 플라톤은 실재는 현실에 존재하지 않는다고 생각했다.) 이러한 새로운 철학적 인식에서 플라톤은 이렇게 물었을 것이다. 그러한 완벽한 도형에 대한 앎을 우리가 어떻게 가질 수 있는가? 즉, 대충 그린 원의 지각을 넘어 우리는 어떻게 완전한 원을 알 수 있는가?

고대 플라톤의 질문은 현대 높은 수준의 과학기술 문명 속에서, 그리고 그 발달을 위해서도 필히 대답되어야 한다. 인류의 지성사는 수많은 전문 분야에서 무수히 많은 지식들을 생산해내었으며, 그러한 지식들 대부분은 직접 감각을 넘어서는 개념적 지식들이다. 그런데 아직도 우리는 일상적으로 그리고 학술적으로 사용하는 그 '개념'이란 것이 무엇인지 모르고 있다. 인공지능 연구자들이 극복해야 할 과제 중 가장 중요한 것이 바로 물리적 장치 또는 회로가 어떻게 그 추상적 개념, 철학 용어로 말해서 '보편자(universals)'를 담아내는가이다. (그래서 이 책의 부제가 "물리적 뇌가 추상적 보편자의 풍경을 어떻게 담아내는가?"이다.) 오랫동안 철학자들은, 우리가 무엇을 인지하려면 경험에 앞서, 즉 선험적으로(*a priori*) 개념 또는 보편자 또는 범주 체계를 가져야 한다는 것을 알고 있었다. 이 책은 그것을 과학적으로 해명한다. 그러므로 우리는, 이 책을 통해서 인간처럼 개념을 이해하는 인공지능이 가능하며, 그리고 어떻게 가능한지도 말할 수 있다. 나아가서, 과거 서양에서 컴퓨터 개발에서 그러했듯이, 인공지능 연구에 철학적 사고가 중요하게 필요하다는 것도 알아볼 수 있다.

한편, 독자들은 이 책을 읽기에 앞서 저자의 철학에 대한 간략한 소개를 원할 수 있겠다. 처칠랜드 부부의 철학이 어떤 철학적 노정 또는 철학사적 배경에서 나왔는지 알고, 이 책을 읽는 것이 이해에 도움이 될 수 있기 때문이다. 역자는 이미 그러한 이야기를, 앞서 번역한 패트리샤 처칠랜드의 두 권의 책, 『신경 건드려보기』 및 『뇌처럼 현명하게』의 '역자 서문'에서, 철학의 '환원주의' 및 '자연주의' 논제와 관련하여 그들의 철학적 입장이 과학사 및 철학사의 어떤 배경에서 나왔는지 밝혔다. 따라서 여기에 다시 밝힐 필요는 없겠다.

다만, 여전히 자연주의 철학에 대해 탐탁지 않은 시선으로 이 책을 대할 적지 않은 독자들에게, 아마 그들도 이미 알고 있을 서양 학문의 변천사를 간략히 요약하여, 이제 이 저자의 태도에 긍정적 시각을 갖도록 설득할 필요는 있겠다. 패트리샤 처칠랜드가 2013년 한국에 잠깐 방문해서 강연했을 때, 많은 청중들은 "철학은 원래 그렇게 과학적으로 연구하는 분야가 아닙니다", "철학은 원래 과학과 구분되는 분야입니다" 등의 반응을 보여주었다. 또한, 전문 학자들 역시, 그들이 현대 과학철학과 분석철학을 소개받은 학자라면 누구라도, 철학적 태도란 자연적 태도가 아니라 선험적 태도에서 연구되어야 한다고 매우 강하게 주장하곤 한다. 이제 그들의 반응에서 무엇이 잘못인지, 즉 원래 철학이 과학과 어떻게 관련되었으며, 지금도 여전히 서로 깊게 관련하고 있는지 간략히 이야기하겠다. 아래의 서양 철학사 이야기는 한국에도 많이 알려져 있으며, 그다지 새로울 것도 없지만, 선험철학을 주장하고 싶어 하는 학자들이 특별히 외면하고 싶어 하는 부분이다.

서양 철학에서 선험철학을 가장 잘 보여준 대표적인 철학자는 칸트였다. 칸트가 선험철학을 추구했던 근거와 이유는, 수학, 유클리드 기하학, 뉴턴 역학 등의 지식이 "선험적 종합판단"이라고 보았기 때문이다. 또한 그 후대에 선험철학을 추구하게 만든 다른 근거와 이유는, 버트런드 러셀을 비롯한 여러 철학자들이 현대 기호논리학을 발전시켰던 일과 관련이 있다. 이후의 철학자들이 보기에 여러 철학적 난제들이 기호논리학을 이용하여 그 난제들을 언어적으로 분석하고 해소할 수 있으며, 따라서 철학은 그러한 언어 분석의 선험적 탐구에 머물러야 한다고 믿어졌기 때문이다. 지금도 대부분의 현대 철학자들은 그 탐구가 해볼 만한 일이라고 믿고 있다. 사실상 전통 철학은 오래전부터 언어 분석을 중요 방법론으로 채택해왔으며, 그로 인해서 상당한 성과를 이루어낸 측면이 있다. 아리스토텔레스의 범주론과 칸트의 범주론은 모두 문장에 대한 분석의 성과물이기 때문이다.

칸트의 생각이 틀렸다고 보여준 철학자는 없었지만, 수학에서 괴델의 불완전성 이론, 비유클리드 기하학, 그리고 아인슈타인의 상대성이론 등의 등장으로 인해서 칸트의 선험적 종합판단은 그의 기대와 다름이 드러났다. 한마디로 칸트가 선험철학을 추구해야 했던 디딤돌이 '과학자들에 의해' 치워져버리고 말았다. (물론 그럼에도 지금까지 많은 철학자들은 그의 태도를 따른다.) 그리고 특별히 전통적 인식론의 목표가 '지식이란 참인 정당화된 믿음'이어야 한다는 생각이 있었지만, 그런 생각을 기대할 수 없음을 게티어(Edmund Gettier)가 보여주었다(Gettier 1963). 또한 실용주의 전통에서 콰인(W. V. O. Quine)은 '선험적 분석성'에 대해 과거 철학자들의 기대와 다르게 이해해야 한다고 지적하면서, 그리고 괴델의 불완전성 이론을 들어 논리적 체계화의 한계를 지적하고선, 그물망 의미론의 배경에서 '자연주의 인식론'을 제안하였다. 그런 콰인의 제안에 따라서, 처칠랜드는 인식론을 과학화하는 작업에 일생을 바쳐왔다. 이렇게 과학사 및 철학사의 배경에서 처칠랜드 부부의 자연주의 철학, 특히 신경인식론(neuroepistemology)이 나왔으며, 따라서 그들의 연구 방향은, 요즘 뇌 과학이 발달하다 보니 어쩌다 주장해보는 편협한 철학이 아니라, 서양 철학에서 주류의 흐름에 속한다는 것이 역자의 입장이다.

끝으로, 역자가 이 책의 내용을 요약하지는 않겠지만, 그 대신에 역자가 바라보는 이 책의 함축적 의미를 간략히 밝힐 필요는 있겠다. 이 책은, 현대 신경과학과 인공 신경망의 연구 성과에 근거하여 전통 철학의 여러 인식론적 물음들에 대답해준다. 예를 들어, 우리가 추상적이며 보편적인 '개념' 및 '일반화'를 어떻게 습득하는지, 뇌의 추론(혹은 계산)의 본성이 무엇인지, 그리고 우리가 어떻게 무수한 배경지식들을 일거에 고려할 수 있는지, 특별히 '가추 추론(abduction)'이 어떻게 작동하는지, 다시 말해서, 우리가 '은유' 혹은 유비적 사고를 어떻게 할 수 있어서, '창의적' 사고를 할 수 있는 것인지, 나아가서 우리가 '문화'를 이해하고 누리는 능력을 어떻게 가지는지 등등을 그는 뇌의 관점에서 '가설적으로' 해명한다. 이러한 설명에 기초하여, 우리는 새로운 인공지능을 어떻게 전망해볼 수 있으며, 어느 방향으로 노력을 경주해야 하는지, 조금 더 구체적으로 말해서, 딥 러닝(deep learning)이 어떤 인식론적 함의를 가지는지, 빅 데이터(Big Data) 분석을 위해 철학적으로 무엇을 염두에 두어야 하는지 등등을, 이 책은 숙고하게 만든다.

그러므로 이 책은 철학, 심리학, 언어학, 교육학, 신경과학, 인공지능, 문화, 예술 등 거의 모든 분야의 학자들에게 활용될 인식론을 담고 있다. 한마디로 이 신경철학 책은 많은 현대 학문들의 새로운 돌파구를 마련해줄 단초를 제공한다.

이 번역과 관련하여 감사의 말을 전해야 할 분들이 있다. 출판사의 편집인 김호정 씨 이외에, 김영건 교수(철학, 서강대), 김두환 교수(물리학, 인천대), 유문무 교수(사회학, 인천대), 최재유 교수(영문학, 인하대), 신재원 학생(물리학, 인천대) 등 여러 분들이 원고를 읽고 조언을 해주었으며, 박현정은 표지 디자인과 그림의 수정에 도움을 주었다.

2015년 9월 4일
인천 송도에서

[번역서의 기호들]

※ ( )의 사용 : 독해를 돕기 위해 수식어 구를 괄호로 묶었다.
※ [ ]의 사용 : 이해를 돕기 위해 역자가 첨가하는 말을 괄호로 표시하였다.
※ (역주) : 이해를 돕기 위해 필요하다고 생각되는 곳에 역자 설명을 달았다.
※ 이러한 기호들의 사용이 독서에 다소 방해가 될 수 있으며, 오히려 역자의 의견이 첨부된다는 염려가 있었지만, 문장의 애매성을 줄이고 명확한 이해가 더욱 중요하다는 고려가 우선하였다.

차 례

2단계 학습: 뇌 내부의 동역학적 변화와 개념의 영역-전환 재전개 / 293

3단계 학습: 성장하는 문화 제도의 그물망을 통해서 1단계와 2단계 학습을 통제하고 확대하기 / 389

서 문

안구(*eye*)가 일종의 카메라라는 것은 오늘날 상식이다. 안구는 무엇보다도 확실히 카메라처럼 기능하며, 우리는 그것이 어떻게 작동하는지 매우 소상히 이해한다. **뇌** 역시 일종의 카메라라는 은유적 제언은 그것보다 훨씬 납득되기 어려울 듯싶다. 정말로 그런 제언은 매우 설득적이지 못하여, 누군가의 이맛살을 찌푸리게 할 수 있어 보인다. 그렇지만 그러한 은유의 논점이 무엇일까?

이러한 내 은유의 논점이 안구의 경우와 많이 다르긴 하지만, 그 은유 자체는 매우 적절해 보인다. 안구는 어떤 표상을 구성하거나, 또는 렌즈 앞에 현시적으로 펼쳐진 풍경이나 객관적 **시공간의 개별자들**(*particulars*, 개별 대상들)을 '사진 찍는다.' 이렇게 사진 찍는 과정은 수십 분의 1초 만에 끝나며, 안구는 이러한 과정을 계속 반복 수행한다. 왜냐하면 전형적으로 찍어야 할 풍경이 계속 흘러가기(변화하기) 때문이다. 반면에 학습하는 뇌는 아주 느리게 어떤 표상을 구성하거나, 또는 풍경이나 **추상적 보편자**(*abstract universals*, 추상 개념), **시간적 불변자**, 경험한 객관적 우주를 구성하는 **영구적 대칭성** 등의 형태를 '사진 찍는다.' 그러한 과정은 여러 달, 여러 해, 수십 년, 어쩌면 그 이상 걸릴 수도 있다. 왜냐하면 이러한 배경 특징들이 온전히 자체를 드러내기에 시간이 걸리기 때문이다. 더구나 각기 동물들의 뇌는 전형적으로, 영구적인 배경 개념 체계를 구축하기 위해 사진 찍기를 오직 한 번만 수행하며, 그렇게 형성된 개념 체계는 이후 일생 동안 그 뇌로 하여금 감각 경험을 해석하게 해준다. 그럼에도 뇌는 우주와 마주치는 확장된 감각을 통해서, 우주에 대한 영속적인 범주 및 동역학적 구조에 관한, 추상 정보를 이끌어낸다. 이것은 마치 안구가 현재 번쩍이는 입력으로부터 지금 빠르게 움직이는 표상을 이끌어내는 것과 같다. 이러한 이유에서 생물학적 뇌를 '**플라톤의 카메라**'라고 생각하는 것은 적절하다. 이 놀라운 기관은 그렇게 훨씬 더 근본 차원의 실재에 대한 영구적 피사체를 얻을 능력을 갖는다. 그러한 추상적 차원들은 영구적이며, 불변하고, 안정적이다.

그렇다면, 어떤 방식으로 찍은 '사진'이라야 그렇게 더욱 단호한 추상적 표상이 되는가? 그 점에 대해서, **대응도**(*maps*),[1] (자동차에 보관된 2차원 지도(maps)가 아니라) **고차원** 대응도, 즉 해상도가 매우 높고 구조적으로 상세한, 3차원, 혹은 백 차원, 혹은 백만 차원의 대응도를 생각해보자. 그러한 대응도 수백 혹은 어쩌면 수천 개가, 일반 동물들의 뇌 내부에, 그리고 특별히 인간의 뇌 내부에 존재한다. 그것이 어느 지형적 실재를 나타내는 지도는 아니다. (즉, 그 고차원성은 비교적 무미건조한 영역으로부터 추상적 특징들을 이끌어낸다.) 그보다 그것은 여러 추상적 **특징-영역들**의 대응도이다. 그것은 복잡한 **보편자들**의 대

1) (역주) 뇌는 외부 세계에 대한 감각 정보와 대응하는(map, 사상하는) 'topographic maps'을 가지며, 또한 그것들은 서로 대응하는 구조로 되어 있다. 나아가서 뇌의 대응도는 어떤 기능적 역할도 담당한다. 이것을 역자는 '국소기능 대응도'라 번역하며, 간단히 줄여서 '대응도'라 번역하고, 이것을 지형 지도와 구분한다. 반면에 지형 지도는 실제 외부 세계의 정보와 대응 구조를 가지기는 하지만, 스스로 그 구조를 습득하는 주체가 되지는 못한다.

응도이며, 그것은 무엇을 통합하고 나누는 (이따금은 복잡한) 유사성/차이성 관계를 나타내는 대응도이다. 그것들은 언제든 바뀌며, 언제든 (모든 뇌들이 작동하도록 제약하는) 물리적 우주를 반영하는, 영구적이며 불변하는 **배경 구조**로서 대응도이다. 그러한 대응도는 우리에게 철학적 전통을 매우 친근하게 이해시켜주고, 동물들에게 자신들이 살아가는 세계를 이해하도록 활력을 불어넣는, '개념 체계'를 조성한다.

그렇지만, 전통적 기대와는 다르게, 이러한 개념 체계는 술어-유사 요소와 비슷하지 **않으며**, 나아가서 그러한 요소들이 배합된 문장-유사 일반 언어와도 비슷하지 **않다**. 그것은 콰인의 '믿음의 거미줄'(Quinean 'web of belief')이 아니며, 어느 다른 고전적 문장 시스템 같은 것도 아니다. 정말로 그것은 전혀 언어 형태적이지 않다. 그보다, 이러한 고차원의 지도-유사(즉 대응도) 체계는 전형적으로, 유사성(닮음) 및 차이성(다름)의 복잡한 관계에 의해서 통합되고 상호 조성되는, 고차원의 원형 지점들(prototype points)과 원형 궤적들(prototype-trajectories)의 거대한 덩어리로 이루어진다. 그러한 원형 지점과 궤적의 전체 범위는, 동물들이 마주칠 것으로 기대하거나 또는 개념적으로 준비해야 하는 가능한 **사물들의 종류**, 그리고 가능한 **과정 및 행동 결과의 종류들** 전체 범위를 표현한다.

아무리 고차원적이고 추상적 주제를 표현하더라도, 그러한 대응도들은, 마치 어느 훌륭한 지도가 자체의 표적 영역을 표상하는 동일한 양식으로, 세계를 표상한다. 특별히, (한편으로) 대응도를 구현하는 신경활성 공간 내의 대응도 요소들의 조성 상태(configuration)와, (다른 편으로) 표상되는 객관적 특징들과 과정들의 추상 영역을 구성하는 객관적 유사성/차이성 관계의 조성 상태 사이에, 객관-동형성(homomorphism) 혹은 투영적인 관계, 즉 내적-구조-유사성 관계가 존재한다. 짧게 말해서, 내적 개념 대응도들은 외부 특징들을 '투영한다.' 물론 완벽하지는 않다. 그러나 그러한 대응도들을 소유하는 동물들은 적어도 조만간 맞닥뜨리게 될 실재 세계(real-world)의 특징들을 예측할 수 있다. 많은 동물들이 소유하는 그러한 상호작용의 대응도 도서관은 자체의 배경 지식을 제공하거나, 혹은 좀 더 정확히 말해서 (더 좋든 나쁘든) 세계의 영구적 추상 구조에 대한 배경 이해를 갖게 해준다. 그 동물에게 차후에 벌어질 실천적 모험은 단적으로 그런 배경 이해에 달려 있으며, 좀 더 정확히 말해서, 그 이해의 범위와 정확성에 달려 있다. 일부 탁월한 실용주의자들의 주장에도 불구하고, 지식이란, 표상(representations)과 무관하게, **오직 어떻게 행동할 수 있는가** 또는 **어떻게 행동할 줄 아는가**에 관한 문제가 아니다. 앞으로 살펴보겠지만, 우리의 지식은 상당히 표상적이며, 우리의 움직임은 표상에 매우 의존한다. 그 행동 관련 표상은 특징적으로 (조금이라도) 명제적 혹은 언어 형식적이지 않다. 그보다 그것은 고차원의 기하학적 복합체이다. 그런 것이 바로 대응도이다.

이미 알고 있는 바와 같이, 지도란 '지시될(indexed, 가리켜질)' 수 있다. 다시 말해서, 어느 지도 내의 어느 지점은, 그 지도 전체에 비추어 파악되는 더 큰 범위의 가능한 위치들 중에서, 마치 지도를 살펴보는 사람의 **현재 위치**를 (아마도) 손가락 끝으로 가리키듯 규정될 수 있다. 그 사람의 손가락 끝이 어쩌면 "당신이 여기에 있다"고 가리키려면, 그것이 2차원 고속도로 지도의 특정 위치, 즉 어느 특정한 $<x, y>$ 좌표 위치라고 추정될 수 있다. 뇌 내부의 추상적 특징-영역 대응도 역시 그런 방식으로 지시될 수 있다. 그런데 이 경우에는 우리 감각기관의 활동성이, 가능한 객관적 위치 공간 내에 "당신이 **여기**에 있다"는 것을 뇌에 알려주는 방식으로 지시될 수 있다. 어느 감각기관의 현재 활동성은, 그 관련 대응도를 내재화하는 n 개의 일부 뉴런 집단을 통과하면서, n 개의 동시적 활성 수준에 따라서 신호 패턴, $<x_1, x_2, \cdots, x_n>$을 일으킨다. 그리고 그런 활성 패턴은 그 뉴런 집단의 n 차원 공간 좌표 내의 특정 위치, 즉 그 동물이 지각 환경에서 현재 마주하는 추상적 특징을 표현하는 어느 위치를 가리킬 것이다. 이러한 방식으로 우리의 여러 감각기관들은, 우리에게 펼쳐지는 객관적 세계의 상황을 이해할 수 있도록, 우리의 많은 특징 공간 대응도를 지속적으로 가리킨다. 만약 감각기관이 가리키는 그러한 내적 대응도가 없다면, 우리는 아무것도 이해할 수 없을 것이다. 우리는 이것을 **대응도-지시 지각이론**(*Map-Indexing Theory of Perception*)이라 부르며, 이것은, '보편자'에 대한 선험적 이해가 어느 개별 사례의 지각적 이해를 위해 필수적이라는, 플라톤의 주장에 대한 현대식 설명을 제공해준다.

그러한 여러 특징-영역 대응도들이 누군가의 뉴런 집단 내에 어떻게 실제로 구현되며, 그리하여 이후의 감각 활동에 의해 가리켜질 수 있는지는, 이 책에서 내가 탐구하려는 인지(cognition)에 대한 설명의 핵심 사안들 중 하나이다. 예를 들어, 그렇게 복잡한 특징-영역 대응도들이 어떻게 처음 탄생되는지 또는 학습되는지가 바로 그에 대한 이야기이다. 이런 이야기는 이 책의 2장과 3장에서 탐구되는 기초 수준, 혹은 1단계 학습이다. (독자가 짐작할 수 있듯이, 플라톤 자신이 출생 전에 어느 비물리적 왕국에 머물러서 알게 되었다는, 터무니없는 이야기는 나의 이야기에서 버티고 서 있을 어떤 여지도 없다.)

그리고 더 나아간 두 종류의 학습이 이후의 장에서 탐구될 것이며, 이것들은 앞의 것과 매우 다르지만 역시 중요하다. 나는 이러한 서론 이야기를 이 정도에서 멈추려 한다. 이것이 독자들의 상상력을 자극하고, 독자들이 이해할 준비를 갖도록 해줄 것을 기대하면서, 아주 새롭게 운동학적(kinematical) 및 동역학적(dynamical) 자원들을 채용하는 인지에 대한 나의 설명, 즉 인지신경과학(Cognitive Neuroscience) 설명은, **인식론**(*Epistemology*)이란 학문에서 오랫동안 다뤄온 여러 질문들에 대한 대답이다. 지식이란 무엇인가? 지식은 우리에게 어떻게 획득되는가? 지식은 어떻게 평가되는가, 혹은 평가되어야 하는가? 지식은 어떻게 발전하는가? 지식은 종국에 어떤 운명에 도달할 것인가? 이 책의 끝에서 독자들은 새롭고 낯선 여러 대답들을 마주할 것이다. 그러한 대답을 끌어안을 가치가 있는지는 독자들이 판단할 몫으로 남겨두겠다. 그렇지만 아무리 그 대답이 낯설다고 하더라도, 독자들은, 그것이 오랫동안 친숙했던 여러 문제들에 대해 뇌에 근거하여 내려진 대답임을 알 수 있을 것이다.

1 장

개요: 간단히 살펴보기

1. 칸트와 비교하여 대조해보기

새로운 생각은 종종 이미 친숙한 생각과 비유하거나 대비함으로써 가장 잘 소개되곤 한다. 그러므로 우리의 인식론 이야기를 칸트식 묘사, 구체적으로 말해서 칸트가 규정하는 경험적 **직관**과 이성적 **판단**이란 두 능력에서 시작해보자. 칸트의 주장에 따르면, 그 두 가지 능력은 인간 특유의 캔버스이며, 그 위에 인간의 인지 활동이 그려진다. 시간과 공간은 모든 **감각** 직관의 '순수 형식', 즉 모든 가능한 인간 감각 표상들의 추상적 배경 형식이다. 그리고 조직적인 다양한 '오성(분별력)의 순수 개념'은, 우리 인간이 경험 세계에 대해 **판단**하기 위해 필수적인 표현 체계이다. 따라서 '사물 자체의' 세계(the 'noumenal' world)는 분명 우리에 의해서 '구성되지' 않으며, 다만 '우리에 의해 지각되고 사고된 세계', 즉 3차원 물리적 사물의 '경험적' 세계만이 사실상 우리 인식의 실질적 구성 요소로서, 우리의 내적 인지 장치에 의해 인지 작용을 가능하게 해주는 독특한 기여에 엄밀히 반영된다(그림 1.1).

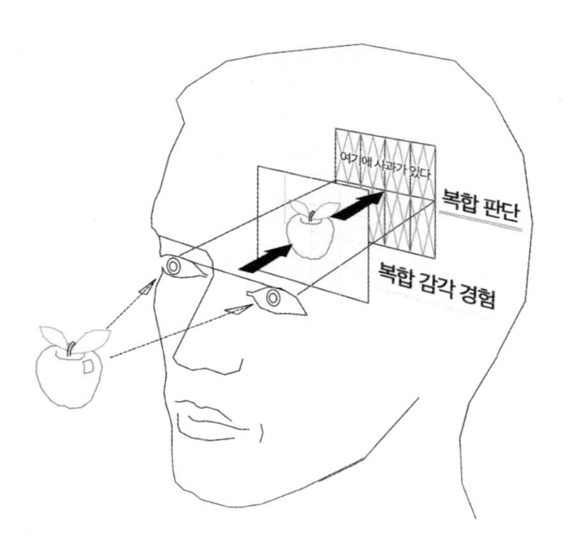

그림 1.1
인간 인지(cognition)에 대한 칸트식 묘사

물론 칸트는 우리 현대인이 갖지 않는 과제를 안고 있었다. 소위 **선험적 종합판단의 진리**(*synthetic a priori truths*), 예를 들어 기하학과 대수학의 진리를 입증하고 싶어 했으며, 그러한 진리가 어떻게 가능한지도 설명하고 싶어 했다. 그 외에도 그는 우리 현대인들이 부정하고 싶은 것들, 예를 들어 '순수 형식과 개념'이 선천적이며, 그 개념이 인지 활동을 가능하게 하는 불변 요소임을 해명하려 하였다. 그렇지만, 그러한 그의 묘사는, 아주 다르고 경쟁력이 있는 나의 묘사에 의해서 간략히 설명되고 쉽게 납득된다는 측면에서, 여전히 여기 이야기에서 유용한 출발점이긴 하다.[1]

1) (역주) 칸트의 관점에 따르면, 인간은 이성적 사고만으로 '필연적 참'인 지식을 확장할 수 있으며, 그런 지식이 바로 수학, 유클리드 기하학, 뉴턴 역학

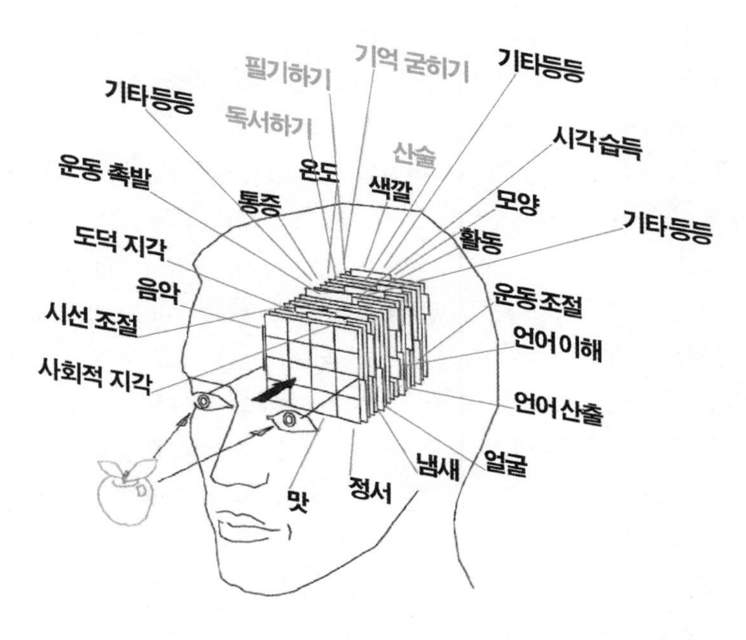

그림 1.2
인간 인지의 다중-대응도(multiple-maps) 묘사

그렇다면, 인간 인지가, (한편으로) 가능한 인간의 모든 **경험**에 대해서, 그리고 (다른 한편으로) 가능한 인간의 모든 **판단**에 대해서, 단지 두 가지 추상 공간만을 가지기보다, **수백**, 어쩌면 **수천** 가지의 내적 인지 공간(cognitive space)을 가질 가능성에 대해 고려해보자. 그러한 여러 공간들 각각은, 인간 인지의 어떤 심상이 지속적으로 펼쳐지는, 고유한 캔버스를 제공한다(그림 1.2). 그리고 그러한 각각의 인지 공간들

(그리고 자신의 형이상학) 등의 지식들이다. 우리가 이런 선험적 종합판단의 지식을 가질 수 있으려면, (뉴턴이 말한 것처럼) 절대적인 시간과 공간이 사실 세계에 존재하기보다, 지각의 인지 형식으로 존재해야만 한다. 이 점에서 칸트는 뉴턴 역학의 기초를 설명하려 하면서도, 시간과 공간의 존재 방식에 대해 뉴턴과 다른 입장이다.

이, 인간 혹은 동물의 뇌 내부에 있는, 주제-특이 **뉴런**(topic-specific *neurons*)의 고유 집단이 보여주는 **집단적** 활성이라는, 매우 실제적 공간 내에 물리적으로 구현될 가능성도 고려해보자.

또한, 다음도 가정해보자. 이러한 표상 공간들 각각의 내적 성격은, 신에 의해서든 유전적으로든 어떤 선험적 칙령에 **고정되어** 있지 않으며, 그보다 성장하는 동물이 경험을 넓혀나감에 따라서 형성된다. 그러한 경험은 (마주 대하는) 특정 경험 환경과 실천적 요구, 그리고 (뇌의 지속적인 시냅스 변형을 통해 내재화되는) 특정 학습 과정 등을 반영한다. 그러므로 이러한 내적 공간들은 아마도 다양한 정도로 **가변적**(*plastic*)이어서, 하나의 동일 동물 종에게 큰 **범위의** 개념과 지각의 가능성을 열어준다. 이것은 칸트에 의해서 획책되고 동결된 개념적 감옥과 확연히 대비된다.

또한 다음에 대해서도 가정해보자. 인간의 뇌는, 전통 철학자들의 전형적 관심사였던 지각과 판단 활동에 기여하듯이, 번식과 통일적 **운동 행위**(즉 걷기, 수영하기, 말하기, 피아노 연주하기, 야구 방망이 휘두르기, 요리하기, 회의에 참석하기 등)를 수행하기 위한 모든 측면의 인지 활동에도 기여한다. 그리고 다음 가능성에도 주목해보자. 그 고유한 여러 인지 공간들은, 그 기반이, 예를 들어, 전두피질(frontal cortes), 운동피질(motor cortex), 소뇌(cerebellum) 등에 있으며, 그 인지 공간들은, 그러한 인지 공간들 내의 집단적 뉴런 활성의 근육-조절 **궤도**(*trajectories*)에 의해서, 앞서 열거한 복잡한 운동 절차와 행동 절차 등을 성공적으로 **표상**(표현)할 수 있다. 또한 다음도 주목해보라. 수많은 **감각** 공간 내의 그러한 궤도들과 한계-사이클(limit-cycles, 폐곡선)은, 신체 행동을 위해 내적으로 발생한다기보다, 외적으로 지각 경험과 마주침에 따라서, 복잡한 **인과적** 과정들과 **주기적** 현상들을 잘 표상(표현)할 수 있다.2)

그러므로 우리는 표상 공간(representational spaces)의 가짓수를, 칸트가 단 둘로 제약했던 것을 넘어, 수백에서 수천으로 확장하여 이야기를 시작해볼 수 있다. 우리는 그러한 표상 공간들을 뇌의 해부학적인 부분들에서 분별적으로 파악할 수 있다. 우리는, 그 공간들 각각이 의미론적 내용에서 그리고 개념적 기관으로서 가변적이며 다능적이라고 간주한다. 그리고 또한 우리는, 이러한 인간 지식에 대한 포괄적 설명에 의해서, 지각적 파악과 이론적 판단은 물론, 신체 운동 인지와 여러 실천적 기술들을 이해하려 한다.

2. 뇌의 표상: 단명한 것과 영구적인 것

그러나 우리는 아직, 앞의 칸트식 묘사와 이 책에서 추구하는 설명 사이에 가장 큰 대비를 살펴보지 않았다. 칸트에 따르면, 의심의 여지 없이 인간 인지의 기초 단위는 **판단**이며, 이 단위는 실제적이고 가능한 다른 판단들과 잡다한 논리적 관계를 맺고 있으며, 이 단위는 참 아니면 거짓이라는 독특한 특징을 보여준다. 그렇지만 이 책에서 제안하는 설명의 입장에서 보면, 그러한 판단이, 칸트와 당시의 다른 논리학자들도 인식했듯이, 기초 인지 단위는 아니다. 동물들의 경우에 그리고 인간의 경우에도 아니다. 그보다 기초 인지 단위는, 엄밀히 말해서 상황적 또는 단명한 인지(ephemeral cognition)의 단위는 고유한 뉴런 **집단** 전체의 **활성 패턴**(*activation pattern*)이다. 그 활성 패턴은, 앞서 말한 수많은 표상 **공간들** 중 어느 한 공간 내의 활성 **지점**으로 표현된다.

이러한 기초 표상 형식은 우리가 신경계를 지닌 모든 다른 동물들과 공유하는 것이며, 모든 공간 내에 그리고 모든 경우에서 대략적으로 동일하게 작동된다. 그러한 표상은 동물로 하여금 자신의 현재 위치를 알게 해준다. (더 좋은 표상을 가질수록 동물은 더 잘 알 수 있다.) 동

---

2) (역주) 다음 장의 그림 2.5, 2.6에서 구체적으로 설명되므로, 여기에서 이해가 어렵다면 뒤에서 이해해볼 것을 기대하고 넘어가도 좋겠다.

물의 현재 위치는, 그것을 지원하는 뉴런 집단에 의해서 이해되는, 가능한 모든 상황 공간 내의 현재 위치, 즉 그 뉴런 집단 내에 구현된 인지 대응도 위의 여기(이 지점)이다. 그러한 활성 지점은 마치 컴컴한 고속도로 지도 위의 한 작은 지점을 반짝이며 가리켜주는 점 불빛, 즉 그 지도에 의해 표시되는 지리적 가능성 공간 내에 수시로 업데이트되어 움직이는 지점과 같다.

이러한 수천의 공간 혹은 '대응도'가 모두 수십억의 축삭 돌기(axonal projections)와 수천억의 시냅스 접합(synaptic junctions)에 의해 서로 연결되므로, 한 대응도 내의 특정 위치 정보는 **순차적**으로 연결된 여러 표상 공간 내의, 그리고 궁극적으로는 하나 혹은 여러 **동작**-표상 공간들 내의, 다음 연결 지점의 뉴런이 활성화되도록 자극할 수 있고, 또 실제로 자극하여, 그 뉴런의 활성화가 신체 근육 시스템으로 전달됨으로써, 인지적으로 유의미한 행동을 발생시킨다.

이러한 관점에서, 칸트식 '판단'이 비록 온전히 실제적이긴 하지만, 표상 활동을 극단적 형식으로 (임의적으로) 규정한다. 그런 형식은 성장한 인간만을 위한 매우 극단적인 것이라서, 인간이 아닌 다른 동물들과 아직 언어를 배우지 못한 어린아이들을 철저히 배제시킨다. 우리 인간이 어떻게 '언어 공간'을 생성하고, 우리의 언어 산출과 언어 이해를 지원하는지는 매력적인 과학적 질문이며, 이 책의 뒤에서 다룰 것이다. 지금 말하건대, 이 책에서 탐구되고 발전시키려는 관점은, 우리가 선천적인 '사고 언어(language of thought)'를 가지고 태어났기 때문에 인간이 인지적일 수 있다는 관점에 정확히 반대된다.

포더(J. A. Fodor)는 불과 수십 년 전 가장 예리하고 풍부하게 언어형식을 지지하는 관점을 옹호했으며, 그러한 일반적 생각은 물론 칸트와 데카르트(R. Descartes)에까지 거슬러 올라간다. 반면에 내 가설에 따르면, 이렇게 모두 명민했던 세 분들은 인간 경험, 즉 인간 언어를 가능하게 하는 체계적 표상 시스템으로 독특한 **사례**가 무엇인지를 (포더는 최근까지도) 잘못 붙들고 있다. 그들은 우리들이 친근하게 사랑하는 통속 심리학(Folk Psychology)[3]의 구조에 고무되어, 역사적인 **우연적** 구조물, 즉 단일 동물 종(인간)에게 특유하며, 그래서 그들에게조차 극히 부차적인 구조를 인지-일반의 객관적 현상으로 돌려놓았다. 물론 우리가 언어를 사용하지만, 그리고 그것이 우리가 마땅히 탐구해야 할 가장 축복받은 진화의 산물이긴 하지만, 그렇다고 언어-같은 구조가 기초 인지 장치를 구현하지는 않는다. 명백히 기초 인지 구조는 어느 동물들을 위해서만 그러하지 않으며, 인간만을 위해서도 그러하지 않는다. 왜냐하면 인간의 신경 장치는, 전체적으로, 다양한 정도로 조금씩 다른 동물들과 서로 다르긴 하지만, 근본적으로 다르지 않기 때문이다.

그래서 우리 인간을 모든 진화론적 형제자매들(동물들)과 연계시키는 인지에 대한 설명은, 어느 책임 있는 인식론적 이론에서든 가장 우선적인 요구 사항이다. 그리고 그런 설명을 위해서 우리가 지불해야 할 대가는, 언어 형식의 '판단' 혹은 '명제'를 지식이나 표상의 단위로 추정하기를 포기하는 것이다. 그러나 우리가 이러한 희생을 어둠 속에서 더 이상 감내할 필요는 없다. 우리는 마침내, 현대 신경생물학(neurobiology)과 인지 신경 모델링(cognitive neuromodeling)이란 개념적 재원을 가지고, 인지에 대한 다른 대안적 설명, 즉 매우 특이하고 아주 다른 표상 단위를 수용하는 설명을 추구할 위치에 있기 때문이다. 이어서 나는 다음을 보여주려 한다. 우리의 일차 표상 단위의 본성과 관련된, 그러한 비정통의 가정에 대한 임의적 투자는 우리가 진행해 나아감에 따라서 탁월한 배당을 가져다줄 것이다.

그러한 배당은 우리 이야기의 매우 앞에서부터 아래와 같이 발생한

---

3) 통속 심리학(Folk Psychology)이란 일상적 개념 체계이며, 이 체계 내에서 사람들은 "p를 원한다", "p를 믿는다", "p를 두려워한다", "p를 의도한다" 등과 같은 여러 언어적 표현들을 다른 인간의 행동을 설명하거나 이해하는 데에 활용한다.

다. 우리가 그려보려는 지식의 묘사는 다음의 두 가지, 즉 (한편으로) '여기 지금 일순간' 우리 지식의 '단명한' 매개 수단과, (다른 한편으로) '시공간 내에 세계의 일반적 구조'에 관한 우리의 **배경** 지식이란 비교적 안정되고 '영구적인' 매개 수단 사이를 근본적으로 구분한다. 앞서 말했듯이, 전자의 단명한 매개 수단은 임의 뉴런 집단 전체에 걸친 일순간 활성 패턴이며, 이것은 고유의 개념적 하부 공간(conceptual subspaces) 내에 항시 움직이며, 항시 점프하는 (여기에 지금) 활성화된 지점이다. 비유적으로, 어두운 도로 지도상에서 움직이며 계속 새로운 지점을 가리키는 점 불빛을 다시 떠올려보라.

후자 혹은 '배경' 매개 수단은 그것과 아주 다르다. 이러한 **일반적** 지식의 수준에서, 그 매개 수단 혹은 표상 단위는 **전체 개념 체계**이다. 그것은 관련 뉴런 집단을 위한 **전체 활성 공간**으로, 여러 달 혹은 여러 해에 걸친 학습에 의해서 새겨지는 공간이며, 그것을 지닌 동물이 현재 어느 개념을 가질 경우에 그 개념의 모든 가능한 **사례들**이 포괄되는 공간이다. 정말로 그런 공간은 정확히 배경 캔버스이며, 그 캔버스 위에 어느 범주의 모든 일순간 사례들이 '그려진다.' 그래서 그 그림은, (조각된) **가능한** 활성 공간 내에 어느 특정 위치의 활성화에 의해, 다름 아닌 바로 그 활성화에 의해 그려진다. 앞의 이야기를 은유적으로 다시 설명해보자면, 그 배경 개념 체계는 문제의 전체 도로 지도이며, 점 불빛이 이따금 비춰주는 모든 **가능한** 지점들에 대한 대기 공간이다.

단순하면서도 구체적인 사례로, 그림 1.3(플레이트 1)에서 묘사된 원뿔 모양의 가능한 **색깔-경험** 공간에 대해서 생각해보자. 이 공간은 모든 가능한 색깔-퀄리아(color-qualia)[4]를 포함한다. 우리가 정상 시각 시

4) (역주) 여기에서 '퀄리아(qualia)'란 우리가 세계에 대해 느끼는 생생한 주관적 느낌 자체를 말하며, '감각질'이라고 번역되기도 한다. 감각질을 중요하게 거론하는 철학자들의 입장에 따르면, 이러한 주관적 느낌 자체는 뇌의 구조를 연구하여 알 수 있는 것이 아니다. 따라서 아무리 뇌를 연구한다고 하더

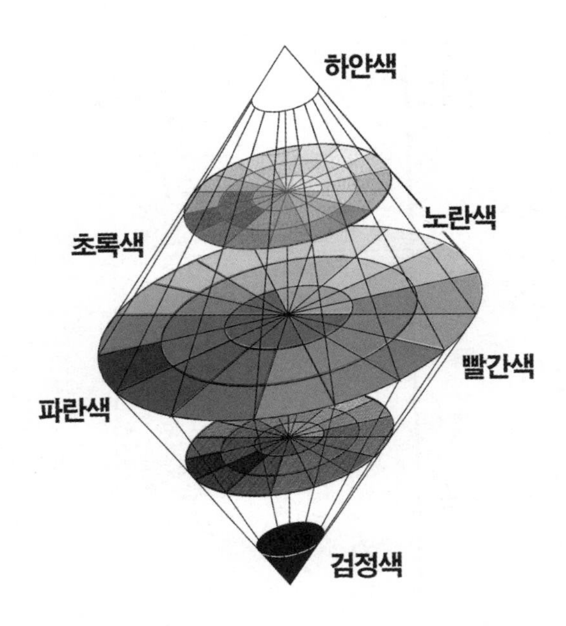

그림 1.3
가능한 색깔 공간의 대응도. 플레이트 1을 보라.

스템(visual system)을 갖는다면, 이러한 색깔-퀄리아를 가질 수 있다. 그러한 색깔-경험 공간은, 모든 인간들이 정상의 색깔 시각을 공통적으로 가지는, 아주 독특한 방식으로 조직화되어 있다. 색맹이 아니라면, 우리 모두는, 그러한 색깔 공간 내에 각각의 색깔 표상들이 집합적으로, 모든 주위 색깔 표상들에 상대적으로 놓이는, **동일한** 거리-관계와 사이-관계를 공유한다. 이러한 거의 이중 원추 모양의 공간을 소유함으로써, 우리는 객관적 색깔 영역의 일반적 구조에 대한 가장 기초적인

라도, 그러한 주관적 느낌 자체에 대해 접근할 방법은 없다. 다시 말해서, 물리적 뇌를 연구하는 것으로 우리의 심적 현상에 대해 설명할 기대를 가져서는 안 된다. 그러나 이 책에서 폴 처칠랜드는 그러한 주관적 느낌 자체가 어느 정도 객관적일 수 있는지를 보여주려 시도한다.

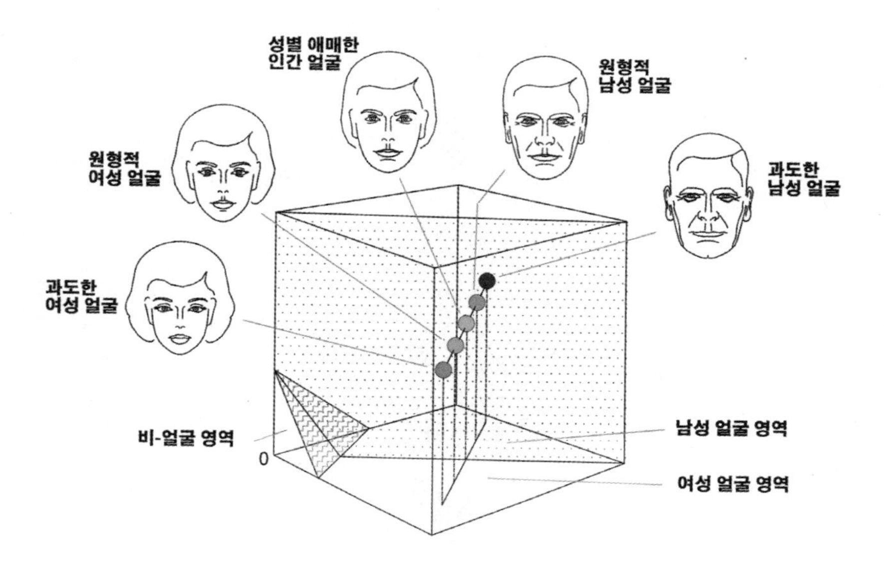

그림 1.4
가능한 인간 얼굴 공간의 대응도

지식을 가질 수 있다. 그리고 이러한 내적 개념 공간 내의 특정 지점, 예를 들어 중심축의 중간에 상응하는 현재의 [관련 신경세포 집단의] 활성 벡터를 가짐으로써, 우리는 특정 색깔에 대한 현재 표상(이 경우, 중간 **회색**) 혹은 **경험**을 가질 수 있다. 그림 1.3(플레이트 1)은 그러한 공간 내의 표상 위치에 따른 색깔-부호화(color-coded) 표본을 보여주지만, 물론 그 공간 자체는 연속적이며, 따라서 모든 다양한 색상과 명암에 대한 위치들을 포함한다. 그러므로 그 모든 색상과 명암은 이 도식적 그림에서 실제 보여준 표본 색깔들 사이의 다양한 위치에 놓인다.

두 번째 사례로, 그림 1.4의 보기에서 묘사된, 인간 **얼굴** 표상을 위한 내적 개념 공간을 생각해보자. 사실 이 그림의 3차원 공간은 **인공** 신경망(*artificial* neural network)의 특정 뉴런 집단에 의한 활성 공간의 도식적 그림에 불과하다. (이러한 인공 신경망은 인간의 일차 시각피질 경로에 있는 거대한 구조를 모델링하려는 시도에서 나왔다.) 이러한 신경망은 비-얼굴 대비 얼굴, 그리고 여성 얼굴 대비 남성 얼굴을 구별할 뿐만 아니라, 다양한 사람 얼굴들을 그 사람들의 다른 여러 사진들에 대해서도 다시 알아볼 수 있도록 훈련된다.[5]

쉽게 짐작할 수 있듯이, 관련 뉴런 집단은 훈련 과정을 통해 이러한 공간 내에 서로 구별되는 여러 표상 영역들의 계층 구조를 총괄하여 하나로 만든다. 그물망의 감각 뉴런들에 제시되는 잡다한 비-얼굴 이미지는 이러한 개념 공간 아래쪽의 **원점**(0) 가까이 잡다한 활성 지점으로 표상(표현)된다. 반면에 감각 입력으로 제시되는 다양한 얼굴 이미지는 그 원점에서 멀리 떨어진 훨씬 커다란 '얼굴 영역' 내의 다양한 활성 지점들로 표상된다. 그러한 상보적 영역은 그 자체가 둘로, 즉 남성 얼굴과 여성 얼굴 각각에 대한 거의 동일한 두 영역으로 나뉜다. 그 각각의 성별-하부 공간(gender-subspace)은 다시, 이 그림에서 보여주지 않는, 산재하는 훨씬 더 작은 하부 공간들로 나뉠 것이며, 그 각각의 하부 공간들은 특정 개별 얼굴들에 대한 감각 표상들을 나타내는 매우 가까운 집단적 활성 지점들을 포함한다.

물론 전체 커다란 영역 내의 **모든** 지점들은 **어떤** 종류 혹은 다른 종류의 여러 얼굴들을 표상하며, 다만 예시된 다섯 지점만을 표상하지는 않는다. 그렇지만 한 지점이 '평균 혹은 원형적 남성 얼굴 지점'과 '평균 혹은 원형적 여성 얼굴 지점' 사이의 일직선에서 점차 멀어지게 된다면(그림 1.4를 다시 보라), 그 지점은 다양한 방식으로 점차 비표준의 혹은 과도한 얼굴 표상을 가리킬 것이다. 그러한 외곽 지점들은 더

---

5) 코트렐(Cottrell 1991) 참고. 인공 신경망은 실제로 중요 표상 층(representational layer)에 80개 뉴런을 가지며, 내가 3차원으로 그리듯이 다만 3개는 아니다. 내가 이렇게 낮은 차원 공간을 선택한 것은, 80차원 공간의 매우 복잡한 경우에 어떤 일이 발생하는지를 시각적으로 보여주기 위함이다.

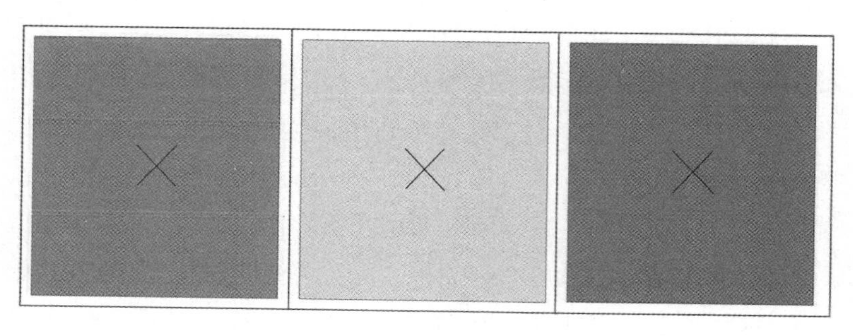

그림 1.5
신경 피로에 의한 색깔 잔상. 플레이트 2를 보라.

욱 중심 지점에 극적으로 대비되므로, 군중 속에서 '눈에 확 띄는', 즉 평균 혹은 평범한 얼굴의 기대와 극적으로 다른 얼굴들을 표상한다. 그리고 마치 색깔 공간의 중심 지점이 중간-**회색**을 가지는 것처럼, 얼굴 공간 역시 그 중심 지점이 성별-**중립** 얼굴을 가진다.

이러한 두 공간, 즉 색깔 공간과 얼굴 공간의 독특한 구조는 몇 가지 단순한 지각 환영(perceptual illusion)에서도 새롭게 드러난다. 당신의 시선을 그림 1.5(플레이트 2)의 오른쪽 붉은 사각형 내의 X에 고정시키고 10초 동안 정지해보라. 그러고 나서 즉시 가운데 사각형 내의 X에 시선을 고정시켜보라. 당신은 짧은 몇 초 동안 그 색상-중립 사각형을 약간 초록 색깔로 지각할 것이다. 동일한 방식의 실험, 즉 그림 1.5의 왼쪽 초록 색깔 사각형에서 시작하여 가운데 사각형으로 옮겨가면, 가운데 사각형이 약간 붉게 보일 것이다. 이런 환영은 다음과 같이 설명된다. 그림 1.3(플레이트 1)의 색깔 공간에서, 당신은 빨강과 초록이 그 공간의 반대쪽에, 즉 둘 사이에 극히 먼 거리로 부호화(지정)되는 것을 볼 수 있다. 이러한 극단적 두 색깔 중 어느 쪽에 시선을 고정시켜서, 억지로 일정한 신경 활성 시기를 연장하게 되면, 우리의 3차원 색깔 공간을 지원하는 세 종류의 색깔-부호화 뉴런들에 단기적 '피로'

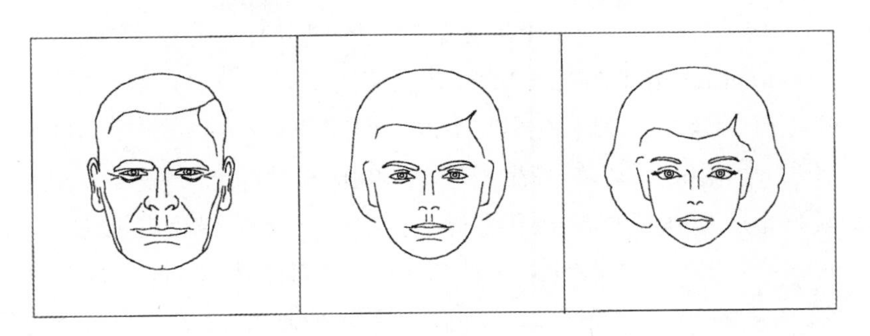

그림 1.6
신경 피로에 의한 성별-교차 효과(gender-switch effect)

그리고(또는) '강화'라는 특별한 활성 패턴이 나타나게 된다.

그러한 피로는 관련 뉴런들로 하여금, 그것들이 극단적 부담에서 갑작스레 벗어나면, 정상의 중립 지점을 훨씬 **지나** 뒤로 물러서도록 만들어, 즉 순간적으로 반대 활성 패턴으로 이완되도록 하여, **색상-중립** 지각 입력을, 마치 피로를 유도한 본래의 자극과 정확히 **반대쪽** 색깔 공간에서 입력이 있는 것처럼 유도하여, 잠깐 동안 **잘못** 표상하도록 만든다.

당신은, 그림 1.6의 중간에 묘사된 **성별** 얼굴과 관련하여, 유사한 단기 환영을 경험할 수도 있다. 의도적으로, 성별이 애매한, 벡터-평균의, 중립 인간 얼굴을 오른편의 과도한 여성 얼굴 옆에 놓고, 과도한 남성 얼굴을 왼편에 놓는다. 손으로 왼편의 남성 얼굴 이외의 것들을 모두 가리고, 그 남성 얼굴의 콧등을 10초 동안만 눈을 떼지 말고 집중해보라. 그런 후에 오직 가운데의 중립 얼굴만 보이도록, 손을 오른쪽으로 옮겨서 당신의 시선을 갑자기 **그 얼굴** 콧등으로 옮기면서, 객관적으로 중립인 그 얼굴에 대한 성별 판단을 순간적으로 해보라. 과도한 남성과 과도한 여성의 얼굴이, 마치 빨강과 초록 색깔이 **그러하듯이**, 관련 활성 공간의 반대쪽으로 부호화되므로, 앞의 색깔 실험이 시사해주는

바, 관련 활성 공간의 뉴런 집단이 상당한 피로 혹은 포화 효과(saturation effect)를 가지게 되어, 그 중립 얼굴은 그 어느 것이라도 이제 살짝 **여성**으로 보일 것이다. 만약 당신의 반응이 나의 것과 같다면, 그러하게 된다. 그리고 색깔 환영에서처럼, 당신은 역시 반대 실험을 해볼 수도 있다. 적어도 10초 동안 오직 과도한 여성 얼굴에 시선을 고정한 후, 갑자기 그 시선을 중립 얼굴로 이동해보라, 그러면 즉각적으로, 아주 짧은 순간 동안 그 얼굴은 명확히 **남성**으로 보인다.[6] 이러한 실험을 당신 방식으로 해볼 수도 있다. (당신은 또한 흥미로운 나이 효과(age effect)를 인지할 수도 있다. 중간 얼굴에 두 조건에서 완전히 구분되는 개별 사진을 놓아보아라. 그러면 남성으로 보일 경우에 아주 젊게, 20세가 넘지 않게 보인다. 여성으로 보일 경우에 훨씬 더 늙게, 적어도 35세는 된 사람으로 보인다. 나는 아직도 이것을 의아해한다.)[7]

---

6) 이런 종류의 더욱 정교하고 세심하게 조절된 실험이 오툴(O'Toole)과 그 동료들에 의해 보고되었다(Blanz et al. 2000). 정상 얼굴에 대한 지각 왜곡은, 다양하게 신경 피로를 과-유도하는 방법에 의해서, 특정 시험-얼굴 재인을 (선별적으로) **촉진하도록** 확대된다. 이러한 일이 방생하는 경우는, 시험 피검자가 확인하려는 얼굴과 얼굴 공간의 반대쪽, 혹은 '**반**-얼굴(anti-faces)'로 (의도적으로) 조성되는 얼굴 이미지로 '자극되는' 때이다.

7) 다음 두 가지 사례는 다양한 실험 가능성을 예고한다. 독자들은 세 양동이 이야기, 즉 한 양동이에는 미지근한 물을 담고, 뜨거운 물과 찬 물을 담은 두 양동이를 그 양 옆에 각각 놓아두고, 손을 담그는 실험 이야기를 기억할 것이다. 이 실험은 로크(J. Locke)와 버클리(G. Berkeley)에 의해 조명되었다. 미지근한 양동이 물은, 시험하는 손의 온도 수용기가 옆에 놓인 두 양동이 물에 의해서 피로됨에 따라서, 따뜻하게 혹은 차갑게 느껴질 수 있다. 폭포 환영(waterfall illusion)은 네 번째 사례가 될 수 있다. 세 가지 화면을 준비한다. [왼편에는 물이 아래로 흐르는 움직임이 비춰지고, 가운데는 정지한 물, 그리고 오른편에는 위로 흐르는 움직임이 비춰진다.] 왼편의 아래로 흐르는 운동을 보고 있다가 가운데 정지된 화면을 보면, 그곳의 물 흐름이 **위로** 올라가는 것처럼 보이며, 반대로 오른편의 위로 흐르는 움직임은 가운데 정지된 화면에서 반대, 즉 아래로 흐르는 환영을 유도한다. 여기에서 두 가지 예들과 달리, 앞에서 들었던 색깔과 얼굴 환영의 사례가 특별히 관심을 끄는

이러한 실험 주제, 즉 색깔 공간과 얼굴 공간 모두에 대한 많은 매력적인 변형 실험들이 있지만, 이제 이 이야기에서 더 나아가서 다른 이야기를 해보자. 이러한 이야기로부터 우리는 다음을 알게 된다. 그러한 공간들이 **존재**하며, 그러한 공간들이 확고한 내적 **구조**를 드러내며, 그러한 공간들이 적어도 약간이라도 **가변적** 신경 기반을 가진다.

3. 개인의 학습: 느리고 구조적인

여전히 누군가는 이러한 (예비적) 공간 이야기와 관련하여, 혹시 그런 공간이 어쩌면 **본유적**(*innate*, 선천적)이 아닐지, 다시 말해서, 인간 유전자에 어떻게든 특성화된 것은 아닐지 물을 수 있다. 어느 누가 옳은 대답을 내놓더라도, 그 대답은 분명히 경험적이어야, 즉 사실에 근거해야 한다. 인간의 색깔 공간에서 볼 수 있듯이, 그런 공간이 본유적이라는 대답이 상당히 긍정적일 듯싶기는 하다. 이 책의 후반부에서 살펴보겠지만, 앞서 논의된 3차원 색깔 입방체를 위한 유망한 뉴런 기반과 시냅스 기반이 각각의 정상 인간 모두에게 있다는 것은 해부학적으로 단순하며, 반복적이고, 매우 동일하게 확인되고 있다. 따라서 그러한 색깔 공간이 인간 유전자에 특성화되어 있다고 어느 정도 대답할 수 있기는 하다.

그렇지만, 얼굴을 위한 인간 표상 공간이 본유적이라는 것에 대해, 우리의 판단은 몇 가지 이유에서 부정적이다. 첫째, 당신의 색깔 공간과 그림 1.2의 도식적 얼굴 공간 모두가 3차원이지만, 당신 뇌 내부의 얼굴 공간 차원은 거의 확실히 수천 내지 수만 차원에 이를 것이다. 그러므로 둘째로, 얼굴 공간을 구성하는 시냅스 연결 조성 상태는 적어도 백만 시냅스 연결을 포함한다.[8] 우리의 색깔 시스템과 달리, 얼굴

것이 있다. 그것은, 그 두 사례가 1차원 이상, 즉 색깔의 경우에 3차원 그리고 얼굴의 경우에 아마도 수백 차원의 표상 공간에서 작용한다는 점이다.

공간을 지원하는 연결들 중 어느 것도 그 연결 강도 또는 위치에서 반복적으로 결정되어 있지 않아서, 그러한 유전적 특성은 아마도 상당한 비용을 요구할 듯싶다.[9] 그리고 셋째로, 그러한 시냅스 연결은 개인들 전체에 걸쳐 동일할 수 없다. 우리가 이미 알고 있듯이, 개별 사람들이 가지는 얼굴 공간의 계측 구조(metrical structure)는 그 사람이 어느 문화에서 성장했는지에 따라서, 특히 어린 시기에 어느 인종 혹은 부족에서 사람의 얼굴을 경험했는지에 따라서 실질적으로 차이가 있을 것이다. (이것은 이따금 **타-종족 효과**라고 잘못 불린다.) 이상의 이야기를 종합해보건대, 우리 얼굴 공간의 기반은 복잡하며, 반복 특이성을 갖지 않으며, 개인에 따라서 매우 다르다. 따라서 얼굴 공간이 유전적으로 부호화될 가능성은 거의 없어 보인다.

물론, 얼굴을 분석하는 일에 관여하고 참여하는 순수한 뉴런 집단의 **존재**는 유전적으로 규정되어 있을 것이다. 결국 우리 각자는, 추정컨대 얼굴 재인을 지원하는 뇌의 영역으로 알려진 하측두피질(inferotemporal cortex)을 가지고 있으며, 모든 정상 유아들은 출생부터 얼굴 유사 자극을 응시한다. 그러나 어른들의 그러한 공간 구조, 각기 독특한 차원, 그리고 그 내적 유사성 계측규준 등은 모두 **후성적으로**(*epigenetically*) 결정되는 특징들이다. 단연코, 누군가 얼굴에 관해 아는 대부분 혹은 아마도 모든 것들은 얼굴에 대한 각자의 **출생 후** 경험에서 나온다.[10]

8) 평균적으로 뇌 내부의 각 뉴런들은 아마도 다른 뉴런들과 1,000개의 시냅스 연결을 이룬다.

9) (역주) 즉, 틀에 맞춰진 신경망은 변화하는 환경에 유연하게 대처하지 못하여, 생존하기 어려울 듯싶다.

10) 우리의 자기 얼굴, 입술, 혀 등에 대한 출생 이전의 **신체 운동**(motor)과 **자기 자극 감응**(proprioceptive)에 대한 경험은 아마도 출생 후 마주치는 얼굴들을 (출생 후) **시각적으로** 처리하는(*visual* processing) 데에 유리함이 될 듯싶다. 왜냐하면 그러한 '시각적' 얼굴들은 객관-동형의(homomorphic) 행동을 보여주기 위한 객관-동형적 구조이기 때문이다. 그러나 여기에 포함되는 '지식'이란 여전히, 심지어 자궁 속에 있는 동안에 획득하는 것일지라도, 후성적

이렇게, 뇌가 지니는 표상 공간의 신경 기반과 시냅스 기반에 관련하여 내려지는, 나의 반생득주의(antinativist) 결론은 뇌가 이해하는 거의 모든 수많은 공간들에 대해서 적절할 듯싶다. 유일한 예외는 아마도 우리의 색깔 공간 같은 경우의 공간일 듯하며, 이러한 공간은 우리의 다양한 감각 뉴런의 행동을 직접 부호화한다. 대략적으로 맞는 규칙 하나를 구체적으로 말하자면 이렇다. 임의 뉴런 집단과 신체 감각 뉴런 사이의 **거리**가 멀면 멀수록, 한 뉴런 집단으로부터 다른 뉴런 집단으로 축삭의 메시지를 보내는 뚜렷한 시냅스 연결 수가 더욱 많아지는 만큼, 그 표적 집단은 **학습**에 의해 구성되는 표상 공간을 더욱 많이 포함할 듯싶다.

실제로, 새로운 **시냅스 연결**의 수정, 사멸, 성장 등은 진정으로 출생부터 계속적이며 가장 극적으로 뇌 내부의 구조 변화를 유도한다. 우리의 10^{14} 시냅스 연결에서 정교한 조성 상태를 창조하고 수정하는 일은 유아와 어린 시절 성장 단계에서 매우 필수적인 학습이다. 왜냐하면, 그러한 시냅스 연결의 집단적 조성 상태가 바로, 어느 뉴런 집단으로 하여금 그 자체 내에 범주들을 체화하도록 **명령하기** 때문이다. 우리의 인공 신경망 모델이 보여주듯이, 시냅스 연결의 집단적 조성 상태는, 최종 활성 공간 내의 여러 범주들을 통합하고 분리하는, 유사성과 차이성 관계의 그물망 **형태를 결정한다**. 그리고 그러한 동일한 시냅스 연결의 집단적 조성 상태는 (예를 들어, 앞선 감각 뉴런 집단으로부터 들어오는) 수입(입력) 활성 패턴을, 이런 세심하게 조각되는 이차 공간 내의 특정 위치에, 새로운 활성 패턴으로 **변환시킨다**. 그러므로 그러하게 짜 맞춰지는 연결은, 처음에 개인의 학습으로 획득되는, 비교적 영구적인 개념 체계와, 단명한 감각 입력에 의한 연속적인 순간순간의 활성, **모두에서** 매우 중요하다. 그러한 시냅스 연결 자체가 세계

(epigenetic)이다. 실제로 유아(infant)는 임신 후반에 대단히 활동적이어서, 자기 혀와 입을 움직이며, 심지어 자기 엄지손가락과 주먹을 빤다.

의 추상적 구조에 관한 중요 **일반적 정보 저장소**인 동시에, 뇌의 **기초 정보 프로세서**이기도 하다.

따라서 누군가의 무수한 시냅스 연결이 완성되고, 그 시냅스 각각의 강도들 혹은 '가중치들(weights)'이 정교하게 조율되는 일은 학습에서 핵심적인 일차적 과정이다. 그런 과정은 그 사람의 뇌에서 처음 20여 년의 인생 동안 일어나며, 특별히 처음 10년 동안, 그리고 가장 특별하게는 처음 5년 동안 일어난다. 바로 그러한 동안에 그 사람의 배경 개념 체계는 천천히 완성되어가며, 이후 그 사람의 일생 동안 아주 조금 수정되기도 하지만, 거의 그대로 남는다.

놀랍게도 그런 우선적 주요 기능에도 불구하고, 그러한 시냅스 조정 혹은 공간 형성 과정은, 심지어 2000년대 초기까지도, 학술적 인식론의 전통에서 거의 완벽히 무시되어왔다. 어쩌면 이것이 그리 놀랄 일은 아니다. 뇌의 미시 처리 과정에 대해 거의 접근이 불가능했으며, 보정해줄 컴퓨터 모델 자체가 없었고, 전문가의 관심은 규범적 문제에 초점을 맞추고 있었고, 인지 활동에 대한 통속 심리학의 개념적 독재가 지배하는 등은 집단적으로 **과거** 이론가들로 하여금 이러한 기념비적이고 획기적인 실패에 대해서 변명을 허락해주었기 때문이다. 그러나 이러한 몇 가지 변명의 (2001년 1월 1일까지 허용된) 약정일이 모두 지나버렸다.

재래식 현미경을 넘어, 늘 새로 개발되는 실험 연구 기술 및 도구 등의 병기들, 예를 들어 뉴런과 그 연결 경로에 대한 선별적 염색 기술, 전자현미경, 단일세포 미세전극, 다중-배열 미세전극, 유전적으로 조작된 생쥐, CAT 스캔, PET 스캔, MRI 스캔, 활성-감응 발광 염색(activity-sensitive florescent dyes) 등은 이제, 뉴런 분자 활성의 세포-하부 구조에서부터 뇌 전체의 뉴런 그물망의 분자 수준 활성에 이르기까지, 뇌의 물리적 구조와 그 신경 활성을 우리가 볼 수 있도록 창문을 활짝 열어주고 있다. 뇌는 더 이상 접근 불가능한 블랙박스가 아니다.

반면, 방금 언급된 실험 데이터의 한결같은 추세는 유력한 인지 이론화를 위해 언제나 경험적 **한계**를 확대하고 있다. 또한 그것은, 한편으로 이론적 제안과, 다른 편으로, 다른 과학적 시도에서 매우 성공적으로 입증된, 실험적 증명 사이에 소중한 상호 교류를 가능하게 해주고 있다. 그렇게 제안된 이론들은, 우리가 지금까지 시도하거나 혹은 심지어 생각조차 못했던 실험을 제안하고 촉진하게 해준다. 마찬가지로, 그러한 실험 연구 결과들은 시험된 여러 이론들을 수정하게 해준다. 그렇게 하여 이 양자 사이의 사이클이 새롭게 시작된다.

인공 신경망이 전자 하드웨어에서 직접 구현되는 만큼, 또는 재래식 컴퓨터에서 한 발짝 개선된 모델인 만큼, 그것은, 인지 활동이 뉴런 같은 요소들의 상호 연결 집단에서 어떻게 나타날 수 있을지, 이론을 형식화하고 시험해보는 차선의 방법을 제공해준다. 생물학적 신경망과 달리, 인공 신경망은 그 그물망을 우리가 원하는 만큼 단순화시켜서 용이하게 조작해볼 수 있는 수단이 된다. 우리는 실험하려는 신경망을 죽이거나, 손상을 입히거나, 간섭하지 않으면서도, 그 신경망의 모든 연결, 모든 움찔거림, 모든 변화 등을 모니터할 수 있게 되었다. 그 인공 신경망은 전자회로에서 작동하므로, 생물학적 신경망이 하는 것보다 훨씬 빠르게 작동시킬 수 있어서, **수 시간** 내에 '학습' 활동을 수행시키고, 실험을 마칠 수 있다. 그런 실험이 생물학적 뇌에서 수행되려면 수개월 혹은 수년이 걸린다. 물론 이것이 의미하는바, 우리가 제안한 임의적인 어떤 혹은 다른 뇌 기능 모델이 **틀렸다**는 것을 우리가 용이하게 파악할 수도 있다. 그럴 경우에 우리는 새로운 이론적 영감을 얻도록 경험적 뇌로 돌아가서, 더욱 신뢰할 인공 모델을 만들겠다는 희망에서 다시 밑그림을 그려볼 수도 있다.

이러한 연구 활동은 이미 인지 활동에 대한 유력한 개념의 대략적 윤곽을 그려주고 있으며, 이것은 지난 2,500년 동안 철학을 지배해온 '문장' 혹은 '명제 태도(propositional attitude)' 모델에 대한 대안이 되고 있다. 이러한 새로운 개념은 수많은 이유에서 중요하지만, 적어도 그것이 최종으로(결국!) 우리의 인지 활동을 실제로 지원하는 생물학적 기관인 뇌에 대한 물리적이며 기능적인 구체적 내용을 설명할 수 있게 되었기 때문에서라기보다, 오히려 우리 개념 체계의 **기원**에 대한 새로운 설명을 제공할 최초의 모델이라는 측면에서이다.

이것은 철학의 전통에서 무시되고, 외면되고, 조잡한 이론에 의해 교묘히 설명되곤 했던 쟁점이다. 이 쟁점에 대한 개략적 '해명'은 두 가지였다. 첫 번째 커다란 선택지를 플라톤, 데카르트, 포더 등의 저작물들이 보여준다. 그들은 우리 개념의 기원을 어떻게 설명해야 할지 전혀 알지 못했으므로, 단지 개념이 선천적이라고 말하면서, 전생(출생 이전의 삶)과 전능한 신을 신뢰하거나, 또는 우리가 내적으로 발견하는 실제 개념 목록을 5천만 년의 생물학적 진화로 말한다. 두 번째 커다란 선택지는 아리스토텔레스, 로크, 흄 등의 저작물이 보여준다. 그 저작물들의 관점에 따르면, 단순한 감각, 예를 들어 다양한 맛, 냄새, 색깔, 모양, 소리 등등의 혼합을 이야기한다. 그리고 우리의 기초 단순 개념(simple concepts)은 그러한 여러 단순한 감각 원본에 대한 흐릿한 '복사물'이며, 그 복사물은 그러한 원본에 단 한 번 마주치는 것만으로도 복사된다고 설명한다. 그래서 단순하지 않은 혹은 '복합' 개념('complex' concepts)은 단순한 '복사물'이 반복적으로 성취되는 연쇄 그리고/혹은 단순한 '복사물'의 변조로 설명한다. (그리고 무엇이 그렇게 만드는지 그 구성 장치에 대한 기원은 생각조차 하지 못한다.)

그러한 두 선택지들 모두 희망이 없으며, 그 흥미로운 이유는 다음과 같다. 만약 전능한 신과 플라톤의 천국을 제쳐둔다고 하더라도, 첫째 선택지 중 선호되는 (즉 진화론적) 버전은 다음과 같은 곤란에 직면한다. 그 곤란은, 전체 10^{14}개의 시냅스들의 개별 연결 지점과 연결 강도가, 단지 2만 개의 진화된 게놈(genome) 재원을 가지고, 우리의 표적 개념 체계를 형성하도록, 어떻게 부호화할 수 있을지 설명해야 하는 어려움이다. 우리의 게놈은 단지 2만 개의 유전자를 포함하며, (그중 단지 300개를 제외한) 99퍼센트의 유전자는 생쥐와 공유하고 있으며, 이것은 우리와 생쥐가 5천만 년 진화의 부분적 동반자임을 보여준다. 비록 가용한 유전자 수와 시냅스 연결 수 사이의 거대한 차이가 우리를 질리게 하긴 하지만, 여기에서 곤란은 9차수라는 거대한 차이에 있지 않다. (원리적으로, 재귀적 절차(recursively procedure)는 어느 크기의 간격도 메울 수 있기 때문이다.) 진정한 곤란은 각 개별 사람들의 성숙된 시냅스 조성 상태가 어느 누구의 것과도 근본적으로 다르다는 경험적 사실에 있다. 그 점에서 개인들은 각기 매우 독특하다. 그러므로 만약 방금 지적된 숫자상의 차이가 재귀적으로 메워질 수 있다고 하더라도, 그래서 만약 동일 개념 체계가 모든 정상 인간 개인들에게서 유전적으로 재현된다고 하더라도, 그러한 시냅스 조성 상태가 우리 모두의 개념적 **동일함**을 재귀적으로 규정할 가능성은 희박해 보인다.

두 번째 선택지도 첫째 것과 마찬가지로 거의 희망이 없거나 전혀 나을 것이 없다. 우리의 몇 가지 감각 시스템에 채용된 신경 부호화 전략에 대한 경험적 연구에서 드러나는바, 감각 자극의 (가정적으로) '가장 단순한 자극'에 대한 반응에서조차 뇌로 보내진 감각 메시지는 전형적으로 매우 복잡하며, 그 시냅스 변형 결과, 즉 그 감각 메시지들이 부호화되어 하향적으로 개념화된 표상들은 훨씬 더 복잡하며, 전형적으로 그러하다. (이것에 대해서 뒤에서 설명된다.) 개념이 무엇이며, 우리가 개념을 어떻게 획득하는지를 설명하는 '직접-내부-복사 이론'은 다음을 고려할 때 농담처럼 들린다. 어느 인간 유아라도 소위 '단순한' 감각 속성들 대부분을 구분할 능력을 충분히 갖추려면 적어도 몇 년 몇 달이 걸린다. (뇌의 10^{14}개 시냅스 조성을 위해서, 심지어 쟁점의 '단순' 속성들을 이해하기 위해서도 **시간**이 필요하다.) 추가적으로, 그리고 이런 문제를 접해본 사람이라면 누구라도 알듯이, '복합' 개념을 위해 제시된 재귀적 정의(recursive-definition) 이야기는 그 자체만으로 철저한 실패이다. '전자' 혹은 '민주주의'에 대해서 (혹은 심지어 그들이 문제 삼는 '고양이' 혹은 '연필'에 대해서조차) 단순한 감각을 그럴듯하게 표상하는 개념에 의해서, 명시적 정의(explicit definition)를 구성해보라.[11)]

어쩌면, (문제를 덮어버리는) 봉쇄적 생득주의 대 (단순한 감각들을 연결시켜 설명하려는) 조합적 경험주의 중 어느 쪽이든 자기 입장에서 나름 가장 강한 반론이 다음과 같이 나올 수 있다. 그들의 반대 관점 역시 명확한 설명을 내놓지 못하는 빈곤함에서 마찬가지가 아니냐고, 그들은 반문할 수 있다. 그리고 그 빈곤함의 정도를 고려해볼 때, 서로 상대의 대안이 설명 가능성을 소진했다는 측면에서, 각자는 나름 중요한 핵심 의미를 갖는다고 주장할 수 있다. 그러나 결코 그렇지 않다. 우리가 다음 장에서 살펴보겠지만, 우리는 이미 뉴런 활성 공간이 경험에 의해서 느리게, 정합적이며 계층적인 원형 영역들을 어떻게 담아낼 수 있을지 실험 가능한 이야기(가설)를 가지고 있다. 또한 이러한 이야기는 그러한 개념들의 (이후 맥락에 적절한) **활성화**, 즉 (그 활성화가 표상하는) 범주들의 감각 사례들에 따라서 유발되는, 활성화를 설명해준다.[12)] 그리고 우리가 다음 장에서 살펴보겠지만, 이러한 동일 신경구조 및 신경기능 체계는, 우리의 수많은 인지적 **실패** [즉 환각 혹은 환영]을 포함하여, 광범위한 지각 및 개념 현상들에 대해 정곡을 때리는 설명을 내놓는다. 이 설명은 다음 장에서 개괄될 더욱 큰 인식론의 이론에 필수적 기반이 된다.

---

11) (역주) 그런 개념들을 직접 경험된다고 가정되는 '단순' 감각에 의해 정의할 수 없다는 것은 곧 그런 개념들이 반복적인 직접 경험 자체로 설명하기 어렵다는 것을 의미한다.

12) (역주) 다시 말해서, 뉴런 시스템이 어떻게 개념을 담아낼 수 있는지, 그리고 그 개념에 의해서 신경계가 어떻게 작동하는지, 즉 우리가 맥락 의존적 사고를 어떻게 할 수 있는지 등을 설명할 수 있다.

4. 개인의 학습: 빠르고 동역학적인

그러나 이러한 이야기는 **오직** 그 기반을 설명해줄 뿐이다. 무수히 많은 시냅스 연결에 대한 교정이 '학습'이란 개념어에 걸맞은 유일한 처리 방식은 아니며, 그러한 연결의 잘 조율된 조성 상태를 추진하는 것이 세계에 대한 체계적 '지식'을 내재화하는 유일한 방식이 아니다. 이러한 기초 차원의 학습, 즉 뇌의 **구조적** 변화 차원의 학습에, 이차적 학습 차원, 즉 뇌의 전형적 혹은 관습적 작동 양태의 **동역학적** 변화(*dynamical* changes) 차원이 추가로 설명되어야만 하겠다. 이러한 변화는 우리가 이야기해온 (수주일 혹은 수개월 혹은 수년에 걸친) 구조적 변화보다 훨씬 짧은 시간(수 초 혹은 그보다 짧은 순간) 내에 발생할 수 있지만, 이것이 어떠한 구조적 변화를, 적어도 단기간 내에 일으키지는 않는다. 그러나 이러한 인지 발달 차원은 적어도, 우리가 앞으로 보겠지만, 그 구조적 전임자만큼 중요하지는 않다.

그러한 뇌의 동역학적 활성은, 뇌의 '총괄(all-up)' 뉴런 활성 공간 내의 단일 지점의 이동으로 인식될 수도 있다. 즉, (기초 혹은 구조적 학습 과정을 통해서 매우 오랫동안 새겨진) 개념이란 풍경의 끝없이 펼쳐진 언덕과 계곡 내의 한 지점이, 마치 공깃돌처럼, 이리저리 경쾌하게 굴러다니는 것으로 생각해볼 수 있다. 이러한 풍경 유비는, 누군가의 펼쳐진 인지 상태가 '계곡'(습득된 원형 영역 혹은 범주)을 선호하며, '언덕'(매우 있음직한 계곡들 사이에 비교적 있을 법하지 않은 산마루)에서 미끄러져 내려오는 경향이 있다는 등을 올바로 연상시켜주는 측면에서 충분히 적절할 듯싶다. 그러나 이러한 유비는, 뇌의 총괄 활성 공간이란 장엄한 **용량**(모호한 칸트식 **하부** 공간 수천 개를 모아놓은 합)을 연상시켜주므로 적절치 못하다.

만약 우리가 아주 보수적으로 생각해보더라도, 뇌 안의 각 뉴런은 단지 10개의 (서로 다르고 기능적으로 유의미한) 활성 수준, 예를 들어 최소 극파 주파수(spike frequence) 0Hz와 최대 극파 주파수 90Hz 사이에 10단계가 있다고 가정한다면, 뇌는 10^{11}개 뉴런을 가지므로, 우리는 10의 10^{11}의 배율로 혹은 $10^{100,000,000,000}$의 기능적으로 명확히 구분되는, 선험적으로 가능한 전체 활성 상태(a priori possible global activation states) 공간을 전망해볼 수 있다. (비교해보자면, 접근 가능한 우주는 단지 10^{87}세제곱미터를 갖는다.) 이렇게 거의 상상 불가능해 보이는 용량의 독특한 활성 가능성 내에, 임의의 개별적으로 움직이는 활성화 지점은 (일생의) 특유한 인지적 유랑을, 즉 개개의 의식적(무의식적) 삶을 정교하게 조준해야 한다.

그러한 공간은, 인간의 일생 시간 동안(≈ 2×10^{9}초) 그 공간의 어느 유의미한 부분을 탐색하기에도 너무 거대하다. 만약 누군가의 활성화 지점이 초당 100회 비율로 가능한 지점들을 질주하게 되더라도, 일생 동안의 탐색은 ($5 \times 10^{99,999,999,988}$ 지점을 방문하지 못한 채) 단지 2×10^{11}의 독특한 지점들에만 들러볼 수도 있다.

이러한 설명은 대략적으로 정확할 뿐이지만, 이 설명은 단지 인간 뉴런의 활성 공간 중 선험적 용량(a priori volume)에만, 즉 각각의 뉴런 활성이 모두 서로 독립적이라는 가정에서의 잠재적 용량에만 관련된 이야기이다. 반면에 그 **후험적** 용량(*a posteriori* volume)은, 여전히 엄청난 용량이긴 하지만, (독자들도 이미 인식하겠지만) 실질적으로 훨씬 적다. 앞서 지적된 시냅스 조정 학습 과정 전체는, 뉴런 행동이 (하위 계층 구조의 뉴런 활성에 깊이 그리고 체계적으로 **의존하는**) 정보처리 계층 구조 내에 점진적으로 더 고도화하도록 만든다. 따라서 그러한 학습 과정은 (경험적으로) 가능한 전체 활성 지점 공간을 극적으로 축소시킨다.

더 정확히 말하자면, 그러한 학습 과정은 원래의 공간을 조심스럽게 구축한 일련의 내적 하부 공간으로 축소시킨다. 그러한 축소는 각기 외부 세계의 영구적 구조에 대한 어떤 고유한 양식 혹은 차원을, 획득된 내적 구조에 의해서 표상하려는 시도이다. 따라서 그러한 하부 공간들이 표상적 의미에서 충실히 일반적이라면, 그것들은 충분히 **가능한** 방식의 뇌의 개념을 표상할 것이다. 이러한 방식으로 실제 세계 자체가 우리에게 단일하고 현재진행의 지각 경험으로 제시된다. 예를 들어, 그림 1.3의 색깔 공간은 모든 가능한 색깔의 범위를 표상할 수 있다. 그림 1.4의 얼굴 공간은 모든 가능한 인간 얼굴의 범위를 표상할 수 있다. 아마도 세 번째 공간은 모든 가능한 포물선 운동의 범위를 표상할 것이다. 네 번째 공간은 모든 가능한 목소리의 범위를 표상하는 등등이다. 종합하건대, 이러한 많은 하부 공간들은 일련의 '규범적 가능' 세계를 규정한다. (세계는 우리 자신의 세계에 대한 동일한 범주를 가지게 되어, 영구적 인과 구조를 공유하게 된다. 그렇지만 그 구조는 각자의 임의 조건들과 연이어 일어나는 단일 사항들로 인하여 서로 다르다.)

따라서 그러한 공간들은, 양상 문장(modal statements), 반사실적(counterfactual), **그리고** 선언적 조건문(subjunctive conditionals) 등에 대한, 의미론과 인식론 모두를 새롭게 설명하기 위한 핵심이다. 여기에서 전망하는 이러한 설명은 우리로 하여금 가능 세계(possible worlds)라는 객관적 존재를 주장하는 엉터리 '실재론자(realists)'가 되라고 요구하지 않으며, 목록 같은 사태-기술구(listlike state-descriptions)를 취급하라고 요구하지도 않는다.[13] 실제로 여기 제안되는 설명 내에서 그러한 관련 표상들은 완전히 논외로 제외되며, 강건하게 내재하는 **개연성 계측규준**(*probability metric*)을 갖는 공간 내의 위치로 설명된다. 그러한

13) (역주) 포퍼(K. Popper)에 따르면, 세 개의 세계가 존재하며, 세계 1은 원자와 물질 등의 물리적 사실들이 존재하는 곳이고, 세계 2는 심적 사태와 같은 주관적 경험이 가능한 곳이며, 세계 3은 추상적 대상과 관념들로 구성되어 과학적 사고가 가능한 곳이다. 그에 따르면, 과학이론은 실재하며, 그러한 존재들이 논리적 관계를 갖는다.

개연성에 비추어 우리는, 언젠가 사례로 겪었을 위치로 표상되는, 객관적 특징들이 있음직한지, 아니면 그렇지 **않은**지를 평가한다.

다시 말하지만, 그렇게 습득된 뇌의 미시 구조는 일부 상당히 필요한 설명의 재원을 요구하지만, 그것을 이용한 결과, 양상, 선언, 그리고 반사실 등의 우리 지식에 대한 재개념화가 일어나며, 그러한 재개념화는 우리로 하여금 통속 심리학과 고전 논리학 이론 등의 언어 형식 체계를 버리고, 뇌-기반 작동 양태에 적합한 활성-벡터-공간을 선택하도록 유도한다.

이러한 시각의 전환은 한 가지 더 나아간 측면에서 유익하다. 인간이 아닌 동물들은 인간과 다름없이, 양상, 선언, 반사실 등의 지식을 소유하는 것을 실험적으로 보여준다. 그러나 인간이 아닌 동물들은 문장 혹은 명제 태도 등을 전혀 취급하지 않으며, 무한한 가능 세계를 생각하도록 진화하지도 않았다. 따라서 고전적 설명은 동물 왕국 전체가 지닌 거대한 지식의 양식을 설명할 수 없다. 고전적 설명은, 그것이 임의적으로 노리는, 즉 언어를 이용하는 인간이란 특이한 사례를 넘어설 수 없다. 반면에 지금의 접근은 넓은 지식의 '양식', 즉 모든 수많은 동물들의 지식에 대해 통일된 설명을 시도한다.

앞서 언급했듯이, 누군가의 내적 인지 이야기는 앞서 조각된 공간을 가로지르는 특정한 궤적이다. 그러나 그러한 잘 형식화된 공간이더라도, 그 인지 궤적의 경로는 그의 감각 경험에 의해서만 지시되지 않는다. 그것과 상당히 거리가 있다. 어느 시간에 어느 지점에서 당신의 (전체 활성 공간 내에) 다음 활성 지점을 지시하는 것은 언제나, (1) 부분적으로, 당신의 현재 감각 입력, (2) 부분적으로, 이미 습득된 당신의 배경 개념 체계(다시 말해서, 당신의 최근 시냅스 조성 상태), 그렇지만 또한 가장 중요하게는, 현재의 맥락, (3) **당신의 전체 뉴런 집단의 동시적 활성 상태**, 즉 현재 계산 활동에 앞서 당신의 인지 활동을 즉각적으로 반영하는 복잡한 요소 등이다. 이러한 장치가 뇌를 진정한 **동**

역학적 시스템으로, 즉 큰 범위의 '가능한 행동' 능력을 만들어준다. (여기에서 '가능한 행동'이란, 원리적으로조차 예측 불가한 행동을 말한다.)

여기에서 제안하는 주장을 이해하도록, 다시 한 번 칸트와 적절한 유사점은 물론 차이점 또한 비교하는 것이 아마 도움이 될 듯싶다. 주장되는바, 칸트는 직관이나 판단과는 구별되는 세 번째 커다란 인지 활동의 캔버스를 가정하며, 이것은 **상상력**이다. 상상력의 명확한 특징은 그것이 발휘되는 인지 활동의 **자발성**에 있다. 칸트와 달리, 나는 상상 활동을 지원하는 명확한 공간이나 캔버스를 가정하지 않을 것이다. 내 관점에서, 상상 활동은 앞서 언급된 '아주 동일한' 뉴런 활성 공간 집단에 의해서 작동된다. 상상 활동을 다른 형태의 인지와 구분할 수 있게 해주는 것은, 그 활동의 위치가 아니라, 인과(cause)에 의해서이다. 상상적 인지 활동은, 뇌의 정보처리 계층 구조 내에 몇 가지 감각 양태로부터 올라가는(상향의) 입력에 의해서가 아니라, 위쪽 뉴런 집단에서 내려가는(하향의) 혹은 회귀성의(재귀적인) 입력에 의해서 일어난다. 그런 활동은, 하위의 감각 활동에 의해서보다 상위의 뇌 활동에 의해서 촉발되고 진행된다.

그런데 자발성 문제와 관련하여, 나는 칸트와 같은 줄에 선다. 그리고 그럴 만한 좋은 이유도 가지고 있다. 뇌는 그 무엇과도 비교될 수 없을 만치 복잡한 동역학 시스템이다. 뇌는, 수십만 가지 제멋대로, 즉 초보자를 위해서 구체적으로 설명하자면, 수십만 개 뉴런의 현재 활성 수준에 따라서, 지속적으로 변화하는 물리적 시스템이다. 그것은 결정적으로 비선형의 동역학 시스템을 갖는다. 이것은 다음을 의미한다. 뇌의 많은 활동 양식에 있어서, 누군가의 극히 작은 현재 인지 상태의 차이가 기하급수적으로 눈덩이처럼 불어나, 후속 인지 상태에서 아주 큰 차이를 만든다. 이것은 우리에게, 그러한 문제와 관련하여, 우리 혹은 어느 상상 가능한 물리적 장치라도, 심지어 뇌 행동이 엄밀히 결정론적이라고 가정하더라도, 어느 뇌에서 펼쳐지는 인지 활동을 **예측**할 정도에서 어쩔 수 없는 한계가 있음을 보여준다. 그 예측의 어려운 정도는 다음과 같은 이유에서 나온다. 그러한 뇌 시스템을 효과적으로 예측하려면, 첫째, 뇌의 현재 구조와 동역학적 상태에 대한 엄청나게 완벽한 정보를 알아야 하며, 둘째, 뇌의 상태가 법칙적 지배에 따라서 다음 상태로 어떻게 진전되는지에 관해 엄청나게 정확한 계산을 할 수 있어야 한다. 이러한 두 요구 사항에 대해서 어느 것도 지금의 세계에서 만족시켜줄 수 없으며, 심지어 적당한 어림짐작조차 어렵다.

연구 결과에 따르면, 일반적으로 뇌 시스템의 인지 행동을 쉽게 예측할 수 없는 이유는 그 시스템 자체에 있지도, 그 밖의 다른 것에 있지도 않다. 이 말은 뇌 인지 활동의 어느 규칙성도 인과적 시각에 의해서 드러나지 **않는다**는 것을 의미하지 않는다. 그 반대로, 뇌가 어느 원형적 활동 중에 있다면, 예를 들어 이를 닦는 중에, 카드 패를 돌리는 중에, 혹은 커피를 마시는 중에, 그 특정 운동 행동의 미래가 어떠할 것인지는 수 초 내에 혹은 그 정도에서 상당히 예측될 수 있다. 그리고 만약 우리가 하루 혹은 일주일에 걸쳐서 행동을 살펴본다면, 뇌의 상태가 정상인지, 그 사람이 대략 오후 6시에 저녁을 먹을지, 10시 무렵에 잠자리에 들지, 대략 오전 6시 혹은 7시에 일어날지 등을 상당히 예측할 수 있다. 물론 그러한 주기적 행동의 구체적 사항들까지(그가 소시지를 먹을지 아니면 생선을 먹을지, 그가 초록 파자마를 입을지 아니면 파란 파자마를 입을지, 그가 오른쪽 신발을 먼저 신을지 아니면 왼쪽 신발을 먼저 신을지 등을) 우리가 알지는 못한다. 그러나 비록 (무수히 많은 변수에 의한) 비선형적 시스템일지라도 대략적으로 안정한 궤도 혹은 사이클을 보여줄 수는 있다. 그렇지만, 이러한 두 가지(아주 단기 반응과 장기 패턴)의 예외를 넘어서는, 뇌의 인지적 그리고 신체적 행동은 상당히 예측 불가능하다. 그런 반응은, 추적할 수 없으며 언제든 뒤바뀌는 기민한 미시-처리 과정들로 뒤범벅인 기원을 반영하는, 자발성을 드러낸다.

그러나 학습이란 주제로 돌아가 논의해보자. 자발성에 대한 기꺼운 측정(예측)을 넘어서 논의하자면, 회귀적 혹은 하향의 신경 경로는, 펼쳐지는 감각 입력에 대한 뇌의 인지적 반응의 (현재진행의) **변조**(*modulation*)를 가능하게 해준다. 그 세부적인 변조는 전체적으로 언제든 뒤바뀌는 뇌의 동역학적 상태를 반영한다. 즉, 그것은 모든 획득된 여기 지금의 맥락 정보를 반영하며, 그런 정보는 당면의 감각 입력 시점에 뇌에서 구현된다. 가장 중요하게는, 각 입력 정보가 입력되는 현재의 맥락은 일생 동안에 결코 두 번 다시 동일하지 않다. 왜냐하면 심지어 (성숙된 조성 상태로 고정된) 뇌의 시냅스 연결 가중치를 가지고도, 뇌의 **동역학적** 상태, 즉 **현재 뉴런 활성 수준**에 따른 전체 패턴은, 언제나 유동적이며, 결코 반복되지 않는 (모든 감각 입력의 해석을 위한) 인지 맥락을 제공하기 때문이다. 따라서 어떤 뇌의 동역학적 상태가 서로 다른 두 경우에 대해서, 비록 그 총괄 감각 입력이 그 양자 모두에 동일하게 작용해야만 하는 경우일지라도, 정말 동일하게 인지 반응하지 않는다. 이러한 내적 헤라클레이토스의 강물(Heraclitean river)에 연이어 같은 돌을 던진다고 하더라도, 결코 동일한 물결이 일어나지는 않는다.

확신하건대, 그러한 결과적 차이는 언제나 작으며, 하향의 인지적 결과는 전형적으로 역시 작다. 태양계와 마찬가지로, 뇌 역시 적어도 준-안정의 동역학 시스템이다. 그러나 신뢰하던 친구가 갑작스레 순진한 동료를 끔찍하게 학대하는 경우에, 이따금 그러한 하향의 차이가 실질적으로 중요한 영향을 끼치며, 따라서 세계에 대한 안목을 바꾸도록 영향을 미친다. 비록 그 친구가 수일 혹은 수주일 지난 이후에 정상으로 돌아온다고 하더라도, 그의 미소 짓는 인사와 그 밖의 사회적 교류는 결코 당신에게 이전과 같아 보일 수는 없다. 적어도 그와 관련된, 당신의 지각, 예측, 그리고 교류는 영원히 수정된다. 다시 말해서, 당신은 그의 성격에 관해 무언가를 새롭게 배운다.

더욱 정확히 말해서, 그러한 경험은 당신의 인지 궤적을 변화시켜, 앞서 조각된 당신의 뉴런 활성 공간을, 굉장히 다르고 지금까지 들어가보지 않은 영역으로 밀어 넣는다. 그러한 공간의 수많은 차원들 상당 부분에서, 당신의 궤적은 친숙한 영역에 그대로 머무를 것이다. 그러나 적어도 일정 양의 가용한 차원들에서 그 궤적은 이제 새로운 기반을 찾게 된다.[14]

더 엄밀히 말하자면, 더 이상 그 궤적은 자체만으로 전혀 실제와 **정확히** 관계시키지 못하므로, 그러한 궤적은 **항시** 새로운 활성 공간 영역을 탐색하는 중이다. (물론 고립된 동역학 시스템으로서, 매우 완벽한 회귀는 그 시스템이 영구적이며 불변의 주기성에 처할 운명에 놓일 수도 있다.) 그러나 이따금 누군가의 활성 공간 위치가 새롭게 바뀌는 일이 일어나며, 그럴 경우에 그 변화는 사소하지 않으며, 대폭적이다. 경우에 따라서, 누군가의 수정된 궤적은 그로 하여금, 친숙하고 매우 회귀적인 양동이의 동역학적 이끌림(dynamical attraction)에서 벗어나, 비교적 일어나기 어려운 국소 마루턱(local ridge)을 넘어, 새롭고 아주 다른 양동이의 이끌림으로 들어서게 만들기도 한다.[15] 이제 그러한 양동이 안에서 특정 종류의 모든 감각 입력은 매우 다른 개념 해석 체제를 받아들인다. 만약 그러한 새로운 체제가 자신의 환경 혹은 특정 국면을 더 잘 예측하고 다룰 능력을 갖게 해준다면, 그것은 그 동물로 하여금 세계에 대한 새로운 통찰을 신뢰하도록 만들어준다. 비록 자체

---

14) (역주) 지금까지 가지고 있던 당신의 인지적 행동 양식을 결정하던 궤적 일부는 이전과 다른 새로운 공간 차원의 매개변수(parameter, 지표)에 의해서 새롭게 그려지게 된다. 그러므로 당신은 동일한 그의 행동을 이제 이전과 전혀 다른 관점에서 바라보게 된다.

15) (역주) 어느 개념 체계의 동역학적 시스템의 궤적은 시각적으로 웅덩이의 아래 꼭지 위치에 비유된다. 이것은 이끌림(attraction) 혹은 끌개(attractor)라 불린다.

의 신경계 내에 어떤 **구조적** 변화가 일어나지 않는다고 하더라도, 그러한 경우는 분명히 학습의 사례이다. 우리는 그것을 **동역학적** 학습(*dynamical* learning)이라 부른다.

친구를 잘못 이해했다가 새롭게 이해하게 되는 사례는 그러한 과정의 세심한 세속적 사례이다. 그러한 과정은 다음과 같은 경우에 훨씬 중요해 보인다. 중요 과학적 통찰 혹은 소위 '개념적 혁명'이라 불리는 대부분의 경우들 역시 동역학적 학습의 사례들이다. 예를 들어, 다음을 생각해보자. 하나의 유명한 사례로, 뉴턴(I. Newton)은, (울즈소프(Woolsthorp)에서 떨어지는 사과를 우연히 보고서) 달의 궤도 역시 여기 지상에서 돌을 던지는 경우와 동일한 법칙의 지배를 받는 **포물선 운동**의 다른 경우라고 인식했다. 다윈(C. Darwin)은, 종의 분화가 동물 농장에서 이루어지는 오랜 기간의 **인공 선택**과 완전히 비슷할 수 있다고 인식했다. 토리첼리(E. Torricelli)는, 우리 모두는 **공기 바다**의 아래쪽에 산다고 통찰해내고, 그 가설에 대한 실험을 산등성을 따라 고도계를 들고 오르는, 그러면 고도계가 내려가는 방식으로 하였다. 베르누이(D. Bernoulli), 맥스웰(J. C. Maxwell), 볼츠만(L. Boltzmann) 등은, 기체란 서로 충돌하고 그리고 그것을 가둔 용기 벽에 **작은 탄도 입자의 덩어리**라고 생각했다.[16)]

이러한 모든 경우들에서, 그리고 많은 다른 경우들에서, 그렇게 귀결된 초기 인지 변화는 어느 시냅스 가중치들의 재조성에 의한 결과가 아니다. 그러한 변화는, 당밀-유사 과정으로, 너무 은밀히 일어나서 설명할 수 없을 정도이다. 그러한 변화는 이미 자리 잡은 개념 자원들의 **동역학적** 재전개(*dynamical* redeployment)에 의해 일어난다. 그리고 그

---

16) (역주) 뉴턴이 사과가 떨어지는 것을 보고 그러한 관점의 전환을 가질 수 있었다는 이야기는, 당시 뉴턴을 이해하지 못하는 어느 의원이 말한 것이 대중에 전파되었다는 주장도 있으므로, 논란의 여지가 있다. 그렇지만, '관점의 전환'이란 지금 이야기 맥락에서, 이것을 지금 문제 삼을 필요는 없겠다.

자원들은 수년에 걸친 학습의 결과, 그리고 전적으로 다른 맥락에서, 당면 과제에 따라 느린 시냅스 변화 과정 방식으로, **최초로** 학습된 것들이다. 앞서 인용된 역사적 사례들 중에 새로운 고안물은, **관성 투사체, 선별적 번식, 깊은 바다, 탄도 입자 덩어리** 등의 개념이 아니다. 새로운 고안물은, 예를 들어 달, 야생동물, 대기, 폐쇄된 공기 등의 개념에 대해서, 평소와 다르게 채택하는 목적 혹은 상황에 있다. 각각의 경우에, 옛 친근한 것들이 아주 다른 범주의 예측 못한 사례로 이해되었으며, 이후로 그 범주들은 아주 다른 상황에 채용되며, 옛 현상들에 대한 새롭고 체계적인 의미를 부여한다. 생물학의 한 개념어를 빌려오자면, 우리는 이제 다양한 **인지 외적용**(*cognitive exaptations*), 즉 어떤 상황에서 초기에 발달된 인지적 장치가 다른 상황에서 다른 목적을 위해서도 이상하게 매우 도움이 되는 것을 전망한다.[17)]

독자들도 짐작하기 시작하겠지만, 4장에서 개괄하는 동역학적 학습에 대한 설명은, 이론적 가설이 무엇인지, 설명적 이해가 무엇으로 이루어지는지, 그리고 설명의 통합 혹은 '이론 간 환원(intertheoretic reduction)'은 무엇으로 이루어지는지 등에 대해 새로운 설명을 제공한다. 반면에 이와 관련한 고전적 대응 입장은 다음 두 가지로 정리된다. 첫째는 이론에 대한 **구문적**(*syntactic*) 설명("이론은 문장들 집합이다")으로, 이 입장은 설명과 이론 간 환원 모두에 대해서 적절한 연역적 설명을 제시하려 한다. 둘째는 이론에 대한 **의미론적**(*semantic*) 관점으로, 이 관점은 설명과 환원에 대한 적절한 **모델 이론적**(*model-theoretic*) 설명을 제시하려 한다. 주장하건대, 이런 두 고전적 설명 모두는 불충분

17) (역주) 새의 깃털은 처음 체온을 유지하는 데 유리하여 자연선택되었지만, 이것이 나중에 본래적 기능과 다르게 하늘을 날아다니는 데에 외적용(exaptation), 즉 다른 목적과 상황에 적용되었다. 이와 같이, 이미 우리가 소유하는 개념들이 새로운 상황을 이해하고 적응하기 위해 다르게 적용될 수 있다. 아마도 이런 적용이 창의적 예술 및 과학 활동을 지원하는 우리의 추론 시스템, 즉 은유(metaphor)의 기반일 것이다.

하며, 특별히 옛 구문적(문장적, 명제적) 설명이 그러하다. 많은 다른 결함들 중에서도 나는 비인간 동물에 대한 그들의 이론적 이해에 반대한다. 왜냐하면 그런 동물들은 문장이나 명제 태도를 활용하지 않기 때문이다. 고전적 설명은 인간의 경우에 대한 설명에서도 역시 크게 만족시켜주지 못한다. 근본적으로 사회적 수준에 적절한 (개별 두뇌의) **비언어적** 활동에 **언어적** 범주를 잘못 적용하기 때문이다. 이러한 원시적 활동은, 문장이나 명제 태도에 의해서 배타적으로 기술하는 것보다, **전개되는 활성 벡터**(*activation-vector*)에 의해 기술하는 것이 더 좋다. 아래에 제시되는 인식론 이야기 측면을 고려해보면, 문장식 표상에 의해 논의해야 할 상당한 여지는 있으며, 그렇게 하는 것이 나름 중요하기도 하다. 그렇지만 그것의 온전한 발원지는 사회적 세계, 인간 뇌 외부의 공유 공간, 공적 발화 및 출판된 인쇄물 공간 등에 있으며, 개별 인간의 머리 내부에 있지 않다.

이론에 대한 의미론적 관점 역시 잘못 채택되었지만, 이 두 고전적 대응 입장들 중 이것은 (뒤에서 마땅히 살펴보겠지만) 문제의 진위(true/false)에 더 가까이 다가선다. 집합이론 개념어에 의한 표준적 형식화가 그 내밀성과, 많은 사람들에게 상당한 부담스러움이 있음에도 불구하고, 의미론적 관점에서 어느 특정 이론이 **단일 복합 술어**(*single complex predicate*)에 의해서 적절히 규정될 수 있다. 그리고 어느 술어는 '설명되는 어느 규정된 영역' 내에서 참일 수 있다.[18] 그러므로 이렇게 말할 수 있다. 달은 **뉴턴식 투사체**이다, 동물 종의 진화는 **무작위 변이와 선별적 복제에 의한 과정**이다, 기체 입자는 **완전 탄성 충돌하는 고전 역학 체계**로 다루어진다. (이러한 술어식 규정화는 약간 잘못된 것인데, 그것이 우리를 술어와 같은 언어적 항목으로 돌아가게 유도하기 때문이다.) 반면에, 표준적 형식화는 이론을 마치 **외연적** 존재

18) 다음을 참조하라. van Fraassen 1980.

처럼, 즉 그 술어가 참인 모든 모델의 집합처럼 여긴다. 이론에 대한 **신경의미론적** 설명이 시도하려는 것은, 비록 그 설명이 이론을 뇌 내부에 확고히 위치시키려 하지만, 의미론적 설명이 하려는 것과 매우 유사하다. 그것은 단순히 '단일 복합 술어'를 '고차원 활성 공간 내의 단일 원형 지점'으로 대치하려 한다. 그 관점에 대한 옹호를 아래에서 개괄적으로 살펴보겠다.

그렇지만, 이론의 의미론적 관점은 심지어 인식론 연구자들 사이에서도 소수의 관점이며, 따라서 독자들 역시 방금 비교한 대비가 그다지 설득적이지 않으며 매우 유력하지도 않다는 것을 알아볼 것이다. 그러므로 이 문제의 진위에 더 가까이 다가서게 해줄, 다른 대비를 알아보자. 이것은 여기에서 옹호되는 이론의 관점은, 메리 헤세(Marry Hesse), 토머스 쿤(Thomas Kuhn), 로널드 기어리(Ronald Giere), 윌리엄 벡텔(William Bechtel), 낸시 카트라이트(Nancy Cartwright), 그리고 낸시 너세시안(Nancy Nersessian) 등에 의해서 제시된 전통에 대해 신경학적으로 밝히는 사례이다. 그러한 전통은 과학적 이론화에 있어서, 모델의 역할, 은유, 패러다임, 메커니즘, 이상적 '법칙적 장치(nomological machine)' 등에 초점을 맞춘다.[19)]

어떤 측면에서, 이런 것들은 매우 서로 다르다. 잘 알려져 있듯이, 쿤은 사회적 수준에 초점을 맞추며, 기어리와 너세시안은 심리학적 수

19) 이러한 목록은 특별히 과학철학에 한정되었지만, 여기에 제시하는 이러한 이론적 전통은 특정 하위 학문 분야의 경계를 넘어선다. '인지 언어학(Cognitive Linguistics)'이란, 엘먼(J. Elman), 베이츠(E. Bates), 랭가커(R. Langacker), 레이코프(G. Lakoff), 파우코니어(G. Fauconnier) 등과 같은 언어학자들의 저작물이 보여주듯이, 동일한 계보의 다른, 그렇지만 명확한, 가지이다. '의미론-장 이론(Semantic-Field Theory)'이란, 키테이(E. Kittay), 존슨(M. Johnson) 등의 철학자들의 저작에서 보여주듯이, 또 다른 가지이다. 그리고 모든 세대의 심리학자들에 의해 탐구된, 개념 조직화에 대한 '원형 이론(Prototype Theory)' 역시 그러하다.

준에 확고히 초점을 맞추고, 벡텔은 스스로 상황 신경 모델 개발자가 되려고 하며, 카트라이트는 객관적 실재의 형이상학적 본성에 초점을 맞추는 경향이 있다. 그러나 그들 모두는 일치하여 우리의 과학적 노력을, 복잡하고 미심쩍은 현상들을, 친숙하고 조작 가능하며 이미 잘 알려진 일부 특별한 현상들에 인위적으로 동화시켜 바라본다. 내가 동역학적 학습의 사례로 탐색하려는 것은, 정확히 그러한 동화 과정에 대한 신경계산적 **기반**이다. 다음 장에서 우리는 인식론과 과학철학 내의 일정 범위의 표준적 쟁점들에 대한 그러한 탐색 **결과**를 알아볼 것이다.

누군가는 아마도 위에서 열거한 이론에 대한 의미론적 설명의 울림을 들을 수도 있겠다. 결국 기어리는 그러한 설명의 한 가지 (이단의) 사례로서 자신의 관점을 설명하며, 스니드(Sneed 1971)와 스테그뮐러(Stegmuller 1976)는 쿤의 이야기에 모델-이론의(model-theoretic) 옷을 입히려 하였고, 어느 정도 성공적이기도 하다. 다 좋다. 나는 의미론적 설명에 대해서, 어느 정도 동정심을 갖는다. (물론 이것이 이상하게 비쳐질 수도 있겠다.) 그리고 나는 반 프라센(van Fraassen 1980)의 중요한 주장의 서두 부분에 동의한다. 그의 주장에 따르면, 과학적 이론의 본질을 표현하기 위한 올바른 매개물은 고전적 **일차 논리학**(*first-order logic*)의 형식화가 아니라, **집합 이론**(*set theory*)의 형식화이다. 내가 동의하지 않는 부분은 그의 나머지 절반의 주장이다. 내가 제안하는바, 올바른 형식화가 집합 이론이 아니며, 또는 **오직** 집합 이론만도 아니다. 올바른 형식화는 **벡터 대수학**(*vector algebra*)과 **고차원 기하학**(*high-dimensional geometry*)이다. 그리고 이러한 형식화를 올바로 전개하려면, 벡터 부호화와 벡터 계산처리가 생물학적 뇌의 거대한 그물망 내에 어떻게 구현되는지에 관한 이야기를 알아야 한다. 그런 이야기는 우리로 하여금, 어떤 다른 이야기와 달리, 인간의 과학적 이론화를 동역학적 관점으로 설명할 수 있게 해준다. 결국 동역학적 관점은 시간적으로 전개되는 인과적 과정으로, 크게 혹은 전적으로 본래의 의미론적 설명에서는 없었다.

동역학적 혹은 2단계 학습에 관한 이러한 소개 논의를 마치면서, 나는 인식론적 전통에서 더 나아간 중요한 문제를 언급해야겠다. 새롭고, 잠재적으로 더 조작 가능한 외형, 즉 증거에 의한 이론의 미결정성(underdetermination of theory)의 문제와 함께, 과학의 기획에서 (널리 지지되는) 실재론자(Realist) 대 (널리 지지되는) 도구주의자(Instrumentalist) 해석에 대한 지위(자격)의 문제이다. 미결정성 문제는 사라지지 않고 있으며, 다른 형식을 가정한다. 그리고 내가 주장하는바, 그것은 그러한 철학적 대응의 어느 입장에 의해서도 주장되는 것과는 다른 어떤 철학적 교훈을 전해준다. 첫째로, 독자도 인정하겠지만, '증거' 관계는 전체적으로 재인식되어야 한다. 왜냐하면 증거적인 관여는 더 이상 구문적 관점에서의 '이론적' 그리고 '관찰적' 문장이 아니며, 의미론적 관점에서 포용되는 집합이론의 구조 역시 '관찰의 하부 구조'가 아니기 때문이다. 둘째로, 우리가 발견하게 될 것으로, 미결정성은 (우리가 앞으로 평가해보겠지만) 모든 가능한 이론 영역은 물론, 모든 가능한 **증거** 영역에 영향을 미친다. 그리고 세 번째로, 인간에게 전체 이해의 선호 매개 수단으로 선택되기 위하여 잠재적으로 경쟁하는 (실천적이며 무한한) 여러 신경인지 대안들을 우리가 마주함에 따라서, 우리는 또 다른 옛 친구, 즉 공약불가능성(incommensurability)을 재발견할 것이며, 따라서 이것도 새롭게 변모할 것이다. 이러한 익히 알고 있는 골칫거리들이 있지만, 나의 전망에 따르면, 모든 상황을 종합해보건대 가장 납득할 만한 입장은 과학적 실재론(Scientific Realism)을 인정하는 버전일 듯싶다.

5. 집단의 학습과 문화 전달

만약, 항시 확장되는 세계에 대한 경험에 현재의 개념을 적용하려는 시도인, 뇌의 **동역학적** 탐험과, 유용한 개념 체계를 처음으로 느리게 형성하는, 더 기초 구조적 탐험을 구별하는 것이 중요하다면, 그러한 두 개별 활동과 [이 책의 5장에서 살펴볼] 3단계의 중요한 학습, 즉 **문화적** 변화 수준인 **집단적** 인지 활동을 구별하는 것 역시 동등하게 중요하다. 왜냐하면, 인간과 다른 동물 종의 인지 탐험을 가장 확실히 구분시켜주는 제도가 바로 3단계 학습의 교육이기 때문이다. 이러한 3단계의 활동은, 각자의 인지적 성공에 의한 문화적 동화, 그런 성공을 위한 기술 개발, 그 습득된 성공을 다음 세대에 전달, 처음 두 단계의 학습에서 각자의 인지 활동에 대한 (항시 더 복잡해지는) **규정**(*regulation*) 등에 의해서 일어난다.

이러한 3단계의 인지 활동이 있으며, 그것이 매우 중요하다는 것은 어느 누구에게든 결코 새로운 소식은 아니다. 그렇지만 그러한 집단적 인지 활동, 즉 문화 전달 과정에 대한 올바른 성격 규정은 여전히 실질적으로 논란이 되는 문제이다. 그 과정이, 헤겔(G. W. F. Hegel)이 추측하듯이, 완전한 자아의식을 향한 정신(geist)의 유랑인가? 그것이, 리처드 도킨스(Richard Dawkins)가 제시하듯이, 언어적 항목 수준에서 일어나는 선택적 진화, 즉 이기적 '밈들(memes)' 사이의 무자비한 경쟁인가? 그것이, 일부 실용주의자(Pragmatists)와 논리실증주의자(Logical Positivists)가 감히 희망했듯이, 최종 진리 이론(Final True Theory)을 향한 과학의 수렴적 행진인가? 그것이, 일부 회의적 사회학자들이 제안하듯이, 학술지 공간과 연구비를 위해서 경쟁하는, 여러 다양한 학술적 기득권자들 사이에 굽이쳐 흐르지만 결국은 무의미해지는 투쟁인가?

뒤틀린 마음에서 어쩌면 누군가는 그 과정은 위의 모든 것들이라고 대답할 수도 있다. 그러나 좀 더 신중하고 더욱 정확히 살펴본다면, 그 과정은 위의 어느 것도 아니라고 대답할 수도 있다. 이런 3단계의 집단적 인지와 문화 전달 과정에 대한 참된 본성은, 우리가 다양한 방식으로 그것을 헤아릴 때까지 명확히 드러나지 않을 것이다. 어떤 방식으로든, 인간 문화의 다양한 메커니즘은, (우리가 비인간 동물들과 공유하는) 앞의 두 단계 학습에서의 개별 인간의 인지 활동을 양육하고, 규제하고, **확장**하도록 지원한다.

앞의 문단에서 제시된 대략적 목록이 검토됨에 따라서, 문화적 혹은 3단계 학습에 대한 구조, 동역학, 장기적 미래 등에 관한 철학적 이론은 풍성하다. 그러한 이론은 아주 다양하다. 그러나 만약 여기에서 논의되는 제안, 즉 이러한 문화 메커니즘의 중심 **기능**이 처음 두 단계의 학습을 면밀히 착취하고 규제하는 제안이라면, 그 어떤 친근한 이론이라도 인간의 인식적 탐험에 대한 그러한 이론들의 묘사에서 부차적으로 혹은 우연히 옳은 무엇 이상을 기대할 수는 없다. 왜냐하면, 현 시대에 앞선 어떤 인식론 혹은 과학철학이라도 이러한 첫 두 종류의 학습에 대해 관심을 기울인 적도 혹은 어느 명확한 개념을 가졌던 적도 없었기 때문이다. 다시 말해서 그런 이론들은, 시냅스 가중치 조성 상태의 점진적 변화에 의한 원형-표상의 계층 구조 발생(1단계 혹은 '구조적' 학습), 그리고 새로운 경험 영역 내에서, 힘들여 얻은 활성-공간 표상의 체계에 대한 성공적 재전개(redeployment)라는 차후의 발견(2단계 혹은 '동역학적' 학습) 등을 고려하지 못했다.

정말로, 마치 숨겨진 혹은 은밀한 버전의 **언어적** 표상과 활동이 3단계의 인지 활동을 잘못 규정해온 것처럼, 본래적이고 더 기초적인 수준의 표상과 학습 역시 그런 이론들의 상투적 묘사에 의해서 적극적으로 잘못 규정되어왔다. 앞서 지적했듯이, 이러한 이유에서, 포더가 바로 그런 분명하고, 직접적인 대표자이다. 왜냐하면, 인지 활동에 대한 그의 이론에 따르면, 인지 활동이란 분명히 시초부터 언어-유사물이기 때문이다(Fodor 1975). 그러한 관점은, 우리에게 경험 신경과학에 의해서 그리고 인공 신경 모델링에 의해서 드러나는 언어-**이하** 방식의 표상과 계산이라는 아주 다른 것을 전혀 포착하지 못한다. 그 관점 내에서, 그러한 방식은 전혀 인정되지 못한다. 이것은 실패라 불릴 만하다. 그렇지만, 그의 '사고언어(language of thought)' 가설은 둘째 중요한 측면에서도, 이번에는 역설적으로, 언어의 중요성을 낮게 평가함으로써 실패한다. 특히 그 가설은, 언어의 창안이 보여주는 비범한 인지적 **고안물**을 인식하지 못하며, 그래서 피조물들로 하여금 그 혁신의 유리함을 거부할 수 없었던, 즉 피조물들이 오직 1단계와 2단계의 학습에만 제한될 수 없었던, 언어의 창안이 인류를 지성의 궤도에 올려놓은 고도를 파악하지 못한다.[20)]

내가 여기서 하려는 말은 다음과 같다. 언어의 출현에 의해서 인간 종은 공적 매개 수단을 얻었다. 그 매개 수단은, 특별한 개념어 사전과 획득된 문장 내에, 적어도 그 매개 수단을 함께 이용하는 어른들의 일부 습득된 지혜와 개념적 이해를 담아낸다. 물론 습득된 그러한 지혜 모두를 담아내지는 못한다. 전혀 그렇지 못하다. 고작해야 후속 세대의 개념 발달과 동역학적 인지가 따라야만 하는 정보의 기본 틀을 제공해줄 뿐이다. 그러므로 언어를 학습하고 이용해야 하는 후속 세대는 하여튼, 선조의 일부 인지적 성취를 계승하는 수혜자이다. 특별히, 그들은, 마치 비언어 동물들이 그러하듯이, 그리고 마치 언어 습득 이전의 인간이 그래야만 하듯이, 개념 공간을 맨손으로 긁어서 조각할 필요는 없다. 그와 반대로, 인간 어린이는, 자신들의 부모로부터 그리고 주변의 개념적으로 적법한 어른 공동체로부터, 자신들의 개별 개념적

---

20) (역주) 즉, 포더의 사고언어 가설은 언어가 자연선택에서 중요한 요소로 작용할 수 있었던 진화론적 유리함을 고려하지 못하며, 마침내 인류가 언어를 통해서 어떻게 문화적 지성의 수준에까지 도달하게 되었는지 그 기반을 고려하지 못한다.

발달을 이루어, 앞선 인지 행위 세대에 의해서 이미 실용적이며 성공적이라고 입증된 범주들의 계층 구조를 대략적으로라도 따를 수 있게 된다.

그러한 점에서, 학습 과정은 단일 개별 인간이 단일 인생 동안에 학습할 수 있는 것으로 더 이상 제약되지 않는다. 집단적 표상의 매개물, 즉 언어는 많은 서로 다른 개별 사람들에 의한 상황 인지 혁신을 담아낼 수 있으며, 그러한 혁신을 수백 수천의 인생을 거치면서 축적할 수도 있다. 가장 중요한 것으로, 그렇게 언어가 담고 있는 개념적 기본 틀은 역사적 시기를 거치면서 느리게 **진화하여**, 원시 선구자들에 의해 표현되었던 것과는 다른 훨씬 더 강력한 세계관을 표현할 수 있다.

그렇지만 이러한 점을 [선조의 지혜가 후대에 온전히 전달되어 진화된다는 식으로] 과장하지 않는 것이 중요하다. 인간 언어 재원에 대한 불가피하고 특이한 통제를 포함하여, 누군가에게 습득된 거의 **모든** 지혜는 자신과 함께 무덤으로 사라진다. 누군가의 10^{14} 시냅스 가중치의 특별한 조성 상태를 기록한다는 것은 전혀 실질적인 희망일 수 없으며, 누군가의 뇌 전체 뉴런 활성의 동역학적 변화 과정을 추적한다는 것 역시 전혀 실질적인 기대일 수 없으며, 따라서 누군가의 현재 뇌 상태를 다른 사람의 해골 내부 그대로 정확히 재창조한다는 것 역시 전혀 실질적인 기대일 수 없다. 그러나 누군가의 언어 행위가 형성되도록 도와주는 대화 공동체와, 공유하는 개념적 풍습을 통해서, 누군가가 습득한 이해 중 적어도 일부를, 다만 희미하고 부분적인 축약만이라도, 후대에 남겨둔다는 것을 기대해볼 수는 있다.

이 말은 다음을 의미한다. 언어의 중요성을 **낮추어** 평가하지 않는 것 역시 똑같이 중요하다. 현재의 개념어 사전, 문법, 그리고 널리 수용된 문장들의 그물망 등의 공적 관습은 결코 개별 사람의 조절 아래에 배타적으로 놓이지 않는다. 그러므로 살아 있는 언어는 일종의 '인지적 무게중심'을 구축하며, 그 둘레에 개별 인지 활동이 (특이적이며 안전한) 안정된 궤도를 개척할 것이다. 더구나, 문화제도는 단명한 여러 개별 인지자들을 오랜 세월에 걸쳐 살아남게 만들어, 연속적으로 그것을 후대에 전달케 함으로써, 언어는 점차 증가되는 많은 세대에 걸친 지혜를 담아낸다. 그렇지만 개별 세대는 불가피하게 언어를 다만 조금이라도 재형성하게 된다. 짧은 시기 동안에, 언어는 그들의 것이기 때문이다. 따라서 결국에 그러한 관습은, 범주와 관습적 지혜의 정보화 구조로 하여금 인지적 성취 수준을 낮춤으로써, 전달 세대의 체계에서 벗어난 생명체도 살아갈 수 있도록 해준다. 그렇게 하여 큰 규모의 **개념적** 진화는 이제 가능하고 또 있음직하다.[21]

물론, 모든 사람들이 동의할 것으로, 역사적 기록을 위한 어떤 메커니즘을 지닌 종은 그러한 메커니즘을 전혀 갖지 못한 종보다 훨씬 많은 것을 성취할 수 있다. 그러나 나는 여기에서, 인간 인지에 대한 포더의 그림과 매우 대조적인 입장을 선택함으로써, 훨씬 더 논쟁적인 주장을 하려 한다. 사고언어 가설의 입장에 따르면, 어느 **공적** 언어의 개념어 사전은 각 개인의 선천적 사고언어의 선천적 개념들의 의미로부터 직접 그 의미를 물려받는다. 그러면 그 개념들은, 환경에 대해서 다양하게 '간파해낼' 특징들을 담아내는 본유의 인과적 감수성으로부터, **그러한** 의미들을 이끌어낸다. 그리고 최종으로, 그러한 인과적 감수성은 (그 관점에 따르면) 수백만 년의 생물학적 진화에 의해 형성된, 인간 게놈 내에 확정되어 있다. 따라서 모든 정상 인간은, 문화적 진화의 어떤 단계에서도, 어떤 다른 인간과도 **동일한** 개념 체계를 공유하게 되어 있다. 따라서 현재의 공적 언어는 그 개념 체계를 이차적으로

21) (역주) 즉, 관습은, 어느 인지적 생명체가 그것을 따르는 것만으로도 모든 세대에 걸친 이유와 배경 정보를 습득하지 않고서도, 쉽사리 살아갈 수 있도록 해준다. 이런 측면에서 관습은 학습할 정보의 양을 축소시켜주는 효과를 발휘한다. 그러므로 관습에 의해서, 우리는 무수한 과거의 정보를 배우지 않고서도 충분히 현재의 생활을 할 수 있으므로, 이제 새로운 개념적 발달을 대규모로 추진할 여력을 갖출 수 있다.

반영하게 되어 있다. 따라서 아마도 문화적 진화가 그러한 유전적 유산에 **추가**된다. 아마도 상당히 그렇다. 그렇지만 문화적 진화가 그 유전적 유산을 무너뜨리거나 폐지시킬 수는 없다. 우리가 이해하는 세계에 대한 개념의 일차적 핵심은 인간 게놈에 확실히 박혀 있으며, 그 게놈이 변화될 때까지는 바뀌지 않는다.

나는 여기에 동의할 수 없다. 공적 언어의 개념어 사전은, 본유적 사고언어의 반영으로부터가 아니라, 그 의미가 새겨지는 널리 수용된 혹은 문화적으로 확립된 문장들 체계로부터, 그리고 그것에 의해서 규범이 되어버린 추론적 행동 패턴에 의해서 그 의미를 얻는다. 정말로, 어느 개인의 사고 과정을 구성하는 언어-이하 범주들은 상당한 정도로 다른 방식이 아니라 그 개인이 양육된 생활 언어의 공적 구조에 의해서 형성된다.

더 심하게 비판적으로 지적하자면, 어느 개인의 인지 범주들의 의미 또는 의미론적 내용은, 본유적이든 아니든, 사람들이 외부 세계에 대해서 가지는 어느 특징을 가리키는 통상적 관계로부터 나오지 않는다. 그보다, 그것은 고차원 뉴런 활성 공간이라는 (그 의미와 의미론적 내용의) 한정된 장소에서 나온다. 그 뉴런 활성 공간은 복잡하고 특이한 유사성 관계를 담아내며, 일부 외적인 영속적 속성들 영역에 대한 고도의 정보화 '대응도'를 내재화한다. 우리가 다음 장에서 살펴볼 것으로, 1단계 학습을 바르게 설명하려 한다면, 우리는 어느 형식의 원자론적, 외연주의, **지시자** 의미론(*indicator*-semantics)을 일단 미뤄두고, 전체론적, 내연주의, **영역 묘사** 의미론(*domain-portrayal* semantic)을 선호할 필요가 있다.

이것이 의미하는바, 공적 언어의 의미론적 내용과 개별 개념 체계의 의미론적 내용 모두는 고정된 인간 게놈에 (아주 조금이라도) '고정되어' 있지 않다. 그 모두는 지역의 인식 환경과 우리의 개인적 그리고 집단적 인지 역사에 따라서 매우 넓게 자유롭다. 그러나 각 개인이 습득한 개념 체계는 대략 70년 이후에 죽음과 함께 사라질 운명에 있는 반면에, 떠넘겨진 누군가의 당시 유행 언어의 공적 구조는 어떤 시각적 한계도 없이 인식적 모험을 추구하며 계속 살아가야 할 운명에 있다. 확실히 이러한 **3단계**의 세계 표상 과정은, 어느 정도 인간 게놈에 의해 지배되는, 일부 구석기 혹은 구석기 이전의 개념 체계를 고수하도록 요구받지 않는다.

반대로, 그리고 시간만 주어진다면, 이러한 3단계 학습 과정은 우리의 실천적 사업을 체계적으로 재구성하도록, 그리고 우리의 실천적이고 지각적인 세계를, 심지어 가장 세속적인 양식까지도, 체계적으로 재개념화하도록 문을 열어줄 것이다. 우리는, 어느 기업이 핵발전소를 지어서, 엄청난 전력을 사용하여, 보크사이트(bauxite)에서 알루미늄을 제련하도록 지원하라고, 뉴욕증권거래소에 공적으로 제안할 수 있다. 우리는, 올해 주정부 선거의 투표용지에 반-선택 발의, 법안14에 반대표를 던지도록 민주당 서기에게 전화 선거운동을 펼칠 수도 있다. 우리는 해럴드 알렌(Harold Arlen)의 유명한 히트곡 '스토미 웨더(Stormy Weather)'와 동일한 화음으로, 적절히 조옮김하여, G장조로 32줄의 곡조를 쓰고 싶을 수도 있다. 우리는 더러운 행주 스펀지를 조리대 위에 놓인, 클라이스트론(klystron)이 발생하는 마이크로웨이브(전자레인지)로 가열함으로써 박테리아를 박멸할 수도 있다. 우리는, 태양이 서쪽 지평선으로 지면서, 동시에 보름달이 동쪽 지평선에서 떠오르는 것에 호기심을 갖듯이, 지구가 북-남 축으로 한 시간에 정확히 15도 회전하는 것에 호기심을 가질 수 있다. 이와 같은 사고와 기획은 석기시대의 인간 사냥꾼 무리들이 형성한 공동체의 개념 재원을 확실히 넘어선다. 반면에 그 석기시대의 집단은, 자신들의 3단계 학습 역사의 은혜로 인하여, 예를 들어 불 다루기, 음식 마련하기, 무기 제작 기술, 옷 만들기 등과 같은 사고와 기획을 할 수 있었으며, 이런 것들은 비비원숭이(baboons) 무리들로서는 상상조차 할 수 없는 것들이다. 우리는 언어 관습이 제공하는 장기간의 개념적 사다리의 아주 다른 가로대에 있다는 점에서 석기시대의 인간과 다르다. 비비원숭이는 그러한 오름 사다리를 전혀 갖지 못한 측면에서, 석기시대의 인간과 지금의 인간 모두와 다르다.

그렇지만 언어 관습은, 단지 이러한 3단계의 초개인적 학습이 갖는 많은 강력한 메커니즘들 중 단지 첫 번째 것일 뿐이다. 이 책의 마지막 장에서, 나의 희망은, 앞에서 개괄한 신경구조와 신경동역학 체계(neuro-dynamical framework) 내에 인식되는 처음 두 단계의 학습에서 인간 인지 활동의 통제, 증폭, 변환 등의 역할을 탐구함으로써, 그 모든 것들에 대한 새로운 전망을 제안해보는 것이다. 만약에 어느 것이라도 전망해볼 수 있다면, 그것은, 천천히 그 양식을 드러낼, 인간 인지에 대한 다중 수준의 정합적 묘사에 의해서 드러날 것이며, 우리의 현존하는 인식론 전통에서 문제가 되는, 인간 인지 활동의 다양한 국면들에 대해 새로운 설명을 제시해줄 풍성한 묘사에 의해서 드러날 것이다. 간단히 말해서, 나는 일부 옛 문제들에 대해서 새로운 이야기를 시도할 것이다.

6. 지식: 참이며, 정당화된 믿음인가?

지식(knowledge)은 "참인, 정당화된 믿음(true, justified belief)"이라는 개념을 내가 거부하는 일반적 동기가 무엇인지 이미 이 장의 서론 이야기에서 거의 명확히 드러났다. 그 개념을 지지하는 입장에서, 잘못 논증적으로 분석하는 몇몇 요소들을 각각 검토해보자.

첫째, 요청된 매개 수단 자체, 즉 믿음에 대해서 숙고해보자. 여기에서 믿음이란 공표의 **명제** 태도이며, **서술** 문장으로 규정된다. 이것은 구어적 언어를 새롭게 가지기 전까지 인간 인지에 나타나지 않는 단위의 표상이다. 위에서 규명했듯이, 이것은 1단계 혹은 2단계의 학습 과정 어느 편의 요소도 아니다. 따라서 지식을 '문자의 믿음' 영역으로 제한하는 것은 동물과 언어 습득 이전 인간 어린이 모두가 가지는 사실적 지식을 전적으로 부정하는 것이다. 그들의 인지 활동은 언어적 특성의 표상 구조를 외적으로도 내적으로도 갖지 않거나, 아직 갖지 못하기 때문이다.

그러한 좁은 개념화로는 또한 **성숙한** 인간이 갖는 거대한 분량의 사실적 지식들을 무시하거나 잘못 설명한다. 그 사실적 지식들은 우리가 서술 문장이라는 상대적으로 서툰 매개 수단으로는 실질적으로 거의 설명하지 못하는 것들이다. 그러한 매개 수단의 상대적 빈곤함으로, 우리는 인공지능 분야에서 고전적 혹은 프로그램 작성 연구 과제에서 뜻밖에 극적으로 실패하곤 한다. 인공지능 연구에서 정말로 성공하고 싶다면, 그 어느 영역이라도, 그러한 인지 활동을 설명하는 실질적 지식에 근거해야만 한다. 그런데 '수락된 문장들'로 이루어진 긴 목록은 정보를 저장하기에 절망적으로 비효율적인 수단임이 증명되었으며, 더구나 불시에 필요하여 우리가 관련 정보를 검색하는 과제를 수행하려는 경우 급격히 **부푸는** 문제점을 드러낸다. 만약 믿음이 사실적 지식의 기초단위라고 또는 그래야만 한다고 생각한다면, 당신은 이제 그것을 다시 생각해봐야 한다.

이제 정당화의 요구조건에 대해서 생각해보자. 이러한 유서 깊은 조건에 대하여 무언가 불합리한 독단이 있다는 것이, 동물과 언어 습득 이전의 인간 어린이 모두가 가지는 사실적 지식이라는 것을 다시 생각해보기만 해도 명확히 드러난다. 사실인즉, 누군가의 인지 수행을 정당화하려는 습관(practice)은, 단지 성숙한 인간들 사이에, 오직 사회적 수준에서 나타나는 습관이며, 그것은 전형적으로 일부 서술 문장이나 다른 문장의 지위와 관련된 다수 사람들의 협상을 포함한다. 우리는 그러한 협상을 사적으로 반복할 수 있고, 실제로 그렇게 한다. (물론 이것이 좋은 일이긴 하다.) 그러나 그러한 반복 연습은 성숙한 인간에게 제한되며, 그 반복 연습은, 그 기원과 (우리를 인도하는) 원형(prototypes)이 공적으로 설정되는 습관을 반영한다.[22] 모든 면에서 정당화는 사회적 혹은 3단계의 인간 학습에서 마땅히 필요한 일이며, 마땅히 그러한 초점은, 인간과 동물 등의 인지 기초 단위에 대해서 우리가 이미 그 과제를 차별적으로 발견해온, 표상의 매개 수단, 즉 서술 문장에 모아진다. 이런 이야기와 관련하여, 나는 다음 이야기를 서둘러 덧붙여야 하겠다. 나는 이 책에서, 사실적 주장에 대한 평가와 정당성에 대한 우리의 공적 습관의 중요성을 훼손하고 싶어 하지 않는다. 그와 아주 반대이다. 그렇지만, 쟁점의 '정당화된, 참인 믿음'이란 판에 박힌 방식은, 3단계의 학습 과정에서 이끌어내고 존중하는 조건을, 마치 지식 **일반**에 대한 조건인 것처럼, 잘못 부과한다.[23] 그것이 잘못된 이유는, 그 정당화 요구가 1단계의 지식에 전혀 적용되지 않으며, 오직 2단계의 학습 결과에 문제가 되거나 은유적으로 적용되기 때문이다. 내가 나의 뉴런 활성 공간 내에 방금 새겨진 특정한 궤도를, 당신에게 혹은 나 자신에게, 어떻게 정당화시킬 수 있겠는가? 그것은 어떤 일상적 방법으로

---

22) (역주) 즉, 어느 개인적 정당화도 사회적 관행에서 나오는 것이며, 사회적 관행이 안내하는 정당화의 원형을 반영한다.

23) 이 '정당화되어야 한다'는 둘째 조건은, 앞서 언급된 더욱 기초적인 불만에서 나아가, 불합리함을 입증해왔다. 예를 들어, 누군가의 펼쳐지는 지각 믿음은 전형적으로 지식으로 여겨졌지만, 그 각각이 정당화되어야 한다는, 둘째 조건의 요구는 의미적으로도 어불성설이다. 앨빈 골드만(Alvin Goldman 1986)이 제안하였듯이, 납득되는바, 이러한 고전적 조건은, (쟁점의) 믿음이란 '일반적으로 신뢰할 메커니즘'에 의해서 산출된다는, 더 약하며 더 적절한 요구조건으로 대체되어야 한다. 이것이 일보 전진이긴 하지만, 단지 일보에 불과하다. 이러한 매개 수단 자체에 대한 나의 불만이 언급조차 되지 않았다. 그리고 누군가는 이렇게 의문을 가질 것이다. 일반적으로 신뢰할 메커니즘이 긍정적으로 **기능하지 않지만**, 그러나, 기묘한 우연으로, 하여튼 참인 믿음을 산출하는 경우를 어떻게 생각해야 하는가? 이것에 대해서 새로운 요구조건을 추가해야 할 듯하며, 그러나 그렇다고 하더라도 그것이 지식처럼 보이지는 않는다.

도 가능하지 않다. 특별히 그러한 자발적 궤도가 최초로 (미약하게) 내 조절 아래에 놓일 경우뿐이다.

마지막으로, 그렇다면 진리라는 요구조건은 어떠한가? 만약 적어도 우리가, 절차적 지식(procedure knowledge) 혹은 신체 운동 기술(motor skill) 등과 대립되는, 사실적 지식(factual knowledge)에 관심을 제한해 본다면, 확실히 우리는 지식의 조건으로서 확고하게 진리 기반을 요구한다. 그러나 어쩌면 그 기반은 그다지 확고하지 않을 수 있다. 진리를 요구하는 이러한 단서에 대해서 초기 대응을 하자면, 이 책에서 탐구되는 신경계산적 전망에서 볼 때, 지식에 대한 그러한 피상적으로 다른 두 종류의 지식, 즉 사실적 지식 대 실천적 기술, 다시 말해서, 한 가지는 진리성을 담고 있으며, 다른 쪽은 그렇지 않다는 식의 구분법을 명확히 혹은 원리적으로 그려내기란 의외로 어렵다. 척 보기에도 지극히 평범해 보이는 그러한 구분법은, 우리가 앞으로 살펴보게 될, 신경 부호화와 세계 운항 능력이 실제로 존재한다는 것을 고려할 때, 완전히 사라질 듯싶다.

둘째 그리고 동일하게 의미심장한 나의 대응은, 우리가 여기에서 남용한다고 가정하는 '진리'의 의미와 관련된다. 그 일차적이며 엄밀한 의미에서, 진리의 의미는 (거듭 말해서) 서술 문장의 특징이다. 논리적 이론, 즉 타르스키(Alfred Tarski)의 모델-이론적(model-theoretic) 설명은 전적으로 인간 언어의 구조적 요소와 문법적 특징에 기댄다.[24)]그것은 우리 모두가 떠받들도록 배워온 해명이다. 그러나 우리는, 계층적 구조를 이루는 (바로 **개념 체계**라고 밝혀질) 고차원 활성 공간과 같은,

---

24) 엄격히 말해서, 그 설명은, 인간 언어의 아주 작고 매우 조직화된 **파편**(*fragment*)의 구조적 특징, 즉 일차-술어 계산(first-order predicate)이란, 옹색한 형식주의에 기댄다. 그러나 그러한 설명이 여전히 유익하긴 하다. 마땅히 신뢰받을 만한 곳에 신뢰를 보내야 한다. [즉 그러한 설명은 별로 신뢰받을 만하지 못하다.]

생소한 표상이란 매개 수단에 대해서 무엇이라고 말해야 할까? 그리고 우리는, (바로 **지각 표상**이라고 밝혀질) 10^6요소 뉴런 활성 벡터와 같은, 표상이란 매개 수단을 무엇이라고 말해야 할까? 이러한 매개 수단은 타르스키식의 진리 개념어가 적용될 종류의 것이 아니다. 그리고 우리가 살펴보았듯이, 그것은 어느 동물이라도 획득하는 사실적 지식 덩어리를 구성한다. 마땅히 그것은 잡다한 표상의 미덕을 가질 수 있거나, 갖지 못할 수 있다. 그러나 타르스키식의 진리는 그런 것들과 무관하다.

물론, '정당화된-참인-믿음' 공식은 문헌에서 다방면에 걸친 비판의 조명을 받아왔다. 그러나 가장 독창적으로 게티어(Gettier 1963)가 조명하였듯이, 아직 집단적으로 충분한 지식을 위한 조건이 인정되지 못하고 있다. 이후에 그와 관련된 거의 모든 연구들은 그 지각된 구멍을 메워줄 넷째 조건을 찾는 노력에 힘을 기울여왔다.

지금 이 시점에서 고려되는 불만은 다르며 더욱 깊다. 그 불만은, 지식이기 위해서, 이러한 세 친근한 조건들 중 하나라도, 심지어 개별적으로라도, **필수적**이지 않다는 것이다. 정말로 '정당화된-참인-믿음' 접근법은 출발부터 잘못 생각된 것인데, 왜냐하면 그 접근법은, 오직 문화적 혹은 언어기반 학습 수준에서 적절한 개념을 가지고, 언어-**이하** 수준에서 지배적인 인지적 성취를 규정하려 들기 때문이다. 이러한 더욱 기초 수준에서 작동하는 성공과 실패의 차원이 정말로 있다. 그러나 그러한 언어-이하 수준에서의 설명은, 우리로 하여금 언어의 특이 구조를 일시 미뤄두고, 그러한 더욱 깊은 형식의 표상을 자신들의 개념어로 설명하도록 요구할 것이다. 이러한 설명은, 누군가 두려워하듯이 우리로 하여금 진리라는 개념어를 단순히 집어던지도록 요구하지는 **않을** 것이다. 그렇지만 이러한 설명은, 우리로 하여금 진리를 재개념화하고, 일반화할 것을 요구할 것이다. 그렇게 되면, 지식은 정당화된 참인 믿음이 **아닌 것이** 되며, 적어도 일반적으로 그렇지 않게 될 것이다.

이 장을 마치기에 앞서 간략히 요약해보자. 우리는 세 가지 아주 다른 단계로 구분되는 학습 과정에 주목한다. 1단계에서, 우리는 뇌의 10^{14} 시냅스 연결의 미시 조성 상태에서 일차적 구조 변화의 과정을 주시한다. 이런 과정을 통해서 각 여러 수용 뉴런 집단들 전체에 걸친 가능한 활성 패턴 공간은 계량적으로 변형되고 개정된다. 그 결과 여러 **끌개** 영역들(*attractor* regions)이 조성되고, **원형** 표상(*prototype* representation) 집단이 형성되며, **범주들**의 계층 구조, 짧게 말해서, **개념 체계**가 형성된다. 생물학적 피조물에서, 이렇게 펼쳐지는 과정의 시간 범위는 일주일보다 길지 않을 수 있지만, 수개월, 수년, 심지어 수십 년 이상 걸리기도 한다. 당밀처럼 느리게 형성된다. 그것은 완전히 멈추지 않지만, 어른이 되면 그 과정은 상당히 끝나므로, 어른들은 그 과정으로 형성된 개념 체계에 상당히 고착된다.

2단계 학습 과정에서, 우리는 뉴런 활성의 전형적 혹은 습관적 양태에서 동역학적 변화 과정을 보게 된다. 그러한 변화는 기초 시냅스 변화에 의해 유도되지 않으며, 뇌의 전체 뉴런 집단의 최근 활성 역사와 현재 활성 상태에 의해서 유도된다. 그러한 뇌의 신경 활성은, 무수히 많은 축삭돌기의 재귀적 혹은 피드백 구조에 의한, 실시간의 **자기-변조**(*self-modulating*)이다. 이 과정에서, 아주 다른 영역의 경험 중에, 위에서 언급한 1단계 혹은 기초 수준의 과정을 통해서, 최초로 학습된 개념에 체계적 재전개가 일어난다. 그런 중에 옛 재원을 새롭게 사용하는 일도 일어난다. 각각의 그런 과정 중에, 문제 영역의 현상들에 대한 설명의 재해석이 어떻게 일어나는지 해명된다. 개념에 대한 재해석은, 유력한 재해석의 편에서, 그 개념에 대한 차후의 평가, 명료한 정리, 그리고 가능한 폐기 등에 따라서 일어난다. 차후의 평가와 발달에 대조적으로, 그 재전개의 시간 범위는 구조적 혹은 기초 수준의 학습의 경우보다 훨씬 짧아서, 전형적으로 수 밀리초에서 수 시간 내에서 일어난다.

3단계 학습 과정에서, 우리는 문화적 변화 과정을 바라본다. 그러한 변화는, 관련된 공동체의 언어와 어휘, 일반적으로 교육과 문화 전달의 양태, 연구와 기술의 제도, 그리고 첫 두 단계의 학습 중에 형성된 개념적 신제품에 대한 집단적 **평가** 등에서 변화를 포함한다. 이 3단계 과정은 다른 모든 종들의 인지로부터 인간 인지를 가장 결정적으로 구분 짓게 만든다. 왜냐하면 이러한 수준의 지식 축적은 수천 년, 심지어 수만 년의 시간 범위에서 일어나기 때문이다. 이 과정의 중요 기능은 처음 두 단계의 학습 중에 인간 뇌의 개별적 그리고 집단적 인지 활동을 즉각적으로 규정하는 것이다.

여기 처음 시작하는 장에서 주의해서 살펴봐야 할 것이 있다. 모든 세 단계의 학습 과정들을 자세히 검토해보게 되면, 그 각각은 여러 잡다한 하부 과정들과 하부 구조들로 분별된다는 것이 드러날 것이다. 가장 명확한 것으로, 3단계의 학습 과정은, 특정 인간 문화와 그 특정 단계의 역사에 의존하는, 우리가 앞으로 살펴볼, 서로 맞물린 규정 메커니즘의 계층 구조를 드러낼 것이다. 덜 명확해 보이는 것으로, 그렇지만 확실히, 1단계의 학습 과정은, 건축학적이며, 성장 과정에서 나타나는, 신경화학물질에 의한, 그리고 전기생리학적인 활동이다. 이것을 신경과학자들과 신경 모델 입안자들이 단지 펼쳐 보여주기 시작했다. 마찬가지로, 동역학적 혹은 2단계의 학습 과정은 그 자체의 변이와 복잡한 구조를 드러낼 것이다. 위에서 살펴본 세 분파의 학습 과정은 계획적인 이상화에 의한 것이며, 이러한 이상화는, 각 단계에 더 세부적인 탐색을 위한, 그리고 그 세 단계들 사이의 중요 상호 관련성을 탐구하기 위한 안정된 체계를 제공해준다.[25]

그러한 이상화가 순수하게 받아들여진다면, 여기에 어떤 기만도 필

25) (역주) 즉, 이러한 이상화를 통해서 우리는 그 세 단계의 학습 과정을 더욱 세밀히 탐구할 기반이 마련되었다.

요치 않다. 유용한 이상화란 과학적 이해에서 활력이 된다. 다만 논란이 될 여지가 있는 의문은 다음과 같다. 그러한 쟁점의 이상화가 **얼마나** 쓸모 있을까? 그러나 이에 관해 야단법석을 떨 필요는 없다. 그냥 알아보면 된다.

2 장

1단계 학습[1부]: 뇌 내부의 구조적 변화와 영구적 개념 체계의 발달

1. 정보처리 뇌의 기초 조직

어떻게 이야기를 시작할까? 비유적으로, 사다리의 바닥에서부터 시작하자. 다시 말해서, 여러 사다리들의 바닥 아래쪽 가로대를 **감각** 뉴런 집단들에 비유해보자. 예를 들어, 안구 망막의 간상세포(rods)와 추상세포(cons), 귓속 달팽이관 내의 섬모세포(hair cells), 피부의 기계 수용기(mechano-receptor) 등이 그런 가로대에 비유된다(그림 2.1). 이러한 뉴런의 처음 가로대 각각은, 가늘고 풍부한 축삭 섬유들을 위쪽의 특정한 둘째 가로대로, 예를 들어 **시각** 시스템(*visual* system)의 외측무릎핵(lateral geniculate nucleus, LGN), **청각** 시스템(*auditory* system)의 내측무릎핵(medial geniculate nucleus, MGN), 그리고 **체성감각** 시스템(*somatosensory* system)의 넓게 분포된 접촉 수용기의 중추척수(central spinal cord) 등등의 감각후 뉴런(postsensory neuron)의 수용 집단으로 뻗어 연결한다.

하나의 사다리, 혹은 여러 사다리 집단의 은유가 지금 이야기에 아

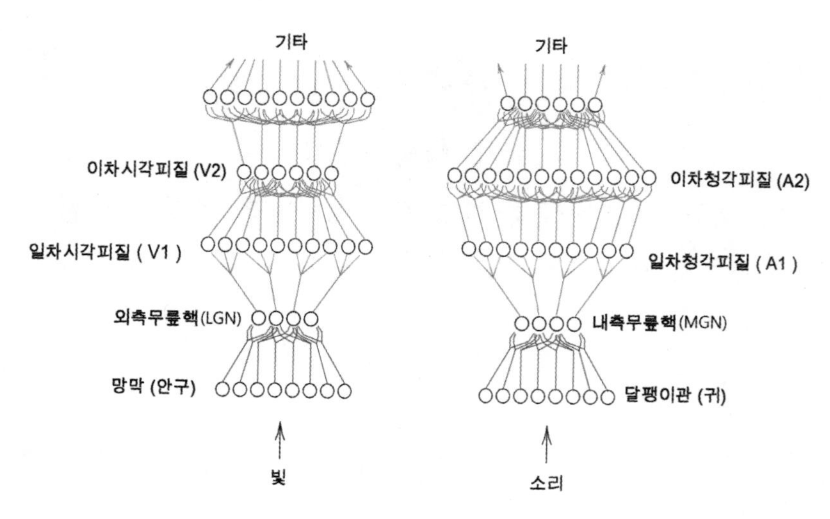

그림 2.1
일차 시각 그리고 청각 경로의 사다리-유사 구조

주 적절해 보인다. 각각의 둘째 가로대 뉴런들은 각기 축삭 섬유들을 셋째 가로대로, 그리고 연이어 넷째와 다섯째 가로대로 뻗어 연결하며, 처음의 감각 뉴런 위로 열, 스물, 혹은 그보다 더 많은 투사 계단에 이를 때까지 뻗어가면서, 계산처리 계층 구조를 이룬다. 그러한 사다리들은, 적어도 가장 낮은 단계에서, 시각 시스템, 청각 시스템, 체성감각 시스템 등등을 위한 **일차 경로**를 형성한다. 그리고 각 사다리들의 **가로대** 각각은, 독특한 인지 캔버스 혹은 표상 공간(representational space), 즉 자체적으로 구성된 범주들을 지닌 캔버스 혹은 공간을 형성하여, 자체의 유사성과 차이성 관계, 그리고 외부 세계의 영구적 양식들에 대한 자체의 특이성을 포착한다. 감각 정보가 사다리를 타고 올라가면서 일어나는 것은, 연속적인 독특한 여러 표상 서식들로의 점진적 변환이며, 그런 표상 서식들은 (세계가 그러그러해야 할 가능한 방식의) 뇌의 여러 배경 '예측들'을 내재화한다.

다중으로 탐지되는 그러한 여러 '예측'의 계층 구조가 어떻게 **형성되며**, 뇌가 그것을 어떻게 획득하는지 등은 이 장의 가장 중요한 주제이다. 이 점에서 우리는 어느 임의 가로대 뉴런을, 그곳에서 신호를 받아, 계산처리하는 사다리 위쪽 다음 가로대 뉴런과 분리시키며 동시에 연결시키는, 시냅스 인터페이스(synaptic interface)에 초점을 맞출 필요가 있다. 그 다음 가로대로 올라가 연결되는 가느다란 축삭은 전형적으로 끝 부분에서 상당히 많은 작은 축삭말단 가지들로 분할된다. (그 모양을 이렇게 상상해볼 수 있다. 축삭은 위로 올려 뻗는 팔 끝에서 다시 위쪽으로 많은 손가락을 뻗어 위쪽 세포에 접촉한다.) 각기 그렇게 접촉하는 여러 손가락 끝이, 그 표적 집단의 어느 뉴런들과 준영구적 **시냅스 연결**을 이룬다. 그 연결에 의해서, **신경전달물질** 분자들은 상황에 따라서 시냅스 손가락 끝에서 나와 다음 세포로 흘려 보내진다. 그러한 시냅스 전달은, 만약 그 연결이 양(positive) 또는 **흥분성**(*excitatory*) 변화를 일으킨다면, 수용 뉴런을 흥분시킬 것이며, 만약 그 연결이 음(negative) 또는 **억제성**(*inhibitory*) 변화를 일으킨다면, 그 선행의 흥분성 수준을 감소시킬 것이다. 그러한 뉴런의 흥분과 억제의 순수 총량은 어느 순간이라도, (a) 준영구적 물리적 크기(주로 접촉 면적) 또는 그것의 연결 **가중치**에 따라서, 그리고 (b) (한 가로대의 최초 발송 뉴런(sending neuron) 집단의 적절한 축삭을 통해서 올려 보내져) 현재 도달한 신호의 **강도**에 따라서 결정된다.

이러한 배열에서, 하나의 시냅스를 한 번에 하나씩 따로따로 바라본다면, 어느 특별한 인지적 의미를 거의 또는 전혀 찾아볼 수 없을 것이다. 이것은 마치 20세기 초의 어느 신문 사진을 현미경을 통해서 한 번에 검은 점 하나씩 응시하는 경우와 비슷할 것이다. 그러나 만약 우리가 조금 거리를 두고 전체 시냅스 연결 **시스템**을 바라본다면, 그리고 동시에 수용 뉴런 전체 집단을 아울러 보게 된다면, 손쉽게 흥미로운 점을 발견할 수 있다. 왜냐하면, 그 뉴런 집단은, 모든 다른 그러한 집단들처럼, **표상** 업무에 관여하기 때문이다. 어느 순간적 활성 패턴 혹은 그러한 집단 전역에 분산된 흥분-수준은 무언가에 대한 일순간의 표상으로 간주된다. 마치 텔레비전 스크린의 20만 픽셀(pixels) 전역에 걸친 순간적인 명도 수준 패턴처럼, 그것은 무수히 수많은 다른 것들을 표상할 수 있다. 그러한 일순간의 표상 패턴은 동시에 위로 올라가면서, 각 패턴이 통합된 하나로, 많은 투사하는 축삭들을 따라, 다음 사다리 뉴런 집단의 문턱에 이른다. 문턱의 수용 집단에 도달한 패턴은 갈라져, 수천 혹은 심지어 수백만의 시냅스 연결을 이루면서, (처음 적은 흥분 패턴 양식이 작은 축삭 손가락 끝으로 길을 찾아감에 따라서) 그 시냅스 각각이 자신의 시냅스후 뉴런을 자극하거나 억제하는 부여된 임무를 수행하게 된다.

만약 어느 분리된 집단의 뉴런들이 집단적으로 표상 업무에 관여한다면, 그 집단**에서의** 시냅스 연결은 아래 가로대에서 올라오는 하나의 표상을, 수용 뉴런 집단 전체에 걸쳐 발생된 흥분성 패턴에 담기는, **새로운** 표상으로 **변환하는** 업무에 집단적으로 관여한다. 다시 말해서, 하나의 시냅스 연결 덩어리는 하나의 변환기로 기능하며, 그 실행된 변환의 독특한 **본성**은, 그렇게 변환시키는 시냅스 집단 전체의 연결 강도 혹은 가중치의 독특한 **조성 상태**에 따라서 결정된다. 만약 그러한 가중치 조성 상태가 반복해서 일정한 상태를 유지한다면, 그 시냅스들은 각 수용 표상에 대해 동일한 변환을 집단적으로 수행하게 된다. 물론, 그 입력은 끝없이 달라질 것이므로, 그 변환된 출력 또한 그러할 것이다. 따라서 비록 어느 집단의 시냅스 가중치들이 어느 불변의 조성 상태로 굳어진다고 하더라도, 그 시냅스 집단의 인지적 삶은, 그 사다리의 아래 가로대에서 발생되는 감각 자극이 끝없이 다양할 것이므로, 아마도 여전히 끝없이 새롭게 바뀔 것이다.

그러나 그러한 시냅스 연결은, 적어도 어린 시절의 형성기 동안에는, 뉴런 접촉과 연결 가중치의 안정된 조성 상태로 굳어지지 않는다. 오히려 반대로 가변적이며 바뀌기 쉽다. 옛 연결은 상실되며, 새로운 연결이 형성된다. 현재 연결의 접촉면 혹은 '가중치'는 경험의 압력에 의해서 오르락내리락한다. 즉, 강화 또는 약화된다. 그리고 그 결과로 발생되는 시냅스 연결 전체 변환의 본성은, 계산처리 사다리의 각 가로대의 문턱에서 최적의 변환을 형성하기 위해 **진화한다**. 한마디로 말해서, 그 시스템은 학습한다. 우리는 이것을 시냅스 수정 학습 모델(Synaptic Modification Model of Learning)이라 부른다.

이제 그러한 집단적 변환이 무엇을 하며, 그러한 변환을 조율하는 과정이 왜 학습을 가능하게 해주는지 등은 앞으로 우리가 다뤄야 할 문제이다. 우리는 두 가지 실증적 사례를 살펴볼 필요가 있다. 하나는 단순한 **범주적 지각**(*categorical perception*) 능력의 습득이며, 다른 하나는 단순한 형태의 **감각운동 조절**(*sensorimotor coordination*) 능력의 습득이다.

2. 인공 신경망 연구에서 나온 몇 가지 교훈

그림 2.2의 중앙에 보여주는, 극히 단순한 전방위 그물망(feedforward network)을 생각해보자. 이 그림에서 나는, 설명의 간결함과 명료함을 위해서, 생물학적이며 기능적인 두 측면에서 상당히 신뢰성을 축소시켰다.[1] 특별히 여기 인공 그물망(artificial network)은 단지 두 개의 입력 뉴런, 두 개의 2차 뉴런, 그리고 하나의 3차 뉴런만을 가지며, 이를 통해서 우리는 첫째 두 개의 가로대에 시각적으로 알아볼 **2차원** 공간을, 그리고 셋째 가로대에는 **1차원** 공간을 지닌 각각의 활성 공간을 표현해볼 수 있다. 가장 실재적 그물망은 수천 개 뉴런의 가로대를 가질 것이며, 따라서 그 활성 공간은 수천 차원을 구현할 것이다. 그렇지

1) (역주) 즉, 너무 간단하여 실제 생물학적 사례라고 말하기 어렵다.

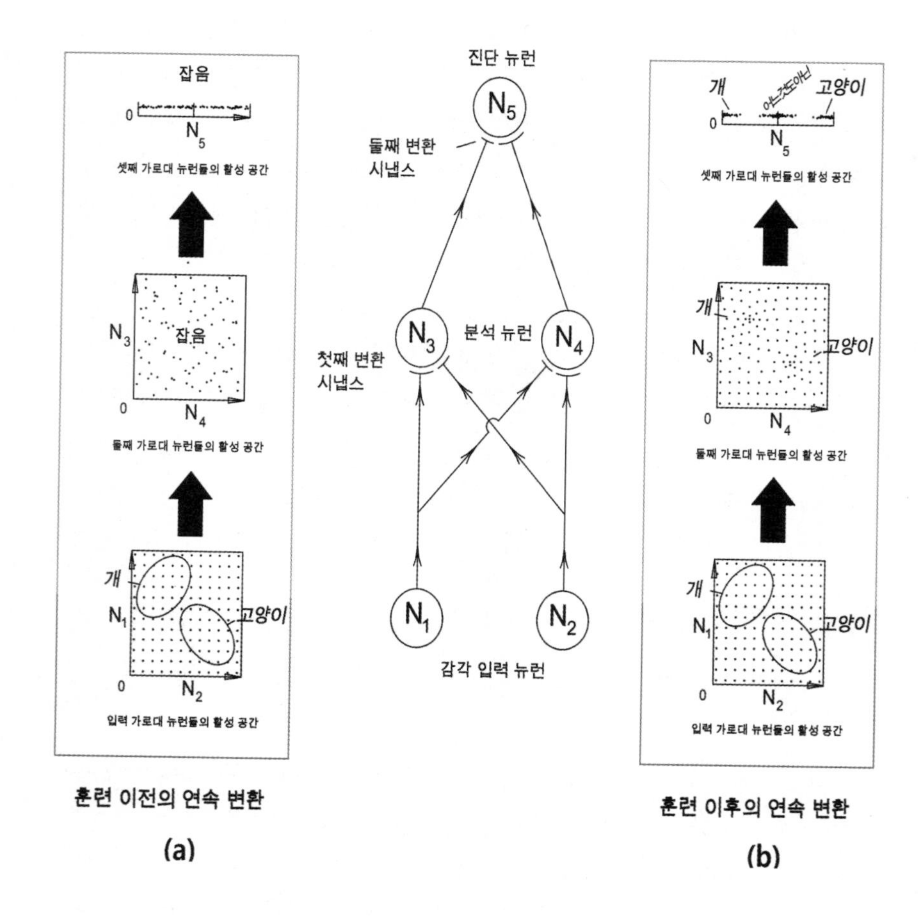

그림 2.2
극히 단순한 전방위 그물망(Feedforward Network)에 의한 두 지각의 범주 학습

만 수천 차원 공간을 그림으로 표현하기 어렵고, 더구나 한 공간에서 다른 공간으로 그러한 독특한 변환을 그림으로 묘사하기는 더욱 어렵다. 그러므로 극단적으로 단순하여, 우리가 한눈에 쉽게 알아볼 수 있는 사례로 이야기를 시작해보자.

이러한 그물망의 훈련은, 이것을 통해서 어떤 독특한 인지 능력을 가지게 되는, 각각의 시냅스 연결에 작은 변화를 연속적으로 무수히 일으킴으로써 이루어진다. 소위 '지도 학습(supervised learning)'이라 불리는 학습 중에 일어나는, 그러한 작은 변화는 셋째 가로대 혹은 '출력' 뉴런 N_5의 그물망이 순차적으로 수행함에 따라서 연속적으로 일어난다. 여기 사례의 경우에서 N_5가 하는 일은 두 **지각 범주**를 분별하는 것이다. 그 범주를 우리는 매우 가공적으로 **개**와 **고양이**라고 부를 것이며, 이 두 범주는 두 지각 뉴런 N_1과 N_2 전체의 현재 활성 패턴이 처음 표상됨으로써 분별된다. (이것이 가공적인 이유는 어떤 두 특정 지각 변이 차원도 신뢰할 만하게 모든 개 혹은 모든 고양이를 통합해내지 못할 것이며, 모든 그것들 사이의 분별은 물론, 모든 다른 동물들로부터도 분별해내지 못할 것이기 때문이다. 그렇다고, 이런 결함에 크게 유념할 필요는 없다. 두 지각 차원에 대해서, y는 크기, x는 털의 섬세함 등으로 생각해보면, 그 부족함이 마땅하기 때문이다.) 출력 뉴런 N_5는, 개 지각의 경우를 최소 흥분 수준으로, 또는 고양이 지각의 경우를 최대 흥분 수준으로 반응함으로써, 각 표상을 가리킨다고 가정해보자. 그 두 지각들 중 어느 경우라도, 뉴런 N_5의 흥분 수준이, 마치 이 작은 그물망이 다람쥐, 닭, 너구리 등을 마주 대할 경우에서처럼, 두 양 극단 사이의 어디쯤이라고 가정되지는 않는다. 물론, N_5가 그러한 훈련 과정을 시작하기 이전에, 처음부터 이러한 분별을 할 수는 없다. 왜냐하면 그물망의 시냅스들 가중치가 초기에는 임의적으로 아주 작은 값에, 즉 양(흥분)의 값과 음(억제)의 값 사이, 0에서 그리 멀지 않은 어느 곳에 맞춰져 있기 때문이다. 그 감각 또는 입력 가로대의 현재 활성 패턴이 어느 정보를 담고 있더라도, 그 정보가 임의 시냅스 가중치 조성 상태를 통해서 내보내는 것은 마치 종이 파쇄기를 통해서 내보내는 것과 기능적으로 동일할 듯싶다. (그림 왼쪽의 경험 없는 그물망의 변환 계층 구조 내에 둘째와 셋째 활성 공간에서 볼 수 있듯이) 그 정보는 한 무더기의 노이즈(noise, 무의미한 신호)로 소멸되고 만다. 훈련의 핵심은 그러한 무질서 상황을 개선하는 것에 있다.

우리는 그러한 교육 목적을 다양한 방식으로 성취할 수 있다. 그러나 한 사례로, 다음 과정을 살펴보자. 입력 가로대에, 임의로 선택된 활성 패턴을 지닌 그물망을 제시한 후, 예를 들어 **개**-패턴의 범위 내에 정말로 분류되는 ($N_1 \times N_2$ 공간 내의 왼쪽 위에 있는 타원) 패턴을 제시한 후에, 한 발 물러서서, 셋째 가로대 N_5에 어떤 흥분 행동이 산출되는지 살펴보자. 그물망의 시냅스 가중치에 임의 값이 주어지면, N_5에서 적절한 **개**-탐지가 이루어진다고 우리는 기대할 수 없으며, 분명히 예를 들어 최대 43퍼센트 발생되는 활성 수준이 나타날 뿐이다.

물론 이것은 틀린 응답이다. (뉴런 N_5에서 **개**는 0퍼센트 활성 수준에 가까운 무엇으로 신호화되어야 한다는 것을 상기해보라.) 그러나 (지도자 선생인) 우리는 이 작은 경험을 통해서도 **무언가**를 배운다. 즉, 초기 가중치 조성 상태에 의해 산출된 실제 출력 43퍼센트는 (만약 그 그물망이 궁극적으로 우리가 바라는 대로 행동했다면) 마땅히 **나타나야 할** 활성 수준보다 43퍼센트 더 높다. 그러므로 결국 우리의 과제는 그 43퍼센트 오류를, 적어도 조금만이라도, **줄이는** 것이다.

이것을 우리는, 그물망의 여섯 시냅스들 중 어느 다섯을 고정시키고, 남은 학생 시냅스의 가중치를 조금 (**약간**) 올리거나 낮춤으로써 수행할 수 있다. 그러한 작은 **개선**이 무엇을 할 수 있을지 알아보자. 만약 어느 변화라도 일어난다면, 아주 동일한 **개**-패턴이 다시 한 번 감각 가로대에 주어질 때에, 그 변화는 편향된 출력 43퍼센트를 줄여준다. 어느 사소한 변화라도 그 초기 오류를 줄여준다면, 그러한 가중치 조성 상태는 유지될 것이지만, 만약 그 어느 변화도 오류를 줄이지 못한다면, 원래의 가중치 상태는 변화되지 않은 채 그대로 남게 된다.

그렇다면, 이렇게 작고 부분적인 장소에서의 수정을 고정시킨 후, 우리는 다음 시냅스로 옮겨가서, 모든 다른 연결 가중치들을 일정하게 유지시키고, 앞서 수행한 **그러한** 분리된 요소의 변환 조성 상태에서, 동일한 탐색을 계속한다. 이러한 과정을 그물망 내의 모든 여섯 시냅스에 대해서 반복 실행한다면, 전형적으로 뉴런 N_5의 행동을 (매우) 조금 (운이 좋다면 아마도 0.1퍼센트) 개선시킬 수 있다. 이것은 우리의 훈련 과정에서 단지 시작일 뿐이다. 이제 이 공간의 오른쪽 아래의 타원형 내에, 새로운 감각 입력 패턴, 즉 입력 가로대 활성 공간의 고양이-영역을 선택해서, 이번에는 N_5의 새로운 오류 반응을 줄이기 위해서, 앞서 설명한 훈련 과정을 반복시켜보자. 이번에도 역시, 어느 지점에 대해서든 작은 개선이 우리가 기대할 수 있는 최선이겠지만, 우리는 어느 이벤트(event)에서도 결코 더 악화시키지 않게 할 수 있으며, 인내하고 지켜볼 수 있다. 느린 개선이라고 거부할 필요는 없다. 왜냐하면 언제나 새로운 입력 패턴이 대기하고 있으며, 그것으로 N_5의 오류-축소 과정을 다시 실행시킬 수 있기 때문이다. 훈련이 진행됨에 따라서, 그 그물망은 모든 가능한 입력들에 대해서 (언젠가 수행하게 될) 온당한 표본 추출을 무작위로 보여줄 것이다.

그러한 훈련에 제시되는 지각 견본들의 '훈련 세트(training set)' 내의 모든 입력들이 그물망을 한 번 통과하면, 그것이 하나의 **훈련기**(*training epoch*)이며, 그런 중에 지각 견본들은 그물망 내의 시냅스들 각각에 독특한 밀치기를 일으킨다.[2] 그림 2.2에서 볼 수 있듯이, 우리의 입력 샘플 격자(grid)는 (12 × 12 =) 144개의 가능한 활성 패턴을 가지며(그 격자 내의 각 점들은 N_1과 N_2를 위한 한 쌍의 입력 값을 기

2) (역주) 시냅스 강도가 아주 조금씩 수정된다는 점에서 '밀치기'라는 표현을 사용하였다.

억하고, 표상하므로), 그리고 그물망이 여섯 개의 시냅스를 가지므로, 각 훈련기는 (6 × 144 =) 864번의 밀치기를 포함한다. (물론 앞에서 지적했듯이, 일부 오류 조정은 '무익한' 조정일 수 있다.) 각 훈련이 성공적으로 성취되려면, 다양한 요소들에 따라서, 아마도 수백 혹은 수천 번의 훈련기를 거쳐야 하므로, 따라서 훈련의 완성을 위해 각 개별 시냅스에 대해서 수백만 번의 조정이 이루어져야 한다. 그러나 방금 설명한, 즉 '오류-역-전파(back-propagation-of-error)' 알고리즘으로 널리 알려진 그 절차는 매우 규칙적으로 그물망에 성공적인 가중치 조성 상태를 만들어주어, N_5가 광범위한 여러 다른 인지 문제들을 해결해줄 매우 정교한 진단 행동을 하도록 만들어준다. 그러한 절차는, 하나의 알고리즘으로서, 한 컴퓨터 프로그램 내에서 자동으로 수행될 수 있으며, 방금 설명된 것과 같은 학생 그물망은 전형적으로, 적절히 계획되고 무한이 인내하는, 범용 컴퓨터에 의해서 '실제로' 훈육된다.

그러나 그렇게 애써 얻은 시냅스 가중치 조성 상태에 어떤 특별함이 있는가? 출력 가로대, N_5에서 궁극적으로 산출되는 행동의 성공을 넘어, 무엇이 그것을 특별한 것으로 만들어주는가? 간단히 말해서, 그 시스템이 어떻게 **작동하는가**?

입력 공간, $N_1 \times N_2$를 보면 여러 점들로 이루어진 격자가 있으며, 그 격자의 각 점들은 첫째 가로대 뉴런의 **가능한** 활성 패턴을 표상(표현)한다. 물론, 그러한 패턴은 상대적으로 배타적지만, 즉 한 뉴런 집단이 한 번에 오직 한 활성 패턴만을 보여줄 뿐이지만, 그 격자 전체는 가능한 입력 패턴의 지속적 범위에 대한 일정한 또는 온당한 표본 추출을 표상한다. 입력 공간 내의 그러한 점들 각각은 위쪽 다음 공간, $N_3 \times N_4$ 활성 공간 내의 유일한 지점에 대응하며, 그 한 지점은 둘째 공간 내의 활성 패턴을 표상한다. 그리고 그 활성 패턴은, 시냅스들이 입력 가로대로부터 들어오는 특정한 패턴을 **변환시킬** 때, 현재 시냅스 조성 상태에 의해 **산출된다**. 그림의 왼쪽 (a)의 $N_3 \times N_4$ 공간에서 보여주듯이, 훈련되지 않은 그물망 버전에서 무작위로 설정된 가중치에 의해서 조직적인 변환이 수행될 어떤 운율이나 이유도 없다. 즉, 그 가중치들은 원칙 없이 흩어진다.

그렇지만, 그러한 연결 가중치들이 최적의 조성 상태를 향해서 점차 밀쳐진다면, 그것들이 수행하는 조화로운 변환은 그림 (b)의 $N_3 \times N_4$ 활성 내에서 보여주는 '아주 다른' 이차 활성 패턴에 느리게 근접해갈 것이다. 이것은 결코 원칙 없이 흩어지지 않는다. 첫째 가로대의 **개**-구역 지점을 변환시켜 산출된 둘째 가로대 지점들은 이제 서로 매우 가까이, 즉 입력 공간 내의 '전임' 지점들보다 훨씬 가까이 모여든다. 첫째 가로대의 **고양이**-구역 지점들에 대한 둘째 가로대의 '변환 후임' 역시 그렇게 된다. 그리고 가상의 언덕이 갑자기 솟아올라서, 둘째 가로대 활성 공간의 그러한 두 초점 집단을 **분리시킨다**.

그렇게 애써 얻은 시냅스 시스템에 의한 전체 변환은, $N_1 \times N_2$ 입력 공간의 대응 유사 계측규준과 극단적으로 대조되는, 오른쪽 (b)의 $N_3 \times N_4$ 공간이 **유사성과 차이성 관계의 내부 계측규준**을 갖추도록 해준다. 만약 우리가 그러한 연이은 공간들을, 그림 2.3a에서 묘사되듯이, 확장시킨다면, 이것을 훨씬 더 명확히 알아볼 수 있다. 입력 공간의 고양이-구역 내에 원으로 표시된 두 지점들 사이의 거리는, 가장 오른쪽 원 표시 지점과 그 위에 X를 표시한 지점 사이의 거리와 동일하다. 그렇지만, 바로 위쪽 그림의 공간 내에 유사하게 표시된 후임의 세 딸 지점들(daughter points)은 매우 다른 관계를 보여준다. 원 표시 두 지점들은 서로 밀착되어 있으며, X를 표시한 지점은 상대적으로 그것들로부터 멀리 떨어져 있다. 다시 말하자면, 전자의 두 지점들은 위쪽 그림에서 서로 매우 **유사한** 것으로 표상되지만, 반면에 후자(지점 X)는 그 두 지점들과 아주 **다르게** 표상된다. 입력 공간 내의 동일 거리가 다음 위쪽 공간 내에서 매우 다른 거리로 나타난다.

이것은 '부수적으로' 우리에게 지각 판단의 (소위) '범주 효과(cate-

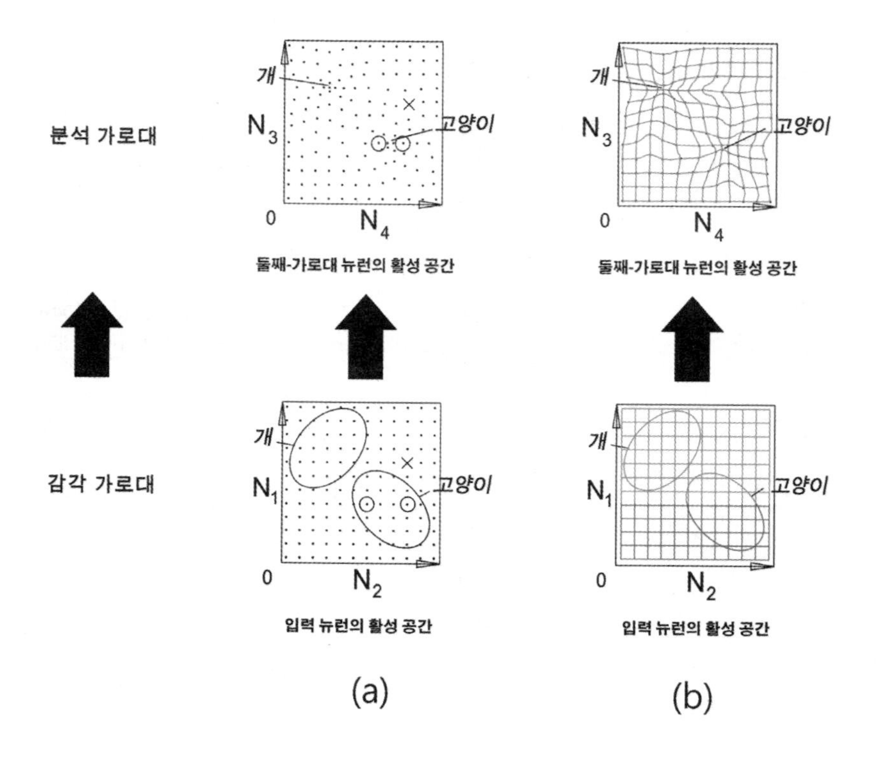

그림 2.3
학습 중에 일어나는 유사성 계측규준(similarity metrics)의 변형

gory effects)'를 그럴듯하게 설명해준다. 이것은, 정상 인간 혹은 일반적 동물들이 어떻게 유사성 판단을 하는지, 즉 어느 두 무리의 범주 항목들을, 가까운 다른 두 항목들보다 각자 서로 더욱 유사하다고, 즉 하나는 친밀한 범주 내에 있다고 그리고 다른 것은 그런 범주밖에 있다고 판단하는 경향을 설명해준다. 인간이 보여주는 경향에 따르면, 심지어 아직 계산처리되지 않은 감각 입력에 대한 '객관적 측정'에 의해, 두 항목 쌍들에 대한 유사성 측정이 동일할 경우라도 그렇게 판단한다.[3)]

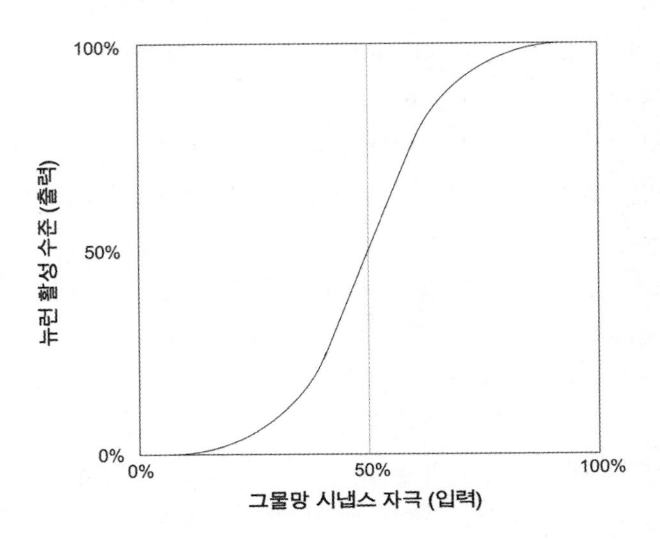

그림 2.4
뉴런의 출력 활성 수준을 변조하는 '응축 함수(squashing function)'

인공 그물망이 이렇게 중요한 인지적 측면을 부분적으로 재창조할 수 있는데, 그 이유는, 그 인공 '뉴런들'이, 마치 실제 뉴런들처럼, 도달하는 시냅스 영향에 대해서 활성 반응하는 중에 비선형적 응축 함수(nonlinear squashing function)를 전형적으로 내재화(체화)하기 때문이다. 특별히, 한 뉴런은 대략 중간 범위인 25퍼센트와 75퍼센트 사이의 가능한 흥분 수준에 있을 경우, 그 문턱에 도달하는 여러 시냅스들 영향의 합에 비례하는 양에 따라서 즉시 상향 혹은 하향 변조되어 활성화된다. 그러나 가능한 활성화, 즉 0퍼센트와 100퍼센트라는 두 극단

3) (역주) 즉, 어느 감각 입력이 두 유사성 측정 공간에 대해서 객관적으로 중간 위치에 있을 경우에도, 우리는 그렇게 둘째 가로대에 형성되는 거리 관계에 의해서 판단할 것이다.

의 지점 가까이에 있을 경우, 그 뉴런은 점차 시냅스 변조가 되지 않는 것을 보여준다(그림 2.4). 비유적으로 말하자면, 당신은 그 뉴런을 격렬히 밀어주어, 그것이 지상에서 떠올라 날아오르는 출발선에 이르게 해야 한다. 그렇게 해주면, 그 뉴런은 단숨에 쉽게 고도를 높일 수 있으며, 그런 이후에는 비록 많은 시냅스 자극이 주어지더라도 단지 고도를 조금 높여 상한선에 다가설 뿐이다.

뉴런 반응 양태의 이러한 굴곡선은 그물망 자체 내에 상당한 유용성을 제공한다. 만일 그 양태가 그림 2.4의 S모양 곡선 대신에 언제나 일직선을 유지했다면, 핵심 집단의 시냅스에 의해 귀결되는 모든 중요한 변환은 우리가 **선형적** 변환이라 부르는 것에 제한되었을 것이다. 이러한 변환은, 입력 공간의 격자 내에서, 초기 격자의 획일적 회전, 변환, 혹은 사다리꼴 경향만큼의 변환을 일으킬 수 있을 뿐, **복잡한 곡선형** 변화를 일으킬 수는 없다. 이 S모양 곡선의 성격은 그물망의 전체 변환 시스템을 훨씬 폭넓고 강력한 비선형적 변환으로 격상시킨다. 마찬가지로 중요하게, 수백 혹은 수천의 서로 다르게 활성화되는 비선형적 여러 뉴런들의 출력이 다양하게 중첩됨으로써, 그물망이 수행해야 할 거의 모든 비선형적 변환을 정확히 **어림셈**할 수 있게 해준다.

독자들은 아마도 이미 언급한 그림 2.3의 작은 그림 그물망에서 그러한 비선형적 변환의 사례를 직접 목격할 수 있을 것이다. 그림 2.3b는 원래 입력 공간의 직교선 격자가 어떻게 둘째 가로대에서 다양하게 응축되고 계량적으로 일그러진 활성 공간으로 변환되는지를 보여준다. 그림 2.3a의 점들이 첫째 공간으로부터 둘째 공간으로 변환되는 중, **왜** 두 개의 독특한 응집으로 재분배되는지 알아볼 수 있다. 그것은, **하나의 전체**로서 입력 공간의 계측규준이 다음의 위쪽 층에서 독특한 비선형적 개연성 공간으로 왜곡되거나 변환되기 때문이다. 그림에서 볼 수 있듯이, 귀결되는 $N_3 \times N_4$ 공간이 두 좁은 '응집 지점들' 혹은 '원형 구역들(prototype regions)'을 내재화하며, 그 과정에서 원래 입력 축지 경로(geodesic path)의 딸 경로(daughter paths)는 이제 매우 서로 가깝게 좁혀진다. 우리의 최종 혹은 '진단' 출력 뉴런 N_5가 하는 일은, 둘째 활성 공간 내에서, **개**-응집 지점 가까운 이웃 내의 어느 것에는 최소로 대응하며, **고양이**-응집 지점 내의 어느 것에는 최대로 반응하고, 그리고 그 밖의 다른 것들에는 무료하게 전달 반응하는 등 비교적 단순한 일이다.

적어도 우리는 그림 2.3b의 $N_3 \times N_4$ 공간 내에, 우리의 그림 그물망 내에 훈련되는, **개념 체계**를 쉽게 볼 수 있다. 그 공간은, 성숙한 그물망이 자신의 지각 세계를 나누는, **범주 체계**, 어느 두 지각적 입력들 사이의 **유사성**과 **차이성** 관계의 계측규준, 그리고 활성화 가능성 공간 전역에 걸친 **개연성** 계측규준 등을 내재화한다. 두 응집 지점들 사이의 비교적 곧게 뻗은 선들의 구역은 매우 낮은 개연성을 표상하며, 변형된 격자 외부에 빈 공간 구역들은 개연성을 전혀 갖지 않은 곳이어서, 입력 층의 어떤 활성화로도 둘째 가로대의 그러한 불모지 구역 내의 둘째 가로대 활성 패턴을 산출하지 못할 것이다.

3. 운동 조절

신경계는 여러 가로대들 사이의 계산 목록에 비선형적 변환을 추가함으로써, 단지 지각만을 위해서가 아니라, **운동**(*motor*)을 위해서도 유리함을 갖는다. 과거에 내가 사용했던 예를 돌아보고, 그것을 왜 다시 사용하려는지 이유를 찾아보자.[4] 그림 2.5a(플레이트 3)의 가상적 게

4) 그 이유는 이렇다. 그라지아노와 그 연구원들(Graziano et al.)에 의해 발견된 것으로, 짧은꼬리원숭이(macaque)의 운동피질에 내재된, 신체의 많은 가능한 사지-위치에 대한 대응도(map)가 있다. 특별히, 그 원숭이의 일차운동피질(primary motor cortex) 표면 위의 어느 임의 지점 주변의 국소 운동 뉴런들(local motor neurons)에 대해서 동시적 전기 자극을 주었더니, (그 자극에 앞서 신체적 사지 조성 상태와 무관하게) 그 원숭이 사지가 피질 표면 위의

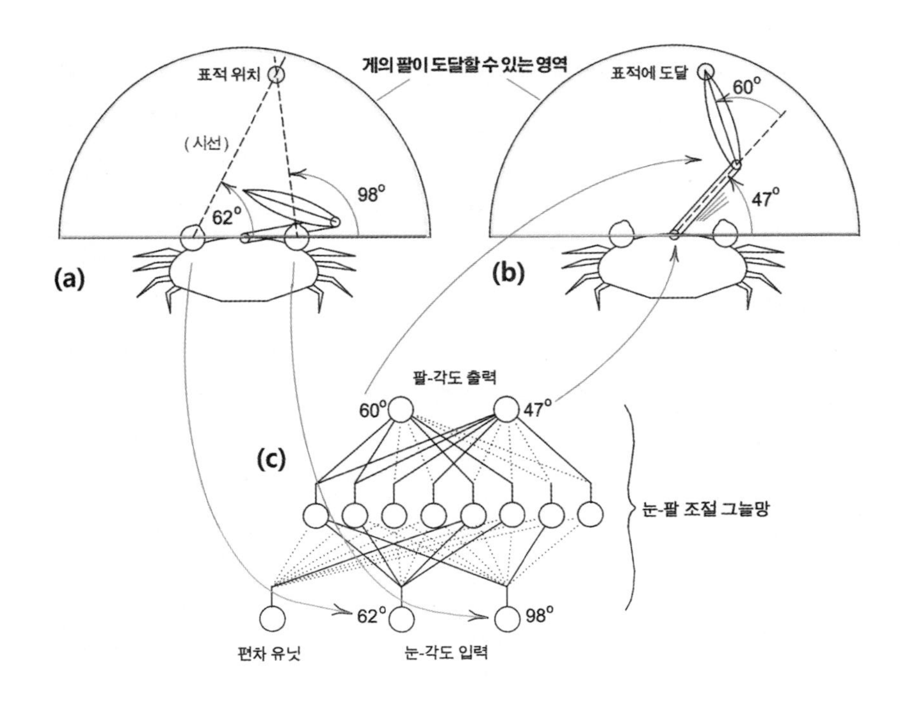

그림 2.5
대응도-변환 신경망에 의해 성취되는, 감각운동 조절(sensorimotor coordination). 플레이트 3을 보라.

'지형적(geographic)' 위치에 대해서 특이한 조성 상태를 갖는다고 추정하게 하였다. 가까운 인근 지점들에 대한 자극은 아주 유사한 사지에 대응하는 조성 상태를 보여주며, 먼 지점들에 대한 자극은 매우 떨어진 사지에 대응하는 조성 상태를 보여주었다. 전체적으로 피질은 그 동물의 '사지-조성 상태 공간(limb-configuration space)'의 대응도를 내재화한다. (주의: 피질 표면의 2차원 본성에 비추어, 그것에 체화된 대응도 역시 분명히 2차원이라고, 우리는 추정하지 말아야 한다. 미세한 '점 같은' 전기 자극이 그 지점 주변 먼 거리의 운동 뉴런들 (적지 않은) **집단**을 (다양한 정도로) 활성화시키며, 이것이 아마도 (각각의 사지 위치를 부호화하는) 많은 뉴런들 전체에 걸쳐 일어나는 활성화 수준의 양상일 듯싶다. 짧게 말해서, 그 대응도는 아마도 고차원의 대응도일 것이다.) Graziano, Taylor, and Moore 2002.

(crab)는 두 눈을 가지며, 그 눈은 오직 수직 축에 대해 좌우로 회전한다. 두 눈은 협동적으로 어느 지각된 사물의 객관적 물리적 위치를, 두 눈의 망막 중심에 그 위치를 맞추는, 그 각도로 등록한다. 그 게는 또한 움직일 수 있는 두 관절, 즉 '상박'과 '하박'으로 구성된 팔을 가진다. 객관적 공간 내의 팔의 일시적 조성 상태는, 그림 2.5b에서 보여주듯이, 그 순간의 두 관절 각도에 의해 유일하게 규정된다.

그 게가 그러한 장비를 활용할 수 있으려면, 어떻게든 먹을 것의 공간적 위치에 대한 두 눈의 정보를 팔 위치의 공간적 정보로 전환 혹은 변환할 수 있어야 한다. 먹이의 공간적 위치에 대한 초기 포맷(format) 정보는, 한 쌍의 눈의 망막 중심이 그리는 각도이며, 팔이 먹을 것에 닿는 정보는, 두 관절의 각도에 의한 아주 다른 포맷 정보이다. 간단하게 말해서, 먹이를 집으려면 그 게는 어떤 감각운동 조절(sensorimotor coordination)을 해낼 수 있어야 한다.

그림 2.5c의 그물망에 대해서 살펴보자. 이 그물망은 감각 입력 가로대에 두 개의 눈을 위한 뉴런을 가지며, 그 각각의 현재 활성 수준은 그것이 대응하는 눈의 현재 회전 각도를 표상한다. 또한 그물망은 두 개의 관절을 위한 출력 뉴런을 가지며, 그 각각의 활성 수준은 게가 움직여야 할 팔의 상응하는 두 관절 각도를 지정해준다고 가정된다. 가정적으로, 그 두 뉴런은 두 관절 각도를 인과적으로 직접 조절한다. (다시 말해서, 그 두 출력 뉴런이 **운동** 뉴런이라고 가정해보자.) 입력 가로대와 출력 가로대 사이에, 적절히 비선형적 S모양 반응 양태를 갖는 80개 뉴런의 중간 가로대가 있으며, 그 중간 뉴런들이 집단적으로 하는 일은 강력한 비선형적 변환을 통해서 게가 해야 할 일을 성취하도록 해주는 것이다.

이러한 게를 아주 단순화시켜서, 두 개의 중요한 활성 공간, 즉 입력 공간과 출력 공간을 의도적으로 2차원이라 가정해보자. 이렇게 하면 우리는 그 공간 내의 위치를 눈으로 확인할 수 있어서, 어떻게 그 공간

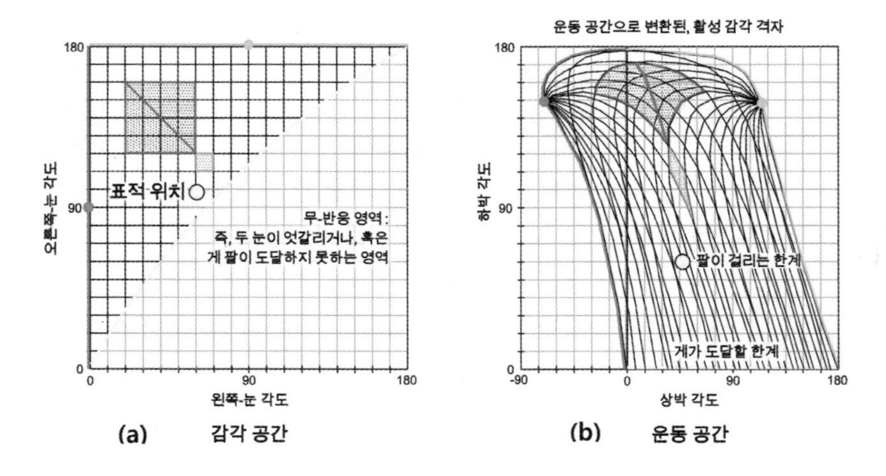

그림 2.6
활성 감각 공간에서 활성 운동 공간으로 계측규준의 변환. 플레이트 4를 보라.

내에서 사물들이 표상되는지, 그리고 어떻게 $N_1 \times N_2$ 눈-각도 감각 입력 공간 내의 원래 정보가 $N_{11} \times N_{12}$ 팔-각도 운동 출력 공간 내의 궁극적 재현(re-presentation, 표상)으로 변환되는지 등을 알아볼 수 있다.[5] 그림 2.6a(플레이트 4)에서, 두 눈의 감각 입력 공간의 직교선 격자는 왼쪽 위 부분의 진한 선 격자로 표시되었으며, 그에 상응하여 두 관절 팔이 **뻗어 닿을** 객관적 공간의 위치(그림 2.5의 D-모양 영역)인 두 출력 뉴런의 활성 영역이 오른쪽 그림에 표시되었다.

그림 2.6(플레이트 4)의 흐린 선 구역은 전혀 서로 교차되지 않는 눈-방향 쌍들('사시-눈' 위치)에 대응하거나, 혹은 명확히 교차하지만, 게

5) (역주) 그림 2.5c에서 아래 두 눈의 정보를 받아들이는 두 유닛(units) 인공 뉴런들을 각각 N_1, N_2이라고 할 때, 중간 인공 뉴런들이 여덟 개인 것을 고려해보면, 두 팔의 정보를 산출하는 두 유닛 인공 뉴런들을 각각 N_{11}, N_{12}이라 보면 되겠다.

의 팔이 뻗어 닿을 최대 영역을 넘어서는 눈-방향에 대응한다. 이 그림에서 빨강, 파랑, 노랑 등의 외곽선을 주목해보라. 이 노랑 외곽선은 원래 그림 2.5a와 2.5b(플레이트 3의 a와 b)의 동일 색깔 공간 영역에 대응한다. 또한 그림 2.6a(플레이트 4a)의 진한 빨강과 초록 직사각형 구역을 주목해보라. 이것들 역시 그림 2.6b(플레이트 4b)의 운동 출력 공간 내에서, 변형되지만 여전히 굵은 선으로, 재확인할 수 있다.

그림 2.6b는 훈련된 그물망의 운동 출력 공간을 묘사해주며, 이 공간에서 팔의 두 관절-각도 각각은 하나의 차원으로 표현되었다. 그 공간 내의 곡선 격자 선들은, 중간층의 시냅스 연결에 의해 변환이 이루어진 **이후**, '도달 가능한 위치'의 원래 진한 선의 시각 입력 공간 격자를 표현한다. 쉽게 알아볼 수 있듯이, 여기에서 원래 입력 공간의 두 직교축은 한 쌍의 방사 지점들로 수축되었으며, 따라서 심각히 응축된 두 색깔-부호화 사각형들은 원래 공간의 나머지 부분을 재확인시켜준다. 그러한 전체 변환은 다음과 같은 사활의(배고픈 게가 어떻게든 살아야 할) 속성을 갖는다. 입력 공간의 진한 선 부분 내에 **어느** 지점, 즉 게 앞에 놓인 매우 실제적 공간 내의 (소위) 독특한 위치를 표상하는 지점이 주어진다면, 그에 대응하는 운동 출력 공간 내의 **딸** 지점은 **그 지각된 공간적 위치에 있는 대상에 접촉할 게의 집게 끝이 놓일 독특한 팔 위치**를 표상한다. **운동** 뉴런 집단인, 출력 가로대의 그러한 활성-쌍은 그 팔로 하여금, 그 뉴런 각각이 표상하는 관절 각도 쌍을 정확히 추정하게 해준다. 그럼으로써, 그 팔은, 그 게가 지각된 사물을 잡을 위치에 놓일 수 있다.

그림 2.2의 만화 그림 그물망에서처럼, 게의 조절 변환은 32개의 중재 시냅스 연결의 집단적 효과에 의해 가능하며, 그 정교한 가중치 조성은 오류-축소 절차, 즉 앞서 논의된 역-전파 알고리즘에 의해서 성취된다. 그러나 게의 그물망이 다만 설명을 위한 만화 이야기만은 아니다. 실제적이라기보다 가상적이긴 하지만, 게의 시각 시스템과 운

동 시스템은 디지털 컴퓨터에서 모델화되며, 그 전체 시스템은, 연속적 사례들에 의한 연속적 관계 맺기에 의해서, 문제의 시각-운동 기술(visomotor skill)을 내재화하도록 '매우' 천천히 훈련된다.[6] 개와 고양이 구분을 위한 나의 서두 만화 그물망과 달리, 이러한 그물망은 실제로 다만 디지털 컴퓨터 내의 한 모델로서 존재하며, 상당히 서툴기는 하지만 이 그물망은 스크린 상의 그림 게가 팔을 뻗어, 가까운 시각 세계 내의 어느 곳이든 제시된 사물에 도달하도록 안내할 수 있다.

여기에서 묘사된 인지적 성취, 즉 시각-운동 조절의 특별한 형식은 아주 분명하게 획득된 **기술**(*skill*)이다. 그리고 이러한 이야기 중에 그 기술에 관해, 인식론 학자들이 관심을 가질 만하다는 의미에서, 딱히 **인지적**인 것은 거의 없어 보일 수 있다. 그러나 앞서 논의된 지각 그물망의 인지적 성취, 즉 개와 고양이 두 지각 범주 사례를 인식하고 보고할 능력 역시 마땅히 획득된 기술이며, 누군가의 지각 기술(perceptual skill) 훈련은 참으로 인식론적 문제이다. 더구나 퍼스(C. S. Peirce)와 같은 실용주의자들은 어떤 획득된 **믿음**이란 근본적으로 획득된 **행동 습관**이라고 오랫동안 우리에게 말해주고 있다.

그러한 단순한 환원적 분석이 유지될 수 있든 없든 간에, 나는 그렇지 않다고 생각하는데, 그러한 제안은 '**어떻게**'의 지식(knowledge *how*)과 '**무엇**'의 지식(knowledge *that*) 사이에 명확하거나 근본적인 구분이

---

6) 이런 실험은 1983년에 실시되었으며, 처음 사용된 컴퓨터는 Zilog-80 CPU와 64K RAM을 가진 (현재 거대 기업들에 의해서 이미 쇠퇴한 캘리포니아의 한 기업에서 제공된, NorthStar Advantage) 기종이었다. 게의 **초기** '뇌'는 "상태-공간 샌드위치(state-space sandwich)"라고 불리는 독특한 기하학적 변환기(geometrical transformer)였지만, 데이비드 루멜하트(David Rumelhart)가 제시한 호의적 조언에 따라서, 나는 다음에 그것을 여기에서 보여주는 전방위 인공 신경망(feed-forward artificial neural network)으로 교체하였다. 당시에 나는 인텔(Intel) 80286 컴퓨터를 사용할 수 있었다. 이런 장비는 여전히 구석기 것이어서, (1986년에) 이러한 작은 그물망을 훈련시키는 데에 72시간이나 걸렸다. 현재의 데스크톱 컴퓨터는 그것을 20분 내에 수행할 수 있다.

어렵다는 것을 상징한다. 확신하건대, 그런 구분법은 문법적 관점에서 나온다. 후자의 상대적 명사는 서술문에 의해서, 그리고 전자는 부정사구에 의해서 적절히 이행된다. 그러나 이러한 피상적인 문법적 구분법이 뇌 표상의 서식에서 중요하다거나 혹은 근본적인 차이를 반영하는지 여부는 앞으로 알아볼 문제이다. 이 책이 추구하는 제안에 따르면, 표상의 신경생물학적 유형들을 구분하는 주요 경계선들은 문법적 구조와 아주 다른 데에 있으며, 통속 심리학(Folk Psychology)에 내재된 경계선들과 상당히 다르게 분류한다. 특별히, 세계에 영속하는 범주적이며 인과적인 구조에 대한 뇌의 표상(뇌의 '사실적' 지식), 그리고 다양하게 획득된 운동 기술과 능력에 대한 뇌의 표상(뇌의 '실천적' 지식) **모두**는 뇌의 많은 활성 공간 각각에 영구적 구조를 제공하는 (면밀히 새겨진) 유사성과 차이성의 계측규준으로 내재화된다.[7)]

이와 상관적으로 생각해보면, (여기-지금) 지각적 세계의 현재 그리고 특정 조성 상태에 대한 뇌의 표상, 그리고 (여기-지금) 신체의 현재

---

7) 어떤 경우에, 정말로, 하나의 동일한 활성 공간은, 타자-지각자-운동-행동과 자발적-산출-운동-행동 양쪽 모두를 위한 표상 캔버스로 제공되어, '이중적 의무'를 수행하는 것처럼 보인다. 여기에서 나는 짧은꼬리원숭이(macaque)에서 관찰된 소위 '거울 뉴런' 집단(Rizzolatti, Fogassi, and Gallese 2001)을 염두에 두고 말한다. 깨어 있는, 행동하는 동물의 전전두피질(prefrontal cortex) 내의, 그런 뉴런들의 단일 세포를 기록해보면, 그 원숭이가, 실험자 손바닥에 펼쳐 보여준 견과를 집어 드는 것과 같은, 특정 행동을 자발적으로 일으키거나, 혹은 다른 원숭이에 의해 수행되는 동일한 행동을 목격함에 의해서도, 그 세포는 동일한 활성 행동을 보인다. (물론 후자의 경우에, 그 원숭이가 목격한 모든 행동을 충동적으로 따라하지 않는다면, 하향적 인지 시스템(downstream cognitive system)의 어느 곳에서든 어떤 억제 활동이 있어야만 할 것이다.) 물론 양쪽 모두의 경우에서 그러한 뉴런 집단은 **순수한** 지각 기능을 갖는다고 생각해볼 수는 있다. 그러나 그러한 전두 영역은 운동-보조 영역(motor-assembly area)으로 알려져 있으며(이것이 바로 리졸라티(Rizzolatti) 실험실에서 그 연구가 이루어진 이유인데), 따라서 그 영역을 손상시키면 운동 지각(motor perception)이 중단되는 만큼, 운동 조절을 할 수 없게 된다.

그리고 특정한 운동 시작에 대한 뇌의 표상, 그 **모두**는 그 배경 활성 공간 **내**의 일부 특정 지점에서 발생하는 (여기-지금) 일순간 **활성 패턴**으로 구현된다. 여기에서 우리가 마주 대하는 주요 인식론적 구분법은, 한편으로는 개인의 항구적 **배경** 지식과, 다른 한편으로는 개인의 현재 그리고 **단명한** 표상 사이를 갈라놓는다. 전자의 범주는 세계의 영구적 구조와 그것을 어떻게 운영하는지 둘 모두에 대한 개인의 일반적 지식을 포괄하며, 반면에 후자의 범주는 개인의 현재 지각 활동과 현재 의지 활동을 포괄한다.

흥미롭게도, 개인의 운동 기술과 개인의 지각 기술 모두는 전형적으로 우리가 명확히 말로 설명하기 어렵다. 예를 들어, 우리가 **어떻게** 색깔, 혹은 얼굴의 성별, 혹은 플루트 소리 등을 재인하는지(알아보는지) 말하기 어렵다. 마찬가지로, 우리가 **어떻게** 단순한 문장을 발화할 수 있는지, 혹은 공깃돌 주머니를 잡을 수 있는지, 혹은 휘파람을 불 수 있는지 등을 우리는 말할 수 없다. 그것들을 단지 할 수 있을 뿐이다. 이렇게 말로 명확히 설명할 수 없는 이유는, 그 양자의 경우들과 관련된 지혜가 수천 혹은 수백만 시냅스 가중치의 조성 상태 내에 내재화되며, 따라서 그 가중치가 연결된 활성 공간의 복잡한 계층규준의 구조 내에 내재화되기 때문이다. 그러나 복잡하게 뒤엉킨 그 어느 쪽의 상황도 전형적으로, 뇌에 전적으로 의존하는, 사람이 알 수 있는 것이 아니다.

드레이푸스(Bert Dreyfus), 서얼(John Searle), 올라프슨(Fred Olafson), 그리고 스트롤(Avrum Stroll) 등과 같은 철학자들은 흔히 항시 현존하는 "배경", 즉 세계의 원형 구조에 대한 우리의 배경 포착, 그리고 그러한 구조 주변으로 그리고 그 구조들 사이에 우리가 길을 잡아가는 배경 포착 등에 관해 (명확히는 아니지만) 말해왔다. 여기에서 우리는 그러한 배경에 대한 신경계산적 **기반**을 전망한다. 그 기반은 학습을 통해서 뇌 내부에 형성되는 시냅스 가중치 전체의 조성 상태이며, 그리고 그 조성 상태는 기묘하게 조각되는 뉴런 활성 공간의 복잡하고 사다리 같은 계층 구조로 해석된다. 그러한 계층 구조는 각각의 모든 (우리들의) 다층적 개념 체계, 즉 배경 표상 체계와 계산 체계를 내재화하며, 그러한 체계 내에서 (성장 후) 우리의 모든 인지 활동이 이루어지게 된다.

4. 색깔에 대한 더 많은 이야기: 항상성과 압축

그림 1.3(플레이트 1)에서 묘사된 가능한 인간 색깔-경험 공간의 초기 묘사는 먼셀(A. H. Munsell)이란 심리학자에 의해서 한 세기 전에, 뉴런의 활성을 전혀 추적하지 않고서도 완성되었다. 먼셀은 단지 매우 많은 원소 색깔의 세 개의 샘플들을 자신의 실험 피검자들에게 보여주고, 그들에게 두 가지 색깔 샘플 중 어느 것이 다른 셋째 샘플에 더 가까운지 말하도록 요청하였다. 예상대로 서로 다른 피검자들은 이 과제에서 그 전체 샘플에 대해 매우 유사한 판단을 보여주었다. 그는 이어서, 그렇게 드러난 유사성-차이성 관계의 **전체** 패턴들이 단순히 독특한 3차원 입방체 내의 거리로 표상되며, 그 입방체의 위쪽은 하양, 아래쪽은 검정이며, 그 하양-검정 중심 수직축 주변으로 조금씩 짙어지는 다양한 색깔들의 유사 덩어리들이 대략적인 원을 그리며 배열된다는 것에 주목하였다. 모든 다른 색깔들은 그러한 몇 가지 기준 색깔들에 대해서 독특하게 친밀한 거리관계를 유지하며 어떤 지점에 위치된다. 먼셀은 또한, “평분선(equator)”의 실질적 편향에 주목하였다. (그림 1.3, 플레이트 1을 다시 보라.) 그 편향은 입방체의 위쪽으로 올라갈수록 노랑으로 물들어가며 검정보다 하양에 훨씬 더 가까워지고, 또한 아래쪽으로 내려갈수록 파랑과 보라에 물들어가며 하양보다 검정에 훨씬 더 가까워지는 상태로 배열된다. 전체적으로 어느 두 색깔의 유사성과 차이성은 단순히 그 공간 내에 서로 가깝고 먼 거리에 의해서 표상된다.

그 삐딱한 평분선을 지닌 방추형 입방체는, 표준적으로, 인간의 **현상학적 색깔 공간**이라 불린다.

이러한 공간의 별난 구조에 대한 **설명**이, 허비치와 제임슨(L. M. Hurvich and D. Jameson)의 단순한 두 개 가로대 뉴런 계산처리 사다리 형태로, 최종 인정받기까지 대략 80여 년이 걸렸다(그림 2.7a, 플레이트 5). 이후로 파장에 무심히 반응하는 **간상**세포(*rod*-cells)와 아주 다르게, 망막 전체에 산재하는 파장에 민감하게 반응하는 뉴런들의 세 개의 독특한 집단, 즉 세 종류의 매우 특수한 **원추**세포들(*cone*-cells), 구체적으로 선명한 **파랑**으로 보이는 0.45㎛의 짧은 파장의 빛에 극히 민감한 원추들, 누런 **초록**으로 보이는 0.53㎛의 중간 파장의 빛에 극히 민감한 원추들, 오렌지 빛깔의 **빨강**으로 보이는 0.58㎛의 긴 파장의 빛에 극히 민감한 원추들 등이 존재한다는 것은 이제 상식이 되었다. 그런 원추들은 집단적으로 인간 색깔-계산처리 시스템의 입력 집단 혹은 첫째 가로대를 구성한다.

그러나 그런 원추들이 **오직** 그런 입력 파장에 대해서만 반응할까? 그림 2.7b(플레이트 5)에서 볼 수 있듯이, 모든 세 종류의 원추들의 반응 양태들은 매우 넓게 조율된다. 즉, 그 원추들은 표시된 세 종류의 파장에 극히 민감한 활성 반응을 보여주지만, '선호' 위치 이외의 파장의 빛에도, 비록 점진적으로 매우 감소하지만, 여전히 반응한다. 그 각각의 반응 양태는 서로 중첩되는데, 중간(M)과 긴(L) 원추에서 매우 많이, 그리고 중간(M)과 짧은(S) 원추에서도 여전히 상당한 정도 서로 중첩된다. 그 원추들은 가시 영역 내의 **모든** 파장에 걸친 에너지 **분산**을 표본 추출하며, 그 표본 추출 결과는, 핵심 시냅스 연결 문턱에서 계산처리와 분석을 위해, 다음 뉴런 집단으로 올려 보내진다.

허비치에 의해 제안된 이 도식적 그물망의 시냅스 연결 조성 상태는 특이하게 균일하며 단순하다. 즉, 그 많은 시냅스 연결들의 절반은 흥

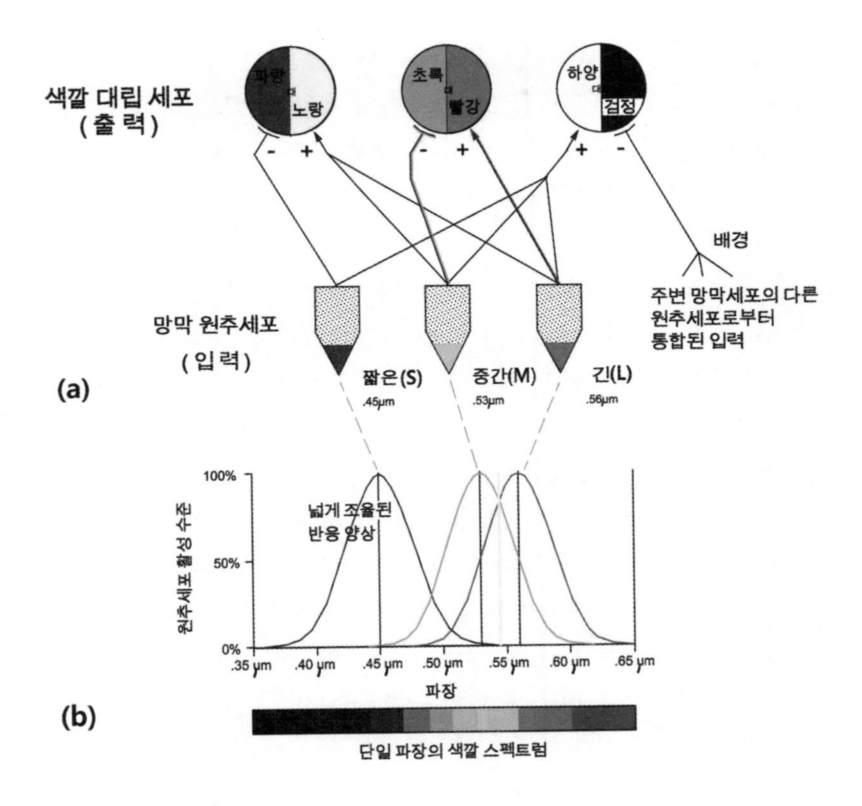

그림 2.7
인간 색깔-계산처리 그물망(Jameson and Hurvich 1972에 따라서). 플레이트 5를 보라.

분성이며, 절반은 억제성이고, 그 연결들은 모두 동일하게 일정한 가중치를 갖는다. 흥미로운 것은 그 시냅스 연결들은 세 가지 입력 뉴런들을, 둘째 가로대의 세 뉴런 집단 각각의 조절을 위해서, 다양한 경합을 유발시키는 방식으로 조성되어 있다. 예를 들어, 둘째 가로대의 중간 뉴런, 소위 '빨강-대-초록' 세포가 그러하다. 그 유일한 입력은 L-원추로부터 흥분성 투사를 받으며, M-원추로부터는 억제성 투사를 받는다. 그 두 재원으로부터 **어느** 입력도 없다면, 수용 세포는 50퍼센트의 디폴트(default) 혹은 휴지(resting) 활성 수준을 갖는다. 따라서 그러한 중간 이상 혹은 이하의 어느 수준은, 세 입력 원추들이 함께 모여 있는 망막의 작은 영역에서, M-구역의 입사광이 L-구역의 입사광 이상(혹은 이하로) 상대적으로 우세하다는 직접 측정치이다.

마찬가지로, 가장 왼쪽 뉴런, 소위 '파랑-대-노랑' 세포는 S-원추로부터 억제성 투사를 받으며, M-원추와 L-원추로부터 함께 흥분성 투사를 받아 경합이 벌어지는 자리이다. 여기에서도, 50퍼센트의 휴지 이상 혹은 이하의 어느 활성 수준은, 망막의 그 동일 작은 영역에서, M-구역과 L-구역 내의 입사광이 S-구역의 입사광 이상 (혹은 이하로) 우세하다는 척도이다.

끝으로, 가장 오른쪽 혹은 '검정-대-하양' 세포는 망막의 그 지점에 있는 **모든 세** 종류의 원추들로부터 흥분성 투사를 받으며, (문제의 그 망막 지점 **주변의** 상당히 넓은 망막 영역에서, 어느 모든 파장의 빛 총량을 평균하는) 어떤 메커니즘으로부터 '배경' 억제성 투사를 받는다. 그러므로 그 현재의 활성 수준은, 문제의 세 원추세포 자리의 국소적 밝기-수준과 배경 주변의 전체 평균 밝기 사이의 현재 **대비**를 반영한다. 이러한 세 종류의 세포들, 즉 RG(빨강-초록), BY(파랑-노랑), BW(검정-하양) 등의 세포들은 분명한 근거에서 "대립-계산처리(opponent-process)" 세포, 혹은 "색깔-대립(color-opponent)" 세포라 불린다.

우리는 이러한 배열들의 기능을 아래 세 가지 선형 방정식으로, 즉 세 가지 둘째-가로대-대립-계산처리 세포들의 활성 수준(A)을, 그곳으로 축삭을 뻗는 첫째 가로대 원추들의 몇 가지 활성 수준(L, M, S)에 대한 함수로 간략히 설명해볼 수 있다. (여기에서 'B'는 **배경** 밝기, 즉 문제의 세 원추세포 주변의 더 넓은 영역 전체에 걸친, L, M, S 등 여러 활성들의 평균 수준들의 **합**을 표상한다.) 이 방정식에 포함된 숫자들은 다음을 반영한다. (1) 각각의 세 가지 둘째 가로대 세포들은 50퍼센트의 최대 휴지 활성 수준을 가지며, (2) 그러한 각 세포들의 활성 수준은 0퍼센트와 100퍼센트 사이의 범위에 있어야 하며, (3) 여러 시냅스들의 극성은 그림 2.7에 표시되어 있으며, (4) 위에서 묘사된 각각의 세 경합들은 바로 경쟁 상태에 놓여 있다.

$$A_{RG} = 50 + (L - M) / 2$$
$$A_{BY} = 50 + ((L + M) / 4) - (S / 2)$$
$$A_{BW} = 50 + ((L + M + S) / 6) - (B / 6)$$

만약 우리가 이러한 세 방정식들을 3차원 공간 내에 그려 넣는다면, 가능한 유일한 지점들, 즉 세 종류 세포들 전체에 의한 유일한 활성 패턴들은 그림 2.8a(플레이트 6a)에서 보여주는 사다리꼴-단면 입방체 내에 놓인다. 그 잘린-보석 입방체의 성격은 다음 사실을 반영한다. 우리는 위의 세 **선형** 방정식들을 둘째 가로대 세포의 활성 동작을 위한 첫째 평결 어림셈으로 활용한다. 조금 더 실재적 모델은, 앞에서 언급했듯이, 각각의 A_{RG}, A_{BY}, A_{BW} 등에 S형 응축함수를 곱한 것이다. 가장 적당한 굴곡은 그 선형 모델의 날카로운 모서리를 어느 정도 갈아낸 효과를 내며, 그 효과에 의해서 그림 2.8b(플레이트 6b)에서 보여주는 더욱 실재적인 입방체가 만들어진다. (나는 이와 관련된 대수학을 언급하지는 않겠다.)

추가적인 설명을 위해서, 의도적으로 그 입방체를 '평분선'으로 잘라

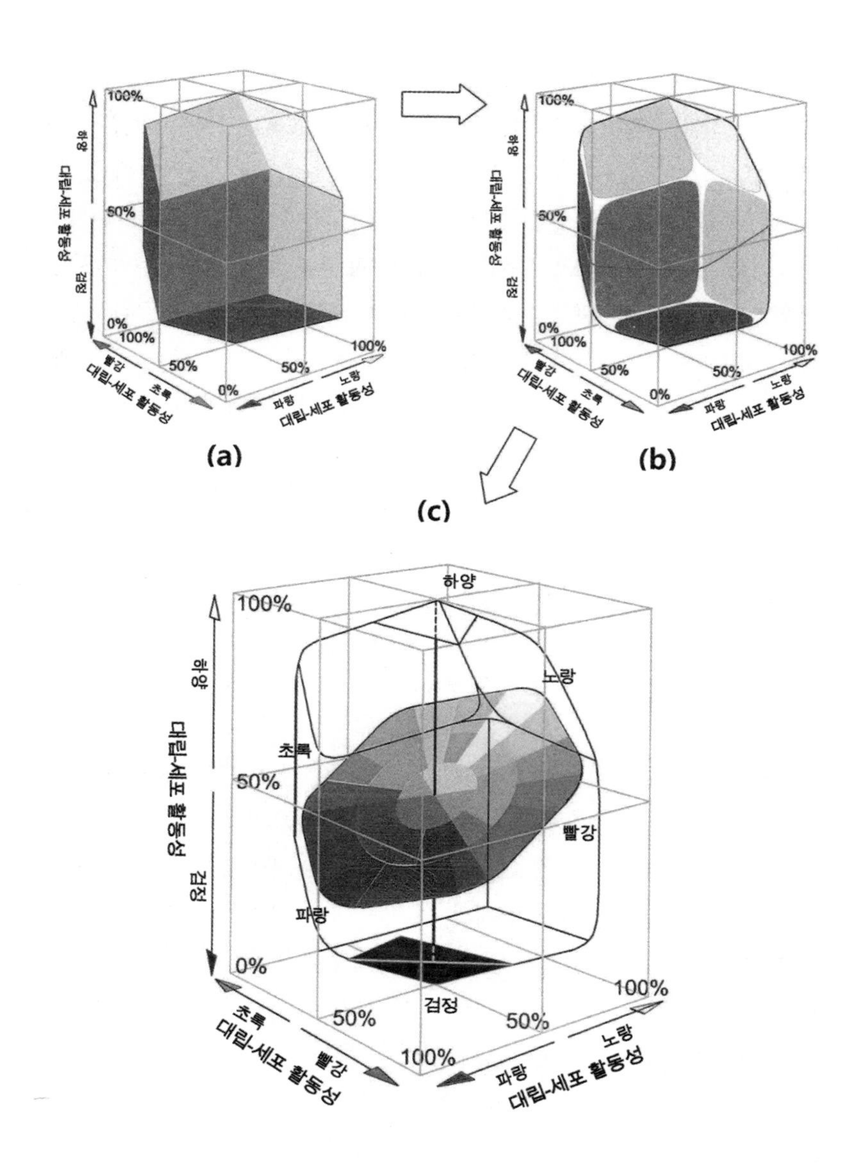

그림 2.8

허비치-제임슨 그물망(Hurvich-Jameson network)의 입방체 뉴런 활성 공간, 그리고 그 색깔의 내적 대응. 플레이트 6을 보라.

보자. 즉, 그림 2.8c(플레이트 6)에서 보여주듯이, 입방체 내의 평단면을 만들어보자. 이제 그 내부 평면을, 그 중심 평면 내의 다양한 지점들(세 요소 활성 패턴들)로 실제로 부호화되는, 다양한 외부 색깔들을 보여주도록 명확히 색깔을 칠해보자. 그러면 먼셀에 의해서 짜 맞춰 구성된, 원래의 현상학적 색깔 공간을 매우 신뢰할 수 있도록 재구성할 수 있다. 심지어 그것은 매우 편향된 평분선을 재연해주는데, 최대로 밝은 노랑은 오른쪽 위에 부호화되며, 최대로 투명한 파랑은 왼쪽 아래에 부호화된다. 이러한 입방체는 명백히 모든 가능한 객관적 색깔 공간의 **대응도**이다.[8)]

그러나 원래의 망막 세포 정보를 네 망막 차원으로부터 세 대립 세포 차원으로 변환하고, 기록하고, 압축하는 등의 기능적 **핵심**은 무엇일까? 피조물이 그러한 계산처리 그물망을 소유함으로써 어떤 인지적 유리함을 가질 수 있을까? 여러 가지가 있지만, 그중에 첫째는 **색깔 항상성**(*color constancy*)이란 재능을 가져서, 넓은 범위의 배경 조명 수준에서도 사물의 객관적 색깔을 볼 수 있는 능력이다. 밝은 태양 아래에서, 회색 그늘 아래에서, 비 내리는 어둑한 곳에서, 촛불을 켠 방에서도, 희미한 초록색 사물이, 그것으로부터 망막의 세 가지 원추세포에 도달하는 (그 네 조명 상황에서의) 에너지 수준이 상당히 다름에도 불구하고, 분명하고 일정한 색깔로 보일 것이다.

이러한 안정화 묘기는 허비치 그물망에 의한 '차이 계산' 전략에 의

---

8) 비록 이것이 물리적 대상에서 보여주는 **가능한 전자기 반사 양상**(*possible electromagnetic reflectance profiles*)의 범위에 대한, 어느 정도 낮은 해상도의 대응도일지라도, 이것 또한 하나의 대응도이다. 이것은, 0.40-0.70mm 전파창(window) 내의 전자기(EM) 반사 양태를 지닌 객관적 색깔들을 환원적으로(하여튼 반사하는 것으로) 확인시켜주는 여러 이유들 중 하나이다. 자세한 내용과, 색깔 메타머(metamers, 조건등색, 서로 다른 광원들이 혼합되더라도 같은 색으로 인지되는 현상)의 문제에 대해 하나의 제안된 설명을 다음에서 보라. Churchland 2007a. ch. 10.

해서 조율된다. 앞서 언급된 경합 배열 덕분에, 그물망은 현재 여러 원추들의 절대적(일정한) 활성 **수준**을 고려하기보다, 그 활성 수준들 사이의 **차이**가 얼마나 더 높고 낮은지를 고려한다.

예를 들어, 입력 패턴 <L, M, S> = <5, 40, 50>은 다른 입력 패턴들, 즉 <15, 50, 60>, 혹은 <25, 60, 70>, 혹은 <43, 78, 88> 등과 동일한 효과를 낸다. 다시 말해서, 둘째 층의 안정된 출력 패턴 <A_{RG} = 36.25, A_{BY} = 32.5, A_{BW} = 50>, 명확히 말해서, 그림 2.9에서 보여주듯이 어두운 초록(grayish-green)을 산출한다. 적어도 만약 (앞서 인용된) 증가하는 활성 값이 일반적 배경 조명 수준에 상응하여 증가된 결과를 내는 한 그러하다. 왜냐하면, 배경 밝기를 부호화하는 절대 값 B 또한 마찬가지로 정확히 10, 20, 그리고 38퍼센트로 일제히 올라가기 때문이다. (특별히 위의 세 방정식들 중 셋째를 보라.) 그러므로 어느 색깔 지각은 외부 사물의 실제 색상(true color), 즉 어설픈 초록에 정확히 고정된 상태를 유지한다. (만약 그렇지 않다면 어떤 색깔도 어슴푸레한 파스텔 연두를 지나, 색깔 방추의 위쪽 정점에까지 올라갈 것이다.) (그림 2.9, 플레이트 7을 보라.) 이러한 방식으로 모든 다른 색깔들도 조명에 무관하게 방추형 공간의 특정 위치로 결정된다.

이제 우리는, 입력 망막-원추 공간에서 대립 세포 공간(온전한 색깔 공간)으로, 전체 '시냅스-유도 변환'의 본성을 다음과 같이 알아볼 수 있게 되었다. 기하학적 본래의 망막-원추 공간이 색깔 공간 바닥의 중앙에 표상되며, 그리고 망막-원추 공간의 최대 활성 세 쌍은 색깔 공간 천장의 중앙에 표상될 뿐만 아니라, 입력 망막-원추 공간의 매우 많은 **연장된 직선들**은 둘째 가로대의 (온전한) 색깔 공간 내의 매우 많은 **단일 지점들**로 응축된다. 어떻게 그러한지를 앞 문단에서 알아보았다.

이러한 영리한 시스템에 의해서 우리는, 방금 전 생생한 감각 자극의 단명한 변덕이 영구적 객관적 실재를 포착한다는 것을 알아볼 수 있다. 이것이 우리의 지각 메커니즘이 일반적으로 운영하는 주제이며,

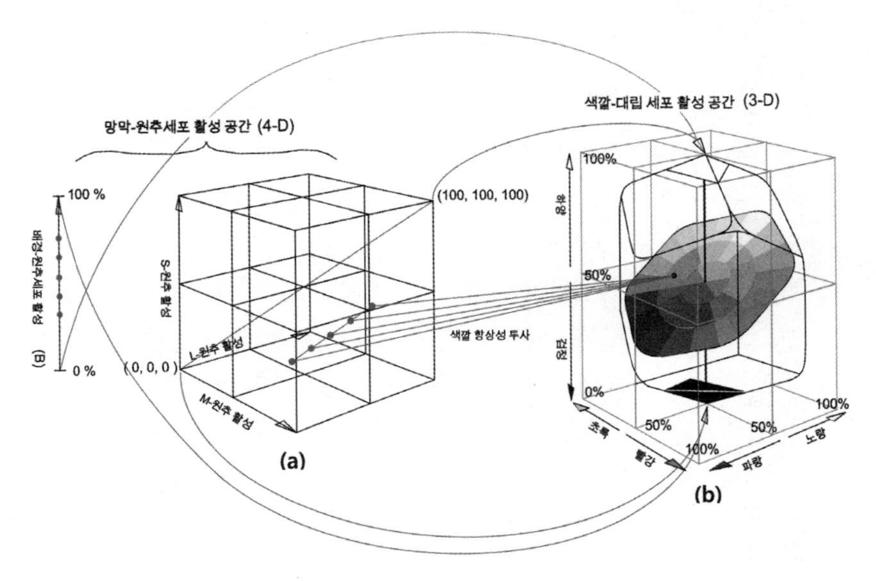

그림 2.9
허비치-제임슨 그물망의 색깔 항상성(color constancy). 플레이트 7을 보라.

여기에서 우리는 허비치 그물망에 의해 유발된 정보 압축의 첫째 유리함을 지적할 수 있다. 이를 통해서 우리는 현재 배경 조명의 수준과 무관하게 어느 사물의 객관적 색깔이든 포착할 수 있다.

잠시 색깔 문제를 미뤄두고, 어떤 색깔 지각도 전혀 갖지 못한 어느 시각 능력의 피조물이 우리와 같은 동일한 기초적 문제에 여전히 직면할 수 있다는 것을 고려해보자. 특별히, 색맹인 피조물이 국소 물리적 사물들의 객관적 공간 위치, 경계, 모양, 동작 등을 고정시켜 볼 수 있으려면, 다음 여러 요소의 **문제에 직면한다**. (1) 보려는 사물들 외부 단면이 다양한 곡선과 방향을 가지며, 산재되고 흔히 움직이는 그림자 등등 때문에, 그 사물 전체의 밝기 수준이 다양하며, 그리고 (2) 많은 사물들이 많은 다른 것들에 의해서 복잡하게 변화하면서 부분적으로 차단된다(가려서 보이지 않는다). 이러한 혼잡스러움에서 질서를 발견하는 일이 바로, 모든 시각 시스템이 일차적으로 해결해야 할 문제이다.

세상의 대부분 단일 사물들은 의도적으로 위장하지는 않으므로, 상승하는 혹은 위쪽으로 움직이는 시각 시스템은 추구하려는 유망한 전략을 갖는다. 다시 말해서, 바위, 나무줄기, 나뭇잎, 동물, 물줄기 등 대부분의 사물들은 그 표면 전체에서 거의 **일정하게** 입사광을 반사하는 경향을 가지므로, 시각 시스템은 앞선 문단에서 인용한 **방금 전** 순간 변화를 볼 수 있도록 배워야만 한다. 시각 시스템은 **일정한** 객관적 반사율의 표면을 알아볼 수 있도록 학습해야 하며, 그렇게 하여 자신의 시각 영역의 혼란스러움을 분할하여, 다양하게 반짝이고, 휘어지고, 방향을 맞춘 물리적 사물들을 구별할 수 있게 된다.[9] 색맹인 피조물의 시각 시스템은 이러한 일을 정확히 수행할, 즉 순수하게 '밝기 정도' 분석을 수행할 절묘한 기술을 이미 갖추고 있다.

그러나 명확히 구분되는 사물들이 **동일한** 객관적 반사율을 갖는다면, 그러한 색맹 피조물은 잠재적 혼란과 애매함에 직면한다. (그러한 극단적 경우로, 모든 것들이 절대적으로 동일한 객관적 중간-회색 명암을 갖는 환경을 상상해보라.) 시각은 그러한 환경 아래서도 여전히 온전하게 기능하겠지만, **오로지** 그 사물들의 회색빛 반사 차이에 의해서만 구별되는 경계와 외곽선은 이 경우에 거의 보이지 않는다. 반면에 색깔 지각은 그러한 혼란을 피할 수 있고 그러한 가려진 것을 벗겨낼 수 있다. 왜냐하면, 심지어 그러한 두 사물들이 반사하는 입사광 에너지 총량이 같다고 하더라도, 심지어 그 두 사물이 동일 회색빛이라고 하더라도, 그 두 사물은 반사율의 파장 **양태**에서 서로 **다를** 것이기 때

9) 인공 그물망은 이러한 인지적 과제 역시 성공한다. 나는 독자들이 세흐노브스키와 레키(Sejnowski and Lehky 1980)가 "명암에서 모양으로"라고 표현한 것에 관심을 가져보길 권장한다.

문이다. 마찬가지로 중요한 것으로, 나뭇잎, 나무줄기, 동물 등 대부분의 단일 사물들은 그 외부 표면 전체에서 거의 **동일한**(일정한) 파장 반사 양태를 보인다. 이것은 인간의 3원색 시각 시스템으로 하여금 객관적 표면의 균일과 차이를 **추가로** 포착할 수 있게 해주며, 그래서 시각 시스템의 본래적이며 여전한 중심적인 기능, 즉 물리적 사물의 세계를 올바로 분별하는 일을 잘할 수 있다.

이러한 측면에서, 인간과 다른 동물들이 3원색 시각 시스템을 발달시킨 것은, '사물들의 색깔을 지각하기 위해서'가 아니라, 사물들을 분별하고 동작을 감지하는 더 기초적인 과제를 더욱 효과적으로 발휘하기 위해서이다. 그러한 시각 시스템은 우리로 하여금 명확히 구분되는 물리적 사물들의 객관적 반사율에 대한 고유한 **파장 양태**의 **동일함**과 **차이**를 민감하게 감각하게 해주었으며, 따라서 사물 자체를 더 잘 포착할 수 있다. 나는 이러한 색깔 지각의 기초 기능에 대한 통찰을 캐슬린 애킨스(Kathleen Akins)에게서 가져왔다(Akins 2001). 이것은 시각 시스템이, 변화하는 빛-수준의 차이를 넘어 허비치 그물망의 특별한 변환 함수를 받아들여야 할, 둘째 이유를 제공한다.

그것을 받아들여야 할 세 번째 이유가 있다. 만약 어느 동물이 우리처럼 단지 세 종류의 대립-계산처리 세포만을 가지는 한계를 갖는다면, 허비치 배열에 의해 산출되는 그 대략적 이중-원추 형태와 색깔 공간의 내부 구조는 아마도, **가능한 가장 효과적 방식**일 (혹은 적어도 여기에 매우 가까울) 것이며, 따라서 그 구조는 가시적 사물들의 파장 반사 양태에 관한, 혹은 적어도 보통의 지구 환경에서 가장 공통적으로 발견되는 가시적 사물들의 양태적 특징에 관한 정보를 '압축 형식으로' 표상하게 해준다. 이러한 결론은 우수이, 나가우치, 그리고 나카노 등(Usui, Nakauchi, and Nakano 1992)의 관련 그물망-모델링 연구의 실험 결과에 의해서 강력히 시사해준다. 그들은 '와인 잔 모양'의 전방위 그물망을 구성하였으며, 그 그물망의 81개의 입력 '원추'는 81가지 명확히 구분되는 파장에 대한 입력 반사 양태를 샘플 추출하였다(그림 2.10). 그 81개의 출력 세포는 입력 세포로부터 5단계 가로대 너머에 있으며, 입력으로 들어온 현재 자극 패턴을 단순히 재구성/반복하는 것으로 가정되었다. (이것은 **자동-연합 그물망**이라 불리는 사례인데, 성공적으로 훈련된 그물망의 입력과 출력 패턴들은 동일해야(일정해야) 한다. 그러한 그물망은 선별적 **정보 압축**의 다양한 기술 탐색을 위해서 이용된다.

이러한 과제는 아마도 상당히 단순하지만, 그물망은, 모든 입력 정보들이 출력 가로대에서 성공적으로 재구성되기에 앞서, 오직 **세 개**의 세포들 병목을 관통하도록 의도적으로 구성되었다. 이것은 아마도 단호히 불가능해 보이며, 정말로 많은 정보가 불가피하게 사라질 듯싶다. 그러나 많은 수의 색깔 샘플들에 대해서 (좀 더 명확히 말해서, 그것들이 보여주는 파장 반사 양태의 81요소 **샘플 추출**에 대해서) 역-전파 절차(back-propagation procedure)에 따라서, 지도 훈련 후, 그물망은 정말로, 출력 가로대에서, 훈련받은 많은 입력 양태에 대하여, 그리고 새로운 색깔 입력에 대해서도 마찬가지로, 매우 신뢰할 만한 복제를 산출할 수 있게 되었다.

그러나 그물망이 이것을 어떻게 할 수 있을까? 특히, 3세포의 중간 가로대에 무슨 일이 일어나는가? 그것이 긴 훈련 과정 동안에 어떤 절묘한 부호화 전략에 이끌리게 되었는가? 다행스럽게도, 이것이 인공 그물망이기 때문에, 그 활성을 의도적으로 실험해볼 수 있다. 우수이(Usui)와 공동 연구자들은, 지금의 성숙된 그물망을 언급함에 있어, 단순히 매우 다양한 입력 색깔들에 의해서 중간 가로대에서 무수히 많이 발생되는 활성 세 쌍들을 추적하였고, 그 활성 쌍들에 의해 다양하게 부호화되는 입력 색깔들을, 세 중간 가로대 세포 각각이 하나의 축을 이루는 3차원 공간 내에 좌표로 나타내 보았다(그림 2.11).

중요한 중간 가로대 전체의 활성 세 쌍들 모두는 대략적으로 다음과

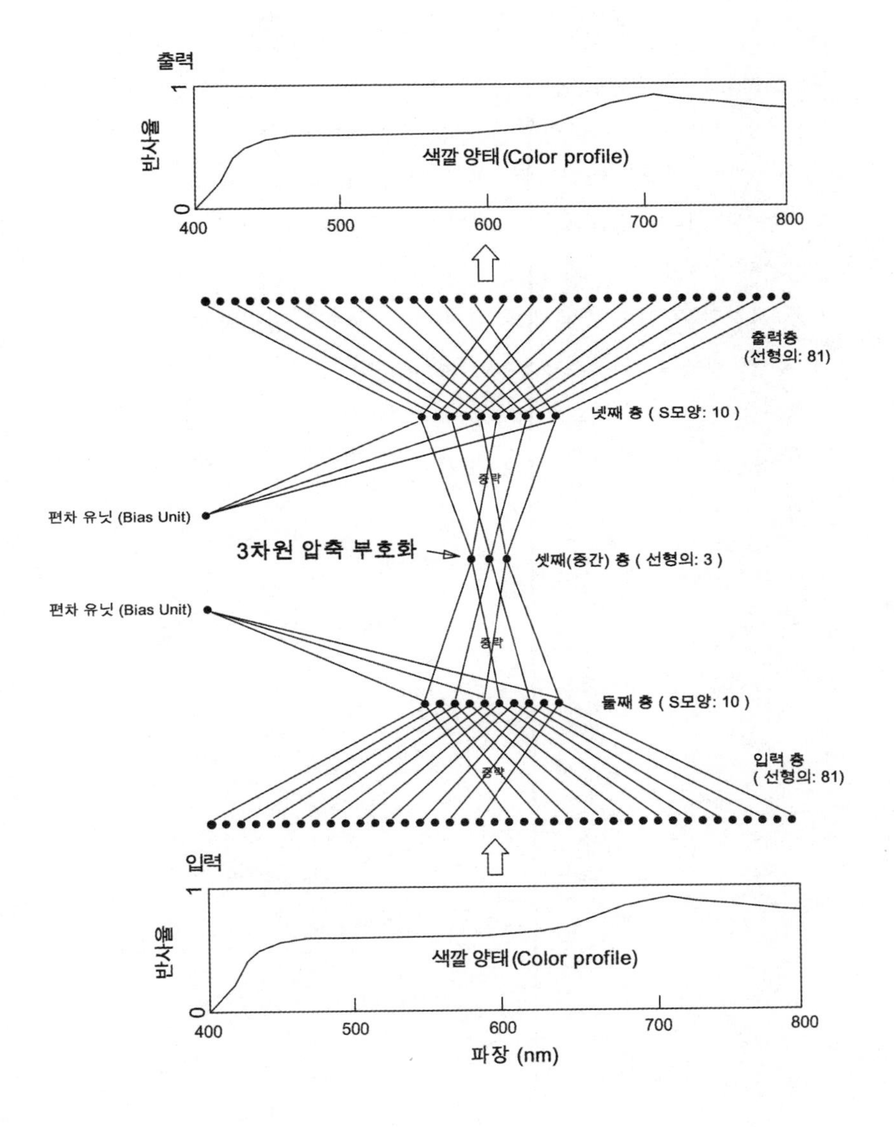

그림 2.10
색깔-부호화 그물망의 복잡한 파장 양태의 3차원 압축(Usui, Nakauchi, and Nakano 1992에 따라서)

같은 방추형 입방체 내로 국한된다. 검정-회색-하양으로 연결되는 중심축, 그리고 편향된 평분선 주변에 연속 배열된 유사 색깔들의 채도 변형을 지닌다. 인공 그물망에게 인간들이 접하는 동일 색깔 입력을 훈련시켜보면, 그것은 인간 대립-처리 과정 세포들이 채용하는 거의 동일한 부호화 전략을 취한다. 그리고 잘 주목해보면, 인간들이 망막 내에 단지 3개의 독특하고 꽤 넓게 조율된 유형의 원추들을 가지는 반면에, 인공 신경망은 입력 가로대의 81개의 독특하고 정밀하게 조율된 유형의 '원추 세포들'을 가짐에도 불구하고, 이러한 것을 수행한다. 그러나 그럼에도 불구하고, 인공 신경망과 우리들 모두에게서, 그 관련된 상위-수준 가로대들이 거의 동일한 부호화 전략을 학습하고 채용한다.

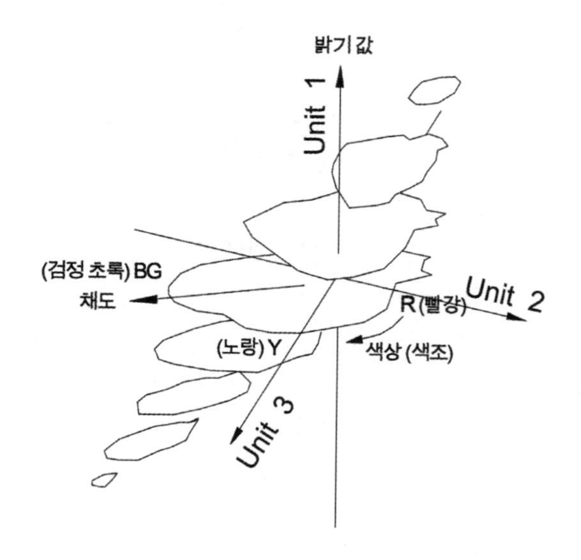

그림 2.11
우수이 그물망의 중간층 색깔-부호화 공간(Usui, Nakauchi, and Nakano 1992에 따라서)

그러한 부호화 전략이 그다지 완벽하지는 않다. 매우 많은 독특한 가능한 반사 양태들이 있으며, 우리는 그것들을 구별할 수 없다. (색깔 과학자들은 그렇게 동일해 보이는 양태들을 "메타머(metamer)"[10]라고 부른다.) 그것은 놀라운 일이 아니다. 정보 압축 그물망은 언제나 성공할 수 있을 때만 그것을 수행하기 때문이다. 왜냐하면 인공 그물망은 **모든 가능한** 입력 정보들을 압축할 수 없는 과제를 포기하기 때문이다. 대신에, 인공 그물망은 전형적으로 우연히 마주치는 혹은 어떻게든 처리하도록 요청되는 오직 특정 범위의 입력들만을 압축하는 일에 자신의 여력을 집중한다. 다행스럽게 우리 지구상의 환경은 우리에게 모든 가능한 반사 양태들을 보여주지 않으며, 단지 상당히 작고 반복되는 하부 양태들만을 보여준다. 그리고 그런 것들을 우리는 체계적이며 객관적으로 **파악할 수** 있다. 즉, 그것이 바로 정확히, 색깔 입방체에 내재된 3차원 분석이 우리를 위해 해주는 일이다. 더구나, 인공 그물망과 모든 정상 인간들이 동일 부호화 전략을 취한다는 사실은, 그것이 우리 모두가 마주 대하는 부호화 문제에 대해 가능한 해답을 제공해줄, 국소 최적조건(local optimum), 그리고 아마도 어쩌면 전체 최적조건(global optimum)임을 시사해준다.

그러므로 여기에 허비치-제임슨 대립-계산처리 그물망에 의해 조율되는 특별한 변환 책략의 몇 가지 기능적 덕목이 있으며, 그것은 서로 다른 수준의 조명 아래에서 색깔 항상성, 개선된 사물 구분, 그리고 그 재원과 즉시 상관되는 최적 혹은 근사-최적 부호화 효용성 등이다. 또한 이러한 쟁점의 설명은, 상세한 색깔 시각과 (일부 매우 놀라운 경험을 포함하는) 여러 색깔 경험들에 대하여, 광범위한 새로운 경험을 예측할 수 있게 해준다. (특정 색깔에 시선을 고정시킨 후 새로운 이미지로 시선을 옮겨 고정시키면, 뜻밖의 변칙적인 비현실적 색깔 잔상을

10) (역주) 서로 다른 광원들이 혼합되더라도 같은 색으로 인지되는 현상으로 "조건 등색"이라고도 불린다.

경험하게 되는데,[11] 이것을 허비치-제임슨 그물망이 예측해준다. 이에 대해서 다음을 참조하라. Churchland 2007, ch. 9.) 그렇지만 이제 우리는 여기에서 더 나아간 이야기를 해야 한다. 특별히 우리는 훨씬 상위-차원 활성 공간을 지닌 그물망인 압축 그물망, 즉 계층 구조의 개념 체계를 내재한 그물망을 다시 살펴볼 필요가 있다. 이것은 (1장에서 간략히 살펴본) 코트렐 얼굴-식별 그물망이다.

5. 얼굴에 대한 더 많은 이야기: 벡터 완성, 가추, 그리고 전체를 고려한 추론의 능력

코트렐 얼굴-식별 그물망은 64 × 64 요소 격자로 배열된 4,096개의 명도 감응 '망막' 세포를 가지며, 그 그물망에 다양한 이미지들이 '투사된다.' 많은 망막 세포들 각각은 축삭을 위쪽의 80개 세포의 둘째 가로대로 투사하며, 그곳에서 뻗은 가지들은 80개의 독특하고 다양한 가중치로 시냅스 연결을 이루는데, 각기 그 대기 세포(waiting cells)와 연결한다. 초기 그물망 형성에서, 둘째 가로대는 구조적으로 입력 집단과 동일한 셋째 가로대로 투사된다(그림 2.12a). 우리는 여기에서, 우수이(Usui) 색깔 그물망과 같은, 자동-연합 '와인 잔' 그물망을 다시 본다. 이 그물망의 가로대는 다섯이 아니라 오직 셋이므로 더 단순하지만, 중간 혹은 '압축' 층에 3개가 아니라 80개의 세포를 가지므로 훨씬 더 복잡하다. 이 그물망은 여러 얼굴들, 즉 여성 얼굴, 남성 얼굴, 젊은이 얼굴, 노인 얼굴, 아시아인 얼굴, 아프리카인 얼굴, 유럽인 얼굴 등을 표상하기 위해서 배워야 할 훨씬 복잡한 영역을 반영한다. 그러나 단지 얼굴에 대해서만이다. 이 그물망은 중간 가로대에서, 어느 임의 입

11) (역주) 구체적으로 말해서, 녹색에 시선을 집중하고 있다가 갑자기 하얀색으로 시선을 옮기면 보라색을 경험하게 되며, 검은색을 보고 있다가 갑자기 붉은색으로 시선을 옮기면 그곳에서도 보라색을 경험하게 된다.

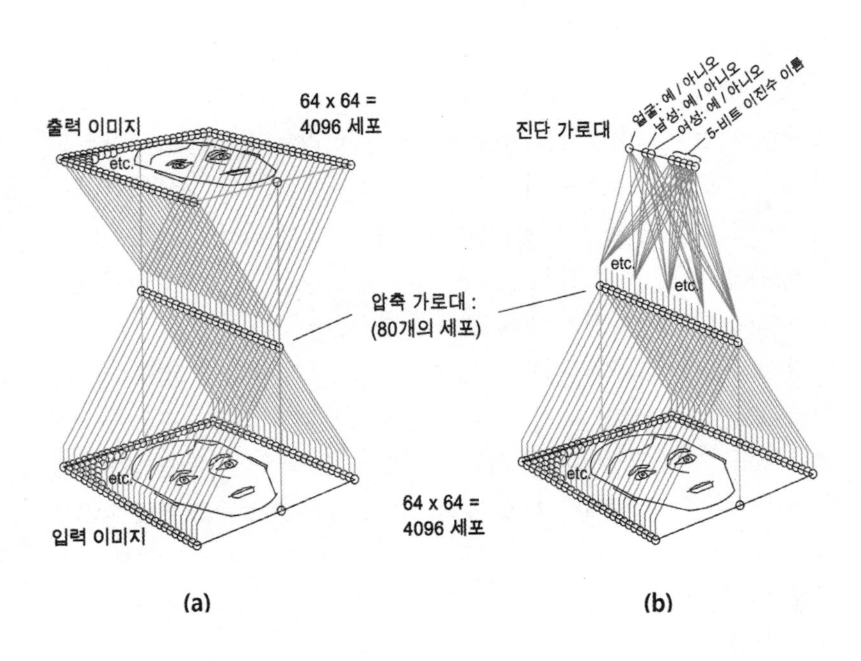

그림 2.12
(a) 얼굴 이미지를 80차원 공간으로 압축하고, 그것을 재구성하는 그물망 (b) 얼굴-재인 그물망

력을 압축한 후, 그 압축된 80요소 표상으로, 셋째 가로대 혹은 출력 가로대에서 그것을 성공적으로 재구성하는, 부호화 전략을 찾는 일을 할 수는 없다. 예를 들어, 어느 무작위 점 입력 패턴은 단호히 그것을 포기시킬 것이다. 왜냐하면 어느 실제적으로 무작위 연속적 값들은 그 자체보다 더 압축된 어떤 종류의 표현도 알지 못하기 때문이다. 그러나 만약 그물망의 재구성 과제가 오직 인간 얼굴에만 한정된다면, 그 가능성의 범위가, 꽤 크긴 하지만, 극적으로 축소된다. 예를 들어, 모든 얼굴은 두 눈 사이에 수직 축을 중심으로 매우 가깝게 대칭적이며, 따라서 그 그물망의 부호화 전략은 아마도 입력 패턴의 절반을 무시해도

무방할 것이다. 즉, 그러한 방식으로 이 그물망은 실질적으로 여유가 있다. 마찬가지로, 모든 얼굴은 오직 하나의 코, 하나의 입, 두 눈, 두 콧구멍, 윗입술과 아랫입술 등등을 가진다. 따라서 성숙된 그물망은 그 각각의 경우에 대해서, 이러한 규칙성과 충돌하는 어느 표상을 위해서, 스스로 새로워지도록 대비할 필요는 없다. 이 그물망은 그러한 영구적 주제들에 대해서, 각각의 새로운 얼굴들이 제시하는, 미묘한 **변이** (*variations*)를 부호화하는 일에 집중할 수 있다.

정말로, 일부 자주 대하는 영역에 관한 정보의 성공적 **압축** 서식을 찾는 일은, 그 영역**에 대해** 규정하는 영구적 주제, 구조, 혹은 규칙성 등을 찾는 일에 해당된다. 우리는 어쩌면, 그물망이 훈련 단계 동안에, 문제의 지각 영역 내에 느리게 발견되는 전형적 요소들 사이에 중요한 동일성과 차이성의 **추상적 대응도**를 구성하는 것으로 생각해볼 수도 있다. 일단 그러한 배경 대응도가 자리를 잡기만 하면, 그 대응도 내의 특정 **지점**의 감각-유도 활성을 통해서 그물망은 (현재 마주치는) 현재 친숙한 영역 내의 많은 수용 가능한 것들에 대해 지각 지식을 가질 수 있다.

그러나 배경 대응도 자체에 대해 한 번 더 살펴보자. 그 계층 구조는 앞서 살펴본 그림 1.2에서 대략적으로 묘사되었으며, 그 획득된 분할은 앞서 언급한 그림 1.4의 사례에서 간략히 논의되었다. 그러나 이러한 소중한 표상 구조가 어떻게 획득되는가? 위에 검토된 단순한 그물망에 대해서 이 질문을 다시 해보자면, 둘째 가로대와 만나는 핵심적인 (4,096 × 80 =) 327,680개의 시냅스 연결에 의해서 어떤 종류의 변환이 일어나며, 그리하여 문제의 독특한 '얼굴 대응도'가 만들어지게 하는가? 그림 2.3과 2.9의 경우처럼, 어떤 단순한 도식적 그림으로 무슨 일이 일어나는지를 충분히 알려줄 수는 없다. 즉, 여기의 80개로 압축되는 4,096의 공간 차원은 너무 많아 간단한 그림으로 표현해주기 어렵다.

그렇긴 하지만, 우리는 다음과 같은 질문을 통해서 무슨 일이 일어나는지에 대해 어느 정도 가늠해볼 수는 있다. 즉, 둘째 가로대에 있는 각각의 80개 세포들의 **선호 입력 자극**이 무엇일까? 어느 임의 둘째 가로대 세포의 선호 자극은, 그 세포의 고유하고 특유한 4,096개 시냅스 연결에 의해서 둘째 가로대 세포에서 일어나는 **최대** 흥분 수준을 만들어내는, 입력 혹은 '망막' 집단 전체의 특별한 **활성 패턴**으로 규정된다. 그것이 바로 그 세포가 '가장 큰소리로 질러대는(?)' 입력 패턴이다. 공교롭게도, 어느 임의 세포에 대한 선호 자극은, 그 세포에 대한 4,096개 시냅스 연결의 학습된 조성 상태로부터 직접 재구성될 수 있다. 그리고 이것이 디지털 컴퓨터 내의 모든 구체적 사항들이 모방되는 인공 그물망이기 때문에, 그러한 정보는 '자격 보고' 명령에 대한, 각각의 모든 세포들의 직접 응답이다.[12)]

80개의 압축 가로대 세포들 중 임의적인 6개의 선호 자극은, 연이어 코트렐에 의해서 재구성되었듯이, 그림 2.13에서 보여준다. 아마도, 각각의 64 × 64 요소 패턴에 관해 우선적으로 살펴봐야 할 것은 그 패턴이 매우 복잡하며 전형적으로 전체 배열을 포함한다는 사실이다. 예를 들어, 어떤 둘째 가로대 세포도 오직 입, 또는 귀, 또는 눈에만 관련되지 않는다. 이 **전체 얼굴들**은 분명히 압축 층의 모든 세포들과 관련이 있다. 둘째로, 모든 이러한 선호 패턴들, 혹은 거의 모든 패턴들은 다양한 정도로 모호하고 교묘한 방식으로 상당히 얼굴처럼 생겼다. 그리고 그것은 그물망이 입력 패턴으로 들어온, 특정한 얼굴-이미지, 예를 들어 당신 자신의 얼굴을 어떻게 포착하는지 설명해줄 열쇠이다. 그물망은 당신의 독특한 얼굴 구조를 아래와 같이 80차원으로 분석한다. 만약 당신의 얼굴 이미지가 둘째 가로대 세포 1의 선호 자극 패턴 혹은 '얼굴 기본 틀'에 매우 가깝게 일치한다면, 그에 따라서 세포 1은 높

12) (역주) 즉, 그러한 정보가 과연 그것으로 인정될 만한 것인지에 대한 응답이다.

그림 2.13
80개의 얼굴-압축 세포들 중 임의적 6개의 '선호 자극'

은 활성 수준으로 자극될 것이다. 만약 당신의 얼굴이 오직 그 선호 패턴에 거의 일치하지 않는다면, 세포 1은 매우 낮은 활성 수준으로 반응할 것이다. 그리고 둘째 가로대의 모든 다른 세포들도 그러하므로, 그 각각의 세포들은 독특한 선호 자극을 갖는다.

당신의 독특한 얼굴에 대한 결과는 둘째 가로대 집단 전체의 활성 수준의 독특한 패턴이며, 그 패턴은 당신의 얼굴에 대한 반응으로 수행되는 80개의 독특한 유사성-분석 결과를 반영한다. 당신의 얼굴은 둘째 가로대 뉴런 집단의 80차원 활성 공간 내의 고유한 위치 혹은 지점을 획득한다. 그러나 그러한 특별한 위치는 여기에서 우리의 우선적 관심사는 아니다. 우리의 관심사는, 당신의 얼굴과 **유사한** 어느 얼굴이라도 문제의 80개 진단 세포에 의해서 **유사하게** 분석되며, 그 활성 공간 내에 당신의 얼굴을 부호화하는 지점에 기하학적으로 **매우 가까운** 위치 혹은 지점으로 부호화된다는 사실에 있다. 반면에, 당신과 매우 다른 어느 얼굴은 둘째 가로대에서 매우 다른 집단의 개인적 유사성-판단, 즉 기본 틀(template)에 어울리거나 혹은 어울리지 않는 판단을 일으킬 것이며, 당신의 것을 부호화하는 지점과 기하학적으로 **아주 멀리 떨어진** 활성 지점으로 부호화될 것이다. 성숙한 그물망 내에 둘째 가로대 공간 전체는, 그물망이 마주 대하는 다양한 얼굴들을, 훈련 기간 동안에 마주쳤던 많은 얼굴들을 다양하게 통합하고 분리하는 자연적 혹은 객관적 유사성에 따라, 고유 용적과 하부 용적, 그리고 하부의 하부 용적 등으로 분산시킨다.

그러므로 80개의 중간 혹은 압축 가로대 세포들에 의해 '선호되는', 80개의 독특하지만 교묘한 유사-얼굴 패턴들의 의미는, 그러한 각각의 패턴들이 객관적 세계 내의 무언가를 표상하는 것이 **아니라는** 것을 명심할 필요가 있다. 이러한 것들은 단지 많은 '할머니 세포들'이 **아니다**. 그물망은 훈련 세트의 얼굴들 모두, 혹은 심지어 하나라도 단순히 '기억하지' 않는다. 반대로, 이러한 학습된 선호 자극 집단에 관해서 중요한 것은, 이러한 80개의 진단 기본 틀들이, 모든 인간 얼굴들이 다양하게 서로 닮고 달라지는 중요한 방식에서 (잘 조각된) **대응도**(둘째 가로대 활성 공간)의 차후 전개를 위해서, 입력 층에 들어오는 어느 얼굴을 집단적으로 **분석하기** 위한 가장 효과적인 지휘소를 제공하는 데에 있다.

그림 2.13에서 당신이 단지 힐긋 보기만 해도 알아볼 수 있는 것으로, 시냅스를 변환시켜 형성된 그물망의 둘째 가로대 활성 공간은 특별히 **얼굴**에 관해서, 나무, 혹은 자동차, 혹은 나비 등과 대립시켜봄으로써 굉장히 많은 일반적 정보를 획득한다. 집단적으로, 그리고 **오직** 집단적으로만, 그러한 80개의 선호 자극은 그물망이 그 지각 경험 중에 지금 **찾을 것으로 기대하는** 것과, 그러한 배경 기대의 체계 내에 어느 현재의 입력 얼굴이라도 정확히 **위치시키기** 위한 그물망의 재원 모두를 표상한다. "찾을 것을 기대한다"는 표현은, 적어도 이렇게 단순한

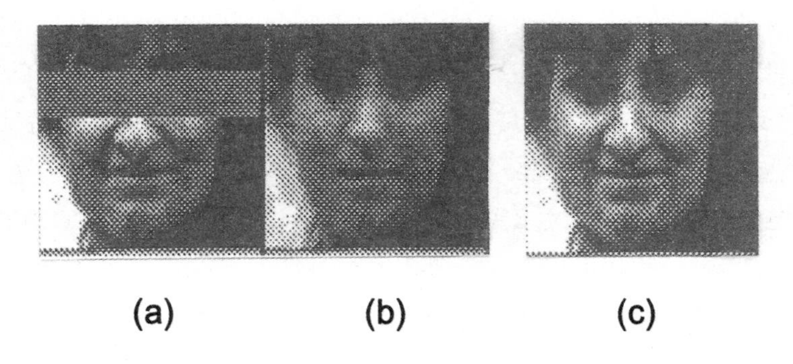

그림 2.14
부분적 입력 이미지 (a)에 대한 '벡터 완성(vector completion)' (b)

수준에서는, 실질적으로 (확신컨대) 은유적이다. 그러나 그것은 또한 여기 작용에서 매우 중요하고 전적으로 말 그대로의 압축-부호화 전략의 결과를 표현한다. 특별히, 그림 2.14a의 메리(Marry)의 '눈을 가린' 얼굴과 같은, (우리에게 친숙한) 입력은 출력 가로대의 성공적으로 훈련된 압축 그물망에서, 그림 2.14b처럼 입력 이미지의 상실된 부분을 단순히 **복구** 혹은 **보충**하는 방식으로, 재표현된 이미지를 찾을 것이다.

비교를 위해서 원래 훈련 세트에서 얻은 메리의 사진이 그림 2.14c에 제시되었다. 그림 2. 14a에서 가려진 두 눈은 그림 2.14b를 산출할 그물망에서 자동적으로 채워졌지만, 이 두 눈은 원래의 눈이 아니다. 즉, 그 눈은 특별히 메리의 눈에 꽤 근사치일 뿐이다. 따라서 우리가 그물망이 무엇을 볼 것인지에 대한 '기대'를 말하는 중에, 심지어 입력 데이터가 문제의 출력을 규정하기에 그 자체로, 객관적으로, 그리고 실질적으로 부족하더라도, 우리는 출력 층에서 그물망이 **실제로 생산할** 이미지를 말하고 있다.

물론, 입력 결핍은 그물망 자체에 의해서 보상된다. 다르게 말해서, 그 결핍은 훈련 기간 동안 그물망이 느리게 획득한 얼굴에 관한 일반적 지식, 즉 메리의 얼굴, 그리고 다른 얼굴들에 의해서 보충된다. 부분적 데이터를 가지고 완전한 표상적 해석으로 도약하는 이러한 능력은 **벡터 완성**(*vector completion*)이라 불리며, 어느 잘 훈련된 압축 그물망이든 자동으로 계산처리하는 것이 특징이다. 그럼에도 불구하고 다양하게 모자라는 수준의 입력들은, 그런 재원-구속 그물망에 의해서, 훈련 중에 그물망에 의해 획득된 가장 가까운 가용한 범주들(중간 가로대의 하부 용적 활성 공간들)에 선택적으로 끼워 맞춰질 수 있다. 예를 들어, 메리의 다른 사진이, 이번에는 폐쇄되지 않았지만 산재한 노이즈에 의해서 부분적으로 오염되더라도, 그림 2.14b와 동일한 특성과 질적 수준의 출력 이미지를 산출할 듯싶다.

플라톤 역시 어쩌면 이러한 그물망을 긍정할 듯싶다. 왜냐하면 이런 그물망이 누군가의 감각 입력이 일시적으로 바뀌는 변동을 넘어서서, 그의 지각 환경의 객관적이고 영구적인 특징을 포착할 능력을 보여주기 때문이다. 그런 한에서, 이 그물망은 또한, 변화하는 폐쇄와 지각 노이즈에 직면하여, "**구조** 혹은 **대상** 항상성(*structural* or *objectual* constancy)"이라 불리는 능력, 어쩌면 앞에서 허비치-제임슨 그물망에 의해 보여준, 주변의 빛 수준의 변이에 직면하여 **색깔** 항상성을 유지하는 것에 비유되는 능력을 보여준다.

비록 이 그물망이 한 명제로부터 다른 명제로 (그보다 한 **활성 패턴** 혹은 **벡터**로부터, 다른 활성 패턴 혹은 벡터로) 도약하지 못하더라도, 벡터 완성은 명확히 **확대 추론**(*ampliative inference*)의 한 형식이다. 즉, **가추**(*abduction*, 귀추), 혹은 **가설-연역**(*hypothetico-deduction*), 혹은 소위 '**최선의 설명에로의 추론**(*inference-to-the best-explanation*)'과 다르지 않다. 명확히 말해서, 그 표상 출력의 정확성은 그 표상 입력 내용에 의해서 엄밀히 보증되지 않는다. 그러나 그러한 출력은 그물망의 과거 경험에 의해서, 그리고 잘 훈련된 중간 가로대 활성 공간의 구조에 지금 내재하는 잔여 경험에 의해서, 충실히 그리고 적절히 보고된다. 따라서 그러한 출력이 적절한 벡터 완성을 시킬 이러한 매혹적 능력을 갖는 한, 이러한 벡터 완성은, 철학자들이 "최선의 설명에로의 추론"이라 불러오고, 언어적 혹은 명제적 용어로 단지 제한적으로 설명해온 것에 대해서, 적어도 최초로 그리고 가장 기초적으로 알아볼 수 있게 해준다.

이러한 제안을 진지하게 하려는 몇 가지 이유가 있다. 우선 첫째로, 이러한 관점에서 어느 추가적 인지 장치를 고안하지 않고도, 지각 그물망이 '확대 추론'을 할 수 있다. 적절한 벡터-계산처리 그물망은 언제나 그러한 능력을 가지며, 동시에 훈련 후에 무질서하지 않은 영역에서 그 능력을 발휘한다. 쟁점의 인지 능력은 애초부터 그런 기초 그물망 구조 내에 새겨져 있다.

둘째로, 이러한 능력의 (명제적 성격과 반대되는) 벡터적 성격은, 아마도 명제 태도를 내적으로 조작할 가능성이 없는, 비언어적 동물들과 언어를 배우기 이전의 인간 모두의 뇌를 적절히 설명해줄 가능성을 열어놓고 있다. 그러한 가능성을 열어놓고 있으므로, 따라서 비언어적 피조물에게 그러한 '벡터식' 최선의 설명에로의 추론을 적용시키는 데에도 어려움이 없다. 또한 그런 피조물들은 그들의 평범한 능력을 가지듯이 복잡한 가추 인지를 가질 수 있으며, 이러한 능력의 성취는 고전적이며 들이대는 언어 형식적 접근법으로서는 매우 납득하기 어려운 문제이다.

끝으로, 여기에서 논의되는 그러한 인지 능력은, 일반적으로 가추에 대한 고전적 혹은 언어 형식적 접근법을 흔드는 고질적 문제에 대해서 논리 정연한 대답을 제시한다. 그 문제를 간략히 말하자면, 아래와 같다. 어느 임의 상황에서 어느 개인이 **최선의** 설명으로 고려하거나 해석으로 선택하는 것은, 자신의 **모든** 현재 배경 정보의 전체에 의해서이다. 그러나 모든 자신의 현재 배경 믿음과 신념들을 철저히 검색하지 못한다면, 적어도 실시간으로 효과적 탐색을 할 수 없다면, 그러한 평가가 어떻게 적절히 혹은 신뢰할 만하게 수행될 수 있을까? 독자들은 이 시점에서 고전적 혹은 전통적 인공지능 프로그램 작성에서 "프레임 문제(frame problem)"[13]라 불렸던 것을 알아볼 수 있을 것이다.

그러나 이러한 문제는, 고전적 접근법에 대한 공표된 비판적 시각이 아니라, 공표된 챔피언에 의해 고려될 수 있으며, 그것을 포더의 최근 저작(Fodor 2000)에서 찾아볼 수 있다. 그 책에서 여기 쟁점의 문제는, 고전적인 계산적 마음이론(Computational Theory of Mind)을 기대하여, 강력하고 무자비한 큰 낫(Grim Reaper)을 중앙 무대에 등장시킨다.

> 내 입장을 피력하자면, 나는 심각히 걱정하지 않을 수 없다. 가추(abduction)는 정말로 인지과학에 어마어마한 난제이며, 지금까지 우리가 들어온 어떤 종류의 이론으로도 해결할 수 없을 것 같아 보인다. (42)

> 어떤 종류의 추론을 *전체론적*[이탤릭체는 첨가된 말]이라고 말하는 것은 곧 그런 추론을 이끌어낼 합리성이 *얼마나 많은 인식적 맥락*[원문이 이탤릭체]에 의존하는지를 결코 단언할 수 없을 것이라고 말하는 것과 같다. (43)

> 고전적 양식은 그러한 속성들을 알아볼 어떤 신뢰할 만한 방법도 갖지 못하여, 인식적 수행 배경을 철저히 검색하지 못한다. (38)

그러나 이제 우리는 이러한 진정으로 성가신 문제를, 단순한 압축 그물망이 임의적 감각 입력에 대하여 중간과 출력 가로대 모두에서 어떻게 해석 혹은 확대 표상을 갖게 되는지 설명해줄 전망에서 검토해볼

---

13) (역주) 인공지능이 어느 범위의 정보를 고려의 대상으로 여기도록 해야 하는지의 문제, 예를 들어 포탄을 제거하는 임무를 수행할 인공지능 로봇이 그 임무 수행을 위해 무엇을 고려하고, 하지 말아야 하는지에 관한 정보 범위에 관한 문제이다.

수 있다. 다시 한 번, 눈을 가린 메리 이미지를 입력 패턴으로, 80차원 분석을 중간 가로대 패턴으로, 그리고 그림 2.14b의 완성된 메리 이미지를 출력 패턴으로 고려해보자. 어느 곳이라도 있어야 한다면, 그물망이 획득한 **배경** 정보는 어디에 있을까? 대답: 심지어 작은 모델 그물망 내에서조차 둘째 가로대에서 만나는 327,680개 시냅스의 획득된 가중치 조성 내에, 게다가 출력 층에서 만나는 327,680개, 대략 백만 정보-담지 연결의 3분의 2에 달하는 수의 시냅스 가중치 조성 내에 있다.

얼마나 많은 그러한 배경 정보가, 차단된 입력 이미지를 중간 가로대 형식으로 변환시켜서 적절히 완성된 출력 이미지로 변환시킴에 있어 인과적으로 영향을 미치며, 그리고/혹은 계산적으로 채용되는가? 대답: 그 모든 것들이다. 모든 최후의 시냅스들까지 모두가 관여하고 계산적으로 채용된다. 그리고 만약 그물망이 실제 뉴런으로 구성된 것이라면, 이렇게 전체적으로 민감한 두 단계 변환은 실시간(real time)으로 일어날 것이다. 왜냐하면 첫째 327,680번 계산 단계 모두가 동시적으로 작동할 것이며, 둘째 327,680단계는 아마도 10밀리초 후에 다시 그렇게 작동할 것이기 때문이다. 그물망이 기대했던 바대로 "전체적으로 민감한" 만큼, 이러한 강건한 확대 추론 혹은 가추는 20밀리초 내에, 다시 말해서 50분의 1초 내에 적절히 그리고 확실히 완성될 것이다.

고전적 문제가 해소되었다. 그리고 그것을 해결한 것은 단호히, 대단위 병렬분산 **부호화**(parallel distributed *coding*)에 채용된 비고전적 신경망의 구조(고차원 활성 벡터에 의한 표상)와, 대단위 병렬분산 **계산처리**(그러한 벡터에 고유한 시냅스 가중치 행렬을 곱하여 새로운 벡터를 산출하는 계산처리)이다. 더구나 이 해결은 동시에 둘째 중요 차원의 고전적 문제, 즉 대부분 우리의 인지적 생활 양태에서 흔히 일어나는 가추의 (분명한) **편재성**(*ubiquity*)을 해결한다. 가추에 대한 포더의 염려는 하찮은 염려가 아니지만, 새로운 염려도 아니다. 그러한 염려를, 포더는 초기 저작(Fodor 1983)의 결론 부분에서, 다음과 같이 잘 인지하여 표현한다. 가정되는 모듈(modules)이라는 갑옷 속에서 발견되는 보호된 계산적 활동은, 가정되는 '중앙처리장치(Central Processor)'의 지극히 보호받지 **못한** 활동에 대해 설명할 수 없음을 입증해줄 것이다. 그렇게 그의 염려는, 그러한 신비로운 내적 철갑 속에 안전하게 보호받는다는 가정에서 나온다. 그러나 자신의 가장 최근의 저서에서 포더는, 가추(그리고 엄청난 분량의 배경 혹은 집단적 정보에 대한 특질 민감성(hallmark sensitivity))가 일반적으로 인지적 성격을 갖는다고 점차 의심하고 있음을 보여준다. 어쩌면 심지어 **지각의** 인지적 특성이라고! (나는 1979년 책에서 포더가 그러한 문제에 대해서 점차 의식하고 있음에 대해 매우 칭송한 적이 있다.) 이러한 점차 증가하는 명확한 편재성에 직면하여, 위에서 개괄한 벡터-계산처리 인지적 관점의 기꺼운 특징은 다음과 같다. 전체적으로 민감한 가추는 뇌의 (지각 단계를 포함하여) 가장 초기의 그리고 가장 단순한 단계에서 나타나는 뇌 활동의 특징적 성격임이 드러난다. 그리고 우리가 간단히 살펴보았듯이, 가추는 심지어 가장 복잡한 활동에서도 중심에 있다.

이러한 점을 과장하여 말하지 않는 것은 중요하다. 순수한 전방위(회귀적 혹은 하향적 축삭 투사가 전혀 없는) 그물망에서, 어느 임의 뉴런 층 혹은 가로대에서 산출되는 '해석 포착'은, 바로 그 계산처리 계층적 구조의 가로대**에 그리고 그 아래에** 놓인, 핵심의 집단적 시냅스 연결 내에 내재화된 일반적 정보에만 오직 민감하다. 상위 시냅스 수준에 내재화된 일반적 정보는 그 아래에 놓인 어느 가추 단계에도 전혀 기여하지 못한다. 그러나 이러한 지적이 의미하는바, 심지어 그러한 순수한 전방위 그물망에 대해서도, 그러한 각각의 하위 변환 단계는 이미 명확히 가추 단계이며, 이러한 확장 단계는, 그 해석적 '결론'에 도달하기 위해, 앞서 언급된 영역에 대해 선행적으로 획득된 일반적 지식을 자동적으로 그리고 동시적으로 이끌어낸다. 그러한 거대한 레지스터(register, 기억장소)는 전체 집단적 시냅스 연결 자체이며, 그러한 연결은 우리의 단순한 세 가로대 모델에서조차 백만 개를 강력히 지원하여, 출력 가로대에서 그 해석적 활성 패턴을 순차적으로 산출한다.

물론, 원래의 감각 입력 벡터는 위쪽 계산처리 사다리로 변환 여행을 추구해 올라감에 따라서, 연속적으로 더욱 많은 배경 정보가 시냅스 행렬을 건드려 연면한 가로대로 각각 올려 보낸다. 그러나 그런 '정보 건드리기' 장치는 매 단계마다 동일하고 넓게 모아지는 지혜-전개 장치이다. 그러므로 심지어 **순수한 전방위** 그물망일지라도, 자체의 둘째 가로대 표상으로부터 위쪽으로, 지식-민감적 혹은 '이론-의존적' 가추의 병목에 이른다.

그리고 우리가 거대한 **재귀적** 그물망(*recurrent* networks)으로 관심을 돌려본다면, 생물학적 뇌가 매우 그러한데, 우리는 각 가추 단계에 영향을 미치는 배경 정보를 불러내는 그 이상의 장치를 보게 된다. 그러한 장치는 각 단계를 그 계층 구조 아래에 내재화된 정보만이 아니라, 전체 계산처리 계층 구조 내에 내재화된 **모든** 정보에 적어도 잠재적으로 민감하게 만든다. 이러한 추가적 장치에 대한 탐색은 4장에서 우선적으로 조명된다.

포더는 자신의 문제에 대해서 특별히 연결주의자(connectionist)가 대답을 줄 것이란 전망에 적지 않은 회의적 시각에서 간략히 언급하지만, 그의 논의는 신경그물망이 어떻게 표상 활동과 계산 활동을 할 수 있을지에 대해서 낡고 고착된 개념을 가지고 말을 더듬는다. 자신의 억지스러운 요약(Fodor 2000, 46-50)은, (큰 세포 집단에 걸친 집합적 활성 패턴에서만 오직 의미론적 중요성을 갖는) **집단** 혹은 **벡터** 부호화(*population* or *vector* coding) 대신에, (각 개별 세포들이 고유한 의미론적 중요성을 갖는) **국소** 부호화(*localist* coding)를 신경망 접근법의 원형으로 잘못 설정하고 있다. 그리고 그의 요약은, 국소적으로 부호화된 세포들 사이의 다양한 연결 강도들 '연합'을 계산 활동이라고 잘못 이해하여, 큰 벡터를 다른 큰 벡터로 변환하는 아주 다른 작용을 보지 못한다. (포더를 공정하게 평가하자면, 그가 묘사하는 종류와 정확히 동일한 인공 그물망, 즉 지금은 고전이 되어버린 루멜하트(Rumelhart)의 '과거-시제 그물망(past-tense network)'이 있기는 했다. 아마도 포더는 루멜하트와 매클랜드의 논문(Rumelhart and McClelland 1986)을 신경망의 기초적이며 여전히 지배적인 개념적 원형으로 여기는 듯하다. 그러나 그러한 그물망은 생물학적 인지를 일반적으로 설명하기 위하여 제안되었다기보다, 한 작은 언어적 문제를 해결하기 위해 기능적으로 제안되었다. 그 그물망은 최근 신경해부학에서 제안되는 연결주의 탐구의 주류 접근법에 가깝지 않다.) 포더의 특별한 비판적 표적이 존재한다면, 그의 비판이 실제로 적절할 수도 있다. 그러나 신경망에 대한 그의 표적은 사실상 허수아비이다.[14] 하여튼 생물학적이든 인공적이든 모두에서 벡터-부호화, 벡터-변환 전방위 그물망은, 마치 아기가 본성적으로 그리고 힘들이지 않고 숨쉬기하듯이, 언제든 전체적으로 민감하게 가추를 수행한다.

더구나, 다시 말하건대, 그러한 가추 변환이, 어느 계산처리 사다리의 임의 가로대에 있는 핵심적 시냅스들에 의해서 수행됨에 따라서, 다음 가로대에서 더 나아간 가추 추론(abductive inference)을 위한 재료를 산출한다. 그런 후에, 그 가추 변환은 다음 가로대를 위한 소재를 산출하며, 계속적으로, 그 사다리가 아무리 많은 가로대를 갖더라도, 그 가장 위쪽의 가로대가 그 문턱에 도착한 **이미 상당히 가추적인** 추정 정보에 대해서 '해석 포착'을 산출할 때까지 계속된다. 따라서 시끄럽고 단명한 현상들 뒤에 숨겨진 영원한 실재를 파악하기 위해서, 그 현상들의 뒷면을 살펴본다는 모호한 플라톤식 사고하기는, 솔직히 반복적 과정이다. 그 과정은 단지 하나가 아니라 연속된 독특한 가추 단

14) (역주) 즉, 그의 비판은 엉뚱한 방향을 공격하려는 허수아비 논법의 오류를 범한다.

계들을 포함하며, 단지 수십 밀리초 이후에, 각 단계들이 작동하는 독특한 시냅스 집단 내에 내재화된 적절한 수준의 배경 지식을 활용하여, 각 단계들은, 그 계산처리 계층 구조 내에 선행된 표상보다, 한 단계 덜 자극-특징적이고, 한 단계 더 타자 중심적(allocentric)이며, 한 단계 더 이론 의존적인 표상들을 산출한다.15)

이러한 기능적 배열은 동물 왕국에 걸친 상당한 지성적 격차를 부분적으로 설명해준다. 아마도 더 고등 영장류, 그리고 일반적으로 포유류는 단지, 자체 뇌에 꽤 많은 가로대를 지닌 가추 계산처리 사다리를 소유할 듯싶다. 이것이 그들에게 세계에 대한 영구적 범주 및 인과 구조를 파악할 더욱 심층적인 통찰력을 제공해줄 수 있었다. 대안적으로나 추가적으로, 그러한 더욱 상위 가로대에서 학습의 경과-시간은 아마도 그 시작에 더욱 긴 시간이 걸리며, 따라서 일단 시작된 이후, 다른 동물보다 인간에게 더 오래 걸릴 것이다. 이것이 결국 우리에게, 더 좋은 질적 입력을 허용하여, 마침내 높은 수준의 학습 노력을 하게 만들었으며, 더 긴 시간이 걸려 그러한 높은 수준의 기회를 개발하게 하였다. 마땅히 인간의 신경과 시냅스의 개발은 다른 동물들에 비해서 실질적으로 늦게 출현되었으며, 우리의 피질 영역을 극도로 지체시켜 감각 말단으로부터 점차, 시냅스 단계 수로 측정되는바, 더욱 먼 곳에 형성되도록 하였다.

코트렐 그물망으로 돌아가 이야기해보자. 지금의 논점에서 말하자면, 나는 그 그물망에 대한 단지 초기의 혹은 자동-연합 압축-그물망의 내재화에 대해서만 논의했을 뿐이다. 왜냐하면 우선적으로 그런 양식의 그물망이 매우 많은 중요한 교훈을 명확히 설명해주기 때문이다.

---

15) (역주) 감각 입력 신호들은 신경망의 각 단계를 올라가면서 점차 감각 자극의 속성을 벗어나 추상적 정보로 바뀌므로, 대략적 사물을 보면서 우리는 완벽한 원의 형태를 표상할 수 있게 된다. 이것이 바로 플라톤이 현상 너머의 실재라고 여겼던 존재이다.

그러나 이제 나는 둘째 그리고 최종 가로대의 시냅스 조성 상태(그림 2.12b)에 대해서 논의하려 한다. 그 셋째 가로대에는 둘째 가로대와 만나 힘겹게 얻은 시냅스 가중치들 모두가 그대로 유지되지만, 그물망의 꼭대기 절반이 간단히 날려버려지고, (80 × 8 =) 640개의 훈련되지 **않은** 핵심적 시냅스들과 만나는, 단지 8개 '검출 세포들(detection cells)'의 작은 집단이 다음 연결 가로대 자리를 대신한다.

이런 최종의 시냅스 그물망 조성 상태는 다음 의문에 대답하도록 구성되었다. 만약 초기의 자동-연합 그물망에서 압축 가로대의 80개 세포가 이제 인간 얼굴의 일반적 구조와 훈련 중 제시된 열한 명의 개인 얼굴을 꽤 구체적으로 파악한다면, 새롭고 아주 다른 종류의 셋째 가로대가, 그 압축 가로대의 표상에 기반하여, 첫째 가로대의 임의적 입력이 사람 얼굴인지 **아닌지**를 구분할 수 있도록 훈련될 수 있는가? (이런 구별은 셋째 가로대 검출 세포들 중 첫째 것이 하는 일로 정해졌다.) 그 그물망 조성이 **남성** 이미지와 **여성** 이미지를 구분하도록 훈련될 수 있을까? (이런 구별은 둘째와 셋째 검출 세포의 역할로 정해졌다.) 그리고 그 그물망 조성이, 훈련된 남성/여성의 독특하고 다양한 사진 이미지들에 대해서, 훈련 세트의 열한 명의 개인 각각으로 배정된 다섯-부호 이진수 '올바른 이름'을 출력함으로써, **동일한 개인**임을 재확인하도록 훈련될 수 있는가? (이 구별은 이 새로운 출력 가로대의 마지막 다섯 개 세포의 역할로 정해졌다.)

이러한 세 질문에 대한 대답은 매우 긍정적이다. 첫째와 마지막 질문에 대해 긍정적 대답을 기대하는 것은 당연하다. 그물망은, 둘째 가로대 전체에 걸쳐서, 얼굴이 아닌 어느 입력 이미지에 대해서도 항상 최소로 반응하였다. (이것은 80개의 모호하게 얼굴처럼 보이는 어느 기본 틀과도 친밀히 어울리지 못하는 경향 때문이다.) 그러한 현상은 출력 가로대로 하여금 얼굴과 비-얼굴 구분을 배우기 용이하게 해주며, 그물망은 그러한 구분을 완벽히 수행할 정도로 성숙된다. 또한 훈련되는 열한 명의 각각에 대한 명확한 개인들 이름을 학습함에 따라서, 그물망은, 벡터 완성을 통해서, 초기엔 자동-연합 실현이지만, 얼굴들을 구체적으로 잘 모사하는 정도로 여러 독특한 얼굴들을 용이하게 부호화한다. 만약 그물망이 이렇게 '이름 붙이는' 기술을 학습하지 못한다면 그것이 당황스러운 일일 것이며, 그물망의 성숙한 수행은 여기에서도 거의 완벽하다.

반면에, 남성/여성 구분 학습하기는 상당히 흥미로운 성취이다. 왜냐하면, 절반의 위쪽 셋째 그물망이 재조성되기 이전에, 중간 가로대에 의해서 발견되는 원래의 부호화 전략이, 남성과 여성 얼굴을 나누는, 다양하면서도 미묘한 차이에 **이미** 민감해져버렸기 때문이다. 다시 말해서, 둘째 가로대의 활성 공간이 이미, 명확하고 상호 배타적인, 여러 하부 용적에 남성과 여성 얼굴을 부호화하고 있으며, 그 여러 하부 용적의 중심 혹은 원형의 여러 응집 지점들(그림 2.3b와 그림 1.2 참조)은 명백히 서로 상당한 거리로 떨어져 있다. 정확히 말해서 그 새로운 그물망은 이제, 훈련된 개인에서 98퍼센트 옳으며, 새롭고 임의적 개인들에 대해서는 86퍼센트 옳게 구분한다. (그리고 그물망은 이러한 미묘한 구분 능력을, 원래의 훈련 세트 내에 어느 것이 남성이고 어느 것이 여성인지를 가르쳐줄, 어느 명확한 안내 없이 성취한다.) 이렇게 작은 그물망으로써, 완벽함에 상당히 미치지 못하지만, 그렇게 강력한 수준으로 수행한다는 것은 고무적인 일이다. 인간은, 머리치장, 턱수염, 화장(makeup) 등과 같이 명확한 이차 성적 특성에 관한 정보가 주어지지 않을 경우인, 동일 형식의[16] 사진 이미지 속의 모르는 사람의 성별을 평가하는 일에서, 단지 92퍼센트 정확도를 보여준다.

물론, 새로운 개인, 즉 훈련 세트 이외의 사람의 얼굴을 보여줄 경우에, 그물망은 원래의 훈련 세트의 얼굴에 대해서 그리했던 것처럼, 그

16) (역주) 예를 들어, 같은 옷차림을 하는 경우처럼.

얼굴들에 대해서 학습한 적절한 이름을 붙일 수 있는 입장에 있지 않다. 그물망은 학습한 이름만이 아니라, 그 사람들의 사진들을 이전에 본 적이 없다. 그렇지만 그물망은 하여튼 거의 모든 새로운 얼굴 사진에 대해서, 명확히 상응하는 이름을 할당한다. 그리고 그물망이 할당한 이름은 전형적으로 원래 훈련 세트 내에 있는, 새로운 얼굴 사진이 **가장 유사하게 닮은** 사람의 이름, 즉 중간 가로대 활성 공간 내의 원형 부호화 지점이 새로운 사람의 부호화 지점과 기하학적으로 **가장 가까운** 사람이다. 다시 말해서, 우리가 목격한 것은 이렇다. 어느 잘 훈련된 그물망은, 새로운 자극을 이미 훈련된 원형 범주들(prototypical categories) 중 어느 것 혹은 다른 것에 동화시키는 경향이 있다. 그물망은 자동적으로 어느 입력에 대해서, 습득한 배경 지식에 상관하여, '가용한 해석들 중 최선'을 할당한다. 다시 말해서, 그물망은 전체적으로 민감하게 반응하는 가추를 실행한다.

우리는 또한 이러한 사례를 통해서, 가추 추론이 어떻게 그물망으로 하여금 새로운 개인의 얼굴을 식별하는 일에서 실수하도록 유도하는지도 알아볼 수 있다. 사실상 그 개인들은 전혀 대면한 적이 없는 사람들이다. 사람들과 동물들은 언제나 이와 같은 실수를 범한다. 사실상 일반적으로 가추 혹은 확대 해석에서의 오류는, 어느 생물이라도 언제든 범하는 가장 흔한 종류의 인지적 오류이다. 이런 오류는, 지구의 모든 뇌가 보여주는 전방위 인지 구조를 갖는다면, 그리고 그런 구조의 전형적 작용이 언제나 가추 추론을 수행한다면, 놀라운 일이 아니다.

6. 신경의미론: 뇌가 세계를 어떻게 표상하는가?

우리가 앞서 살펴보았듯이, 얼굴 그물망은 얼굴 표정, 머리 모양, 안경 착용 여부 등등과 같은 작은 차이가 있는 다양한 여러 동일 인물 사진들에 대해서도 매우 성공적으로 재인한다. 그물망의 둘째 세대 혹은 '진단'을 구현하는 최종 출력층(그림 2.12b)은 다섯 뉴런을 가지고, 훈련 시기 동안에 바로 그 개인에게 할당된, 적절한 다섯-요소 디지털 '고유명사(proper name)'를 나타내도록 학습한다. 그러나 다섯-요소의 출력 벡터가 곧 고유명사라고 간주하는 것은 분명히 과대평가이다. 그러한 간주가 다른 상황에서도 마주칠 수 있는 유일한 개인이 있다는 **우리의** 인식을 반영하기 때문이다. 그물망 자체는, 한편으로는 개별적 재현과, 다른 편으로는 추상적 보편자의 다양한 실례들 사이에 어떤 구분도 전혀 하지 못한다. 그렇게 복잡한 구분법은 그물망의 미약한 시야 범위를 넘어선다. 그런 그물망이 관련되는 한, **메리**(*mary*), **게리**(*gary*), **자넷**(*janet*) 등은, **남성**과 **여성** 혹은 **얼굴**과 **비-얼굴** 못지않은, 매우 일반적인 범주들이다.[17)]

이제 우리는 성숙한 그물망이 3단계의 계층 구조 내에 개념 체계를 습득한다는 것을 알아볼 수 있다. 첫째로, 둘째 가로대 뉴런의 활성 공간은, 상호 배타적이며 연대적으로 포괄적인 두 개의 하부 공간, 즉 **얼굴**과 **비-얼굴** 하부 공간으로 나뉜다. 전자의 하부 공간은 마찬가지로 상호 배타적인 두 개의 하부-하부 공간, 즉 **남성**과 **여성** 하부-하부 공간으로 나뉜다. 그리고 다시 **남성** 영역은 여섯 개의 명확한 영역들로, 즉 훈련된 여섯 남성 개인들 각각에 해당하는 영역으로 더욱 세분된다. 그리고 마찬가지로 **여성** 영역은 다섯 개의 명확한 영역으로, 즉 원래 훈련 세트의 다섯 명의 여성 개인들에 각기 해당되는 영역으로 다시 세분된다.

차원적인 이유로 인하여, 나는 앞선 사례(그림 2.3b)에서 2차원 공간

17) (역주) 분석철학 전통에 따르면, 이름에는 그 대상의 여러 속성들을 포괄하는 일반명사와 대상 자체를 지칭하는 고유명사가 구분된다. 그물망이 그 요소들의 출력 벡터에 의해서 개별 사람을 구분할 수 있다고 해서, 그 벡터가 곧 그 대상의 어느 속성과 무관한 대상 자체를 가리킨다고 고려하지는 말아야 한다는 것이 저자의 지적이다.

으로 보여준 것과 동일하게 '변형된 격자-효과'를 그림으로 묘사해 보여주지 못한다. 그렇지만 아래와 같이 확실히 말할 수는 있다. 얼굴망의 둘째 가로대의 80차원 공간은 그림 2.3b와 유사하게 뒤틀린 여러 집단적 선들을 지닐 것이다. (코트렐 그물망은, 그림 2.4에서 묘사된 것과 같은, 비선형적 변환 함수의 뉴런들을 이용한다). 그러한 선들은 일반적인 얼굴 부호화 구역과 비-얼굴 부호화 구역을 구분하기 위하여 우선적으로 그리고 서서히 모여들어 응축된다. 다음으로 그러한 선들은 둘째 가로대에서도 남성과 여성 얼굴을 위한 두 구역을 구분하도록 각기 더욱 밀착되어 응축된다. 그리고 마지막으로 그러한 선들은 본래의 훈련 세트의 열한 명 '개인 유형들(personal types)', 즉 열한 명의 개인들 각각을 부호화하기 위한 열한 개의 하부좌표 구역으로 더욱 밀착되어 응축된다. 그 공간 내의 어느 두 지점의 상대적 근접성은, 그물망에 의해 평가되듯이, 그러한 두 개의 둘째 가로대 지점을 산출하는 두 지각 입력에 대한 상호 유사성의 척도이다. 그러므로 그 두 지점 사이의 상대적 먼 거리는 두 지각 입력 사이의 차이성의 척도가 된다.

그렇게 획득된 범주 구조는 가능한 인간 얼굴들에 대한 추정의 **대응도**이거나, 혹은 적어도 그물망이 훈련하는 동안에 마주한 열한 명 사람들의 작은 할당에 의해 추출된 영역들에 대한 대략적 대응도이다. 그 80차원 대응도는 여러 얼굴들이 서로 닮았는지 아니면 다른지를 분별할 수 있는 가장 중요한 방식의 추정 계산치를 담아낸다. 또한 그것은 실재 세계의 여러 얼굴들이 경험적으로 흘러들어갈 주요 부류와 하부 부류에 대한 둘째 계산치를 담아낸다. 그리고 그것은 그러한 부류들 모두가, 조심스럽게 형성된 유사성 공간 내에 서로 상대적으로 위치하게 될, **위치**에 대한 제3의 계산치를 담아낸다.

지금 이야기를 지도에 비유해보는 은유는 중요하며, 우리의 구체적 이해를 위해 도움이 될 듯싶다. 미 대륙의 여러 주들을 연결하는 고속도로의 표준 (접는) 지도는 가장 중요한 길에 대한 체계적인 설명을 제공하며, 그 지도 내의 지형적 위치는, 특별히 **북-남**과 **동-서**의 같은 거리 선들의 격자 내에 놓이는 다양한 위치에 따라서, 서로 다를 수 있다. 그것은 또한 덜 붐비는 중앙 평원으로부터 동-서 해안을 구분시켜 주는 일반적 교통량에 따른 인구밀도를 부차적으로 설명해준다. 특별히 중요 고속도로를 표현하는 도로지도의 선들은 국토의 중앙에 더 적고 더 넓게 분산되어 있으며, 동서 해안에 다가설수록, 그리고 가장 특별히 중요 도시에 다가설수록 더 많은 선들이 있으며 더 가까이 붙어 있다. 그리고 마지막으로, 이러한 2차원 지도는 유클리드 기하학의 변종이므로, 그 공간 내의 다양한 도시 표시들 사이를 나타내는 거리는, 인치(inch) 자로 측정되는 만큼, 모두 객관적 도시들 사이의 객관적 거리 관계에 비례한다. (지구의 곡면을 고려하면, 이것이 **완벽히** 정확하진 않겠지만, 우리가 알고 있듯이, 대부분의 지도는 거의 정확하다.) 모든 도시들은 그 지도의 다른 도시들과 정말로 모든 호수, 강어귀, 산, 고속도로 접속 지점 혹은 어느 다른 항목들에 대해서도 독특하고 **수많은 거리 관계**를 가지는 것으로 묘사된다.

마찬가지로, 우리가 만약 그물망의 훈련 세트 내에 임의로 선택된 (어느 개인) 얼굴 유형이 다른 열 명의 (서로 다른 여러 개인들) 얼굴 유형들에 상관된 일련의 유상성과 차이성 관계를 계량적으로 규정할 수 있다면, 우리는 그들의 것이라고, 즉 메리의 얼굴이라고 말해줄 얼굴 유형을 독특하게 규정하는 셈이다. 이러한 사실은 그 학습 그물망으로 하여금 메리의 얼굴을 진정으로 파악하게 해줄, 혹은 정말로 훈련하는 얼굴들 모두에 대해서 파악할 기회를 아래와 같은 방식으로 제공하는 것이다. 그물망의 둘째 가로대 활성 공간의 응답 양태를 느리게 개정함으로써, 그 공간 내에서 새롭게 나타나는 열한 개의 얼굴-부호화 구역의 가깝고 먼 관계는, 그 훈련 집단 내에 나타나는 객관적 얼굴이 비슷하고 다른 관계에 (전체적으로) 비례한다.

물론 이러한 경우에 묘사되는 객관적 영역은, 고속도로 지도와 같은,

가능한 기하학적 위치 공간이 아니다. 그 영역은 가능한 **인간 얼굴 조성 상태** 공간이다. 물론 이러한 경우에 그 묘사(이미지) 자체는 종이에 프린트된 2차원 평면이 아니다. 그것은 문제의 객관적 영역에 대해 수많은 훈련기(training epochs)를 통해서 면밀하고 적절히 조율된 **80차원 뉴런 활성**이다. 그렇지만 어느 얼굴 묘사를 "대응도(map)"란 표현에 적용하는 것은, 도로지도(road map)에서처럼, 정확히 동일한 근거를 가진다. 특별히 그 대응도 자체 내에 여러 돌출 지점들, 즉 열한 명 얼굴-유형들을 위한 열한 개의 밀집 부호화 구역의 중심 지점들이 있으며, 세계 내의 여러 부각 항목들 혹은 범주들, 즉 열한 명의 개별 얼굴들, 혹은 엄밀히 말해서, 얼굴 유형들이 있다. 이렇게 대응도 내의 부각 지점들 사이의 집합적 (고차원) 거리 관계들은, 세계 내의 표적 항목들/범주들 사이에 유지되는 집합적 유사성 관계를 (동일하게) 반영한다.[18)]

그렇게 뇌는 세계를 표상한다. 한 번에 한 범주를 표상하지는 않으며, 한 번에 복잡하게 얽힌 범주들 전체 **영역** 혹은 **부류**를 표상한다.[19)] 그리고 뇌는, 가지고 있는 영역-묘사 대응도에 의해서, 그리고 대응도의 획득된 내적 구조 덕분에, 묘사된 영역에 **관한**, 그리고 용인된 범주들에 **관한** 엄청난 분량의 체계적 정보들을 표상한다. 그렇게 획득된 정보는 그 자체를 드러내거나, 혹은 그 일부 관련된 부분을 드러내며, 언제나 그 정보는 가추 추론에 투자되며, 다시 말해서 언제나 그물망은 하여튼 무언가를 표상한다.

이러한 객관적 영역들은 당신이 누리는 만큼이나 다양할 수 있다. 왜냐하면 그 영역들을 표상하게 될 잡다한 벡터-공간 대응도들이, 표상

18) 뇌 내부 표상의 본성에 대한 이러한 접근은 최근 특별히 다음 두 심리학자와 철학자의 논문에서 방어된다. G. O'Brien and J. Opie, 2004, 2010. 그렇지만 그 기초적 발상은 오래전부터 있었다. Shepherd 1980을 보라.

19) (역주) 그림 2.13에서와 같이, 그물망이 특정한 통속 심리학적 범주를 제한적으로 표상하는 것은 아니다.

되는 영역 내의 특별한 종류의 특징들 혹은 속성들을 규정하는, 특별한 유사성-차이성 관계의 추상적 계량 구조만을 단지 언급해야 하기 때문이다. 그러므로 잘 조율된 뉴런 활성 공간인 벡터-공간 대응도는 우리가 보듯이 인간 얼굴들의 영역을 성공적으로 표상할 수 있다. 혹은 그러한 대응도는 아마도 다르게 훈련되는 경우에, **인간 목소리**의 영역을 표상할지도 모른다. 어쩌면 임의적 분할 영역에서 남성, 여성, 그리고 어린이의 목소리를, 그리고 고유의 하부 분할 영역에서는 남성의 테너, 바리톤, 베이스와 여성의 소프라노, 메조소프라노, 콘트랄토 등을 표상할 수도 있다. '적절한 객관-동형성(relevant homomorphism)'[20] 이란 동일 전략을 취하는 셋째 대응도는 아마도 다양한 **악기들** 소리를 표상할 수도 있다. 그 영역들을 나누어, 첫째 영역은 현악기, 금관악기, 목관악기 등을, 그리고 다음 단계에서 현악기의 바이올린, 비올라, 첼로, 베이스 등을, 그리고 다른 두 범주들에 대해서도 그런 식으로 표상할 수도 있겠다. 혹은 다른 방식으로, 단일 대응도가 어쩌면 인간 음성과 악기 소리 모두를, 각 부류가 자신의 하부 공간에 제한하여 아우를 수도 있겠다. 넷째 혹은 그보다 더 커다란, 아마도 전문 생물학자의 뇌 내부의 벡터-공간 대응도는 어쩌면 **동물들**의 전체 영역을 말할 수도 있어서, 우리가 린네(Linnaeus)[21]에 의한 전체 분류 체계와 동등한 복잡한 계층 구조 수준에 도달할 수도 있겠다. 다섯 번째 대응도는 어쩌면 **천체들**의 영역을 묘사할 수 있어서, 아리스토텔레스와 프톨레마이오스(Ptolemy)의 것과 같은 천동설 개념 체계, 혹은 코페르니쿠스의 것과 같은 지동설 개념 체계, 혹은 현대 천체물리학에서와 같은 우주에

---

20) (역주) 이 책에서 저자는 동형성이란 말을 두 가지로 구분하여 사용하고 있다. 표상들 사이에 혹은 대상들 사이의 "이체-동형성(isomorphism)"과 달리, 표상이 대상 혹은 세계와 유사하게 대응한다는 의미에서 "homomorphism"을, 역자는 "객관-동형성"이라고 번역하겠다.

21) (역주) 스웨덴의 생물학자(1707-1778).

어떤 중심도 부여할 수 없는 개념 체계 등을 묘사할 수 있겠다.

이러한 두 사례들로부터 우리는 아래와 같이 소견을 말해볼 수 있다. 서로 다른 개인들이 가진, 아마도 서로 다른 문화 혹은 역사적 수준에서 서로 다른 그물망들은 어느 하나 혹은 동일 영역의 현상들에 대해서, 매우 **다른** 대응도를 내재화할 수 있다. 그런 대응도들은 그러한 특정 연령, 문화 등의 집단 내에서 연대적으로 언급되는 객관적 영역에 대해서 매우 다른 **개념**이나 **이해**를 규정적으로 내재화할 수 있다. 그러한 대응도들은, 어른들의 거의 모든 영역의 벡터-공간 대응도가 어린이 동일 영역의 대응도를 능가함에 따라서, 그 대응도가 성취하는 구체적 수준과 복잡성에서 서로 다를 수 있다. 그리고 대응도들은, 상위 대응도가 가지는 다양한 범주들을 통합하거나 분류하기 위한 실제 차원의 유사성과 차이성을 올바르게 내재화하거나, 혹은 하위의 대응도가 단지 피상적, 미완의, 전망-의존적, 혹은 혼란된 유사성과 차이성에 따라서 스스로를 잘못 구조화하게 되면, 그것들이 성취하는 정확성과 민감성의 수준에서 서로 다를 수 있다. 프톨레마이오스, 코페르니쿠스, 그리고 현대 천문학 등의 사례들을 다시 돌아보라. 우리는 이러한 주제에 대해서 뒤에서 다시 다뤄볼 것이다.

우리는 여기에서 인간과 동물의 개념에 의해 구현되는 의미 혹은 의미론적 내용에 대한 새로운 설명을 조심스럽게 전망하는 중이다. 나는 전망적으로 그것을 명확한 여러 이유에서 “상태-공간 의미론(State-Space Semantics)”이라 말해왔지만, 그것을 “영역-묘사 의미론(Domain-Portrayal Semantics)”이라 불러도 무방하겠다. 왜냐하면 그것이 바로 우리의 다양한 대응도들이 하는 일, 즉 추상적 특징-영역을 묘사하는 일이기 때문이다. 이것을 철학적 전통에서 유지되어온 주요 대안적 설명과 대조해볼 필요가 있다. 우리는 이 책의 앞 장에서 그 차이를 간략히 알아보았다. 이제 그 문제를 더욱 면밀히 살펴보자.

7. 뇌는 어떤 방식으로 표상하지 않는가?: 1단계 객관-유사성에 대하여

로크(J. Locke)와 흄(D. Hume)은 개념의 의미(concept meaning)를 다음과 같이 주장하였다. 우리의 기초 또는 단순 관념(simple ideas)이란 우리가 외부 사물들의 다양한 감각적 특징들을 마주 대할 때마다 획득하는 다양한 단순 감각들(simple sensations)의 어렴풋한 복사물이다. 직설적으로 말해서, **객관-유사성**(*resemblance*)[22]이란 근본적으로 의미론적 관계(semantic relation)이다. 즉, 당신이 갖는 '곧음(straightness)'이란 요소 관념 혹은 단순 **개념**은 곧은 것들에 대한 당신의 **감각**과 유사하며, 그리고 당신의 곧음이란 감각은, 막대기, 종이 위에 자를 대고 그은 선, 팽팽하게 당겨진 줄, 광선 등등에서 나타나는 외부 곧음의 **속성**과 닮았다. 복합 개념(complex concepts)이란 그러한 단순 개념들이 변조되고 연결되어 만들어지지만, 그러한 복합 개념에서조차 객관-유사성은 근본적으로 의미론적 관계를 유지한다. 왜냐하면, 복합 개념에서도, 단순 개념들이 변조되고 연결되는 방식은, 그 단순한 객관적 속성들이 복합 외부 사물들을 구성하기 위해 변조되고 연결되는 방식을 직접 반영하기 때문이다. 그러한 객관적 유사성(objective resemblance)을 찾을 수 없는 복합 개념이란, 유니콘(unicorns, 머리에 뿔이 난 흰 말로 신화 속 동물)과 그리핀(griffins, 독수리 머리에 사자 몸을 한 신화 속 괴물)처럼, 공상적 혹은 비실재적 사물에 대한 개념이다. 아마도 그러한 개념을 구성하는 요소들이 실재 속성들을 가리킬 수는 있겠지만, 그러한 두 개념들의 특별한 조합이 실재 세계의 단순한 속성들 조합과 전혀 대응하지 않기 때문이다.

---

22) (역주) 여기에서도 저자는, 두 개체 혹은 표상들 사이의 "similarity(유사성)"와 다르게, 대상(혹은 세계)과 표상 사이의 "resemblance"을 구분하고 있다. 역자는 이것을 "객관-유사성"이라 번역한다.

심지어, 만약 어느 **단순** 개념이, (표상되는) 외부 속성과 (그것을 표상한다고 가정되는) 개념의 본유적 특성 사이에 객관-유사성을 갖지 못한다면, 그 단순 개념이 어쩌면 외부 대상을 가리키지 못한다고 판단될 수도 있다. 색깔, 맛, 소리 등에 대해서 객관적 혹은 '일차' 속성(primary properties)의 자격을 부정했던 로크의 결정을 회상해보라. 그러나 현대 과학의 발견에 따르면, 외부 사물들이 결코 어떤 객관적 속성도 갖지 못하며, 그 속성이, 그러한 외부 사물들이 우리에게 규정적으로 만들어지는, 특정한 감각과 관념의 질적 성격과 진실로 **유사한** 객관적 속성이 아니다. 그 객관-유사성이 정당하게 인정되지 못한다는 측면에서, 따라서 다양한 색깔과 소리 등등은 단지 '이차' 속성(secondary properties)의 지위, 즉 외부에 어떤 실재의 사례도 없는, 아마도 우리의 내부 인지 상태 수준의 지위만을 가져야 할 듯싶다.

이러한 친숙한 입장은, 분명 실재(reality)가 모든 면에서 우리가 지각한 그대로 정확히 존재하지 않는다는 일반적 관점을 상당히 잘 반영할 듯 보인다. 그렇지만 실제로는 그런 입장이 근거하는 의미론적 내용에 대한 이론은 어느 정도 치명적인 결함을 갖는다. 그 한 가지로, 초기의 온건한 로크주의 이리얼리즘(Lockean irrealism, 비실재론)은, 의미론적 내용에 관한 객관-유사성 설명에 이끌려서, 즉시 전체적으로 가장 급진적인 포괄적 관념론(Idealism)을 향한 미끄럼틀 위에 놓일 위험성이 있다. 버클리(G. Berkeley)는 로크를 제한된 이리얼리즘으로 의도적으로 바라보면서, 소위 '일차' 속성이란 우리의 관념이, 소위 '이차' 속성이란 우리의 관념보다 객관-유사성의 측면에서 더 나을 것이 없다고 생각했다. 그리고 이런 맥락에서, 그는, 로크가 색깔, 맛, 소리 등에 대해서 간주했던 객관적, 마음-독립적인 물리적 대상에 대해서, 소위 객관적 모양, 객관적 운동, 객관적 질량 등의 속성들에 대응시키려는 존재론을 단념키로 결정했다. 따라서 버클리의 관점에 따르면, 물리적 세계는 전적으로 실재적이지 않다. 오직 존재하는 실재란 비물리적 마음(신과 우리 자신)뿐이며, 오직 존재하는 속성이란 마음의 속성과 그 내적 상태들뿐이다.

나는 그러한 버클리의 터무니없는 결론에 동의하지 못하지만, 그는 중요한 쟁점을 지적해주었다. 분명히 로크가 곤경에 처하기 때문이다. 로크는 우리의 개념이, 그것이 가리킨다고 가정되는 외부 속성과 진실로 유사한 경우와, 그렇지 않은 경우 사이에 명확하고 납득될 만한 경계선을 긋기 어렵다. 명확히 경계선을 그을 수 있어 보이는 경우란 로크가 가정했던 **일차** 속성, 즉 사물들의 **질량**이었다. 그렇지만 나에게 나의 질량이란 개념은 그것이 객관적 질량의 속성과 도대체 어떤 측면에서 어떻게 **닮았을지** 명확해 보이지 않는다. 정말로 나는 이 점에 대해서 내가 어떤 종류의 객관-유사성을 기대할 수 있을지 확신할 수 없다. 그러므로 로크의 기준에서, 아마도 질량이란 색깔과 마찬가지로 우리가 인정하는 존재론에서 추방될 것처럼 보인다.

심지어 모양과 운동에 대한 우리의 개념들 역시, 로크의 기준에 따라서, 객관적 대상을 성공적으로 가리킬 수 있을지 의심스럽다. 가장 유명하게 칸트는, 버클리와 약간 다른 둘째 관념론의 사상 체계를 구축하였다. 그 사상 체계 내에서 심지어 공간과 시간이란 속성들조차도, 친숙한 '경험주의' 세계, 즉 우리가 그렇다고 생각하고 지각하는 그대로의 세계 뒤에 놓인, 즉 '사물 자체'의 사례라고 그는 받아들이지 않았다. 또한 칸트는 자신의 관점을 버클리의 당당한 관념론에 동화시키지 않으려 하였다. 첫째로, 그는 객관적 경험 세계 내의 명확한 물질적 실체를 가리키는 친숙한 관용어에 대해 (적절히 이해되는) 엄밀한 온전함을 주장하였다. 둘째로, (더욱 중요하게) 그는 우리의 내부 혹은 **심적** 세계의 존재론 역시 단지 현상의 영역과 다름 아니라고 주장하였다.[23] 그러나 칸트는, 오직 엄격한 그리고 매우 논란이 되는 '초월적'

23) (역주) 즉, 그는 (버클리가 외부 사물 자체로부터 구분하였던) 내부 관념 역시 명증적인 관념이 아니라고 지적하였다.

관점을 유지한다는 측면에서만, 완고한 관념론자이다. 그리고 그러한 관점에서 볼 때, 개념과 '물자체' 사이의 '객관-유사성 간격'은, 버클리가 가정했던 것보다 더 넓게 벌어졌다. 칸트의 관점에 따르면, 우리는 그러한 심해의 구분을 가로지르는 객관-유사성을 (사리에 맞게) 말할 수조차 없다.

로크 미끄럼틀의 이리얼리즘 혹은 관념론의 바닥으로 떨어지지 않도록 회피할 방법은 애초부터 그 미끄럼틀 위에는 없다(그림 2.15, 플레이트 8을 보라). 그 회피를 위한 한 가지 엉뚱한 이론적 근거는 아마도 애초부터 소박 실재론(Naive Realism)을 채택하는, 즉 **모든** 우리의 지각 관념들이 외부 속성들에 대한 올바른 객관-유사성에 도달한다고 단지 주장하는 것뿐이다. 이런 식의 대응은 그 자체를 방어할 수 있는지 여부를 떠나서, 쟁점을 벗어난다. 지금의 쟁점은 우리의 관념들이 그러한 객관-유사성에 이를 수 있는지 없는지, 혹은 어느 관념이 그러한지에 있지 않다. 여기에서의 쟁점은 객관-유사성이 처음부터 적절한 의미론적 관계를 갖는지 아닌지이다.

로크가 처음부터 이리얼리즘으로 들어서지 않도록 회피할 더 나은 방책은, 그가 객관적 지각의 속성들이 실재한다고 주장하기 위한 자신의 객관-유사성-기반 표준을 단순히 포기하는 것이다. 여기에서 내가 의미하는 바는, 우리가 자신의 현재 개념들에 대한 온전함 혹은 객관적 획득에 대해서 결코 의심하지 말아야 한다는 것이 아니다. 물론 우리는 의심을 품어야 하며, 심지어 우리의 지각 개념에 대해서조차 의심해야 한다. 우리는 과거에 매우 성공적으로 의심해왔으며, 미래에도 그리할 것이다. 예를 들어, 우리의 '위로' 혹은 '아래로', 또는 태양이 '매일 회전운동한다'는 지각 등에 대한 옛 개념들을 생각해보라.[24]

24) (역주) 즉, 오래전 인류가, 모든 천체들이 지구를 중심으로 돈다는 아주 명확해 보였던 감각에 대한 의심을 통해서, 새로운 천문학을 얻었던 사건을 돌아보라.

그림 2.15
관념론의 미끄럼틀(마리온 처칠랜드(Marion Churchland)의 그림). 플레이트 8을 보라.

그러나 어느 개념에 대한 온전함 혹은 객관적인 획득을 **평가할** 기준은 로크의 소박하고 왜곡된, 즉 개념에 대해 속성 객관-유사성이 일대일로 대응할 기준은 아니어야 한다. 그러한 기준은 아마도, 미국 전체의 대륙고속도로 지도에 대해서, 시카고, 필라델피아, 샌디에이고, 휴스턴, 시애틀, 뉴욕 등등의 도시들을 가리키는 다양한 검은 원들이, 그 각각의 검은 점들이 표상하는 고유한 도시와 실제로 **유사해야** 한다는 식이다.

물론 미 대륙고속도로 지도상에, 표상하는 검은 원과, 그것이 표상하는 도시 사이에, 결코 그러한 직접 또는 일차(first-order) 객관-유사성은 결코 존재하지 않으며, 결단코 성공적 표상을 위해서도 그래야 할 **필요**는 없다. 그보다 성공적 표상은 물론 매우 다른 이차(second-order) 객관-유사성에 의해서, 즉 그 지도상의 다양한 검은 원들 사이의 전체적 거리 관계 패턴과, 집합적으로 표상되는 다양한 도시들 사이의 객관적 거리관계 패턴 사이의 객관-유사성에 의해서 성취된다. 더욱 일반적으로, 대륙고속도로 지도상의 어느 표시들은, 예를 들어 고속도로를 붉은 선으로, 강을 푸른 선으로, 주들(states) 사이의 경계를 검은 선으로, 해안선을 엷은 초록과 엷은 파랑 곡선 등으로 표현하는 객관적 지칭 혹은 외연을 갖는다. 왜냐하면, (1) 그것들이 지도상의 모든 다른 것들에 대해 유지되는 **거리 관계** 집합이며, (2) 그러한 집합적 거리 관계와 객관적 거리 관계 사이에 유지되는 객관-동형성(homomorphism)이 있으며, 그렇게 해서 객관적 항목들 사이에 서로 잘 대응되기 때문이다. 분명히 색깔들 역시 유용한 일부 기호적 부호가 될 수 있다. 그렇지만 고속도로 자체가 붉은색은 아니며, 강이 파란색은 전혀 아니고, 주 경계선이 검은색도 아니다. 정말로 그런 색깔들이 경우에 따라서 유용한 기호일 수는 있겠지만, 전적으로 그러한 특색을 보여주지는 않는다. 실제 해안선이 엷은 초록 경계선에 대비되는 엷은 파란색은 아니다. 지도가 표상을 잘할 수 있게 해주는 유사성이란, 많은 수의 독립적인 일차 객관-유사성이라기보다 집단적인 이차 혹은 추상적 구조의 객관-유사성이다.

분명히 말하건대, 고속도로 지도(혹은 어느 다른 지리 지도라도)에 대한 온전한 의미론적 이론은 단호히 **전체론적**(*holistic*)이다. 그런 지도 요소들에 대한 의미론적 의의(significance)는 인접한 지도 요소들의 의미론적 의의와, 각각 일대일로, 그리고 독립적으로 확립되지 않는다.

그보다 그러한 요소들은 집단적으로 그 자체의 의미론으로서 그리고 지칭으로서 의의를 가지며, 각기 요소들의 독특한 의의는 (그것이 모든 다른 지도 요소들에 대해서 가지는) **지도-내적** 관계의 (환원 불가한) 기능이다. 왜냐하면, 적어도 지도에 관한 한, 그 어떤 다른 의미론적 이론도 말할 가치가 없기 때문이다.

지금 내가 인정하는바, 만약 내가 이 책에서 어느 동물의 개념 체계라도 매우 유용한 고차원 벡터-공간 대응도를 갖는다고 주장한다면 그것은 상당한 부담이 될 것이며, 아직 그리 주장하기엔 이르다. 그러나 앞에서 살펴보았듯이, 나는 앞선 논의에서 그러한 주장을 열심히 개진해왔으며, 로크, 버클리, 칸트 등이 다양한 정도로 난감해했고, 엉뚱하며 그리고 전적으로 헛된 이리얼리즘과 관념론 태도를 취했던 사유를 설명하고, 그 태도로부터 회피하려 노력하였다. 요약하건대, 만약 우리가 **일차 객관-유사성**을, 개념과 객관적 속성 사이의 일차적 의미론 관계로 고려한다면, 우리는 스스로 한편으로는 포괄적 소박 실재론과 다른 편으로는 포괄적 관념론 사이에서 불안정하게 갈팡질팡하게 된다. 그 어느 극단적 입장도 우리를 납득시키지 못한다. 그렇다고 그 양자 사이에서 불안정하게 갈팡질팡하며 동요하지는 말아야 한다. 그러므로 우리를 이러한 입장으로 떠미는 의미론적 설명, 즉 일차 객관-유사성을 내려놓을 필요가 있다.

개념이 무엇이며, 개념이 어떻게 의미론적 의의를 가지는지에 대한 로크와 흄의 설명을 거부할 적어도 두 가지 이유가 있다. 아마도 가장 분명한 이유는, 우리의 소위 '단순 관념'의 기원 혹은 **발생**과 관련된다. 우리가 앞서 이야기했듯이, 단순 관념이란 마음이 상응하는 '단순 인상' 혹은 단순 감각의 사례를 대할 경우 그리고 오직 그럴 경우에만(필요충분조건으로) 우리에게 주어지는 복사물이다. 그러므로 이런 이야기에 따르면, 우리의 감각 역시 종국에, '단순'이라는 선행 글자, 즉 그 상황에서 '단순한' 속성들이란 선행 글자에 대응하는 단순자로 결국 분해될 것이다.

그러나 그런 이야기는 다음 두 가지 측면에서, 즉 그 단순자가 외부 환경의 구성에 관여된다는 측면에서, 그리고 그 단순자가 우리의 인지적 표상의 내적 메커니즘과, 시간 경과에 따른 그 메커니즘의 발달에 관여된다는 측면에서 순진한 생각이다. 그러한 이야기가 17세기에는 그럴듯하게 들렸을지 모르지만, 지금 21세기에는 전혀 그렇지 못하다.

우선적으로 외부 환경에 관해서 이야기해보자. 만약 우리에게 명확해 보이는 복합 관념의 기초로 어느 '단순자들'이 있다면, 그것들은 아마도 에너지, 질량, 전하량(electric charge), 전기전도성, 비열(specific heat), 자기력, 파장, 응고점, 용융점, 92개의 독특한 화학적 값을 지닌 자연 원소들을 구성하는 92개의 핵자(nucleon)와 전자각(electron-shell)의 조성 상태 등등의 특징들일 것이다. 그러나 물리학과 화학에서 나온 이러한 기초적인 것들은 우리의 평범한 지각 개념에 일치하는 '명확한' 속성들이 아니다. 그러한 기초 속성들이 존재한다는 것을 밝혀내고 알아내기 위해서 천여 년의 결연한 과학적 연구가 있었다.

반면에 우리의 본유적 감각기관에 의해서 파악되고 추적되는 그러한 객관적 속성들은 전형적으로 정말 아주 복잡한 속성들이다. 예를 들어, 귀가 무언가를 파악하자면, 네 영역의 파장 크기[즉 아원자, 원자, 인간, 천체 등] 전역에 걸쳐서, 들어오는 대기 압축파의 복잡한 힘의 스펙트럼과, 그 다양한 요소들이 우리의 머리에 도달하는 다양한 방향을 추적해야만 한다. 혀로 무엇을 파악하자면, 우리의 침에 녹은 수천 가지의 서로 다른 종류의 분자들의 활동을 추적해야 한다. 그중 일부는 잡다한 산(acids)과 주성분의 이온(ions)처럼 꽤 단순하지만, 많은 것들은 몇 가지 다른 설탕 탄수화물 구조와 같이 꽤 복잡하며, 일부는 우리가 먹는 대부분을 구성하는 무한히 다양한 단백질 분자처럼 극히 복잡하다. 또한 혀는 온도, 점도, 입으로 들어오는 물질의 기계적 느낌 등도 추적해야 한다.

우리의 코는 대기의 부유물 속에 포함된 크고 작은 무한히 다양한 분자들을 분석하는 과제를 수행한다. 우리의 피부 아래 체성감각 시스템(somatosensory system)은 주변 환경 내의 폭넓게 다양한 기계, 온도, 화학, 방사성 등의 상호작용을 추적해야 하는데, 그렇다고 그런 것들 모두가 서로 다른 것으로 명확히 구별되지 않는다. 그리고 마지막으로 우리의 눈은 아마도 그 모든 것들 중에서 가장 복잡한 것, 즉 불투명한 물리적 표면과 반투명한 매개물들이 3차원적으로 구성된 뒤범벅을 마주 대해야 하는데, 그것들은 자체의 특이 분자 구조에 따라서 주변 전자기 방사를 차단, 흡수, 반사, 굴절, 회절, 산란시킨다. 이 쟁점에서 로크와 흄의 그림과 반대로, 경험적으로 접근 가능한 객관적 세계는 명확한 단순자들로 선분할되어 있지 않다. 그보다 그런 세계는 처음부터 (윌리엄 제임스(William James)의 말을 빌리자면) "윙윙거리고 와글대는 혼란 덩어리"로 제시되므로, 그것들은 우리로 하여금 예측과 설명에 적절한 범주들로 연속 분할하겠다는 **의욕**을 좌절시킨다.

그러한 연속적 분할은, 엄밀히 말해서, 시냅스의 수정 과정을 통해서 성취되는 무엇이다. 왜냐하면, 여러 절대 감각 말초에서 수행되는 다양한 1단계 변환은, 정보처리 사다리의 다음 상위 가로대의 시냅스 행렬과 뉴런 집단에서 점차 더욱 유용한 범주화를 진행하는 작업은 미뤄두고, 앞서 살펴보았듯이 실재 세계의 복잡성을 **복창할** 뿐이다. 예를 들어, **색깔**은 망막의 원추세포 수준에서 명확히 표상되지 않는다. 앞에서 살펴보았듯이, 심지어 단순한 허비치 그물망에서조차 그 모델의 대립-계산처리 세포 그물망이 **둘째** 가로대 집단 내에서 표현을 찾을 때까지, 색깔은 명확히 표상되지 않는다. 그리고 영장류 뇌에서, 그러한 그물망은, 망막의 원추세포 집단으로부터 여섯 혹은 일곱 가로대(시냅스 단계) 거리 떨어진, 색깔-대립 세포가 풍부한 영역인 대뇌피질 영역 V4에서, 비록 '순수 감각' 속성일지라도, 중요 표상을 잘 찾아낼 것이다 (Zeki 1980). 이런 이야기는, 빛 파장 정보가 그러한 단계에 앞서 전혀 이용되지 않는다는 말이 아니다. 그보다 우리의 친숙한 색깔 범주들은 우리의 감각 활동의 아주 초기 단계에서 온전하게 표상되지 않는다는 말이다.

마찬가지로, 그리고 로크의 입장으로 돌아가서, **객관-유사성**의 보존은, 감각 뉴런에서 다음 뉴런 집단으로 계산처리 사다리를 올라감에 따라서, 뇌가 관여하는 마지막 과제이다. 감각 활성 패턴으로 시작하는 연속적 '재초기화(reformatting)'의 지점은, 엄밀히 말해서, 그렇게 혼란되고, 뒤엉키고, 파악되지 못하는 정보의 연속적 **변환**이다. 그것은 본래적으로, 그렇게 무상하고 매우 특유한 감각 입력을 발생시키는 객관적 세계의 무한한 공간적, 범주적, 인과적 구조에 관한, 뇌의 획득된 혹은 배경 정보를 점차 반영하는 일련의 표상으로 변환시킨다.[25]

결국에 로크식의 조합 경험주의(Concatenative Empiricism)의 결점은, 개념들이 표준적으로 학습되는 시간적 순서와 그러한 개념들이 습득되는 내적 구조가 있다는 잘못된 가정에 있다. 그 가정에 따르면, (소위) 복사 과정(copying process)은, 단순 인상이 주어진 이후에야 단순 관념들이 발생되는 식으로 이루어진다. 그런 가정이 암시하는바, 처음 학습되기 쉬운 몇 가지 단순 관념들이 있으며, 그런 관념들이 습득된 이후에서야 그것들이 마음속에 조합될 수 있어서, 재귀적으로 구성된 '복합' 관념이 형성된다. 그러나 실제로 아기들이 최초로 학습하게 되는 '입문 수준' 개념들이란, 예를 들어 과자, 멍멍이, 신발, 우편배달부, 숟가락 등과 같이, 현대적 관점에서, **중간** 수준 개념들이다(Anglin 1977, 220-228, 252-263). 아기들이 그러한 중간 수준 범주들을 학습하려면 그에 앞서 하부 특징들을 습득했어야 하며, 그 이후에 그것들을 조합

25) (역주) 즉, 세계는 언제나 우리에게 당혹스러운 새로운 입력 정보를 발생시키며, 뇌는 그러한 정보를 받아들여 세계에 대한 범주 혹은 인과적 구조를 반영하는 표상을 형성한다. 이로써 하나의 유기체로서 우리 인간은 세계에 적응하여 생존할 수 있다.

함으로써 느리게 배워야 한다. 그러나 대부분의 아기들은 세 살이 될 때까지, 예를 들어 색깔 범주들을 거의 학습하지 못하며, 오직 자신들의 복잡한 실천적, 사회적, 그리고 자연 종들에 대한 풍부한 어휘들을 유창하게 말할 수 있은 이후, 1년 혹은 2년이 지나고 나서야 비로소 색깔을 말할 수 있다. 분명히 색깔은 세계에 대한 여러 복합 개념들을 이미 습득한 이후에서야 배울 수 있는 추상적 개념이지, 그것으로부터 복합 개념이 조합되는 '주어진 단순자'는 아니다.

그와 마찬가지로 우리의 색깔 감각과 색깔 개념은 어느 경우에도 결코 '단순자'로 인정되기 어렵다. 각각의 색깔 감각들은, 우리가 그러한 내적 구조에 대해서 알지 못한다고 할지라도, 3차원 활성 벡터에 의해서 이루어진다. 그리고 다른 모든 개념들과 마찬가지로, 우리가 늦게 배우는 색깔 개념들은, 어느 종류의 것들이 전형적으로 특별히 어느 색깔을 갖는지에 관한, 그리고 그것들이 어느 전형적인 인과적 속성들을 갖는지 등에 관한 **일반적 지식 체계** 내에 필히 내재화된다. 어떤 그물망(예를 들어 얼굴 그물망)이라도 무엇을 포착하려면, 그것에 대한 범주 구조를 형성하는 과정에서 불가피하게 풍부한 **일반적 배경 지식**을 가지게 된다는 점을 떠올려보라.

단순 관념의 기원과 그 학습의 시간적 순서를 떠나, 대단히 많은 우리의 '복합' 개념들은, 어느 경우에서도 의미론적 '단순자'로 여겨질 수 있어 보이는 개념 덕분에, 재귀적인 의미론적 재구성이 이루어질 것이란 기대에 완강히 저항한다. 예를 들어, **민주주의** 혹은 **전쟁** 등의 복합 개념을 그러한 조건에 맞추어 규정할 수 있을까? 그런 방식으로, **야옹이** 혹은 심지어 **연필** 등을 규정할 수 있을까? 이런 과제를 하려는 사람이라면 누구든 처음에는 다만 개략적으로 실망스럽게 규정할 수 있을 뿐이다.[26]

---

26) 나는 포더(J. A. Fodor)조차 자신의 중요한 논증에서 이런 식으로 주장하는 것을 발견하고 놀라워했다. Fodor et al. 1985를 보라.

상태-공간 혹은 영역-묘사 의미론의 전망에서 볼 때, 이러한 재구성의 실패에 대한 설명은 아주 간결하다. 인간의 어떤 개념이 담기는 뉴런 활성 공간은 전형적으로, 적어도 수백만 차원을 가진, 매우 고차원 공간이다. 그 차원 모두가 중요하며, 그 각각의 차원들은, 그것들이 전체로서 하나의 개념으로 등록되는, 전체 양태에서 단지 미약하고 극미한 부분들이다. 그러한 차원들은 그것들을 채용하는 인지 피조물에게 전혀 알려지지(의식되지) 않으며, 아마도 그런 채로 남을 듯싶다. 그러므로 우리의 개념들이 일반적으로 유한하고 명확한 단순자들로부터 (재)구성될 수 있다고 **기대하지** 말아야 한다. 왜냐하면, 비록 로크-흄 전통의 추정 방식과 완전히 다르지 않더라도, 적어도 조각된 활성 공간 관점에서 보면, 모든 우리의 개념들은 '복잡하기' 때문이다. 마치 지도 위의 여러 요소들처럼, **모든** 우리의 개념들은 지도에 포함된 모든 다른 요소들과 독특한 거리와 근접 관계로 얽혀서, 나름 독특한 표상적 내용 혹은 의미론적 의의를 획득하기 때문이다. 그리고 그렇게 얽힌 관계들이 대단히 많은 차원 공간 내에 내재화되어 역할을 담당하기 때문이다.

성숙한 개념 체계는 (만약 거부되지 않는다면) 흔히 이런저런 종류의 계층적 구조를 보여준다. 얼굴-재인 그물망의 획득된 체계는 이러한 꽤 상식적 결과에 대한 직접적 실례를 보여준다. 예를 들어, **메리**, **자넷**, **리즈**, **진**, **패트** 등 다섯 명의 얼굴-유형을 위한 종속 범주들은 모두 **여성 얼굴**을 위한 큰 활성 공간 용적의 하부 용적들이다. 그 큰 용적은 **인간 얼굴**을 위한 더욱 큰 용적의 하부 용적이다. 인간 얼굴의 큰 용적은 **여성 얼굴**과 **남성 얼굴**에 대한 하부 용적을 포함한다. 이러한 전개는 메리, 자넷 등이 모두 여성이며, 모든 여성 얼굴은 인간 얼굴이고, 어떤 여성도 남성이 아니라는 등의 (그물망의) **암묵적** 지식(*implicit knowledge*)을 반영한다.

그러나 여기에서 어떤 의미론적 '단순자'도 재귀적으로 구성되는 계층 구조의 기초 요소라고 재인되도록 우리에게 다가오지 않는다. 어떤 이는 그런 것들이 그물망의 중간 가로대 활성 공간의 **축**을 구성하고 있지는 않을지 기대할지도 모르겠다. 즉, 중간 가로대 집단의 개별 뉴런들이 일부 개별 의미론적 내용을 구성한다고 기대할지도 모르겠으나, 그런 기대는 이내 무산된다. 이 장의 앞부분에서 다루었듯이, 만약 누군가 그 가로대의 80개 세포들 중 어느 것에 대한 '선호 자극'을, 그 세포에 도달하는 4,096개 시냅스의 획득된 가중치로부터 쉽사리 구성될 것이란 기대에서 재구성하려 든다면, 그 세포의 최대 반응을 산출하는 독특한 입력 자극이 전형적으로 전체 '망막' 표면에 걸쳐 분산되어 있고, 알기 어려운, 다양한 유사-얼굴 패턴임을 알아야 한다(그림 2.13의 여섯 사례를 다시 보라). 이러한 복합 기본 틀들은 어느 말의 의미로도 '단순자'가 아니다. 그것들은 전체 망막 표면에 걸친 복잡한 공간적 구조와 관련된다. 즉, 그것들은 전체적으로 4,096개 구성 픽셀을 가지며, 그런 상황에서 그것들은 어느 단순한 것과도 대응하지 않는다.

정말로, 그런 기본 틀들은 그 그물망의 실제 지각 상황의 **어느 것과도 전혀** 대응하지 않으며, 그것들 중 어느 것도 그물망이 언제든 마주쳤을 누군가의 '그림'이 결코 아니다. 그보다 그러한 80개의 서로 다른 분산된 패턴들은 훈련 과정 중에 출현한다. 왜냐하면 그 패턴들이 **집단적으로**, 여러 인간 얼굴들의 영역을 일반적으로 분별하고 통합하는 차이성과 유사성을 분석하기 위한, 가장 유용한 (혹은 역-전파 알고리즘이 훈련 기간 동안에 **찾아낼** 수 있을 가장 유용한) 일련의 독특한 '유사성 기본 틀(similarity-templates)'을 구성하기 때문이다. 그것이 바로 그 그물망이 (심지어 새로운 얼굴들, 즉 원래 훈련 세트에 없는 얼굴들에 대해서도) 분별 활동을 잘 수행하는 이유이다.

우리는 어쩌면, 그물망의 둘째 가로대 활성 공간의 많은 축들에 의해 구현되는, 매우 비고전적, 비집단적 역할을 다음과 같이 강조하고, 예로 들어 보일 수 있다. 만약 우리가, 100개의 독특한 그물망들이 일련의 동일 얼굴들에 대해서 동일 수준의 분별 기술을 갖도록 훈련시킨다면, 모든 100개의 그물망들이 그림 1.4에 묘사된 내부 구조와 매우 가까운 일련의 활성 공간 분할에 안착된다고, 생각할 듯싶다. 그러나 **그 그물망들 중 어느 두 개라도** 그림 2.13에 묘사된 종류의 단일 '선호 자극'조차 공유할 필요는 **결코 없다**. 각각의 그물망들은 자신만의 특유하고 다양한 유사-얼굴 진단 기본 틀들을 가질 것이다.

그것은, 구조화된 분할과 유사성 관계들이 비록 그 훈련된 100개의 그물망 모두에 공유된다고 하더라도, 각각의 모든 그물망들마다 80차원의 둘째 가로대 활성 공간 내에 **서로 다른 방향으로 맞춰지기** 때문이다. 그 활성 공간들은, 그물망들이 저마다 어느 정도 서로 다른 내적 축을 가짐에 따라서, 각기 다양한 방향으로 틀어지고, 어쩌면 정반대로 역전된 방향으로 맞춰질 수 있다. 왜냐하면, 그 그물망들 각각의 셋째 층과 최종 가로대인 진단 층에 문제가 되는 것은, 둘째 가로대 **뉴런 축들**에 상대적인 둘째 가로대 활성 지점의 절대적 위치가 아니기 때문이다. 문제가 되는 것은 바로, 둘째 가로대 공간 내의 다른 **학습된 분할과 원형 지점들** 전체에 대한, 둘째 가로대 활성 지점의 위치이기 때문이다. 왜냐하면, **그것이 바로** 각 그물망들 내의 셋째 가로대 진단 층이 느리게 조율되는, 그리고 정확한 출력 분별을 하게 해주는 획득된 구조물이기 때문이다. 그 최종 층은 그러한 활발한 구조물이 둘째 가로대가 보유하는 축들에 상대적으로 우연히 방향 지어지는 방식에 관해서 아무것도 알지 못하며, 거의 고려할 필요가 없기 때문이다. 그러한 방식에 관한 정보는 그물망들 각자마다 서로 무관하다. 따라서 그러한 그물망들 모두가 결코 동일하지 않다는 것은 매우 당연하다(Cottrell and Laakso 2000을 보라).

종합하건대, 신경 그물망이 어떻게 자신의 역할을 하는지에 대한 오해, 즉 활성 공간의 신경 축이 로크-흄 전통의 고전적 감각 '단순자'를 표상한다는 이해는 명백한 오류이다. 그리고 그물망이 그러한 존재하지 않는 단순자들로부터 어떻게든 복합 개념들을 **구성한다**는 이해는 오류이다. 분명히, 임의 뉴런이 응답하는 선호 자극은, 그 그물망으로 하여금 학습한 지각 범주의 사례를 **규정하도록** 해주는, 작지만 중요한 **인식론적** 역할을 담당한다. 그러나 그렇게 인식론적 과정의 미시적 기여는, 독특하지만 비슷하게 유력한 그물망 전체에 걸쳐서, 변화하며 혼란스럽게 변화한다.

그러한 여러 그물망들에 걸쳐서 변화하지 않는 것, 그래서 그런 여러 그물망들이 공유하는 의미론적, 개념적, 혹은 표상적 과업을 담당하는 것은 그 여러 성취된 분할들과 원형 영역을 통합하고 나누는 유사성과 차이성 관계의 공유 구조물이다. 만약 당신이 개별적이며 독특한 **미시인식론**(*microepistemology*)에 관심이 있다면, 즉 여러 그물망의 벡터-공간 대응도의 적절한 지점이 임의 상황에서 무엇에 의해 **켜지는지** 관심이 있다면, 그 관련 뉴런 집단의 세포들마다의 '선호 자극들'을 잘 살펴볼 필요가 있다. 그러나 만약 당신이 의미론에 관심이 있다면, 즉 어느 임의 지점에 대한 **표상적 의의**(*representational significance*)를 부여하는지에 관심이 있다면, 그렇게 포괄적인 벡터-공간 대응도 내의 모든 원형-요소들을 받아들여, 독특하게 위치를 지정해주는 일련의 전체 내적 관계들을 살펴보아야 한다.

나는 이 시점에서 고전 경험주의 전통의 의미론적 설명과, 그물망-내재화 영역-묘사 의미론에 의해 우리가 내세우는 설명 사이에, 이러한 기초적 구분을 강조한다. 단지 내가 전자의 입장을 비판하고, 거부하기를 소망하기 때문이 아니다. 후자에 대해서 최근 문헌의 저술가들(예를 들어 Fodor and Lepore 1992, 1999)이 오해하고, 매우 잘못 받아들이고 있기 때문에, 나는 그 구분을 강조할 필요가 있다. 그런 문헌들은 상태-공간 혹은 영역-묘사 의미론을, 마치 흄의 낡은 발상의 경험주의를 최신 과학기술 개념어, 즉 벡터-공간으로 번안한 것처럼 규정한다. 이러한 규정은 중요한 이해를 놓치고 있어서, 현대의 유력한 의미 이론 접근법의 장단점에 대한 필수적 논의로 나아가지 못하게 한다. 이 시점에서 강조하여 명확히 그 대비를 보기 위하여 우리가 주목해야 할 것이 있다. 흄의 의미 이론은 확고히 (단순 개념이 하나씩 그 의미를 갖는) **원자론적**이며, 반면에 영역-묘사 의미론은 명확히 (어떤 단순 개념도 없으며, 개념들은 오직 협동적으로만 그 의미를 갖는) **전체론적**이다. 후자를 마치 전자의 한 **버전**처럼 묘사하려는 모든 노력은 혼란에 빠지지 않을 수 없다.

위와 같이 양자의 구분을 주목함에도 불구하고, 여전히 우리는 다음과 같이 물을 수 있다. 영역-묘사 의미론 내에, 상식과 철학적 전통이 찾고 싶어 했던, 예를 들어, 플라밍고(flamingo)라는 복합 속성을 핑크, 가냘픈, 부리 등과 같은 '구성적' 속성들을 우리가 생각할 여지는 없는가? 정말로 그러한 속성들을 가정할 여지는 있으며, 그러한 속성들에 객관성을 부여한다고 해서 문제 될 것은 없다. 그러나 우리 개념의 순서가 그러한 객관적 속성들의 순서를 언제나 따르거나 모사할 이유는 없다. 두 살배기 어린아이가 동물원에 자주 들러 잘 학습하고 나면, 플라밍고에 대한 명확한 개념을 가질 수 있으며, 그것을 보면 즉시 알아볼 수 있다. (내 아들은 그 나이에 그 동물을 "밍가모(mingamoes)"라고 불렀으며, 그것을 보고는 즐거워 큰 목소리로 외치곤 했다.) 그렇지만 여전히 그 정도 나이의 아이라면 핑크, 가냘픈, 부리 등과 같은 어떤 명확한 기능적 개념을 알지는 못한다. 아이는, 그러한 개념적 특징들이 플라밍고를 넘어 폭넓고 다양한 복잡한 범주들을 위해서 유용한 분석 차원임을 느리게 학습하고 나서야 비로소 말할 수 있다.

이렇게 개념적 특징들을 '분해하지 못하는' 것이 놀랄 일은 아니다. 그것은 발달심리학자들에게 오랫동안 잘 인식되어온 평범한 개념 학습의 경험 과정을 반영한다. 그리고 그렇게 소박한 흄의 기대를 위한 유사한 교훈은 코트렐의 얼굴-재인 그물망의 행동에서도 나타난다. 아마도 틀림없이, 코트렐 그물망은, 그것이 실질적 배경 지식과 폭넓은 적용을 보여준다는 측면에서, **여성 얼굴**이란 꽤 복잡한 개념을 가지는 반면에, **코**, **눈썹**, **입**, **턱**, **동공** 등에 대한 어떤 명확한 개념도 갖지 못한다. 그 그물망에 다른 얼굴 요소들을 개별적으로 제시할 경우에 그러한 것들을 알아보는 어떤 기술도 습득하지 못한다. 대략적으로 말해서, 코트렐 그물망은, 실제 객관적 여성 얼굴을 형성하는 어느 구성 요소들에 대해서도 명확한 개념을 갖지 못하면서도, **여성 얼굴**에 대한 복합 개념(즉 계량적으로 압축된 원형 구역)을 가진다.

그 그물망이 가질 만한 것이란, 고작 80차원 중간 가로대 활성 공간 내에 다양하게 편향된 아주 작은 수의 초평면들(hyperplanes)이며, 그런 초평면에 남성 얼굴 혹은 여성 얼굴 등에 관련된 몇 가지 요소들이 우선적으로 등록된다. 예를 들어, 남성과 여성 얼굴을 구분하기 위해 객관적으로 관련된 많은 물리적 차이 중에서, (1) 동공과 눈썹 사이의 수직 거리(이 둘 사이의 간격은 보통 남성보다 여성이 더 멀다)와, (2) 코 아래와 턱 끝 사이의 거리(이 둘 사이의 거리는 보통 여성보다 남성이 더 멀다) 등이다. (그 예로 그림 1.6을 다시 살펴보라.) 이러한 둘째 가로대의 80개 세포들에 의해 분산되고 다양하게 획득된 선호 자극들이 주어질 경우, 그 자극들 중에 적은 수(아마도 12개 정도)는 통합되어, 입력 층에 제시된 얼굴 이미지의 객관적 코-턱 사이의 거리에 의해 유도된 활성-수준 반응에 **참여할** 것이며, 그렇지 않다면 그 반응-행동이 무관해질 것이다. 그러므로 그 12세포에 의해서 파악되는 12차원 하부 공간의 활성 패턴은 코-턱 거리를 통계적으로 적절히 가리킬 것이며, 그렇게 되도록 출력 층은 훈련 과정에서 우선적으로 조율될 수 있다.

동공-눈썹 사이의 거리와 관련하여, 동일 작용이 다른 세포 집단들에서도 일어날 수 있어서, 다른 가능한 남성-여성 구별자(discriminanda, 식별세포집단)에서도 그러한 일이 일어날 수 있다. 결국 성숙된(학습된) 그물망의 중간 가로대 전체의 80차원 활성 공간은 다양하게 편향된 하부 공간들로 엮어지며, 그 각 하부 공간들은 일부 관련된 객관적 변수 차원과 통계적으로 얽혀서, 매우 신뢰할 정도로 성별을 구분해낼 집단적 분별력에 적절히 기여하게 된다.

그러나 역시 주목해야 할 것으로, 이러한 평가(분별)의 기초 차원들이 그물망들마다 혹은 개별 사람들마다 모두 **동일할** 필요는 없다. 그 기초 차원들은 서로 매우 동일하든 안 하든 그것이 문제 될 것은 없다. 어느 임의 객관적 범주들을 인식론적으로 포착할 수 있는 수많은 다른 방식들이 있을 수 있으며, 서로 다른 사람들이 서로 다른 분석 차원을 자신들의 신경망에 발달시킬 수도 있다. 색맹인 인간 혹은 (색맹인) 앨리게이터(alligator) 역시 그렇지 않은 사람과 마찬가지로 시각적으로 플라밍고를 알아볼 것이지만, 그 새의 개념을 분석하기 위해서 핑크 색깔이 어떤 역할을 담당하지는 않는다. 정말로 심지어 일부 동물들의 경우에 시각적 특징들이 어떤 역할도 하지 못한다. 예를 들어, 앞을 보지 못하는 박쥐는 플라밍고가 무엇인지 알아볼 것이며, 다른 날 짐승들과 플라밍고를 잘 분별해낼 수 있지만, 그러한 새에게서 되돌아오는 음향 반사(sonar echo)의 특이한 음파 신호에 적극적으로 집중함으로써, 또는 플라밍고가 날아오를 때에 내는 동일하고 독특한 음파 신호에 수동적으로 집중함으로써 분별할 수 있다. 심지어 그물망들 또는 개인들이 어느 범주를 위한 동일 '분석 차원'을 공유하더라도, 그러한 차원들은 각 개인들이 지각적 분별을 위한 상호 인과적 중요성에서 매우 다른 순위로 적용될 것이다. 그러므로 어느 정도 애매하거나 경계가 모호한 경우들로 가득한 여러 얼굴들의 샘플에 대해서, 어느 두 그물망도 (또는 어느 두 사람도) 그 샘플의 모든 얼굴들에 대한 성별 구분에서 **정확히** 동일한 판단을 하지 못할 것이다.

따라서 우리는 로크-흄의 개념에 대한 설명 배후의 다양한 직관들에 대해서 자연적이며 경험적으로 신뢰할 방식으로 설명할 수 있다. 그렇다고 우리가 로크-흄의 그러한 설명 자체의 어느 단면에 유혹되지는 말아야겠다. 이제 우리는 훨씬 더 잘 설명할 수 있다.

8. 뇌는 어떤 방식으로 표상하지 않는가?: 지시자 의미론에 대하여

개념의 의미(concept meaning)에 관한 로크-흄의 설명을 대신할, 현대의 인기 있는 대안은 **지시자 의미론**(*indicator semantics*)이며, 이를 포더, 드레츠키(F. Dretske), 밀리칸(R. Millikan) 그리고 그 밖의 몇몇 학자들이 옹호하고 있다. 지시자 의미론은 다양한 버전으로 등장하였으며, 그중 일부는 결연한 본유주의자(nativist, 생득주의자)이며, 다른 버전들은 성향에서 조금 더 경험주의자이지만, 이러한 차이는 우리 논의에서 비교적 중요하지 않다. 그 다양한 버전들은 모두 공통적으로 다음 생각을 포함하기 때문이다. 어느 심적 표상 C의 의미론적 내용은 궁극적으로, C가 어느 상황의 어느 명확한 특징에 대해 가지는, 일반적인 법칙적 혹은 인과적 관계(nomic or causal relations)의 문제, 즉 C에 대해서, 엄밀히 말해서 C를 발화하기(tokenings, 말하기) 또는 C의 활성에 대해 부여하는 관계의 문제이며, 이것은 그 객관적 특징이 나타난다거나 실증되는 **신뢰할 지시자**로서의 자격 문제이다. 그러므로 개념 C는 자체의 고유한 의미론적 내용으로 **그러한 객관적 특징**을 획득한다.

그러므로 머리말에 놓인 수은 온도계 눈금의 특정 높이(3인치)는 그 명확한 내용(섭씨 98.6도)을 갖는데, 그 이유는 바로 그 특정 높이가, 어떤 용액에 그 온도계 아래의 둥근 부분을 담그더라도 정확히 그러한 온도를 신뢰할 지시자이기 때문이다. 그리고 3V를 가리키는 전압측정기의 바늘이 가리키는 위치가 명확한 내용(3볼트)을 가지는 이유는, 바로 그러한 특정 위치가, 그 회로의 두 전극 사이의 전압 차이가 측정되는 신뢰할 지시자이기 때문이다. 그리고 이러한 두 가지 측정 도구들의 모든 다른 명확한 높이와 위치에 대해서도 역시 그러하다. 어느 측정 가능한 도구 동작의 전체 범위는 측정 가능한 객관적 특징의 범위에 대응하며, 그 도구의 현재 출력 동작은 가능한 객관적 특징들 범위로부터 현재 획득된 어느 명확한 특징을 가리킨다. 그래서 일반적으로 우리의 본유적 감각기관들과 지각 시스템들은, 비록 본성적 혹은 진화적 기원을 가진다고 하더라도, 그것들이 다뤄야 하는 측정 도구에 매우 의존적이며, 그러므로 감각기관들과 지각 시스템들은 처음부터 인식론적 이론과 확실히 연결된다.

방금 개괄한 이러한 관점은 매우 올바른 측면이 있기는 하지만, 어느 개념이 **의미론적 내용**을 어떻게 그리고 어느 곳으로부터 얻을 수 있는지 설명에 단적으로 실패한다. 그러한 실패가 나올 수밖에 없다는 것은, 미 대륙의 고속도로 지도 혹은 교외도로 지도 내의 여러 요소들이 갖는 의미론적 내용의 원천을 다시 한 번 살펴봄으로써, 비록 엄밀히 논증되긴 어렵지만, 쉽게 드러난다.

표준 (접하는) 지도 역시 어느 가능한 범위, 즉 당신 혹은 어느 다른 물리적 개인이라도 놓일 수 있는 2차원의 가능한 많은 지리적 위치들을 표현한다. 그러나 그러한 지도는 전형적 측정 도구와는 다르다. 그것은 그 지도가, 미 대륙 혹은 교외에 어느 거리에서, 그 지도와 당신이 현재 위치한 **장소**를 그 지도 자체 내에 표시해야 할 상황에 대해 어떤 **인과적 상호작용**도 하지 못하기 때문이다. 분명 우리는 어떤 지시자를 쉽게 상상해볼 수 있다. 예를 들어, 레이저 포인터의 불빛 점이 "당신이 이곳에 있다"라고 밝게 비춰주면서, 그 지도의 표면을 가로질러 천천히 미끄러져 움직임에 따라서, 지도 역시 완벽히 지형적으로 움직이며, 그 지도가 표현하는 물리적 영역이 움직이는 상황을 상상해 볼 수 있다.

사실상 우리는 그렇게 특이하며 거의 마술에 가까운 정보 지도를 더 이상 상상할 필요가 없는데, 그 이유는 현대 기술이 이미 그런 것을 만들어놨기 때문이다. 고급 자동차는 이제 지구 위치 시스템(Global Positioning System: GPS)과, 지도의 중앙 높은 위치에서 평면상에 자동차 아이콘(car icon)을 보여주는 계기판 지도 화면을 탑재한 상태로 판매되고 있다. 자동차가 교외도로를 달리게 되면, 그 컴퓨터 내장 지도의 적절한 부분이 자동적으로 고정된 자동차 아이콘 바닥에 나타나며, 자동차가 도로의 여러 요소들을 지날 때마다 자동차와 함께 그 지도 요소들도 함께 움직인다. 당신이 이리저리 움직이면 그에 따라서 전개되는 계기판 화면을 본다는 것은, 마치 수백 피트 상공에서 뒤따르는 헬리콥터에서 당신의 자동차를 내려다보는 것과 같다.

지구 궤도에 떠 있는 몇 개의 정지궤도 GPS 위성과 자동차의 전자적 연동에 의해서, 자동차의 내장 컴퓨터 화면 도로 지도는 운영 **측정 도구**를 실시간으로 업데이트해주며, 그것은 자동차(그리고 탑재 지도) 자체의 현재 지리적 위치를 신뢰할 수준으로 지시 혹은 가리킬 수 있게 해준다. 이제 그 배경 지도의 여러 요소들은, 앞서 개괄했던 지시자 의미론 접근법이 요구했던, 의미론적 내용을 위한 조건을 만족시킨다. 따라서 우리는 이제 안심하여 정당하게 다음과 같이 말할 수 있다. 다양한 여러 지도 요소들의 고유한 지시적 또는 의미론적 내용으로써, 그러한 여러 객관적 지리 요소들 혹은 위치들(혹은 엄밀히 말해서, 현재 그런 것들의 발광)이 바로 신뢰할 지시자이다.

그러나 여기서 잠시 멈추고 생각해보자. 그러한 지도 요소들은 어느 GPS 연동, 혹은 이동하는 "당신이 여기에 있다"라는, 발광 화면에 앞서서 그리고 전적으로 독립적으로, 자체의 객관적 지리적 요소들을 고유한 지시적 또는 의미론적 내용으로 **이미** 가지고 있었으며, 그 요소들은 심지어 그러한 인과적 연계가 단절된다고 하더라도 여전히 그런 것들을 지닐 것이다. 정말로 **어느** 표준 (접는) 고속도로 (혹은 도로) 지도의 그러한 요소들은, 그 어떤 위치를 가리키는 인과적 연결의 도움 없이도, 모든 관련 지칭, 의미론적 내용, 혹은 표상적 자격을 가진다. 간단히 말해서 전통적 도로 지도는 전혀 동역학적으로 반응하는 측정 도구가 아니며, 여전히 그것은 체계적이고 성공적인 표상의 범례이다.

그러므로 어느 표상이 객관적 지칭 혹은 의미론적 내용을 획득할 수 있을 적어도 **하나의** 대안적 수단, 다시 말해서 위에서 제시된 인과적 연결의 지시자 수단이 있어야만 한다. 그러한 대안을 찾는 일은 어렵지 않으며, 이해하기도 어렵지 않다. 그것은, 예를 들어 어느 대략적으로라도 정확한 고속도로 지도에서도 볼 수 있는, 전체론적, 관계-유지 대응 기술(holistic, relation-preserving mapping technique)이다.

여전히, **인간의** 개념들이 특별히 자체의 의미론적 내용을 이러한 대안적 방식으로 획득한다고 주장되려면, 앞서 위의 몇 문단에서 살펴본 것 외에 그 이상의 논증이 필요하다. 추측으로 그렇다는 것이며, 필수적으로 그렇다는 것은 아니다. 그렇다면, 영역-묘사 의미론이 지시자 의미론보다 상대적으로 나은 장점은 무엇일까?

상당히 많다. 아마도 우리의 관심을 끄는 첫 번째 사실은 이렇다. 상당히 많은 우리의 개념들 중에 적은 일부분만이, 친숙한 측정 도구 유비에서 요구되었던 방식으로, **관찰적** 또는 **지각적** 개념의 자격을 가질 뿐이다. 상당히 많은 부분의 우리의 개념들은, 누군가의 주거 환경에 대한 즉시적이며 인지적인 직접 반응에 의해서 그 자체의 단독 적용이 드러나지는 않으며, 그보다 그 자신에게 유용한 일반적 정보를 축적함으로써, 그리고 어느 정도 상당히 복잡 미묘하고 전체적으로 파기될 연역적 혹은 가추적 추론을 통해서, 그 개념적 적용이 드러난다. 따라서 지시자 의미론 접근법은 특별히 우리의 지각적 혹은 관찰적 개념의 의미론적 내용에 대해서 특권적 자격을 부여하지만, 우리의 많은 비지각적 개념들의 의미론적 내용에 대해서는 단지 이차적 혹은 부차적 자격을 부여할 뿐이다. 그리고 우리에게 후자의 의미론적 내용을 전자의 의미론적 내용으로부터 어떻게 불러낼 수 있을지 설명해야 할 부담이 남는다.

이 점에 대해서 우리는 이미 앞에서 살펴보았다. 의미론적 내용에 대한 로크-흄의 접근법 역시 명시적인 지각적 개념에 대해서 특권적 지위를 부여하며, 거의 마찬가지로 동일한 문제에 직면한다. 앞서 살펴본 바와 같이, 그 제안된 해답, 즉 연속적으로 조합하여 정의하려는 방책의 빈곤함은 가장 부끄러운 실패 중 하나이다. 그리고 이러한 쟁점에 대해서 지시자 의미론 접근법의 주창자들 역시 이러한 문제를 설명해줄 어느 명확한 새로운 재원을 갖지 못한다. 그들로서도 우리의 많은 **비**지각적 개념들의 의미론적 내용에 대한 문제는 풀리지 않은 채 남으며, 분명히 오래 곪아버린 문젯거리가 아닐 수 없다.

반면에 영역-묘사 의미론에게는 해결해야 할 어떤 문제도 없다. 그런 문제와 관련하여 서로 다리를 건설해서 연결시켜야 할 의미론적 만(gulf)이 처음부터 없었기 때문이다. 나의 관점에 따르면, 비지각적 및 지각적 개념들은 모두, 그 의미론적 내용의 재원 혹은 기초와 관련하여, 동일한 곳에 발을 딛고 서 있다. 그리고 그러한 재원은, 무수히 많은 **다른** 개념들을 포함하는 고차원의 유사성 공간 내에 개념의 상대적 위치이며, 그 다른 **부류의** 개념들은, 어느 외부 영역의 여러 특징, 종류, 속성 등에 관한 전체 유사성-차이성 구조를 집단적으로 묘사하거나 혹은 아직 드러나지 않은 경우에 묘사하려 한다.[27] 그러한 개념들 중 어느 것이 어느 외부 자극에 대한 지각적 변환에 의해서 정규적으로 **활성화**되는지, 그리고 그럴 수 있을지는, 그러한 개념의 의미 혹은 의미론적 내용에 대해서 전적으로 우연적이며, 본질적이 아니다. 대략적으로 말해서, 지각 가능성이란 인식론적 문제이며, 의미론적 문제가 아니다(Churchland 1979, 13-14를 보라).[28]

만약 당신이 갑자기 실명하는 경우에 수집된 **색깔** 개념에 대한 의미론적 결과를 고려해볼 때, 이러한 두 인식론적 그리고 의미론적 중요

27) (역주) 표상공간에 관한 여기 이야기를 이해하기 어렵다면 그림 1.4를 다시 보라.

28) (역주) 포더나 로크-흄은 모두 지시자 의미론을 붙들며, 그들이 끌어들이는 지각 가능성이란 인식론의 문제이다. 그럼으로써 그들은 지각(혹은 지각 가능성)의 범위를 넘어서는 의미론적 개념에 대해서는 접근할 방안을 갖지 못한다.

차원들이 서로 별개의 성격임을 알 수 있다. 그렇게 갑자기 실명하는 경우에 그런 지각적 개념의 의미론적 결과는 전무하다. 그럴 경우에 당신의 정상 범위의 시각 능력은 상실될 것이므로 (예를 들어, 당신의 경합-처리 시스템이 이제 작동하지 않으므로), 당신이 가진 여러 색깔 개념들 중 어느 것을 신뢰하도록 자동적으로 지각할, 당신의 인식적 능력 역시 사라질 듯싶다. 그러나 당신의 여러 색깔 개념들의 의미론적 내용은 그러한 인식론적 능력과 함께 사라지지 않는다. 반면에 지시자 의미론은 그 능력의 상실과 함께 의미론적 내용도 필히 사라질 것이다. 정말로 그러한 개념들의 의미론적 내용은 갑자기 실명되더라도 이전과 정확히 동일하다. 당신은 여전히 사물의 색깔에 관한 대화에 식견과 이해를 가지고 참여할 수 있다. 그러므로 색깔 개념의 의미론적 내용이, 순전한 '신뢰할 지시' 말고, 다른 무엇에 의존하는 것이 분명하다.

어느 것이든 과거 경험에 대한 생생한 **기억들**이, 그것을 기억하는 사람에게 '의미론적으로 생생한' 색깔 개념을 유지시켜주는 것은 아니다. 만약 당신이 색맹이었던 사람을 생각해본다면, 혹은 태어날 때부터 맹인인 사람을 생각해본다면, 동일 상황을 가정해볼 수 있다. 잘 알려졌듯이, 그러한 사람들은 비록 관찰을 하지 못하더라도, 우리들이 학습하는 동일한 색깔 어휘를, 비록 아주 느리게 배우긴 하지만, 배워서 사용할 수 있다. 그들은, 여러 색깔들이 어떤 사물들이 갖는 특징인지, 그리고 그런 특징으로 인하여 그 사물들이 어떤 인과적 속성을 전형적으로 보여주는지 등에 관해서 정상인과 동일한 많은 일반적 지식들을 습득할 수 있다. 당연히 우리와 같은 다른 사람들이 추론하듯이, 그러한 색깔 개념어들을 가지고 완전히 혹은 거의 동일하게 추론할 수 있다. 정말로, 만약 누군가 그러한 사람들에게 "당신이 이해하는 한에서, 오렌지가 파랑보다 빨강에 더 가까운가?"와 같은 질문에 대해서 일련의 유사성과 차이성 판단을 하도록 요청한다면, 그들의 대답은 정상 시각을 가진 사람들의 색깔 개념들 사이에 나타나는 동일한 내적 관계로 구조화된 유사성 공간을 가지고 있음을 보여줄 것이다. 분명히 그들은 우리 정상인들과 마찬가지로, 비록 대략적으로라도, 동일한 추상적 개념 대응도를 습득할 수 있다. 그들이 할 수 없는 것은 오직, 사람들마다 독립적으로 구조화되는 개념 대응도 내에 다양한 지점들을 자극할, 우리의 일차적, 즉 우리의 지각적 혹은 감각적 **활성 수단**뿐이다. 그러한 사람들은 그러한 지점들을 활성화시킬 수단으로 비교적 완곡한(에둘러 말하는) **추론**에 제한될 것이다. 그러나 그들이 가진 그러한 지점들의 전체 부류는, 정상 시력을 가진 사람들이 소유한 대응도와 매우 유사한 대응도이다. 그리고 영역-묘사 접근법의 주장에 따르면, 우리가 공유하는 대응도는, 그것이 담고 있는 개념에 대해 의미론적 내용을 부여한다. 그런 대응도는 선천적으로 색맹인 사람들에 대해서도 분명히 그리고 틀림없이 의미론적 내용을 부여한다. 그러나 그러한 공유된 대응도는, 우리의 색맹 자매형제들은 물론, 완전한 색깔 시력을 갖춘 사람들에게도 의미론적 내용을 부여한다.

내가 우리의 색깔 개념의 경우를 꺼내든 것은, 다만 이러한 일반적 의미론의 논점을 명확히 (그리고 충격적으로 인식시키려고) 예를 들어 보여주기 위함이었다. 사실상 이러한 예를 들어 일반화하는 것이 그리 무리는 아니다. 어느 친숙한 관찰 개념어, 즉 당신이 좋아하는 어느 감각 양식에 관한 개념어(예를 들어, **온도**에 관한 개념어)를 선택해보자. 그리고 만약 그 개념어 사용자들 모두가 갑자기 영구적으로 그 개념어와 관련된 감각 양식을 상실할 경우에, 그들이 사용하는 그 개념어의 의미론적 내용에 무슨 일이 생길지 질문해보라. 그 올바른 대답은 이렇다. 그 개념어 사용자들에게 이전에 **관찰** 개념어였을 그 관련 개념어들이 이제는 순수한 **이론** 개념어가 된다. 그러나 그러한 개념어는 여전히, 그 개념어 사용자들의 개념적 교류에서 평소 활용되었던 것과 상당히 동일한 기술적(descriptive), 예측적, 설명적, 그리고 조작적 역할에 분명 활용될 것이다. 왜냐하면, 그 개념어의 의미는, 영역-묘사 의미론이 예측하는 바와 같이, 그 관련 감각 양식을 상실했음에도 불구하고, 건재하며, **거의 변화되지 않았기** 때문이다.

앞서 살펴보았듯이, 만약 지시자 의미론이 (영역-묘사 의미론과 달리) 우리의 **비**지각적 개념의 내용을 설명함에 있어 부차적 문제를 갖는다면, 그 의미론은 우리의 (소위) 기초 지각적 개념의 의미론적 내용에 대한 핵심적 설명에서 역시 적어도 두 가지 중요한 문제를 갖는다. 그 첫째 문제는 인식론의 문제이며, 의도적 설명이 갖는 명백한 원자론적 본성으로부터 나온다. 그 입장에 따르면, 특별히 모든 지각적 개념 C는, 그 개념 소유자 목록의 모든 다른 개념과 독립적으로, 자체의 의미론적 내용을 가지거나 또는 활용되며, 그리고 그 소유자는 개념 C를 포함하는 그 어떤 지식 혹은 믿음에서 독립적으로 의미론적 내용을 가지거나 활용될 것이다(Fodor 1990을 보라). 이러한 의미론적 원자론(semantic atomism)은 단순히 다음과 같은 사실을 가정한 결과이다. 그 가정에 따르면, 개념 C가 자체를 '신뢰할 지시자'로 만들어주는 외부 특징에 대해서 요청된 법칙적 연결을 담고 있을지는, 그 개념 소유자가 어느 다른 개념들을 소유하는지와 상관없는, 그리고 그가 어떤 믿음을 따르든 상관없는, 독립적 문제이다.[29]

만약 우리의 '신뢰할 지시'의 원형 사례들이, 앞서 인용된 온도측정기와 전압측정기처럼, 극히 단순한 에너지-전환 측정 도구의 양태를 보여준다면, 그러한 의미론적 원자론은 전적으로 지지될 수 있으며, 수용해야만 할 듯싶다. 왜냐하면 그 고유한 특징을 잘 지시함으로써, 그 개념 소유자가 어느 지식에 절대적으로 의존하지 않을 것이며, 그들이 추가적으로 소유한 어느 부차적 지시 능력에도 결코 의존하지 않을 것

29) (역주) 즉, 의미론적 원자론에 따르면, 어떤 개념을 소유한 사람이 다른 어느 개념과 믿음을 가지든 말든 상관없이, 개념 C는 외부 특징과 독립적으로 연결된다.

이기 때문이다. 사실상, 그들이 그런 것들을 가지고 있더라도, 그들은 그 의미를 바꾸지도, 변화시키려 의도하지도 않을 것이다.

그런 경우라면 그럴 수 있다. 그렇지만 만약 우리가, 그렇게 순결한 변환 지시자의 인지적으로 순수한 경우로부터, 실제로 우리의 관심을 끄는 경우로 관심을 돌린다면, 즉 전형적인 관찰 개념들의 일상적인 적용으로 시선을 옮긴다면 (혹은 좀 더 엄밀히 말해서, 얼굴, 과자, 인형, 양말 등과 같은, 전형적 관찰 개념들을 정상적으로 활용할 경우에) 인식론적 문제가 불거진다. 그 문제는 단순하다. 우리에게 **얼굴**, **과자**, **인형**, 혹은 **양말** 등과 같은 것들을 이해시켜줄 **어떤 자연법칙도 존재하지 않는다**. 확실히 모든 이러한 특징들은 인간의 감각기관에 인과적으로 영향을 미치지만, 우리가 그러한 영향을, 분산적이며, 맥락 의존적이며, 고차원적이며, 많은 다른 것들로부터 영향을 받는 등의 지각 효과와 구분하기란 매우 어렵다. 얼굴-재인 그물망을 다시 생각해보자. 그리고 그 그물망은 (예를 들어, **리즈**(*Liz*)에 비교되는 **메리**(*Mary*)의 얼굴을 제시할 경우처럼) 독특하면서도 매우 유사한 (제시된) 개인 얼굴들을 신뢰할 정도로 구분할 능력을 획득한다. 그 그물망에 여러 개인 얼굴들을 구별할, 혹은 심지어 각 얼굴 유형들을 위한, 어느 단일 자연법칙이 주어진 것은 전혀 아니다.30)

그것이 바로 학생-신경 그물망이, 심지어 대략적으로라도 신뢰할 정도의 진단적 차원의 양태, 예를 들어 벙어리장갑, 야구 글러브, 솜 주머니, 장갑 꼭두각시 인형 등은 말할 것도 없고, 신발, 장화, 슬리퍼, 샌들 등과 양말을 구분할 수 있게 해줄 양태를 조합해내기 위해서, 힘겹

---

30) 이 문단과 앞으로 논의될 몇 개의 문단은, 2000년 밀라노에서 열린 마음-뇌(mind-brain) 국제학회에서 발표된 나의 논문, "Neurosemantics: On the Mapping of Minds and the Portrayal of Worlds"에서 가져왔다. 고차원 대응도 일치(higher-dimensional map congruences)와 관련된, 다음 절의 그림 2.18부터 그림 2.21 역시 그 논문에서 가져왔다.

게 노력해야만 하는 이유이다.[31] 모든 어린이들은, 양말을 보여줄 경우에 신뢰할 지시적 반응을 습득해내지만, 그러한 반응은, 넓은 범위의 개별적으로 불충분하지만, 중첩되며, 집단적으로 신뢰할, 진단 차원의 그 '습득된 지배'에 매우 의존한다. 그렇게 획득된 차원들은 그물망의 활성 공간이 구성하는 것이며, 그물망이 획득한 민감성은 성숙된 공간이 구현하는 어떤 내부 유사성 계측규준이 지시하는 것이다. 그렇게 구조화된 활성 공간 범주들이 없다면, 즉 적어도 구별되는 특징의 성격에 대해서 그리고 그 성격을 이해시켜줄 다른 특칭들과의 다양한 관계에 대해서 어느 정도 체계적 **이해**가 없었다면, 그물망은 결코 바로 그 특징을, 자기 지각 환경의 다른 특징들로부터, 제대로 구별해내지 못할 것이다. 그렇지만 (요망되는) 개념-대-세계를 직접 연결시켜주기에 **충분한** 어떤 자연법칙도 전혀 존재하지 않는다.

따라서 인간 어린이가 앞서 언급된 몇 가지 특징들과, 자신의 인지적 관심의 대상인 거의 모든 다른 특징들을 구별할 수 있게 해줄 유일한 접근은, 성숙된 코트렐 얼굴-식별 그물망과 같은 다층 구조에서 내재화되는, 잘 훈육되고 정보화된 고차원 정보 필터를 통해서이다. 그러나 그러한 필터는, 원자론적 지시자 의미론이 불필요하다고 묘사했던 것, 즉 문제의 다양한 특징들에 관하여, 그리고 정말로 그런 특징들을 포함하는 전체 특징-영역에 관하여 습득된 **지식**의 (중요한) 직조물을 **이미** 구성하여 갖추고 있다. 그러므로 우리는 마땅히 의미론적 전체론(semantic holism)을 살펴보아야 한다.

이러한 논점에 대해서 강조해야 할 말이 있다. 지금의 이야기는 의미론적 전체론을 단지 다르게 논증하려는 것이 아니다. 지금의 논증은 특별히 포더의 원자론을 집중적으로 공격하려는 의도에서 나온다. 그가 의미를 위해서 필수적이라고 간주하는, 일종의 인과적/정보적 연결

31) (역주) 이 장의 각주 2에서 설명되었듯이, 그물망 역시 학습을 위해서 수많은 학습 과정을 반복해야 한다.

이 그의 입장에선 일반적으로 **불가능**하지만, 반면에 의미론적 전체론을 주장하는 입장에서는, 그러한 연결이 '축적된 배경 지식에 의해서' **가능**해진다. 어느 인지 시스템일지라도 그러한 배경 지식은 독자적으로, 미묘하고, 복잡하며, 깊은 맥락 의존적 특징들을 지각적으로 분별 가능하게 해준다. 정말로 다음과 같이 말할 수 있다. 진화의 발달 과정에서 여러 선택 압력들이 이렇게 매우 예리한 맥락-의존적 (상황에 대한) 분별 반응을 가질 수 있게 해주었으며, 그 발달 과정에서 처음부터 다층적 그물망과 고차원 인지 처리 과정을 가지게 만들었다. 그래서 만약 우리가 그렇게 잘 정보화된 분별 처리 과정을 갖추지 못했다면, 우리 모두는 아무 생각 없는 온도계의 무심한 수은주 눈금이나, 공허한 전압측정기의 (이해력을 갖지 못한) 바늘 위치와 다름없는, 인지 수준에 머물렀을 것이다.

그러므로 그러한 하찮은 수준을 넘어서기 위해서, 우리는 "최소한의 이해 없이 어떤 표상도 없다"[32]는 (전)혁명적 원리((pre)Revolutionary Principle, 혁명을 일으킬 원리)를 채택해야 한다. 그리고 그러한 원리를 수용해야 하는 이유는, 우리가 "표상"이란 개념어를 선험적 분석으로 논의해왔다는 것에 있지 않다. 일반적으로 말해서, 그 이유는 다음과 같다. 예를 들어, 우리가 환경에 대해 절절하고 신뢰할 정도의 분별 반응을 하게 해주며, 따라서 그런 환경을 헤쳐 나가도록 해주는 그런 인지적 **과제**를, 표상이 정보의 진공 속에서 수행할 수 없기 때문이다. 만약 당신이 복잡한 환경에서 자신의 위치와 상황을 재인하고, 새롭게 어느 위치로 자리 잡으려면, 그에 앞서 그 상황(환경)의 구조와 체계에

32) (역주) 콰인(W. V. O. Quine)은 일찍이 논문, 「존재하는 것에 대하여(On what there is)」(1953)에서 이렇게 말했다. "동일성 없이 아무것도 존재할 수 없다(There is no entity without identities)." 이러한 콰인의 '존재 원리'를 폴 처칠랜드가 패러디한 것으로 보인다. 한마디로, "배경 지식 없이 우리는 아무것도 표상할 수 없다."

관해서 상당히 많은 것들을 알아야 한다.

간단히 말해서, 어떤 인지 시스템도, 세계의 범주적/인과적 구조를 어느 정도 체계적으로 파악함이 없이, 원자론의 의미론적 이론에 의해서 필수적이라고 다양하게 가정되는 복잡한 종류의 인과적 혹은 정보적 민감도(sensitivities, 감응능력)를 **소유**할 수 없다. 의미론적 전체론에서 매우 핵심인, (가정되는) **일반적** 정보를 내재화하는 그물망은 포더의 접근법에서 결코 고려될 수 없다. 그런 정보는 지렁이 수준을 능가하는 어느 분별 시스템에서든 **인식론적으로** 필수적이다.[33] 다시 강조하건대, 플라톤도 이 말에 동의할 것이다.

이러한 인식론의 문제를 넘어, 지시자 의미론은, 우리의 지각적 개념(perceptual concepts)과 관련하여, 이번에는 의미론적 내용 자체의 할당 측면에서 더욱 곤란해진다. 이러한 지적은 적어도 25년 동안 있었으며 많은 다른 독자적 목소리로 언급되었지만, 영역-묘사 의미론의 전망에서 이 지적은 더욱 통렬하다. 이러한 반박은 다음과 같은 인식과 관련하여 나온다. 여러 독특한 지각자들(p_1, p_2, ⋯, p_n)은 매우 **동일한** 객관적 특징을 아마도 인지하면서, 그 특징을 자신들의 의미론적인 **다양한** 개념들(C_1, C_2, ⋯, C_n)로 상징화함으로써, 그 전체 상징화가 신뢰할 반응 혹은 지시를 가능하게 해주겠지만, 그 지각자들의 인지는 무수히 많은 방식으로 서로 다를 것이다. 간단히 말해서, 그 **동일한** 특징이 적

---

33) 이 원고를 쓴 후에, 나는 커민스(Rob Cummins)가 논문, “The Lot of the Causal Theory of Mental Content”(*Journal of Philosophy* 94, no. 10, 1997: 535-542)에서 동일한 일반적 관점을 주장했다는 것을 알게 되었다. 그가 간결하게 말했듯이, ‘원심의(distal)’ 속성들은 ‘투과 불가능’하다. 나는 이 말에 동의한다. 이 장의 설명에서 내가 덧붙인 설명은, 어느 인지적 동물이 그러한 장벽을 초월해내는지 그 방법을 제공하는, 특별한 연결주의자 이야기이다. 그러나 현재의 설명은, 우리의 **이론**이 우리를 ‘원심의’ 속성들에 접근할 수 있게 해준다는 커민스의 핵심 주장을 전적으로 견지한다. 정말로 이것은 커민스 주장의 연결주의자 **버전**이다.

절히 지시되겠지만, 그 지시자-발화는 독특한 여러 지각자들마다 서로 다른 의미론적 내용을 가질 수 있다. 그러한 경우들이 가능할 뿐만 아니라, 실제로 존재하며, 정말, 꽤 흔하다.[34)]

원시 부족민들은 우리가 번개라고 부르는 것을 보면서 "하느님이 화났다"라고 말한다. 그런 원시 부족민들이 가리키는 것을 보면서, 벤저민 프랭클린(Benjamin Franklin)은 분명 "구름이 전기 유동체를 방출한다"라고 말했을 것이다. 그런 동일 현상을 바라보면서, 현대 물리학자들은 "대전된 아원자들의 엄청난 양의 에너지 방출이다"라고 말할 것이다. 이 세 가지 경우에서 활성된 개념은 극히 서로 다른 의미 혹은 의미론적 내용을 갖지만, 그 세 경우는 동일한 것으로부터 인과되었거나 또는 활성화되었다. 다시 추정컨대, 의미론적 내용이란 분명히 '신뢰할 지시'를 넘어서는 무엇에서 그 재원을 취한다.

정말로 이러한 점은, 우리의 관찰 개념을 흐리게 만드는, 뜻밖의 의미론적 다양성보다 더욱 문제가 된다. 왜냐하면 이런 문제로 인하여, 지시자 의미론은 역사적으로 매우 흔했던 무언가를 불가능하게 만들기 때문이다. 즉, 특별히 어떤 양식의 세계에 대해서 고질적 혹은 체계적 **오해**를 하도록 만들기 때문이다. 수천 년 동안이나 "태양이 떠오른다"라는 진지한 보고(발화)는, "자전하는 지구가 관찰자에게 정지한 태양이 보일 수 있는 위치로 회전한다"라는 사실에 대한 신뢰할 지시자였다.[35)] 그러나 누구에게도 후자 사실에 대한 보고가 전자의 보고를 **의미했던** 것은 아니라서, 그런 사실의 놀라운 해석에 대해서 매우 강력한 공식적인 저항이 있었으며, 그런 사실을 주장했다는 이유에서 화형

---

34) (역주) 어떤 특징에 대한 '발화(token)', 혹은 '유형(type)의 개별적 사례', 쉽게 말해서 '언어 표현'이 언제나 '동일한 무엇'을 가리키더라도, 그 의미론적 내용은 사람들마다 서로 (다소) '다를' 수 있다. 그러므로 앞에서 언급된, 특정 개념과 세계의 특징이, 배경 지식과 무관하게, 언제나 동일하게 연결된다고 하더라도, 그것이 포더의 지시자 의미론을 지지해주지 못한다.

35) (역주) 즉, 실제로 전자는 후자의 사실을 **가리키는** 발화였다.

에 처해진 사람도 있었다. (이와 관련하여 나는 독자들에게 지오르다노 브루노(Giordano Bruno)가 로마 교회의 어리석은 원로와 벌였던 숙명의 논쟁을 거론한다.)[36] 명백히 그 표현의 발화가 신뢰성 있게 **가리키는** 것과 평범한 화자들(speakers)이 표준적으로 **의미했던** 것은 아주 다른 내용이었다.

마찬가지 예로, "저기에 별이 있다"라는 형식의 지각적 보고(perceptual report)는 오랜 역사 동안에, 지구에 비해 백만 배가 넘는 질량의 중력에 의한 핵융합로의 존재와 각 위치를 가리키는 '신뢰할 지시자'였다. 그러나 그러한 사실은, 어느 원시 부족민들도 그런 단순 인용부호의 표현에 의해서 **의미했던** 적은 없었다. "별"이란 표현에 의해서 그들이 의미했던 것은 "신들의 불꽃", 혹은 "천국의 창문", 혹은 "먼 투명한 보석"에 가까운 무엇이었다. 그런 이유에서, 그리고 비록 누군가가 "지시자 의미론이란 최소한의 일부 개념들의 객관적 지시체(reference, 대상)를 올바로 설명한다"라는 것에 동의한다고 하더라도, 어느 개념에 대한 **뜻** 또는 **의미**, 혹은 **의미론적 내용**을 온전히 포착할 수 없다는 것이 명확하다. 분명히 말해서, 지시자 의미론 접근법이 전혀 볼 수 없는 개념적 혹은 의미론적 '다양성'의 온전한 우주가 존재하며, 그 접근법은 그런 우주에 대한 어떤 결정적 지렛대도 가질 수 없다.

그러한 여러 다양한 의미론적 가능성의 명확한 범위는 단순히, 바로 그 동일 영역의 객관적 현상들이 독특한 개인들 혹은 독특한 문화에 의해서 **인지되는**, 혹은 **개념적으로 묘사되는** 여러 다른 방식들의 범위이다. 그것은, 뉴런 활성 공간이 훈련에 의해서, 유사성, 차이성, 포섭, 그리고 배타적 관계 등의 고차원적 집합으로 구조화된, 정합적 부류의 원형 구역들(prototype regions)로 조각되는, 거의 무한 범위의 서로 다른 방식들이다. 어느 독자라도 의심하지 않을 다른 어휘를 사용해서

36) (역주) 브루노는 이탈리아에서 범신론을 주장하여 1600년 화형당한 철학자이다.

말해보자면, 그런 범위는, 독특한 개인들마다 모든 우리 인간들이, 순전히 생물학적으로 (공유하는 말초 감각 유입을 서로 다르게 **해석**할 수 있을) 독특한 배경 이론들의 범위이다.

이미 앞에서 설명되었듯이, 영역-묘사 의미론의 다른 여러 양식들을 보여주는 지도 은유는 여기에서 아주 잘 숙고된 복잡성을 잘 보여준다. 왜냐하면, 하나 혹은 동일한 지리적 영역이 다양하고 독특한 여러 지도마다 아주 다르게 묘사될 수 있기 때문이다. 예를 들어, 샌디에이고 대도시는, 어느 관공서 혹은 미국자동차협회에서 구할 수 있는 도로 지도의 가장 공통적인 묘사를 담고 있다. 이러한 지도는 모든 차들이 이용하는 고속도로, 도로 노선, 다리, 터널 등을 상세히 보여준다. 그러나 만약 텔레비전 뉴스 헬리콥터 조종사라면 아주 다른 종류의 지도에 의해서 운행 방향을 안내받아야 한다. 그런 지도는 지역 풍경의 지형적 특징들, 그 지역의 들판과 산 정상의 위치와 고도, 보도국 빌딩과 고층 빌딩 등과 같은 다른 운행 위험 요소들, 그리고 언제나 붐비고 언제나 위험한 이착륙 경로에 대한 지역의 여러 활주로의 위치 등을 묘사해준다. 그러한 지도는 포개어진 등고선과 여러 비행 금지 구역 등을 담고 있어서, 비록 그 지도가 자신의 방식으로 내려다보는 실재를 동일하게 담고 있다고 하더라도, 일반 도로 지도와는 아주 다를 것이다.

그와 다르게, 만약 그 헬리콥터가 그 도시의 관공서 소속이라면, 그 도시의 빗물 배수관, 하수 처리관, 수도관, 가스관, 변전소와 전력선 등의 완전한 그물망을 묘사해주는 세 번째 다른 지도가 유용하다. 혹은 만약 환경보호주의자라면, 다양한 식물과 동물 종들이 아직 살고 있을 들판, 해안의 석호, 고지대 등과, 그 도시 주변의 절벽지대 등의 분포 지역을 색깔 혹은 글자로 묘사해주는 새로운 지도를 만들어야 할 것이다. 여기에서 우리는 샌디에이고 대도시 영역의 네 개의 서로 다른 지도를 그려볼 수 있으며, 그 각각의 지도들은 서로 다른 객관적 구조의 양식들에 초점을 맞추고 있으며, 동시에 각각은 서로 다른 실천적 관심을 반영하여 조율된 것들이다.

초점의 차이 말고도, 여러 지도들은 또한 그 묘사의 **정교함**에서 실질적으로 서로 다를 수 있으며, 지도들마다 제공하는 상세함 혹은 묘사의 **투명함**에서도 서로 다를 수 있다. 어떤 샌디에이고 거리 지도는 15년이나 낡은 것이어서 결함이 있을 수 있으며, 어쩌면 무너지고 없어진 다리를 잘못 그려놓았을 수도 있고, 지금은 분할된 지역을 빈 공간으로 그려놓았을 수도 있다. 혹은 더욱 커다란 로스앤젤레스 도시의 부속(혹은 귀퉁이) 지도에는 샌디에이고가 상대적으로 형편없이 묘사되었을 것이다. 왜냐하면 훨씬 작은 지도에는 단지 도시를 통과하는 중요 고속도로만이 묘사될 뿐이며, 거기엔 수많은 간선도로들이 빠져 있기 때문이다. 끝으로, 물론 지도는 계량적으로도 무한한 방식으로 새롭게 변형될 수 있다.

이러한 모든 것들은 바로 지시자 의미론이 감추고 싶어 하고 설명하려 하지 않았던 것, 즉 하나의 동일 객관적 영역이, 심지어 우리의 즉각적인 지각적 이해 수준에서도, 특정 개인과 문화에 따라 **서로 다르게 인지되거나 이해될** 수 있으며, 전형적으로 그럴 것임을 명확히 보여준다. 이러한 차이는, 당신과 나 사이의 대부분의 경우에 대체로 그러하듯이, 사소할 수 있다. 그러나 그러한 차이는 또한, 아주 다른 교육과 실천 기술 습득 수준을 지닌 개인들 사이에, 그리고 다른 역사와 과학 발달 수준의 문화들 사이에, 상당히 클 수도 있다. 그러므로 주목해야 하는바, 영역-묘사 의미론이 (새겨진) 활성 공간에 의해서 인간과 동물의 인지를 설명하듯이, 이러한 의미론은, 비록 개인들이 동일한 선천적 감각기관을 공유하더라도, 심지어 개인들의 지각적 개념의 수준에서 흔히 발견되는 실질적인 **개념적 다양성**을 설명하기에 전혀 어려움이 없다. 그 의미론은 일반성의 수준에서, 즉 지금-여기의 지각적 수준과 배경 시간-의존 이론적 수준 양쪽 모두에서, 실재에 대한 체계적이고 장기간의 오해를 규명하는 데에도 아무런 어려움이 없다. 영역-묘사 의미론의 이러한 후자의 미덕은 특별히 중요한데, 이런저런, 혹은 그 밖의 다른 객관적 영역에 대한 근본적 오해는 인간 지성사에서 고질적으로 있어온 문제이며, 이따금 그러한 것들이 수정되는 일 또한 인식론과 과학철학의 중심 관심사이기 때문이다.

이 절의 앞에서 나는 이렇게 말했다. 여기 제시되는 관점이 정말로 **시들해지길** 바라면서 그것을 비판적으로 검토해보면, 매우 **옳은** 무엇이 있다. 그리고 사실 그렇다. 온도계와 전압측정기와 같은 측정 도구의 순간 상태들이 그러하듯이, 특별히 우리의 지각 양태들의 순간 상태들은, 절대적이며 상황적으로, 그리고 지역 환경의 여러 양식들에 관하여, 정말로 엄청난 분량의 정보를 포함한다. 그러나 단순히 그러한 정보를 포함한다는 것은 만족스럽지 못하다. 왜냐하면 그러한 어떤 정보가 어느 인지적 피조물 혹은 다른 피조물에게 **활용 가능하려면**, 측정 혹은 검출에 적절한 도구는 어느 양식 혹은 다른 양식으로 **측정되어야만** 하기 때문이다. 두 가지 친근한 예로, 우리는 전압측정기 뒤쪽에, '0V', '5V', '10V' 등등으로 원형의 눈금을 표시할 수 있다. 그리고 온도계의 길이 방향으로, '97°F', '98°F', '99°F' 등등으로 일련의 등분선을 그려 넣을 수 있다. 그 장치의 움직이는 지시자의 뒤에 혹은 앞에 그러한 항구적 눈금을 잘못 표시한다고 하더라도, 그러한 도구들의 순간 상태들은 여전히 체계적인 정보를 포함할 것이지만, 이미 전지전능한 신이 아니고선 누구라도 그 도구를 **활용할 수**는 없을 것이다. 주시되는바, 그러한 배경 눈금을 조정한다는 것은 뇌의 **대응도**를 제한하는 것과 같다. 전압측정기 눈금을 극성으로 배열한다는 것은, 절절히 표식을 붙여서 '전압 공간'의 1차원 대응도를 구성하는 것과 같다. 마찬가지로, 침대 머리맡의 온도계에 눈금을 새기는 일은, 적절히 표식을 붙여서 작은 범위의 '온도 공간'이란 1차원 대응도를 구성하는 것과 같다. 끝으로, 움직이는 바늘 자체와 움직이는 수은 기둥 각각은, 마치 2차원의 고속도로 지도에서 우리가 상상할 수 있듯이, "당신이 이곳에 있다"는 것을 가리키는 움직이는 지시자를 구성하는 것과 같다.

여기에서 잠시 뒤로 돌아가서, GPS가 연결된 고속도로 지도를 다시 생각해보자. 그 지도에는 강한 불빛으로 "당신이 여기에 있다"는 것을 가리키는 아이콘의 밝은 불빛 레이저 점이 있으며, 이 아이콘은 화면에 비춰주는 많은 지도 요소들을 스치며 **움직인다**. 이제 다음을 상상해보자. 그러한 배경 지도 요소들 모두가 갑자기 지워졌으며, 그래서 조그만 사각형 화면 위에 아무런 특징도 없이 다만 흰 배경 위에 움직이는 불빛 레이저 지시자-점만이 남는다. 그 움직이는 붉은 불빛 점, 즉 '위치 지시자'는 아마도 본래의 GPS와 연결을 유지하고 있어서, (예를 들어, 배경 지도 요소들 전체가 지워지기 이전의 지시자-점이 "당신은 지금 고속도로 1-5와 805번 도로의 교차 지점에 있다"는 것을 비춰야 하겠지만) 이제 빈 사각형 위에서 변화하는 그 불빛의 위치는 동일한 텅 빈 화면에 순간적 지형 정보를 그대로 유지할 것이다. (그 불빛 점은, 지도가 1-5와 805번 도로의 교차 지점에 물리적으로 정확히 놓여 있지 **않다면**, 지도 화면 위의 바로 **이곳**에 있지 않을 것이란 의미에서 그런 정보를 갖는다.) 그러나 그 배경 지도 요소들 모두가 지워진 상태에서, 이제 움직이는 점을 가진 지도는 당신의 지형적 위치를 결정해줄 수단으로서 혹은 주 경계 고속도로 위치를 알려줄 수단으로서 완전히 쓸모없어졌다. 그 움직이는 붉은 점이 혹시라도 적절한 정보를 **가질** 수는 있겠지만, 이제 그러한 정보는 **우리**로 하여금 길을 찾지 못하게 만들 뿐이다. 왜냐하면 이제 온전한 도로 시스템 실재에 대한 전체의 체계적인 배경 표상, 즉 "우리가 현재 위치한 위치를 알려줄 공간 내의 장소"라고 불빛 점이 가리켜줄 어느 정도 명확한 **부분들**이 더 이상 존재하지 않기 때문이다.

정말로, 본래의 (온전한) 지도 사용자의 입장에서 비록 반짝이는 불빛 점의 현재 위치를 알려줄 절대적 정보를 얻는다고 하더라도, 그가 얻을 수 있는 것이란 고작 매우 부족하고 제한적으로 묘사된 지도에 담긴 극히 미흡한 의미론적 내용뿐이다. 예를 들어, 고속도로 지도의 그 점의 현재 위치에 담긴, (안 보여 소용없는) 절대적 정보는 아마도 "당신은, 정확히 태평양 지층 판이 북아메리카 단층 판과 만나, 서로 충돌하는 바로 그 단층선 위에 있다"는 것을 포함할 수도 있다. 그렇지만, 당신의 레이저 지도는 다만 당신이 280번 고속도로 서쪽 3마일 정도에, 페이지 밀 도로(Page Mill Road) 위에, 샌프란시스코 남쪽 산타 크루즈 산맥(Santa Cruz Mountains) 속에 있다는 등을 알려줄 뿐이다. 왜냐하면 그 지도는 단순한 고속도로 지도이며 단층 판에 관해 아무런 정보도 담지 않았기 때문이다.

조금 더 친절한 예로, 지금 자신의 방 안의 온도에 관한 당신의 순간적인 지각 판단에 객관적으로 포함된 절대적 정보란 아마도 (당신이 알지 못하는) "방 안 분자들의 평균운동에너지가 6.4×10^{-21}줄(joules)이다"(≈75°F)가 될 것이다. 그러나 그러한 당신 판단의 실제 의미론적 내용은 그보다 훨씬 미흡한 "여긴 좀 덥다"라는 정도일 것이며, 이러한 당신의 의미론적 내용은 당신이 세계를 표상하기 위해서 끌어들이는 특정한 개념적 대응도를 반영한다. 그래서 당신의 다른 모든 지각 판단 역시 그런 수준일 것이다.

요약하자면, 객관적인 절대적 정보는 아마도 우리의 순간적 인지 상태 내에 (알 수 없게) 포함될 수 있지만, 그런 절대적 정보는 정상 인간들의 현재 인지적 교류에서 투명하게 드러나도록 교환되는 인지 상태의 (삭제된) **의미론적 내용**이 아니다. 그보다 그러한 가정적이며 감춰진 정보는 기껏해야 우리가 표상적 노력을 한 결과 이상적인 결말에서야 알 수 있고 인식할 수 있기를 **열망하는** 무엇이다. 그것은 복합적인 것이며, 우리의 인식적 모험과는 매우 거리가 있는 **목표**이다. 그것은, 우리가 구성한 고차원 대응도들이 최종으로 완벽한 정확성을 갖추고 무한히 상세해질 경우에야 비로소 획득되는 무엇이다. 간단히 말해서, 그것은 우리가 결코 소유할 수 없을 것 같은 정보이다. 그러나 그것은, 다소 부족하지만 꽤 도움이 되는 일련의 잠정적 대응도들을 가지고, 우리가 좀 더 가깝게 그리고 훨씬 더 포괄적으로 근접하지 못할 이유는 결코 없다.

이러한 이야기는 칸트의 입장에서 우리를 다소 이상해 보이도록 만든다. 칸트의 주장에 따르면, 우리 인간은 경험적으로든 이성적으로든 사물 자체의 독립적 세계의 특징과 구조에 영원히 다가설 수 없다. 그러므로 어느 개념적 대응도가 초월적 **사물 자체**를 얼마나 정확히 실제로 묘사해낼 수 있을지를 평가한다는 것은 잘못된 생각이며, 영원히 논의 대상조차 될 수 없다. 즉, 그런 기대는 경험적 관점과 초월적 관점 사이를 근본적으로 구분하는 칸트의 입장을 간파하지 못한 사람의 헛된 망상이다.

나는 그러한 인식을 정확히 갖지 못한 것에 대해서, 그리고 매우 동일하게 그러한 망상을 한 것에 대해서 스스로 부끄럽게 생각하고, (즉각적으로) 고백한다. 그러나 그러한 쟁점을 말하기에 앞서, 나는 앞선 논의에서 매우 자연스럽게 얻는 **두 가지 긍정적인** 칸트의 교훈을 강조하면서, 이 점을 다시 생각해보라고 권하고 싶기도 하다.

다음과 같이 진기한 고속도로 지도를 상상해보자. 그 지도는, GPS로 활성화되는 '감각 시스템'이 그 지도 위에 반짝이는 지시자-점을 이리저리 움직이는 지도이다. 그리고 다음 상상도 해보자. 그림 2.16a의 지도에서 만약 그 지도의 배경 지도 요소들을 완전히 지워버린다면 그 지시자-점의 현재 위치에 대한 의미론적 의의가 사라져버린다. 또한 다음도 상상해보자. 그림 2.16b에서처럼 **원래의** 지도 위에 누군가의 실제 위치에 관해 **어떤** 경험적 지시, 즉 그 지역의 거리 표지판을 보면서 안내해주는 당신의 손가락이 없다면, 그 지도는 (찾아가려는 지역의 객관적 동일 형태가 주어진다고 하더라도) 길을 찾아가기에 도움이 되지 못한다.

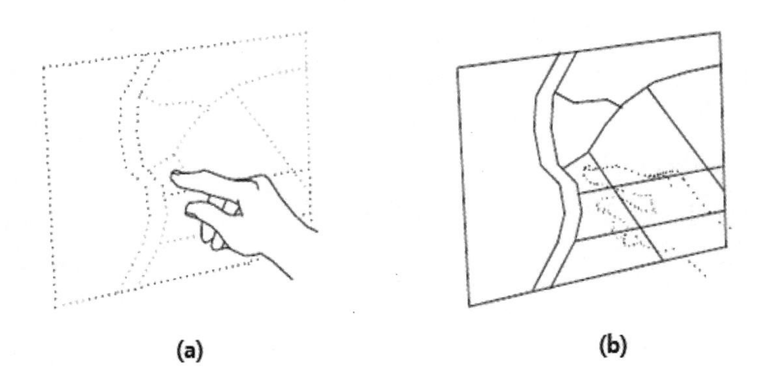

그림 2.16
(a) 개념 없는 직관 (b) 직관 없는 개념

이러한 두 가지 논점은, 개념 없는 직관은 공허하고, 직관 없는 개념은 맹목이라는 칸트의 관측을 상기시켜준다. 왜냐하면 이런 관측은 앞의 논의로부터 다음과 같이 명확해지기 때문이다. 만약 지시자-상태 혹은 지시자-위치 혹은 지시자-윤곽이 앞서 구조화된 활성 공간의 배경 내에서 가리켜지지 못한다면, 그것은 (전지전능한 신을 제외하고 누구에게든) 무가치하거나 의미론적으로 공허할 것이다. 그리고 만약 구조화된 활성 공간들이 그 안에서 "당신이 이곳에 있다"라고 신뢰를 주지 못한다면, 그런 공간들은 (비록 그 배경 공간 전체가 어느 외부 영역의 전체 구조를 올바르게 표현한다고 하더라도) 인식론적으로 맹목이다. 더욱 간단히 말해서, 지도 없는 손가락은 공허하며, 손가락 없는 지도는 맹목이다. 그림 2.16을 보라.

지시자-상태가 어느 종류의 내재된 지도의 배경에서 제시되지 않는다면, 그 지시자-상태가 의미론적으로 공허하다는 것은 (어떤 의미에서) 이미 앞에서 지적되었다. 앞선 포더와의 논쟁을 다루면서, 나는 이렇게 주장하였다. 어느 관찰 문장 '*Fa*'도, 그 문장을 발화한 관찰자가 신뢰하는, '(x)(Fx ⊃ Gx)'와 '(x)((Fx & Hx) ⊃ ~Kx)' 등과 같은, 이런 저런 일련의 일반적 배경 언질이 완벽히 없는 상태에서 언급되었다면, 아무런 의미도 갖지 못한다(Churchland 1988). 그 이유는 이렇다. 그렇게 내재된 배경 언질이 없다면, '*Fa*'라는 주장 혹은 발화는 **계산적으로 유효하지 못할** 것이다. 그 발화는 다른 관찰자의 인지적 대화에서 어떤 특징의 논리적 결과 혹은 추론적 의미도 전혀 갖지 못한다. 따라서 만약 그러한 관찰자의 발화가 그의 차후의 인지적 경제(활동)에서 어떤 역할을 해야 한다면, 그 발화가 이미 언급된 몇몇의 그러한 일반적인 인지적 언질의 배경에서 **등장해야만** 한다. (위에서 보았듯이) '*Fa*'는 '*Ga*'를 함축한다, 그것은 '*Ha* & *Ka*'와 양립 불가능할 것이다 등등이 발화되는 상황에서 나타나야만 한다. 그런 언질들이 없이, '*Fa*'는 어떤 것도 물리지 못하는 톱니일 것이다. 그리고 그 밖에 어느 다른 관찰 보고도 역시 그러할 것이다.[37)]

그렇지만 이러한 나의 성급한 지적은, 언어 형식적 배경 언질에 국한된, 그리고 고전 논리학에 의해 이해되는 계산적 활동에 국한된 결함을 갖는다. 지시자 의미론에 반대하는 다른 지적으로, 그루쉬(Grush 1997)에 의한 최근의 지적은 그러한 한계를 넘어선다. 그의 지적에 따르면, 지시자 상태는, 그 표상이 상위의 정보처리 사다리에서 다른 표상으로 차후 **변환**시켜줄, 어떤 결정적인 계산적 역할을 해주는 어떤 **구조**를 갖지 못한다면, 그 지시자 상태는 의미론적으로 공허하다. 그리고 그러한 명확한 변환 양식이 없다면, 어떤 표상도, 그러한 정보처리 경제(활동)에서 어느 다른 표상과 명확히 구별되는 의미 혹은 의미론적 내용을 갖지 못한다.

이러한 논점을 특별히 전방위 신경망에 적용시켜 이야기하자면, 어

37) (역주) '*Fa*'란 러셀이 만든 술어논리의 표기로, '*a*가 *F*라는 속성을 가진다'는 의미이다. 다시 말해서, '*a*는 *F*이다'라는 문장의 기호화, 예를 들어 '철수는 날씬하다'에 대한 기호화로 보아도 좋다.

는 벡터 표상의 독특한 구조는 (내재된) 뉴런 집단 내의 활성 수준 패턴으로 결정된다. 그러한 패턴은, 그러한 활성 공간 내에 다양하게 존재하는 많은 가능한 선택적 활성 패턴들 중 하나이며, 그 각각의 서로 다른 패턴들은 (계산처리 사다리의 다음 가로대로 뻗어) 시냅스 연결의 행렬을 통과하면서 서로 다른 변환 양태를 보여준다. 다시 말해서, 의미론적 내용은 배경 활성 공간 내의 (잘 구축된) 선택적 표상 지점들 범위 내에서 발견될 것이며, 다양한 의미론적 내용은, 그것이 내재된 인지 시스템을 위한, (잘 구축된) 선택적 계산 결과 범위 내에서 스스로를 드러낼 것이다. 그러므로 이렇게 말할 수 있다. 동일한 의미론적 내용은 동일한 계산적 결과이다.

9. 서로 다른 개인들이 공유하는 개념 체계의 동일성/유사성에 대하여

지금 논의되는 관점에 따르면, 어느 특징-영역을 파악할 개념 체계를 소유하는 것은, 지도와 같은 내적 구조가 계량적으로 구축된, 고차원 활성 공간을 소유하는 것과 동일하다. 그러므로 (예를 들어, 특정하게 계량적으로 압축된 원형 영역인) 어느 지도 요소의 표상적 의의 또는 의미론적 내용은, 그러한 동일 표상 공간 내의 **다른** 지도 요소들 전체에 대한, 많은 근접성과 거리 관계라는 독특한 양태에 의해서 결정된다. 이러한 의미론적 전체론은 전적으로 적절한데, 왜냐하면 우리가 한 발 뒤로 물러서서, 개념 체계 혹은 구축된 활성 공간을 **전체로 포착할** 때에만 보고 싶은 것들, 즉 한편으로 획득된 '내적 구조'와, 다른 편으로 그것이 다소 성공적으로 묘사하는 '외부 특징-공간 또는 속성-영역의 독립적 구조' 사이의 전체적 객관-동형성(global homomorphism)이 드러나기 때문이다. 좀 더 구체적으로 말해서, 전자의 (내부) 공간 내의 근접성과 거리 관계는 후자의 (외부) 공간 내의 유사성과 차이성 관계에 대응한다. 전자는 뉴런 활성 공간이며, 후자는 객관적 특징 공간이다.

만약 이러한 전체론적이며 뇌-기반의 의미론적 이론이 앞의 두 절에서 언급된 원자론적 대안보다 결정적으로 우월하다고 주장한다면, 그 두 가지 [원자론적] 대안들 모두가 실패할 것이라는 근본적으로 힘든 시험을 통과해야만 하겠다. 특히, 그 이론은 여러 독특한 인지적 개인들에 대해서, 그리고 동일한 개인이라도 그(또는 그녀)의 서로 다른 인지적 발달 단계에 대해서, 뜻 혹은 의미론적 내용의 **동일성**(*identity*) 그리고/또는 **유사성**(*similarity*)의 충분한 기준을 제시해야만 한다. 일부 이론가들의 장황한 논의(Fodor and Lepore 1992)에 따르면, 여기 쟁점의 '상태-공간 의미론'은 엄격히 이러한 측면에서 실패할 수밖에 없다. 그렇지만 앞으로 살펴보는 바와 같이, 그러한 요구사항은, 지금 발달 중인 상태-공간 또는 영역-묘사 의미론이 가장 힘들이지 않고 넘어설 여러 **장점** 중 한 가지일 뿐이다.

앞에서처럼, 지도 은유, 또는 이 경우에는 한 쌍의 지도 은유로 설명을 시작해보자. 우리 앞에 놓인 의문은 이렇다. 우리가 서로 다른 지도들 사이에 '**동일하다**'는 개념어를 유용하고 체계적으로 이해할 수 있을까? 우선적으로 가장 쉬운 경우인 두 개의 동일한 지도에서 이야기를 시작하고, 그런 후에 더 나아가는 이야기를 해보자. 그림 2.17(플레이트 9)의 위쪽 두 도로 지도를 생각해보자. 지도 (a)와 지도 (b)에는 모두 어떤 장소의 이름, 혹은 어떤 의미론적 표식도 없으며, 둘 모두 위도선 및 경도선과 같은, 어느 방향 혹은 위치를 알려줄 격자도 없는 배경 위에 표현되었다.[38]

---

38) 나는 여기 인용된 그림을, 2000년에 애리조나 주 투손(Tucson)에서 개최된 앨빈 골드만(Alvin Goldman) 철학의 기념 컨퍼런스에서 발표된 논문, "What Happens to Reliabilism When It Is Liberated from the Propositional Attitudes?"에서 가져왔다.

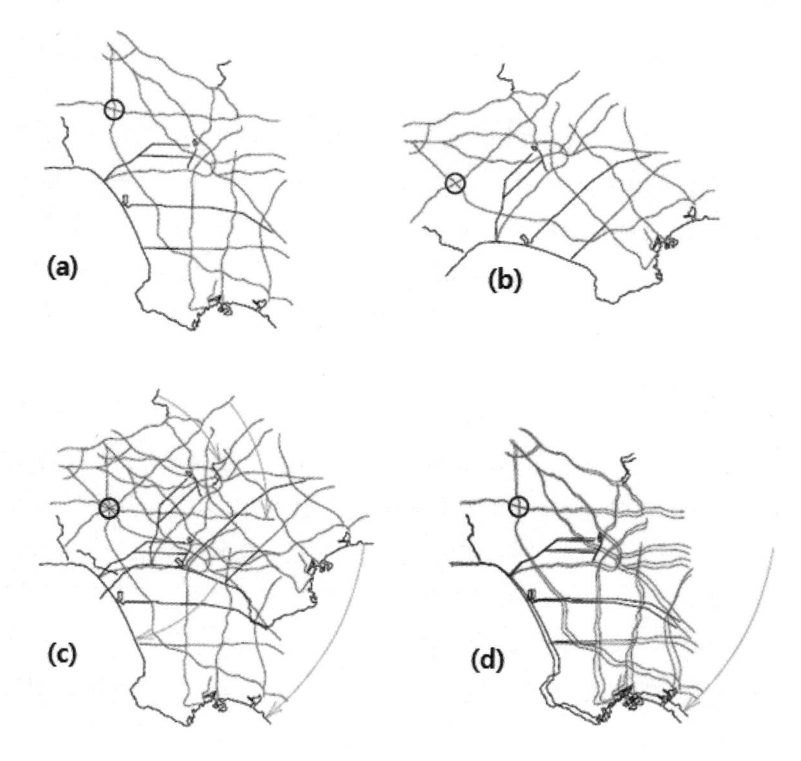

그림 2.17
체계적인 동일 형태를 찾기 위해서 겹치고 회전시킨 서로 다른 지도들. 플레이트 9를 보라.

어느 지도이든 유한수의 **지도 요소들**을 포함할 것이며, 그 요소들의 본성은 관련 지도의 종류에 따라서 달라질 것이다. 그런 요소들은, 국소기능 대응도(topographic map)에서와 마찬가지로, 많은 산 정상들에 대해서 아마도 작은 폐곡선으로 표현될 수 있다. 그런 요소들은, 구축된 활성 공간 내의 원형 지점들(prototype points)처럼, 계량적으로 압축된 구역들을 포함할 수 있다. 혹은 그 요소들은 아마도, 현대 도시의 고속도로 시스템의 지도처럼, 교차하며 굽어진 선들일 수 있다.

예를 들어 설명하기 위해서, 이 마지막 경우(교차로)를 큰 집단의 대표적인 것으로 생각해보자. 특별히, 그림 2.17의 지도 (a)와 지도 (b)에서 보여주는 고속도로 **교차로**를 대표적인 것으로 고려하여 생각해보자. 그 각 지도는 유한 수의 그러한 많은 지도 요소들을 포함한다. 그런 것들 중에 임의로 한 요소, 즉 지도 (a)에서는 위쪽의 원으로 표시된 교차로를, 그리고 지도 (b)에서는 왼쪽에 원으로 표시된 교차로를 선택해보자.

이제 지도 (a) 위에 지도 (b)를 겹쳐서, 그림 2.17의 지도 (c)로 묘사되듯이, 각 지도에 표시된 두 원의 지도 요소들이 정확히 일치하도록 만들어보자. (두 지도가 투명한 종이에 인쇄되었으므로, 겹쳐져도 잘 보인다고 가정해보자.) 이렇게 하면, 지도 (c)에서 보여주듯이, 서로 맞지 않는 혼란스러운 선들과 교차로들이 뒤엉켜 나타난다. 그러나 지도 (a)를 아래에 고정한 상태에서, 그 위에 지도 (b)를 교차로 원을 중심으로 천천히 **회전시켜**보면, 360도를 넘지 않은 어느 각도에서, 그림 2.17의 지도 (d)에 묘사되듯이, 위쪽 지도의 모든 요소들이 아래 지도의 대응 요소들에 전체적으로 근접하여 나타난다. 예상대로, 지도 (b)는 지도 (a) 속으로 겹쳐 '사라진다.' 그러므로 이 두 지도는 질적으로 동일하다는 것이 드러나며, 그런 측면에서 각 지도의 요소들 사이에 일대일 대응(correspondence or mapping)이 되며, 그 대응에서 각 지도들의 **모든 거리 관계가 유지**된다. 한마디로 그 두 지도는 이체-동형(isomorphic)이다. 사실상 그 두 지도는 모두 로스앤젤레스 시의 주요 고속도로, 간선도로, 해변 등을 보여주는 같은 크기의 지도이다. 지도 (b)는, 지도 (a)에 상대적으로, 그리고 그 위의 임의적 위치에 이르도록 약 30도 정도 회전되었다.

물론 나는 의도적으로 탐색 공간을 좁히기 위해서 (언급된) 특정 원형 교차로 쌍을 선택하였다. 그러나 모든 가능한 교차로 쌍들에 대한 유한한 탐색을 통해서, 다소 많은 수의 다른 교차로 쌍들(혹은 수십 개의 다른 교차로 쌍들 중에 어느 하나만)이 드러날 수 있으며, (그것을 중심으로 어느 정도 회전시켜보면 신뢰할 정도의 전체의 수렴도 일어날 것이다). 그러므로 우리는, 표식 없는, 위치가 정해지지 않은, 인과적으로 특징 없는 두 지도에 대해서, 그것들이 무언가 묘사해야 했던 **동일 묘사 내용**을 내재화하는지 아닌지를 결정하기 위한 효과적 절차를 가질 수 있다. 만약 두 지도가 정말로 동일 묘사 내용을 내재화한다면, 각각의 지도 요소들 중 몇 가지가 겹치도록, 지도 (a)의 어느 독특한 지도 요소와 지도 (b)의 가장 근접한 독특한 지도 요소 사이에 교차로-지도 거리는, 몇 가지 적절하게 겹쳐지는 지점을 중심으로, 지도 (b)를 어느 정도 회전시켜, 전체적으로 0에 맞춰질 수 있다.

심지어 그 두 지도들 사이에 척도의 차이가 우리에게 문제가 되지는 않을 것이다. 왜냐하면, 우리는 지도 (b)를 나름의 여러 번 확대 혹은 축소시키면서, 위의 절차를 반복할 수 있기 때문이다. 그 두 지도가 동일 척도로 **맞춰짐**에 따라서, 위에서 언급된 교차로-지도 거리도, 어느 정도 겹쳐지고 상호 회전됨에 따라서, 전체적으로 0이란 한계에 접근(수렴)할 것이다.

앞서 언급된 절차는 또한 **부분적** 동일성을 발견하기에 효과적이다. 지도 (a)는 지도 (b)의 모든 것을 포함하지만, 많은 상세한 내용들, 즉 로스앤젤레스의 많은 중요하지 않은 간선도로와 관련된 상세한 내용들은 그렇지 않을 수 있다. 그러한 경우에도, 우리는 지도 (b)의 여러 교차로들을 겹치게 해보고 회전도 시켜서, 그것들이 지도 (a) 속으로 '사라지도록' 할 수 있다. 그러나 그러한 경우에, 관계-유지 대응(relation-preserving mapping)은 지도 (b)의 여러 지도 요소들을, 지도 (a)의 여러 지도 요소들 **위에** 올려놓는다기보다, 지도 (a)의 여러 지도 요소들 **속으로** 밀어 넣는다. 그러한 대응하기는, 완전한(상호적) 이체-동형보다, 어느 객관-동형성을 찾는다.

그 절차는 또한 서로 다른 지도가 서로 **부분적으로 중첩되기**에 효과적이며, 지도 (a)는 로스앤젤레스 중심부의 고속도로뿐만 아니라 북쪽으로 버뱅크(Burbank) 시의 고속도로를 포함하며, 반면에 지도 (b)는 로스앤젤레스 중심부의 고속도로뿐만 아니라, 남쪽으로 롱비치(Long Beach) 시의 고속도로를 포함한다. 여기에 지도 (a)의 **일부분**이 지도 (b)의 **일부분**, 즉 로스앤젤레스 중심부를 표상하는 각 부분들 속으로 사라질 수 있다. 다른 부분들은 단순히 이렇게 부분적인 (그렇지만 꽤 뚜렷하며 선험적으로 있을 법하지 않은) 관계-유지 대응에서 벗어날 수 있다.

끝으로, 그리고 가장 중요한 것으로, 그러한 절차는, 단지 예로 들었던 2차원의 고속도로 지도뿐만 아니라, 그 어떤 차원의 지도들에 대해서도 효과적으로 적용된다. 나는 여기에서 앞선 논문(Churchland 2001)에서 더욱 구체적으로 논의했던 우호적이며 명료한 사례를 간략히 다시 이용하려는 것에 대해서 독자들에게 양해를 구한다. (그 논문은 포더와 르포르(Fodor and Lepore 1999), 그리고 티파니(Tiffany 1999) 등에 대한 반론을 담고 있다.) 그림 2.18에서 볼 수 있듯이, 이러

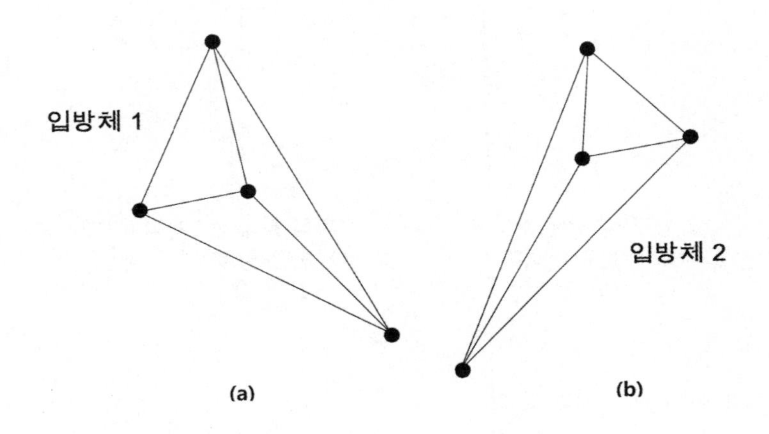

그림 2.18
두 개의 (분류되지 않은) 불규칙 사면체

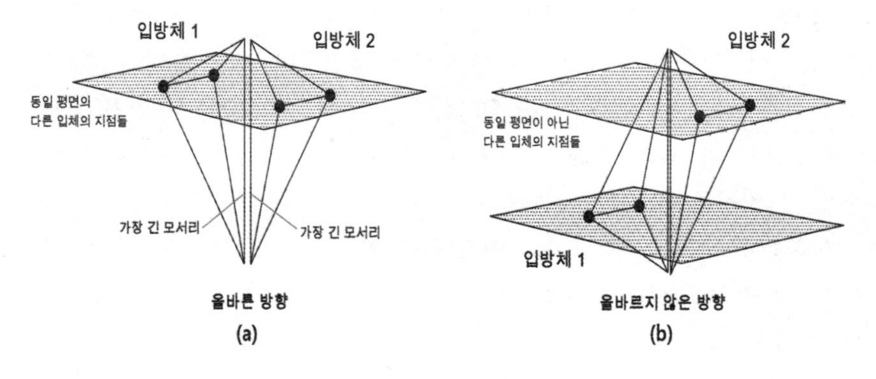

그림 2.19
상호 대응 구하기: 1단계

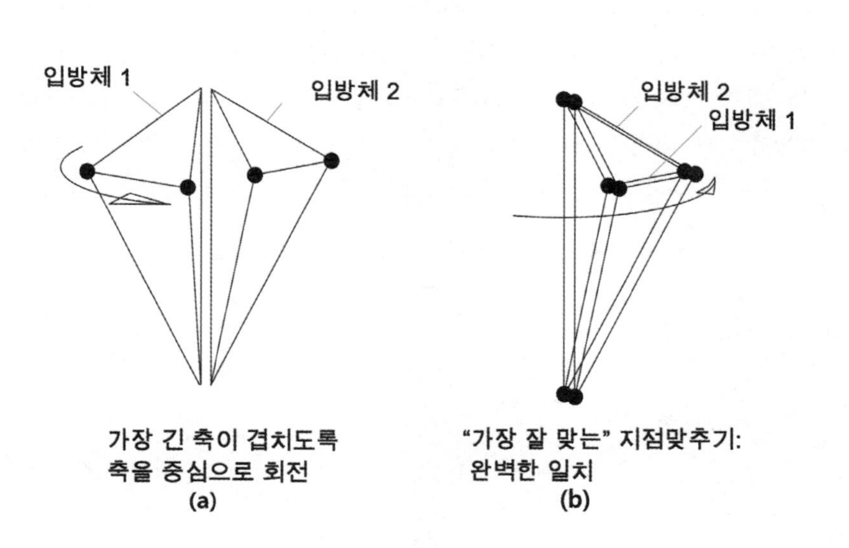

그림 2.20
상호 대응 구하기: 최종 단계

한 동형성-발견 절차를 한 쌍의 단순한 3차원 지도에 적용시켜보자면, 그 두 사면체들은, 여섯 개의 직선 '고속도로'로 연결된 네 개의 (떠 있는) '교차로'를 가지며, 그것에 의해서 한 쌍의 불규칙 사면체로 형성된다. 우리의 탐색 공간을 최소화하기 위하여, 사면체 (b)의 가장 긴 모서리를 사면체 (a)의 가장 긴 모서리에 겹쳐서, 사면체의 나머지 부분을 연이어 겹쳐보자.

그림 2.19에서 볼 수 있듯이, 여기 대응 절차에서 두 가지 가능한 방향이 있다. 두 겹쳐지는 모서리에 직교하는 평면을 고려하여, 어느 방향이 가장 많은 수의 **다른 것**의 동일 평면 지도 요소들을 갖는지 선택해보라. 이제 그림 2.20에서 볼 수 있듯이, 겹쳐진 가장 긴 축을 중심으로 사면체 (b)를 사면체 (a) 속으로 사라질 때까지 회전시켜보라. 그러면 여기에서 다시 지도 (b)의 요소를 지도 (a)에 일대일로 대응시킬 수 있으며, 그 대응은 각 지도 내의 모든 거리 관계를 유지한다. 그러한 의미에서, 두 지도가 그림 2.18의 객관적 3차원 공간 내에 서로 다른 임의 방향을 향하고 있었음에도 불구하고, 그 둘은 질적으로 동일하다. 특별히 다음을 주목해보자. (1) 앞서 묘사된 절차에 의해서, 외부 세계의 어느 특징들과 어느 특별하고 인과적인 연결의 의미론 또는 정보의 도움 없이, 적절한 구조-대-구조 대응이 **드러난다**. 그리고 (2) 그러한 일대일 대응의 순수한 **존재함**은, 어느 외부 정보의 존재 또는 비존재와 무관하다. 여기에서 "의미의 같음"이란 개념어는 엄밀한 내면주의(internalist) 개념어이다. 대략적으로 말해서, 그 개념어는 최근의 철학 문헌에서 우리가 친근하게 접할 수 있는 "좁은 내용"이란 개념어의 지도-유사물이거나, 또는 프레게(Frege) 개념어로 (**지시체**(*Bedeutung*, *reference*)와 상반되는) **뜻**(*Sinn*, *sense*)의 지도-유사물이다.[39]

---

39) (역주) 데카르트와 같은 철학자들의 관점에 따르면, 우리의 사고, 믿음 등의 심적 상태의 내용은, 개인들의 상황과 관계없이 그 자체의 본유적 속성에 의해서 그 내용이 결정되어 있다는 관측에서 "좁은 심적 내용(narrow mental

그 개념어는 또한 그 밖의 무엇이기도 하다. 그러한 개념어는, 바로 우리들이, 큰 집단의 (생물학적 그리고 인공적) 뉴런 활성 공간 내에, 훈련 과정을 통해서 출현하는 다양한 구조의 의미론적 의의를 이해할 필요가 있는, '같음'과 '다름'이기도 하다. 그 다양한 구조가 다양한 **특징 공간들**의 고차원 **대응도들**로서 가장 잘 드러난다는 것이, 이러한 특징 공간의 용적에 관한 주요 주제들, 다시 한 번 말하건대, 아직 명료하게 확립되지 않은 주제들 중 하나이다. 그러나 잘 주목해야 할 것으로, **만약** 그러한 구조들이 여기 쟁점의 지도와 **같은 것이라면**, 우리는 더 이상 의미론적 염려를 할 필요가 없다. 또는 좀 더 온건하게 다시 말해서, **만약** 그러한 구조가 여기 묘사되는 것과 같다면, 우리는, 여러 독특한 신경망들의 표상 시스템들 전체에 걸친, 묘사 내용의-같음과 묘사 내용의-다름을 위한, 잘 작동되는 체계적 기준을 확보할 수 있다.[40]

더구나 그것은, 그러한 묘사 내용이 어떻게 외부 세계 양식을 표상함에 있어 성공도 실패도 할 수 있을지에 대해서 잘 적용되는 체계적 설명으로 딱 들어맞는 기준이다. 그 동일성 기준과 표상적 설명은 모두 우리로 하여금 대응도에 대해서 매우 친숙해지게 만들어주며, 그에 따라서 이제 우리가 어느 차원의 '대응도'에 대해서도 더욱 넓게 포괄

---

content)" 혹은 "좁은 내용(narrow content)"이라 불린다. 반면에 퍼트남(Putnam)과 같은 일부 철학자들의 관점에 따르면, 자연언어의 언어적 내용은, 개인들의 상황에 따라서 혹은 배경 지식에 따라서 달라질 수 있다는 관측에서 "넓은 내용(broad content)"이라 불린다. 또한 프레게에 따르면, 단어는 그것이 가리키는 '뜻(의미)'과 '지시체(대상)'를 갖는다.

40) (역주) 쉽게 말해서, 지금까지 언급해온 지도-유사물을 통해서 '같음' 혹은 '동일성'이 무엇인지 규명해온 것처럼, 신경망의 표상-시스템 내에 내재화되는 표상 공간의 대응-시스템이 외부 세계와 어떻게 대응하는지가 설명된다면, 우리는 같음과 다름을 분별한 구조가 신경계 내에 어떻게 형성되는지 비로소 파악할 수 있게 된다. 그럼으로써 우리는 '동일 묘사 내용'과 '다른 묘사 내용'을 분별할 체계적인 기준을 말할 수 있게 된다.

적으로 이해할 수 있도록 해준다. 즉, 그런 대응도는 구체적인 지형적 공간은 물론 추상적 **특징 공간**까지 설명해준다. 수십 년 동안, 정말로 수 세기 동안에 우리를 힘들게 했던 의문은, 뇌가 어떻게, 적어도 천여 개의 (독특한) 고차원 대응도들 사이에 규칙적으로 배열되어, (불과 수 밀리초 내에) 그 모든 대응도들이 서로 상호작용하면서, 외부 세계와 상호작용하고, 신체의 운동 시스템과도 상호작용할 수 있는가이다. 그러나 이제 우리 자신의 신경해부학적 구조와 신경생리학적 활동에 대한 과학적 그림이 점차 하나의 모습으로 수렴해감에 따라서, 그러한 설명은 어떻게 그럴 수 있는지를 정말로 해명해준다.

많은 이유로 인하여, 어느 두 개인의 뇌에서 진정 완벽한 개념 체계의 동일성이 있을 가능성은 거의 없다. 앞서 논의된 바로 그런 종류의 경우란 오직 이상적인 상황에서 가능할 뿐이고, 실제의 경우는 기껏해야 완벽에 가까워질 뿐이다. 따라서 만약 우리가 객관적 방식으로 실제의 경우들을 평가하려 한다면, 개념적 **유사성**, 짧게 말해서 엄격한 **동일성**에 대한 계량 척도가 필요하다. 그러한 어느 척도가 오랫동안 탐색되어왔다. 일부 독자는 위에서 언급된 그림 2.18의 두 불규칙 사면체를, 그 주제에 대한 앞선 논문(Churchland 1998)에서 보았을 수도 있다. 원래 그러한 사면체들은, 그림 2.21에서 보여주듯이, 두 개의 얼굴-재인 그물망에 의해 학습된 각기 다른 부류의 원형을 표상(표현)했다.

이러한 두 개의 (구축된) 활성 공간은 두 개의 그물망의 중간 가로대 뉴런 집단 각각에 형성된 것으로, 역사적으로 미국 남동부의 산악 농촌 출신인 (가능한) 인간 얼굴 범위의 (가상적) 대응도이다. 이러한 그물망은, 그림 2.21에서 보여주듯이, 훈련을 통해서 네 명의 (가능한) 폭넓은 가족, 즉 핫필드 가족(the Hatfields), 매코이 가족(the McCoys), 윌슨 가족(the Wilsons), 앤더슨 가족(the Andersons) 등에 속하는지를 (가정적으로) 구분할 수 있었다. 그러한 훈련은 각 그물망의 중간 가로대 공간 내에, (여섯 개의 직선으로 표시된) 여섯 거리로 분리된, (네

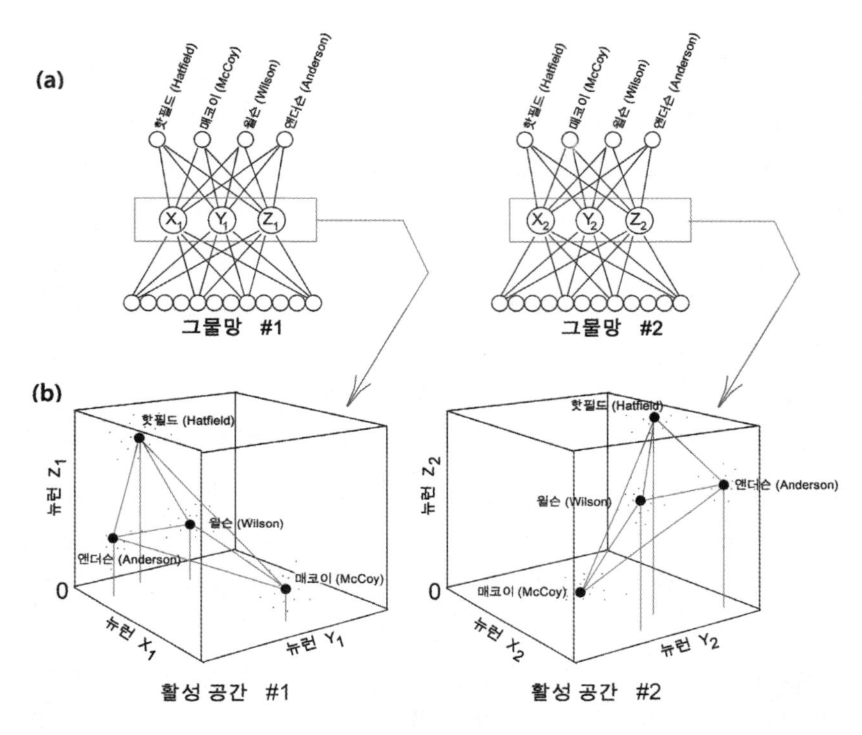

그림 2.21

서로 다른 활성 공간 방향을 지닌 두 개의 얼굴 대응도(face maps)

검은 점으로 표시된) 네 계측 압축 원형 구역들을 만들었다. 다시 말해서, 그러한 훈련은 (그 훈련 세트 내에 포함된) 여러 특별한 범위의 얼굴들에 대한 두 개의 불규칙 사면체 모양의 3차원 대응도를 만들어내었다.[41)]

---

41) 이 그림 역시 의도적으로 가공되었다. 단순한 3차원 그물망이 매우 예리한 대응도를 지원할 수는 없다. 코트렐 그물망이 얼굴-특징 공간을 가장 대략적으로 포착하기 위해서 80차원이 필요했다는 점을 돌아볼 필요가 있다. 여기 논의되는 쟁점을 보여주기 위해서, 시각적으로 저차원의 가상적 가공이 필요했다. 그러므로 그림 2.21의 그물망은 완전히 가상적 그림이다.

이 그림에서 볼 수 있듯이, 두 개의 네 원형 지점들은 각기 활성 공간 내에 매우 서로 다른 방향으로, 즉 두 공간의 기초 신경 축에 상대적으로 전개되어 있다. 그러나 그 네 쌍의 각기 다른 원형 지점들을 조성하거나 상호 전개하는, 그런 부류의 **거리 관계**는 그 두 활성 공간 모두에서 동일하다. 다시 말해서, 두 그물망은 문제의 객관적 유사성과 거리 관계에 관한 **동일** 묘사 내용으로 자리 잡는다. 그리고 그 관계로 인하여 두 그물망은, 공통 훈련 세트 내의 다양한 얼굴들을 통합하고 분류할 수 있다. 그러므로 앞서 언급된 구조-발견 절차는 그것들 사이에 완벽한 이체-동형성을 찾아낼 것이다.

그러나 이제 다른 상황을 가정해보자. 그러한 두 사면체가 완벽히 동일하지 **않으며**, 실제 그물망의 실제 훈련 과정에서도 아마도 전적으로 그러하듯이, 대략적으로만 **유사하다**고 가정해보자. 이러한 가정에 전혀 문제가 없다. 왜냐하면, 일치점들을 찾는 쟁점의 절차는, 여전히 그러한 두 대응도가, 비록 완벽한 겹쳐짐은 아니라도, '가능한 최적으로' 겹쳐지는 관계들을 찾을 것이기 때문이다. 그 완벽하지 못한 경우들에서 발견되는 중요한 차이는 다음과 같다. 두 대응도들이 상호 회전하여 각도를 맞춤으로써, 모든 검은-점 대응도 요소들, 그리고 모든 '가장-근접한-외부-대응도-요소에-대한-거리' 증가분의 합계는 0이 될 수 없으며, 다만 모든 가능한 모서리-쌍과 상호 회전에 상대적인 어떤 **최소값**에 도달할 뿐이다. 그러므로 완벽한 일치 이외에, 대략적 일치가, 만약 있기만 하다면, 언제가 발견될 것이다.

그 유사성 측정치[illegible] 다음과 같이 어렵지 않게 구해질 수 있다. 첫째, 비교되는 두 구조물[illegible]서 가장 많이 겹쳐지는 부분을 찾아라. 그런 다음에, 아래의 수식에[illegible] 보여주는 것처럼, (비교되는 두 구조물 각각의 모서리) 두 대응 모[illegible]리들 L_1와 L_2에 대해서, 그 두 길이 절대치 차이를 그것들의 합으[illegible] 나누어보라. 이렇게 하면 그 전체 결과 값은 언제나 0과 1 사이의 [illegible]수 값이 되며, 그 분수 값은 두 길이가 동일성에 근접할수록 0에 근접할 것이며, 두 길이의 차이가 벌어질수록 1에 근접할 것이다. 모든 그러한 분수 값의 **평균값**을, 각각의 모든 쌍의 대응 모서리들에 대해서 계산하여, 그것을 1에서 빼보라. 이렇게 하면 원하는 유사성 척도를 구할 수 있다. 그것 역시 1과 0 사이의 숫자가 될 것이며, 1은 완벽한 유사성을 그리고 0은 전혀 관련 유사성이 없는 것을 각각 표상할 것이다. 정규적으로 그러할 것이다.

$$\text{유사성(Sim)} = 1 - \text{평균(avg.)}\ [\,(|L_1 - L_2|) \div (L_1 + L_2)\,]$$

위의 그림에서 보여주었던 두 의도적으로 일치시켰던 사면체에 대해서, 어느 두 대응하는 모서리들(L_1과 L_2) 사이의 차이는 언제나 0이며, 따라서 뒤 수식의 꺾임괄호([ ]) 내의 분수 값은 0이며, 따라서 모든 그러한 분수의 평균값도 0이고, 따라서 최종 수식은 유사성(Sim) = 1 − 0이며, 최종 유사성 척도는 정확히 1이다. 두 사면체 사이의 기하학적 유사성이 점차 덜 완벽할수록, 즉 두 사면체 각각의 모양이 서로 달라질수록, 예를 들어 두 사면체 중 하나가 점차 더 길어지고, 좁아지고, 가늘어질수록, 두 사면체의 유사성 척도의 값은 점차 1보다 작은 값으로 변화되어, 0에 근접할 것이다.

역시 주목해야 할 것으로, 이러한 특별한 유사성 척도는, 쟁점의 두 대응도가 **공유하는** 각각의 묘사 내용의 정도에 의해서 잘 규정될 수 있다. 앞에서 살펴보았듯이, 로스앤젤레스와 북쪽의 버뱅크를 보여주는 지도와, 로스앤젤레스와 남쪽의 롱비치를 보여주는 지도, 두 지도는 그 각각의 범위의 3분의 2가 잘 중첩될 것이지만, 여전히 독특한 구조는 남아 있을 것이며, 서로 공유되지 않아서 중첩되지 않는 부분은 그 3분의 1이 있을 것이다. 그렇게 중첩되는 분수 척도는 언제나 가능하여, 예를 들어 어느 지도 (a)의 47퍼센트가 어느 더 큰 다른 지도 (b)의 13퍼센트와 중첩될 수 있다. 이러한 **중첩** 척도는 구조-유사성 척도, 즉 앞서 규정한 유사성 척도와는 다르지만, 우리가 서로 다른 지도들 사이의 상황적 '번역 동치(translational equivalence)'를 찾기 위해 매우 관심을 가질 만하다.

그러므로 비교적 **구체적 내용**을 가지고 계산되어야 할, 세 번째 척도 역시 유사성-척도 측면에서 관심이 될 수 있겠다. 매우 대략적인 지도 (a)의 전체 범위는 훨씬 더 상세한 지도 (b)의 전체 범위로 '사라질' 것이다. 이런 경우에도 분수 척도로 이야기될 수 있다. 만약 지도 (a)의 요소들이 지도 (b) 요소들의 부분집합에, 만약 20퍼센트 대응한다고 가정해본다면, 지도(a)는 단지 지도(b)와 상세함에서 5분의 1이라고 말할 수 있다. 그와 마찬가지로, 두 지도가 공간적 범위에서 서로 완벽히 겹쳐질 수 있거나, 각 지도 요소들의 80퍼센트만 겹쳐질 수도 있고, 반면에 두 지도가 서로 쌍이 아니면서도, 공유하는 80퍼센트의 요소들 중 다양한 정도만을 보유할 수도 있겠다. 그러한 경우에 두 지도는 그 내용물로 동등한 내용물을 포함하면서도, 서로 다른 종류의 내용을 20퍼센트 가질 것이다.

분명히 말해서, 대응도 쌍들은 부분적 그리고/또는 근사 객관-동형성의 다양성을 보여줄 수 있어서, 모든 그러한 동형성에 대해서 관심을 가질 만하겠지만, 그 모든 것들은 2차원 도로 지도의 경우와 비슷하며, 문제 될 것이 없다. 다시 말해서, 그런 대응도의 차원을 수백, 수천, 그리고 수백만 차원으로 높인다고 하더라도, 본질적으로 달라질 것은 전혀 없다. 그리고 그 대응도 내의 어느 **위치**가 (2차원의 종이 평면 위의 가능한 정렬된 쌍의 좌표 $\langle x, y \rangle$가 아니라) n 개의 뉴런 집단 내의 n-원소의 가능한 동시적 활성 수준 $\langle a_1, a_2, a_3, \cdots, a_n \rangle$에 의해 표시된다(register)고 하더라도, 본질적으로 달라질 것은 전혀 없다. 그러한 공간 내에 어쩌면 존재할 여러 잡다한 구조물들에 대해서, 그리고 그러한 구조물들 사이에 획득될 부분적으로 유사한 여러 동형들의 다양한 형식에 대해서, 우리는 명확하고 명료한 의식을 가지고 말할 수 있다.

정말로 우리는, 비록 우리가 하는 것이 무엇인지를 '충분히' 인식하지 못한다고 하더라도, 이미 그런 것들에 대해서 말할 수 있다. 어린아이들이 갖는 가능한 **애완동물** 영역의 개념은 어른들의 동일 영역의 개념에 비해 단순하거나 혹은 덜 구체적인 유사물이라고, 우리는 꽤 정당하게 말할 수 있다. 어린이들이 가진 **개**, **고양이**, **새** 등의 중심 범주들은, 비록 어른들이 가진 범주들과 거의 유사하게 조성된 것들이긴 하겠지만, 어린이들은 아직 **개**라는 상위 범주 아래에, 예를 들어 푸들(*poodle*), 스패니얼(*spaniel*), 랩(*lab*) 등등과 같은 하위 범주들로 체계적인 구분을 하지 못하며, **고양이**라는 상위 범주 아래에 태비(*tabby*), 시아메스(*Siamese*), 페르시안(*Persian*) 등등과 같은 하위 범주 개념들로 구분하지 못하며, 그리고 상위 범주 **새**에 대해서도 카나리아(*canary*), 잉꼬(*budgie*), 앵무(*parrot*) 등과 같은 하위 범주 개념들로 구분하지 못한다. 비록 그러한 애완동물 영역의 전체 개념이, 어느 정도 적절하게 중첩되기 위해서, 어른들의 개념으로, '말끔하게 회전'되더라도, 어른들의 개념은 그 표적 영역의 '내부 구조'에서 훨씬 더 구체적인 묘사 내용을 가질 것이다.

로스앤젤레스 지도보다 로스앤젤레스와 버뱅크의 전체 지도가 더 큰 지도인 것처럼, 어른들의 개념은 또한 어린이들의 것보다 더 클 것이다. 예를 들어, 원숭이, 햄스터, 게르빌루스 쥐(gerbils), 이구아나, 심지어 뱀 등등이 어떤 사람들에게는 애완동물일 수 있음을 어른들은 알고 있지만, 어린이들에게는 아직 그런 이상한 동물들이 애완동물일 수 있음이 고려되지 않을 수 있다. 물론, 애완동물에 대한 어린이의 범주가 어른들의 범주보다 어느 특별한 측면에서 능가할 수도 있다. 어떤 어린이가 하찮은 쥐며느리를 1-2주일 동안 성냥갑 안에 넣어두고, 열심히 먹이를 넣어주며, 그놈을 꺼내 보면서 혼잣말로 대화를 나눈다면, 그 부모는 망연자실해 하겠지만, 하여튼 그것도 애완동물의 계열에 넣을 수도 있기 때문이다.

그런 전체 개념 체계가 부분적으로만 중첩되는 평범하지 않은 사례를 검토해보자. 우리는 슈퍼마켓에서 물건을 구입하는 세 명의 사람에 대해서 주저함이 없이 동일 부류의 개념, 즉 '구매자'에 적용(포함)시킬 수 있다. 그러나 그들이 하는 전문 직종을 고려한다면, 그들 각각을 아주 다른 개념에 적용(포함)시켜야만 할 수도 있다. 첫 번째 사람은 천체물리학과 은하외계 천문학을 연구한다. 두 번째 사람은 범죄수사연구소에서 폴리메라아제 연쇄 반응(polymerase chain reaction: PCR, DNA와 RNA의 형성 촉매제) 기술을 이용하여 범죄자를 확인하는 일을 한다. 세 번째 사람은 뉴욕증권시장(NYSE)의 큰 거래를 위한 경제분석에 종사한다. 그들이 그 슈퍼마켓 계산대 앞에서 대기하는 동안이라면, 서로 가사 일에 관한 주제를 편하게 아무런 어려움 없이 나눌 수 있다. 그렇지만 만약 그들의 대화가 복잡한 천문학(혹은 생화학, 혹은 경제정책)에 관한 화제로 바뀐다면, 그들은 분명 서로 대화하기 매우 곤란할 수 있다.

만약 그들 사이에 전체적으로 유익한 대화가 오고가려면, 공통적으로 아는 사소한 소재에서 대화를 시작해야 한다. 예를 들어, 천문학자는 자신과 대화하는 사람이 가질 만하다고 여겨지는 천문학적 개념들이 자신의 것에 비해서 얼마나 허술한 **하부** 구조인지부터 어느 정도 확인한 후에, 그 영역의 기초 이해가 가능한 수준에서 서로의 천문학적 대화를 진척시켜야 한다. 사람들은 거의 모든 경우에 이런 식으로 대화를 진행하는데, 특히 어린이들과의 대화에서 보통 그러하며, 어른들 사이에서도 매우 정규적으로 그렇게 대화를 진행한다. 앞서 명시적인 기하학 용어에서 살펴보았듯이, 일상적으로 사람들은 서로의 개념적 불일치를 이미 잘 알고 사용하며, 그러한 불일치를 맞춰가는 대화의 실천적 기술을 발휘할 수 있다.[42]

---

42) 그러므로 부분적으로 중첩하는 대응도(overlapping maps)란 개념은, 포더와 르포르(Fodor and Lepore)에 의해서, 그리고 최근에는 가르존(F. C. Garzon

우리가 그러한 각자의 개념적 유사와 차이에 대한 매일의 파악은 다음과 같은 측면에서의 명백한 유사성과 차이성 때문이다. (1) 대화를 나누는 두 사람은 각기 사용할 수 있는 어휘에서, 그리고 (2) 그들의 어휘에 담고 있는 일반적인 서술적 지식의 내용과 깊이에서, 서로 다르기 때문이다. 그러나 그러한 언어 형식의 '파악'은 가장 잘된 경우라고 할지라도 피상적인 파악에 불과하며, 많은 경우에는 결코 그 파악이 가능하지 않다. (앞서 설명된 인공적 게의 감각운동 조절을 생각해 보라.) 우리가 습득한 이해력은 어떤 종류의 '말로 설명되지 않는' **기술**(*skill*)을 조성하거나 혹은 포함하기 때문이다. 그런 많은 경우에서 일반적 용어의 글자와 오고간 문장은 간접적으로 **어느** 뉴런 활성 공간의 습득된 어느 구조를 반영하겠지만, 그 구조는 고차원의 실재에 대해서 단지 저차원만을 투영해줄 뿐이며, 많은 다른 경우에서는 어떤 적절한 투영도 이루어지지 않는다.

어느 임의 뉴런 활성 공간의 내부 구조에 대해 직접적이며, 포괄적이며, 보편적으로 파악하자면, 우리는 그러한 경우에 작동되는 계산 장치에 대해 훨씬 더 많이 알아야만 한다. 더욱 명확히 말해서, 우리는 관련 뉴런 집단과 연결하는 전체 시냅스 연결 행렬의 연결 강도 또는 '가중치'를 규정해야 한다. 그러한 연결 가중치의 습득된 조성이, 어느 입력 벡터를 독특한 출력 벡터로 변환시키는 효과를 발휘하는 바로 그

2000)에 의해서 주장된, 그 문제에 대한 자연적이며 (전적으로) 실재론적인 해답을 제공한다. 그들의 지적에 따르면, 서로 다른 인지자들(cognitive agents) 사이에 불가피하게 부차적 정보(collateral information)의 다양성이 있다. [즉, 부수적 정보가 서로 다르다.] 그러한 다양성은 진정으로 다음을 함의한다. 그러한 인지자들은 서로 다른 인지적 대응도를 가질 것이지만, 그 서로 다른 대응도들은 여전히, 동일 외부 특징-영역에 (잘 또는 대략적으로) 대응하는, 중첩하는 또는 동형의 **하부** 구조물(*sub*structures)을 포함할 것이다. 그리고 앞서 언급했던, 중첩하는 거리 지도(street-map)의 경우에서처럼, 그 중첩의 범위와 동형의 정도는 객관적으로 측정될 수 있다.

것이다. 그러므로 그러한 가중치 연결의 습득된 조성이, 출력 활성 공간의 습득된 전체 구조에 지시를 내리고, 그것을 결정지어주는 바로 그것이다. 만약 우리가 그 연결 가중치를 규정할 수 있다면, 그러한 가중치들이 집단적으로 생명력을 부여하는 활성 공간을 특별히 분할하는 혹은 지도-같은 구조물을, 독특하게 규정할 수 있다.

그림 2.3a를 이용하여 훨씬 쉽게 다시 설명하자면, 우리가, 관련 뉴런 집단에, 가능한 **입력** 벡터 공간, 다시 말해서 관련 뉴런 집단으로 연결하는 축삭 집단 전체의 활성 패턴의 입력 벡터 공간에 대한 체계적 **샘플링**(표본 추출)을 순차적으로 제시할 수 있으며, 그런 후에 그림 2.3a의 위쪽 그림의 표적 뉴런 집단에 기록되는 '딸(daughter)' 활성 패턴을 순차적으로 기록할 수 있다. (이것은, 그림 2.3a에 묘사되었듯이, 우리가 시작 사례에서 보여준 것이다.) 이러한 절차는, 심지어 우리가 기대하는 변환을 산출하는 시냅스 연결 행렬의 계수 값을 모르는 상태에 있더라도, 우리로 하여금 그러한 공간의 획득된 계측 구조를 느리게 그려낼 수 있게 만들어준다.

특별히 만약 범용 컴퓨터 내에서 그물망의 구조와 동역학이 모델화된다면, 인공 신경망에 의해서 시냅스 행렬의 실제 가중치와 활성 벡터가 쉽게 결정된다. [컴퓨터 프로그램 용어로 설명하자면] (그 행렬에 현재 도착한) 입력 활성 벡터의 정보가 읽어질 수 있고, 표적의 모델화된 뉴런 집단 전체에 걸친 그 결과 활성 벡터의 정보 또한 읽어질 수 있는 것처럼, (명령에 따라서) 모델화된 그물망의 현재 시냅스 연결 행렬을 구성하는 많은 값들 역시 읽어질 수 있다. 이렇게 구체적인 방법들이 우리에게 적나라하게 드러나므로, 두 개의 서로 다른 인공 신경망들에 내재된 각기 다른 개념 구조들 사이에 동일성, 유사성의 정도, 또는 명확한 공약불가능성 등을 결정하는 것은 별로 어려운 일이 아니다. 그것을 밝히기 위해서 우리는 단지 앞서 논의된 절차와 측정, 혹은 본질적으로 동일한 역할을 하는 다양한 관련 절차들 중 하나를 적용하기만 하면 된다(Churchland 1998; Cottrell and Laakso 2000를 보라).

원리적으로, 그러한 동일한 절차와 측정은, 관련 그물망이 살아 있는 생물학적 시스템일 경우에도 아주 잘 적용된다. 그러나 실천적으로, 우리가 실제 동물들의 신경계에 적용하여 필요한 정보를 얻는 일은 극히 어렵다. 예를 들어, 일차 시각피질로부터 외측무릎핵(LGN)으로 투사(연결)되는, 인간 시각 시스템의 축삭들은 그 역할을 위해서 표적 뉴런들과 10^{12} 시냅스 연결을 이룬다. 그 각각의 연결 부위의 크기는 전형적으로 1마이크론(micron, 1/1,000밀리미터) 이하이다. 그리고 어느 임의 뉴런과 연결하는 많은 시냅스들의 다양한 축삭의 **원점**(시작점)은, 무수히 혼란스럽게 엮인 축삭 말단 가지들 내에 있으며, 알렉산더의 고르디우스 매듭(Alexander's Gordian knot)을 풀어야 할(풀기 어려운 난제의) 뉴런 유사물이다. 우리가 어느 살아 있는 뉴런 집단의 전체 연결 행렬을 볼 수 있을 기술은, 죽고 난 이후라도, 고안되기 어려운 기술이다.

그렇지만 만약 우리가, 수용 뉴런 집단 전체에서 산출되는 영구적 연결 행렬에 대해서 알아보려 하기보다, 단명한 활성 벡터들을 알아보려는 것으로 관심을 돌려본다면, 그런 난감한 상황이 조금 나아질 여지는 있다. 우리는, 단일 뉴런의 세포벽을 관통하여, (미세 전극이 돌출된) 전해질로 채워진 거시적인 유리 튜브를 기계적으로 꽂아서, 단일 뉴런의 활성 수준을 실시간으로 쉽게 기록할 수 있다. 그리고 몇 가지 대담한 실험을 통해서, 우리는 심지어 12개 또는 그 정도의 뉴런들에 대해서도 동시적으로 기록할 수 있다. 그러나 우리가 명심해야 할 것으로, 벡터 부호화, 즉 국소 부호화와 대립적인 집단적 부호화는, 우리에게 **개별** 뉴런의 '수용 영역(receptive fields)'이나 '선호 자극'이 무엇인지를 알려주기는 하지만, 그 뉴런 집단의 전체 기능에 대한 표상적 활동과 통찰력에 대해서 아무 것도 말해주는 것이 없다. 그림 2.13에서 살펴보았듯이, 얼굴망과 관련하여, 그러한 독립적 정보가 그 가로대의 거창한 '주제 문제'를 드러내지만, 그 밖에 다른 것들을 드러내진 못할 것이다. 우리가 원하는 것, 즉 그 공간 내에 내재화된 특별한 개념 구조를 알고 싶다면, 우리는 그러한 집단적 행동을 하나의 집합체로 추적해야 한다.

그러나 어느 뇌 영역의 전체 뉴런 집단을 추적하기란, 그 엄청난 수적 문제로 인하여 다시 한 번 좌절된다. 아마도 관련 세포들에 대한 대략적인 어림짐작만으로도 10^9이나 될 것이기 때문이다. 누구라도 시각 피질 전체에 거시적인 유리 튜브 10^9개를, 비록 그 튜브 안으로 미세 전극을 주의해서 배열한다고 하더라도, 일시에 삽입할 수는 없다. 도저히 그럴 공간이 안 되기 때문이다. 극도의 효율성을 위해 수직적으로 나란히 압축하여 배열하더라도, 만약 109개의 튜브가 음료수 빨대 크기 정도라면 4,000평방미터를 차지할 것이며, 그 넓이는 축구장 넓이의 절반에 해당된다. 그런데 그런 것들을 어린아이의 장갑 크기 정도의 넓이인 피질 영역에 탐침(삽입)해야만 한다.

그러므로 전형적인 뉴런 집단 전체의 활성 패턴을 결정(파악)한다는 것은, 그 활성 패턴을 만들어내는 연결 행렬을 발견하는 것만큼이나, 현재의 기술로는 거의 불가능해 보인다. 우리는 미세한 물리적 탐침에 제한적이어서, 아마도 실제의 어느 뇌 영역 내에서 단지 100차원 정도의 좁은 하부 공간만을 샘플링(표본 추출)할 수 있을 뿐이다. 그렇지만 그렇게 비교적 저차원 샘플링이라도 상당한 정보를 제공해준다. 반복된 관찰을 통해서 우리는 아마도 표적 활성 공간의 거대 범주 구조를, 비록 10^{14}의 빈약한 해상도[43]일지라도, 밝혀낼 수 있을 것이다. 그리고

43) 여기에서 말하는 "해상도(resolution)"란 0과 1 사이의 분수이다. 그것은 관련 기술에 의해서 실제로 측정된(monitored) 뉴런의 수(차원)를, 그 관련 집단(전체 활성 공간)의 전체 뉴런의 수(차원)로 나눈 수와 동일하다. 그러므로 완벽한 해상도는 1이다.

매우 작은 뉴런 집단(곤충의 신경계에서 발견되는 수준의, ≈ 1,000뉴런 정도)에서, 추적된 샘플과 전체 표적 집단 사이의 해상도 격차는 상당히 줄어들 것이다.

최근 발달된 광학 기술은, 적어도 파리와 같은 아주 작은 동물들에 대한, 전체 뉴런 집단의 동시적인 전체 활성 패턴을 파악하게 해줄 꽤 좋은 접근법을 제공해준다. 이 접근법은 특정 발광 염료의 세포 내 칼슘 감응도를 탐색하게 해준다. 2-양자 현미경이란 기술을 이용하여, (파리 뇌의 후각 망울(olfactory bulb)의 표면에 있는 **사구체**(*glomeruli*)라는) 작은 덩어리의 동일-감각 뉴런 내에서 (변화하는 뉴런 흥분 수준을 반영하는) 변화하는 칼슘 수준이 국소 **광학** 발광 수준에 의해 측정될 수 있다. 그러므로 (그림 2.22, 플레이트 10에서 보여주는) 파리의 후각 더듬이(olfactory antennae)에 제시된 어느 냄새(odorant)에 대한, 2차원의 사구체 집단의 상대적 활성 **수준**의 인공-색깔 대응도(false-color map)[44]가 시각적으로 (미시적이지만) 명료하게 나타난다.

이 특별 사례에서 이용된, 이러한 기술은 단일 뉴런 활성 수준을 보여줄 수 있을 정도의 공간적 해상도에 이르지는 못했지만, 그것에 아주 근접한 수준이긴 하다. 그리고 단일 사구체 내의 여러 뉴런들 모두가 **동일한** 국소 감응도(topical sensitivity)를 공유한다면, 방금 설명된 인공-색깔 대응도는 파리의 일차 후각 공간(primary olfactory space)의 개척적인 대응도**이다**라고 할 만하다. 인공-색깔 사진이 증명해주듯이, 독특한 외부 냄새가 그 표면 전체의 독특한 패턴으로 부호화되며, 그 동일 냄새가 (심지어 독특한 개별 파리들 전반에 걸쳐서) 동일 패턴으로 부호화된다.[45]

44) (역주) 양자 현미경으로 검출한 신호를 우리가 부분적으로 알아볼 수 있도록, 컴퓨터의 계산을 통해 인공적으로 색깔을 지정하여 그린 영상이다. f-MRI 또는 PET를 이용한 뇌의 영상 역시, 사물의 실제 색깔(true color)이 아니라, 그렇게 임의적으로 부여한 인공으로 그린 사진들이다.

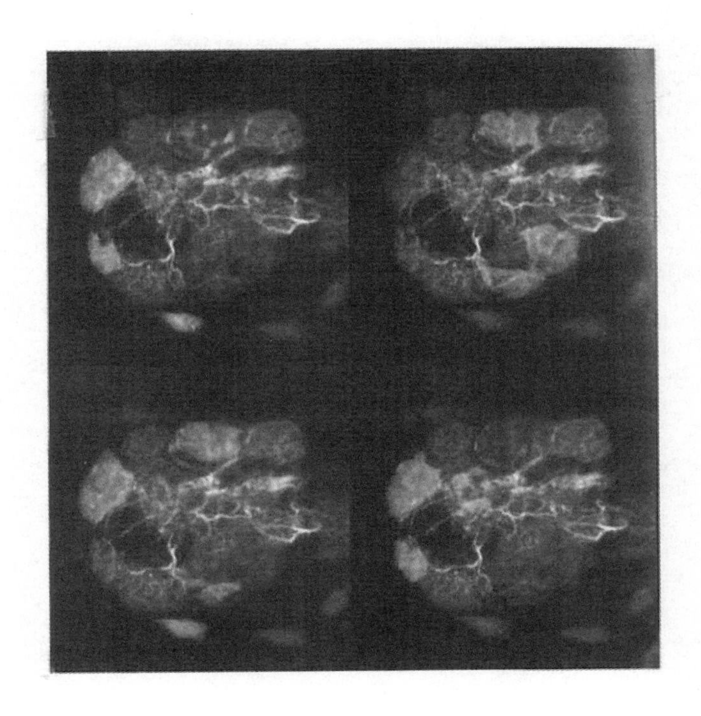

그림 2.22

파리의 후각 사구체(olfactory glomeruli)의 독특한 활성 패턴(J. W. Wang, 그리고 컬럼비아 대학의 신경생물학과 행동학 센터의 양해를 얻어). 플레이트 10을 보라.

45) (여기에서 예언하는) '후각 대응도'는, 후각 망울(olfactory bulb)의 2차원 표면의 성격이 아마도 여기에서 암시하듯이, 실제로 2차원이 **아님**을 주목하라. 만약 2차원이라면, 파리의 후각 공간 내의 현재 위치는 그 생물학적 표면 위의 단일 **지점**의 활성으로 부호화될(coded) 것이다. 그보다, 현재 후각 위치는 (그림에서 보여주듯이) 전체 사구체 집단에 걸친 복잡하고 확장된 활성 수준 패턴에 의해 부호화된다. 여기 예언하는, 대응도는 실제로 n차원 공간이며, 이 공간 내에서 n은 후각 망울의 서로 다른 사구체 수, 즉 수백이 넘는 수이다. 그러므로 (그 현미경을 통해서 본) 특정 인공-색깔 패턴은 수백 차원의 대응도-공간 내의 특정 위치를 반영한다. 정말로 파리의 후각 망울 내에 내재화된 대응도가 존재하지만, 우리는 그것을 그림 2.22의 사진을 통해서 간접적으로만 볼 수 있을 뿐이다.

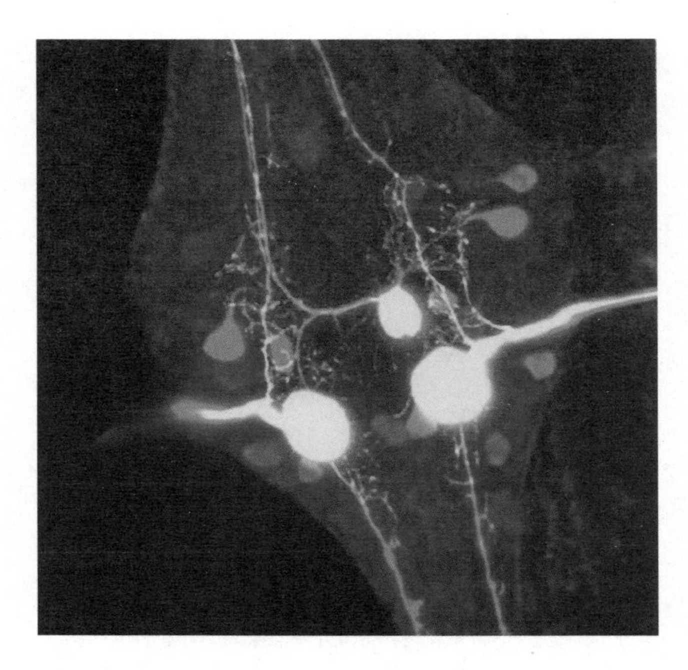

그림 2.23
거머리의 운동 뉴런 활성(W. Kristan와 UCSD의 신경과학과의 양해를 얻어). 플레이트 11을 보라.

둘째로 그리고 한층 최신의 동일 기술 사례로, 거머리의 운동 신경핵(motor ganglia) 내의 운동 뉴런의 활성 수준 연구가 있다(그림 2.23). 여기에서 우리는 많은 뉴런들, 20개 또는 30개 뉴런 덩어리 내에 각 뉴런들이 변화하는 활성 수준을 볼 수 있으며, 심지어 촬영할 수도 있다. 그 실험에서 거머리의 신경계는 주기적인 전기 활성을 보여주면서, 그로 인한 전형적인 주기적 수영 행동을 보여준다. 이러한 경우에 놀랍게도, 시간의 전개에 따라서, 개별 뉴런들이 각기 다르게 발광하고 꺼지며, 서로 다양하게 동조하는 것을 보여준다(Briggman and Kristan 2006).

이와 같은 발전된 기술들을 통해서, 우리는 적어도, 깨어 있는 동안 행동하는 동물의 생물학적 그물망이 계산적 그리고 표상적 활동을 한다는 우리의 가설을 **시험해볼** 수 있다. 그러나 명백히 그러한 비밀을 최초로 드러내주는 것은 극히 단순한 동물들에 대한 연구에서 뿐이다. 우리가 가장 관심을 갖는 포유류, 영장류, 인간 등의 더 커다란 뇌에 대해서는 단지 아주 느리게 밝혀질 듯싶다. 조만간 우리는 적어도 (1) 우리의 투명한 **인공** 그물망 내부에 명확히 무슨 일이 벌어지는지, 그리고 (2) 비교적 불투명한 (그렇지만 투명하게 드러날) 생물학적 대응물 내부에서 무슨 일이 **벌어질 것인지** 등에 관해서, 정합적으로 **설명해볼** 수 있을 것이다. 심지어 지금의 기술만으로도, 우리는 힘들지만 좀 더 명확해지는 생물학적 실재에 대한 우리의 더욱 복잡한 인공 모델을 결정적으로 실험할 수 있을 장기적 전략을 추진해볼 수 있다.

지금까지 내용을 요약해보자면, 우리는 이제, 무수히 많은 독특한 뉴런 집단 전체에 걸친 독특한 개념적 구조물들의 동일성, 대략적 유사성, 그리고 공약불가능성 등에 대한 잘 규정된 **개념**을 전망해본다. 우리는 또한, (실제로는 아니며, 다만 원리적으로) 독특한 뉴런 집단들 전반에 대한 동일성 그리고/또는 유사성을 **찾아낼** 효과적인 과정을 전망해보며, 그리고 그런 집단들 사이에 완벽한 일치가 없을 경우에, 상호 유사성의 정도를 **계량화하는** 바람직한 측정 방법을 전망해본다. 우리는 또한, 그러한 집단들의 독특한 체계들이 공유하는 중첩의 정도에 관해서, 그리고 세계의 개별 묘사 내용들로 구현되는 상호 구체적 내용에 관해서, 분별 있게 그리고 상세히 말해볼 수 있다. 그러므로 우리는, 이번에는 의미론적 비교 영역, 즉 (이 장의 앞에서 개괄했던) 단명한 표상(활성 벡터)과 영구적 표상(구축된 활성 공간) 모두에 대한 생물학적인 설명을 첨부하는, 추가적인 이득도 전망해본다. 우리는 아마도 이러한 새로운 이익을, 이미 탐구된 여러 이득의 목록, 즉 뇌의 기초-수준 학습에 대한 시냅스-변화 모델, 지각에 대한 대응도-지시 모델,

범주적 지각과 감각운동 조절에 대한 벡터-변환 모델, 그리고 (훈련된 그물망에 의해서 불가피하게 구현되는) 실시간으로 그리고 전체적으로 감응하는 가추의(abductives) 재능을 벡터-완성으로 설명하기 등등에 추가할 수 있다. 이런 이득들을 넘어 앞으로 더 많은 장점들이 드러날 수도 있다.

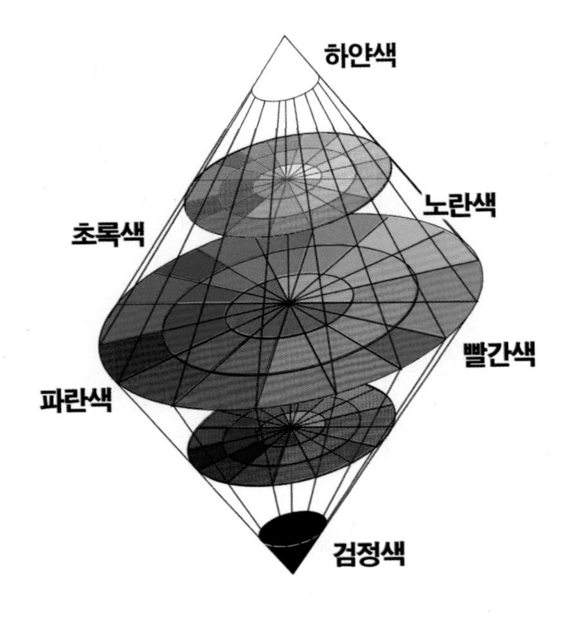

플레이트 1
가능한 색깔 공간의 대응도

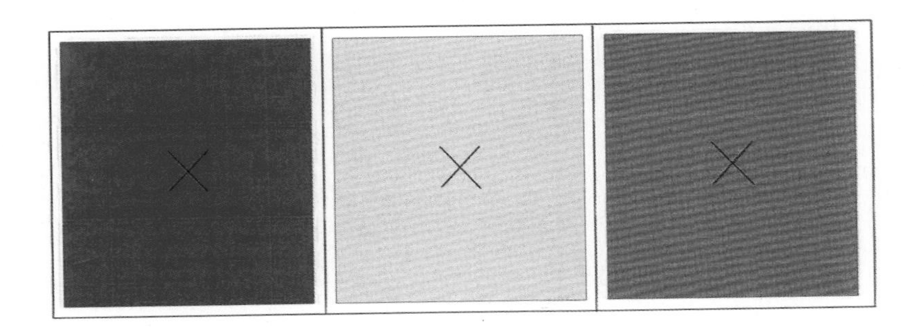

플레이트 2
신경 피로에 의한 색깔 잔상

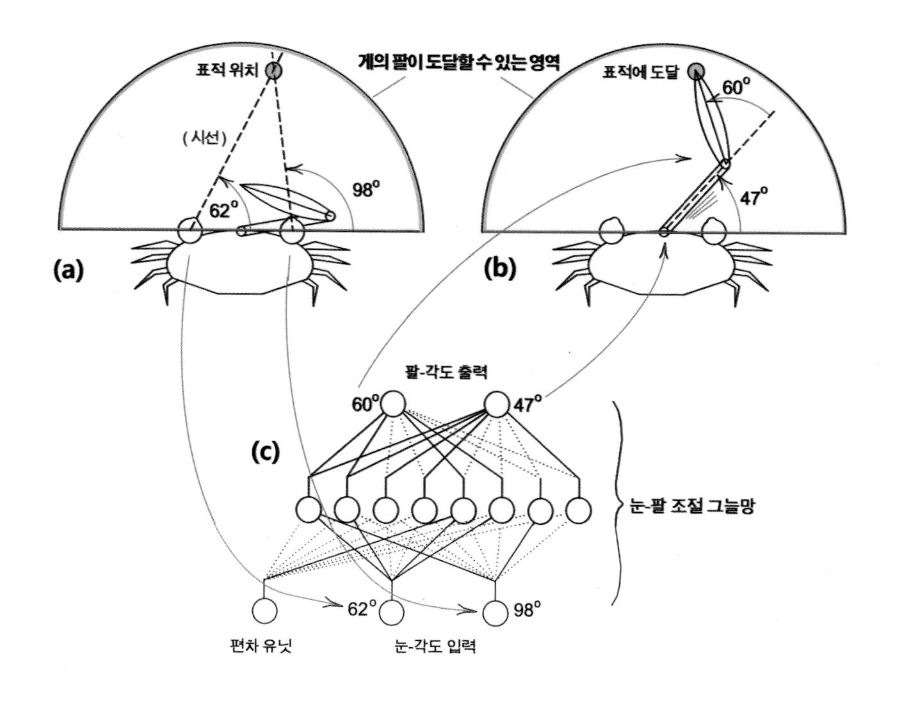

플레이트 3

대응도-변환 신경망에 의해 성취되는, 감각운동 조절(sensorimotor coordination)

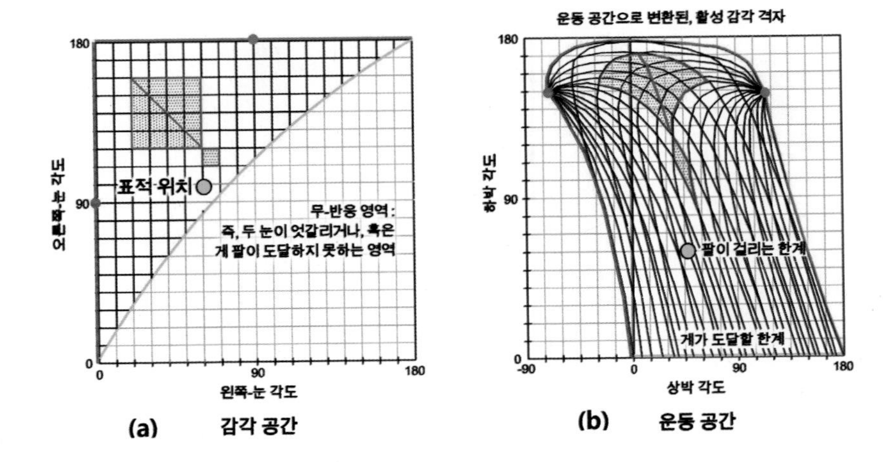

플레이트 4
활성 감각 공간에서 활성 운동 공간으로 계측규준의 변환

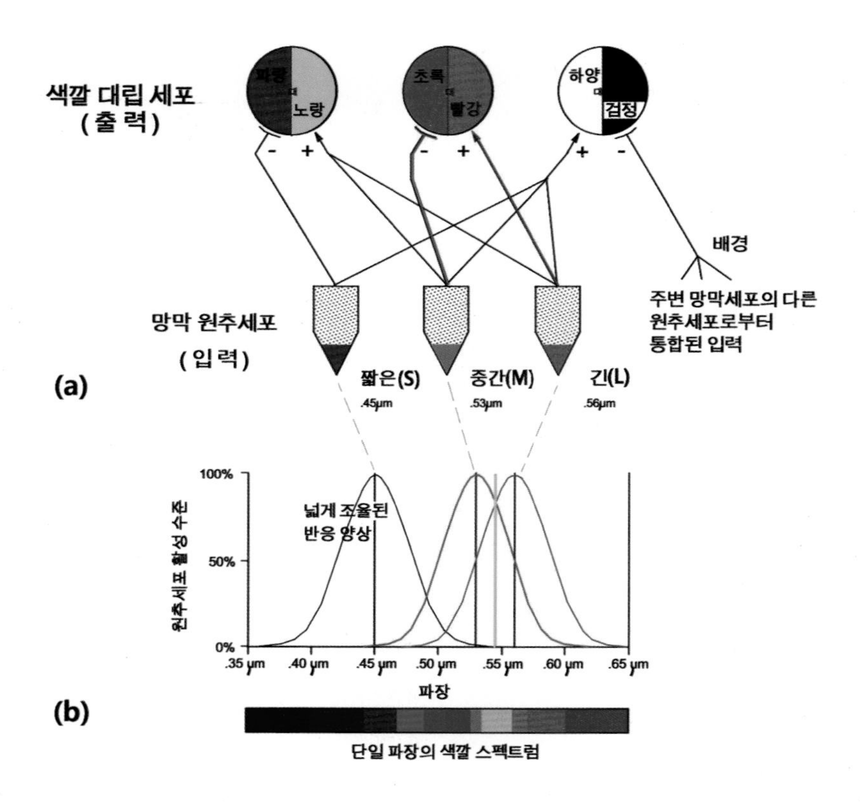

플레이트 5

인간 색깔-계산처리 그물망(Jameson and Hurvich 1972에 따라서)

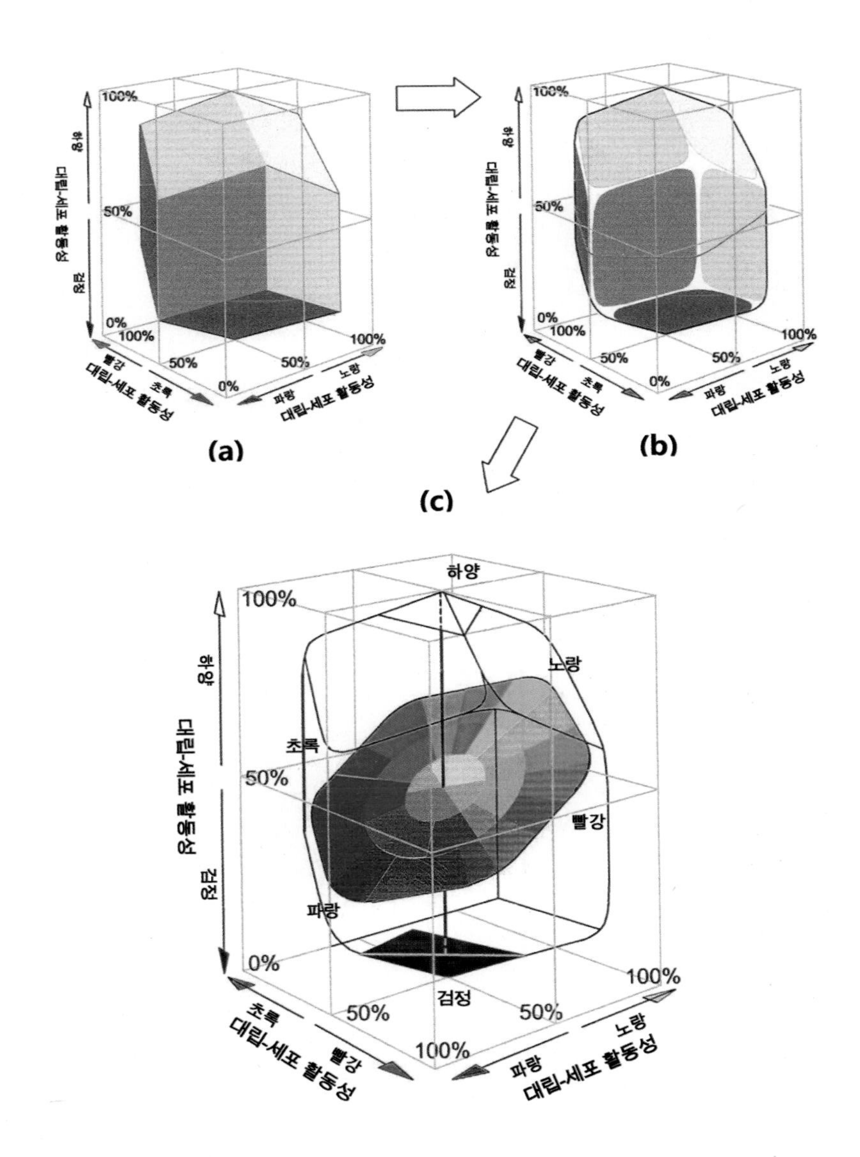

플레이트 6

허비치-제임슨 그물망(Hurvich-Jameson network)의 입방체 뉴런 활성 공간, 그리고 그 색깔의 내적 대응

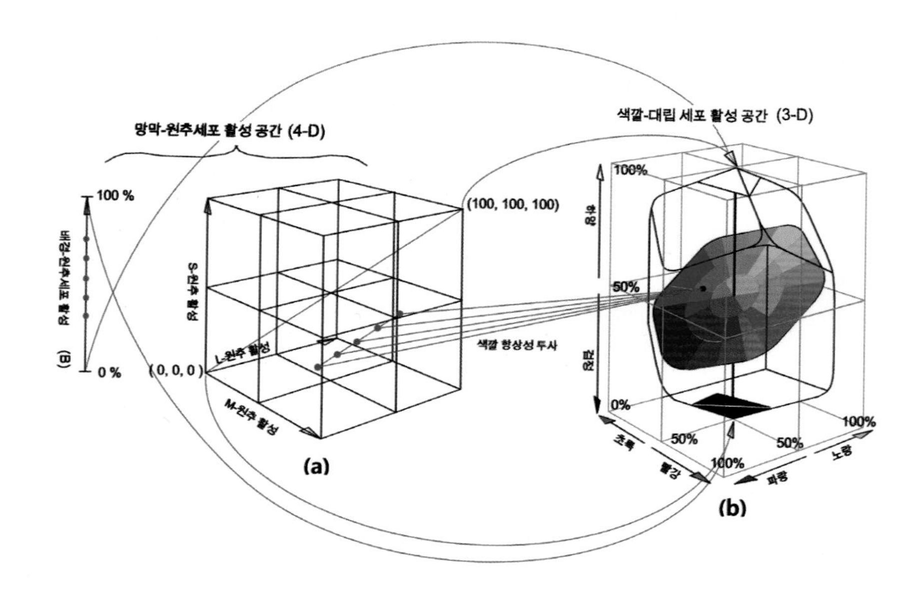

플레이트 7

허비치-제임슨 그물망의 색깔 항상성(color constancy)

플레이트 8

관념론의 미끄럼틀(마리온 처칠랜드(Marion Churchland)의 그림)

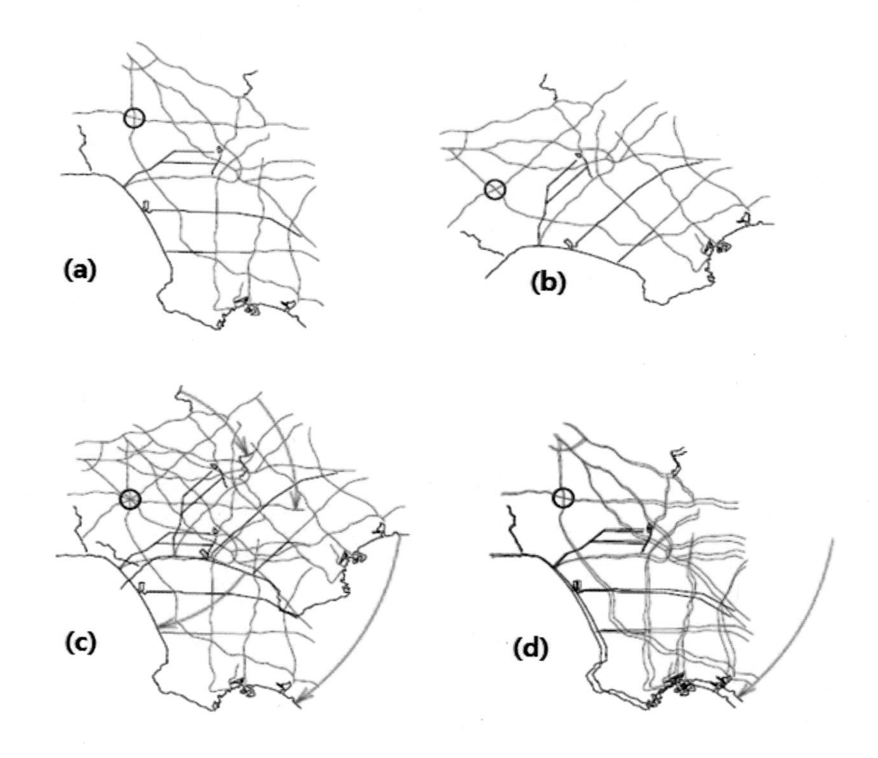

플레이트 9
체계적인 동일 형태를 찾기 위해서 겹치고 회전시킨 서로 다른 지도들

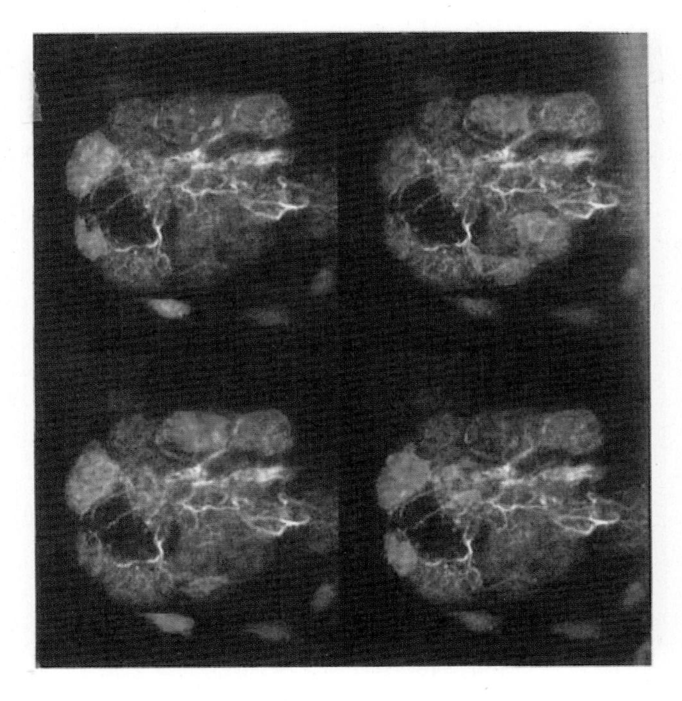

플레이트 10

파리의 후각 사구체(olfactory glomeruli)의 독특한 활성 패턴(J. W. Wang, 그리고 컬럼비아 대학의 신경생물학과 행동학 센터의 양해를 얻어)

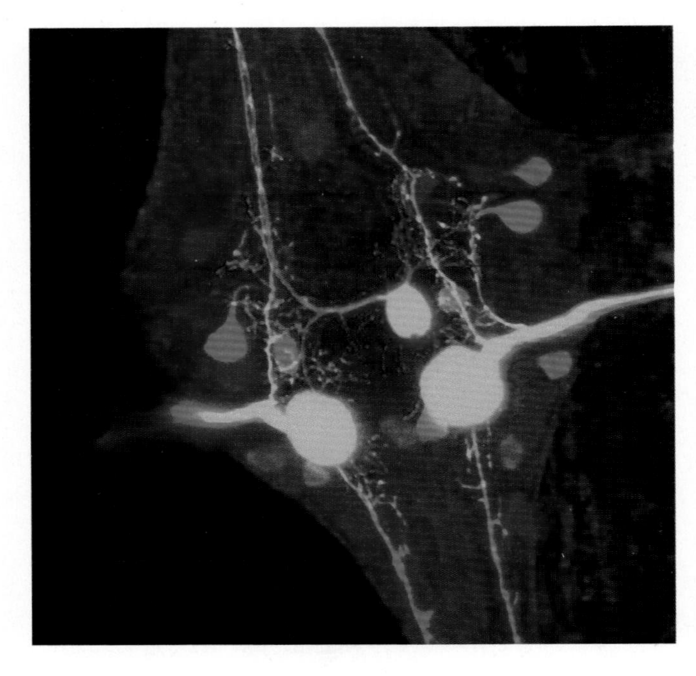

플레이트 11

거머리의 운동 뉴런 활동(W. Kristin와 UCSD의 신경과학과의 양해를 얻어)

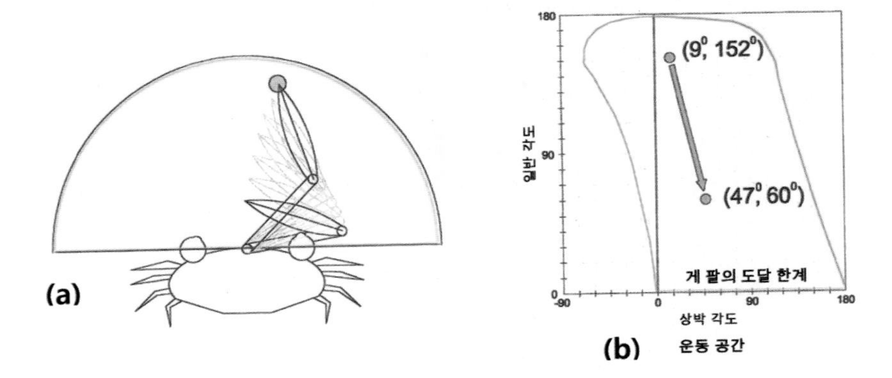

플레이트 12

(a) 게 팔의 연속 동작은, 운동 공간 (b)에 표상(표현)되었다.

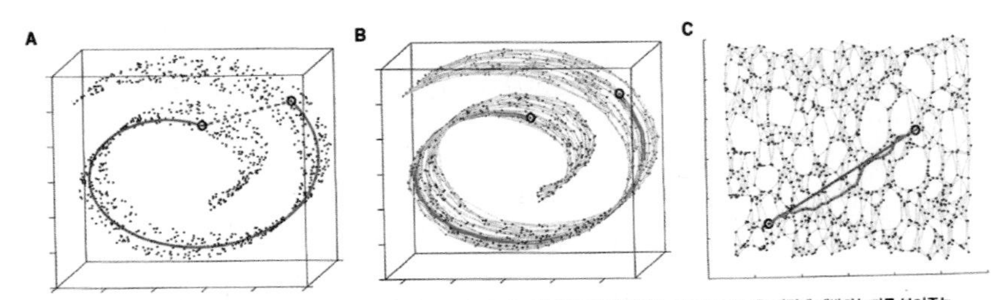

그림 3. 입체도(Isomap)가 비선형적 차원 축소(nonlinear dimensionality reduction)를 위해 측지선 경로(geodesic paths)를 어떻게 개발하는지를 보여주는, '롤 카스텔라 모양(Swiss roll)' 데이터 세트. (A) 비선형 다양체(nonlinear manifold) 위의 두 임의 지점(원)들에 대한, 고차원 입력 공간 내의 유클리드 공간 거리(점선 길이)는, 저차원 다양체를 따라가는 측지선 거리(입방체 곡선의 길이)에 의해 측정되는, 고유의 유사성을 정확히 반영하지 않을 것이다. (B) (K=7 그리고 N=1000 데이터 지점들을 지닌) 입체도의 1단계 내에 구성된 이웃 그래프 G는, 2단계 내에 효과적으로 계산된 실제 측지선 경로의 근사치(붉은색선)를, G의 가장 짧은 거리로, 제시해준다. (C) 3단계의 입체도에 의해 드러난 2차원 임베딩(embedding)으로, 이것은 지역 그래프의 가장 짧은 경로 거리(겹쳐진 선)를 가장 잘 제시해준다. 임베딩의 직선(파란색)은 이제 실제 측지선 경로에 대해서, 그 상응 그래프(corresponding graph) 경로(빨간색)보다, 더 단순하며 더 명확한 근사치를 표현해준다.

플레이트 13

고차원 감각 입력의 차원을 축소하는 (앞선) 기술(허락을 받아서, Tenenbaum, de Silva, Langford 2000)

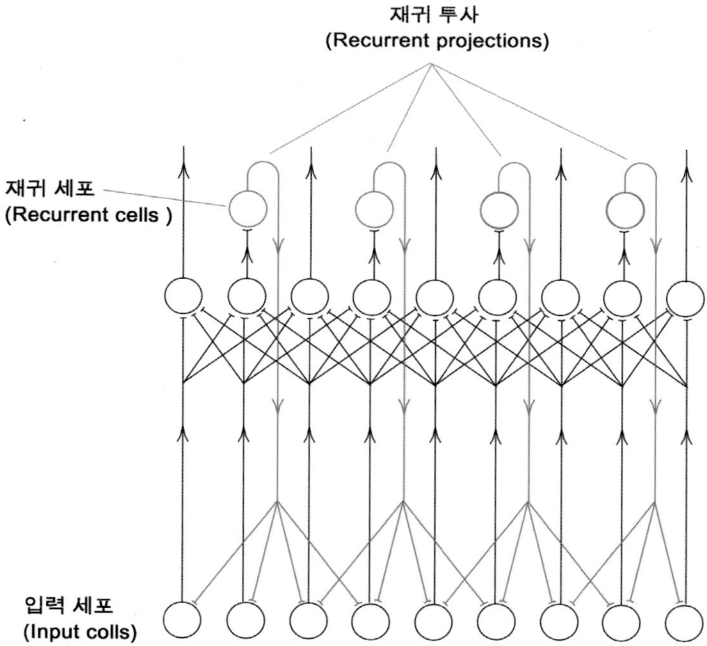

플레이트 14

단순한 재귀적 그물망(recurrent network)

3 장

1단계 학습[2부]: 대응도의 평가와 헤브 학습에 의한 대응도 형성

1. 개념 체계의 평가에서: 첫째 평결

만약 개념 체계가 일종의 대응도라면, 더 정확히 말해서, 다소 객관적이고 추상적인 특징-공간을 표현하는 객관적인 유사성-차이성 구조물인, 고차원의 구조적 객관-동형물(structural homomorph)이라면, 아마도 그 장점과 단점, 그리고 그 구조물을 결정하는 과정은, 비교적 평범한 지형 지도의 경우와 유사할 듯싶다. 그러므로 나는 주장하건대, 어느 대응도라도 가질 법한 가장 명확한 미덕은, 그 대응도가 표현하려는 혹은 표현을 위해 채용되는 외부 구조에 대한 내적 묘사 내용의 정확성에 있다. 이 점에 대해서 우리는 여러 대응도들을 서로 비교하기보다, 앞 장에서 설명했듯이 여러 대응도들을 외부 세계의 영구적 특징들과 비교하는 것이 옳다고 추정한다.

안타깝게도 그것은, 심지어 2차원 지형도의 경우에서조차, 생각처럼 쉽지 않다. 만약 루이스(Lewis)와 클라크(Clark)가, 1804년 자신들의 미 대륙 북부 지역 탐험 항해 바로 직전에, 미 대륙 전체의 모든 산, 계곡,

강, 시내 등에 대한 매우 상세하고 충실한 종이 지도를 얻었다고 하더라도, 그들은 그러한 대지도(Grand Map)의 정확성에 대해서 **평가할** 어떤 입장에 거의 있지 못했다. 왜냐하면 그들은 관련 여러 지형 구조에 대한 어떤 **독립적 접근**도 하지 못했기 때문이다. 즉, 그들은 그 지도의 정확성을 확인하기 위해서 태평양 북서부의 파노라마 사진을 찍을 수 있도록 자신들을 지구 상공으로 데려다줄 어떤 우주선도 없었고, 지구정지궤도상의 스파이 위성에서 내려다본 어떤 고해상도의 대륙 사진도 없었으며, 그렇다고, 필연적으로 존재하며 어떤 기만도 하지 않을, 신이 유산으로 남겨준 어떤 신성 지도(Divine Map)도 갖지 못했다.[1]

혹은 다음과 같이 말하는 것이 더 적절하겠다. 그들에겐 스스로 확인해볼 방안이 **거의** 없었다. 물론 그 신사 분들이 동부 3분의 1 지역의 어느 정도 상세한 지도와, 서부 해안선에 대해서, 경도는 아닐지라도 위도에서 볼품없는 꽤 조잡한 해양 지도를 가질 수는 있었을 것이다. 그들은, 이러한 이전의 지도들이 각기 상상적인, 그리고 전체적으로 우리에게 신뢰를 제공해줄, 대지도와 부분적으로 대응하는지 비교할 수는 있었을 것이다. 그러므로 그들은 그 대지도 내에 적어도 어느 정도 큰 부분, 최소한 동부와 서부 끝 부분 정도에 대해서 평가해볼 수는 있었을 것이다. 그래서 그들은, 자신들이 가진 대지도가 단순히 크기에서 올바른지 평가해볼 수는 있었을 것이며, 그런 다음에 다양한 여러 지도들이 서로 가깝게 중첩될 수 있을지 알아볼 수도 있었을 것이다.

그러나 우리는 여기에서 다시 한 발 물러서서, 그 여러 지도들을 이런저런 어느 앞선 과정에서 이미 검증된 다른 지도들과 비교해보아야

---

1) 이런 식의 [비꼬는] 표현에 대해서 나는 데카르트에게 사과한다. [역자: 데카르트의 입장에 따르면, (독립적이며 완전한) 신의 관념은 '명석하고 판명하며', 명석 판명한 관념은 어떤 논리적 증명에 기댈 필요 없이 그 자체로 옳다.]

한다. 비록 인공위성에서 찍은 스냅사진, 스파이 위성사진, 그리고 데카르트의 신성 지도 등을 우리의 탐험에서 활용할 수 있다고 할지라도, 비록 그것들 모두가 그러한 다양한 '초월적인' 기원의 신임을 갖는다고 할지라도, 그것들 모두는 단지 추가적인 **지도**일 뿐이다. 우리가 알려고 하는바, 어느 지도가, 가정적으로 옳은 어느 **다른** 지도와 독립적으로, 어떻게 평가되고 확인될 수 있을까?

이런 의문에 대해 나름의 대답을 해보자면, 우리가 대지도를 들고, 그 지도가 가정적으로 혹은 단정적으로 묘사하는, 어느 객관적 영역을 실제로 **돌아다녀보는** 방법이다. 지도는 당신이 **무엇을** 기대해야 할지 그리고 **어디에서** 그것을 기대해야 할지 등을 말해준다. 만약 당신이 지도에 표시된 지점들을 어느 정도 계속해서 찾아다닌다면, 그에 따라서 당신은 그 지도의 예측들을(즉, 루이스와 클라크가 가진 지도라면, 그 대지도가, 서쪽으로 산맥, 그곳에서 동쪽 아래로 흘러내리는 강, 그리고 그 강의 발원지 근처를 지나는 서쪽으로 난 좁은 통로 등등을) 그 지역 상황에 대한 자신의 직접 경험에 비교해볼 수 있다. 그러한 경험이 관련 지역들에 대한 총괄적인 전체 묘사의 다양한 국면들을 확인시켜주거나, 아니면 틀렸다는 것을 알려줄 수 있다. 루이스와 클라크가, 대략 미주리 강(Missouri River) 상류의 서쪽에 있는 세인트루이스(St. Louis)로 출발하기 이전이라면, 위에서 상상해본 대지도의 좁은 지역 이상을 확인해볼 수는 없었을 것이다. 그러나 그들이 그 유명한 도보 여행에 (매우 정교한) 대지도를 가지고 길을 나섰더라면, 그들은 여행하는 곳마다, 적어도 그들이 실제로 여행했던 지형 경로에 대한 모든 상세한 것들을 확인해볼 수 있었을 것이다.

위와 같은 대답이 분명 옳기는 하지만, 또한 문제를 안고 있다. 만약 우리가 계기판에 GPS 도로 지도를 탑재한 자동차의 경우로 돌아가서 생각해본다면, 그 문제를 알아볼 수 있다. 짐작건대, 자동차의 컴퓨터 내장 지도는 여러 고속도로, 간선도로, 공원, 강, 석호, 그리고 거대한 샌디에이고의 해안선 등에 대한 완전하고 정확한 묘사 내용들을 담고 있다. 그리고 그러한 내장 지도와 움직이는 자동차 아이콘에 의해서 안내를 받아 그 지역을 임의로 여기저기 여행해본다면, 마치 우리가 논의하는 루이스와 클라크의 여행에 대해서 상상했던 것처럼, 우리는 그 지도에 표시된 모든 요소들을 확인해볼 수 있다. 그러나 루이스와 클라크가 그들의 여행에서 그러했듯이, 우리들 역시 그 내장된 지도와 비교해서 긍정되거나 부정되는 여러 특징들을 알아내기 위해, 그 지역 환경을 지속적으로 살펴보아야 하며, 따라서 **우리의** 본유적 지각 장치들을 활용해야만 한다.

지금까지 우리는 뇌가 어떻게 작동하는지 설명하려는 우리 이야기의 명확한 틈새를 메워줄 하나 혹은 그 이상의 **신비한 능력**을 끌어들이고 있다. 왜냐하면, 컴퓨터 내장 지도를 탑재한 인간이 조정하는 자동차와 달리, 뇌 내부에는, 그 자체 내장 지도의 정확성을 실시간으로 평가해 줄 독립적 지각 능력을 가진 '운전자'나 '뇌 안의 난쟁이(homunculus)'가 없기 때문이다. 뇌는 자체의 재원을 가지고 배타적으로 그러한 평가를 수행해야 한다. 그리고 그러한 재원은 오로지, 뇌-독립적 세계의 다양한 국면들에 대한, 수많은 **습득된 대응도들**에 언제나 제약되며, 그런 대응도들은 자체 내의 어딘가에서 현재진행으로 일어나는 **활성 지점들**을 갖는다. 그러므로 뇌는 어떤 습득된 대응도를, 많은 **다른** 활성된 내부 대응도들에 의한 현재진행의 일시적 평결에 따라 산출되는, 잡다한 기대들에 비교하여 평가할 수밖에 없다.

우리가 뇌의 인식론적 입장을 이해하기 위해서, GPS 내장 자동차에 아주 다른 설비들을 장착하는 경우를 가정해보자. 자동차에서 인간 운전자, 즉 '뇌 안의 난쟁이'를 완전히 배제시켜보자. 그리고 그 자동차에 자동으로 운전하는 장치, 즉 '지도 위에 움직이는 아이콘'을 내장한 컴퓨터가 직접 조절하는 경우를 가정해보자. 그래서 그 컴퓨터가 여러 계층적 목표들을 수행할 수 있도록 만들어보자. 예를 들어, 앞으로 직진하고, 도로 오른편 차선을 유지하며, 빨강 신호등엔 언제나 정지하고, 무엇과도 충돌하지 않아야 하는 등등. 그리고 그 컴퓨터에 자체의 현재진행되는 활성을 파악하는 여러 다른 인지적 대응도들을 부착시켜보자. 그리고 예를 들어, 다른 차와의 거리 센서(감지장치), 빨강과 녹색 신호등에 대한 센서, 거리 표지판을 읽는 센서, 그리고 가속도, 속도, 운행거리 등에 대한 센서 등등을 장착시켜보자. 이렇게 하면, 완전히 자동으로 운행하는 자동차를 가정해볼 수 있으며, 그 자동차는 샌디에이고 거리를, 적어도 자체의 내장 지도가 정확하기만 하다면, 아주 성공적으로 운행할 것이다. 비록 그 자체 내장 지도가 정확하지 않다고 하더라도, 그 자동차는 충돌 직전에 그것을 감지해낼 것이다.

우리 역시, 단지 부분적으로만 이해하는 세계에서 더듬어 길을 찾아가는, 독립적인 자동차인 셈이다. 우리의 운행(혹은 여행)의 질은 습득된 개념 대응도의 정확성에 의해 측정되지만, 그 운행의 질은 선행적으로 가정된 다른 통합 대응도에 등록되어 있어야만 하는 무엇이다. 물론, 그 다른 대응도들 중 일부는, 꽤 엉성한 것이지만, 본유적이다. 우리는 다양한 처벌과 보상을 등록하기 위한 본유적 시스템을 가진다. 신체 손상, 산소 부족, 독극물 섭취, 허기짐, 극도의 더위와 추위 등이 친숙하거나 불쾌한 방식으로 등록되어 있다. 마찬가지로, 지역의 온화한 기후, 균형적 대사 상태, 만족된 포식, 그리고 긍정적인 사회적 교류 등등은 모두 상반된 평가의 양극단으로 등록되어 있다. 총체적으로 그러한 등록 지침은 다양한 운행 행동에서 우리로 하여금 그런 것들로부터 벗어나도록 혹은 강화하도록 애쓰게 만들며, 궁극적으로 그러한 행동을 조정하는 개념 대응도의 유연한 구조에 의해 그러한 행동을 수행할 수 있다.

그러나 그러한 본유적 평가 대응도들 역시 그 정확성을 전혀 보장받지 못했음을 우리는 유념해야 한다. 그 대응도들은 우리의 복잡한 내부 생화학적 환경의 통합을 조절하기 위한, 즉 가정적으로 수백만 년의 진화의 압력에 의해 형성된, 어느 정도 감복할 시스템이긴 하다. 그러나 그러한 대응도들 역시 생화학적 실재에 대한 자체의 구조적 묘사 내용에서 불완전하며, 또한 그 대응도들의 배경 구조적 묘사 내용이 범례적인 경우에서조차, 예를 들어 자기면역 반작용(auto-immune reactions)처럼 경우에 따라서 오류 활동을 허락한다. 앞 문단의 논점은, 뇌의 대응도 평가 능력이 궁극적으로 특권적인 쾌락과 고통의 대응도에 기초한다는 것은 아니다. 그러한 대응도들은 존재하며, 그것들이 평가적 역할을 담당하고, 학습을 조절하기는 한다. 그렇지만 그것들은 훨씬 큰 개념 대응도 집단의 단지 작은 부분일 뿐이다. 우리의 개념 대응도는 현재의 추정으로 수천 가지가 넘으며, 그 **모든 것들**이 끊임없이 우리의 단명한 표상들과 영구적 표상들 모두에 대한 평가를 담당한다.

사실상, 인간 뇌 내부의 수많은 대응도들은 그것들이 묘사하는 영역에서 흔히 실질적으로 서로 **중첩된다**. 예를 들어, 나의 시각, 촉각, 그리고 청각 시스템들은 모두 중간 크기의 물리적 사물들과 물리적 작용에 대한 부분적 모습과 성격을 표상하는 일에 참여한다. 나는 내 손가락이 현재 타이프하고 있는 키보드를 바라볼 수 있다. 나는 키보드를 누를 때마다 그 각 키들의 굴곡진 표면을 느낄 수 있다. 그리고 나는 키들이 바닥을 칠 때마다 내는 작은 딸깍 소리를 들을 수 있다. 내가 고개를 들어 열린 발코니 문밖을 내다보면, 나는 유칼립투스 나무가 더운 산타아나(Santa Ana) 바람에 흔들리는 것을 볼 수 있으며, 그 마른 나뭇잎들이 바람에 스치는 소리를 들을 수 있고, 내 방의 바람에 흔들리는 장식이 이따금 움직이는 것을 느낄 수도 있다. 그렇게 다양한 양태의 독특하면서도 주제-중첩적인 대응도들 전반에 걸쳐 벌어지는, 동시적으로 함께 작용되는 활동들을 통해서, 뇌는, 어느 감각 시스템의 배경 기대들과 현재 유입되는 정보들을, 다양한 독립적 대응도들의 상응하는 배경 기대와 현재 유입되는 정보들과 비교해봄으로써, **평가**할 수 있다. 뇌는 일부 혹은 전체의 대응도가 정직함을 유지하도록, 일부 혹은 전체의 대응도를 활용할 수 있으며, 그 대응도들 내부의 일순간의 여러 활동들을 활용할 수 있다.

그러므로 칸트가 지혜롭게 암시했듯이, 우리는, 사물 자체의 객관적이며 경험-초월적인 세계의 추상적 내용과 구조에 대해 **대응도-독립적**으로 [즉, 개념 체계 없이] 전혀 파악할 수 없다. 우리로서, 어느 임의 대응도와, 그 대응도가 묘사하려는 객관적 영역 사이에서 획득되는, 동형성의 범위와 정도에 대한 직접적인 단번의 평가란 있을 수 없다. 그러나 모든 이러한 인정에도 불구하고, 대응도-**의존** 파악이, 아무리 무작정 어둠 속에서 더듬어야 하는 것일지라도, 실재적 파악과 진실한 파악에 접근할 여지는 남아 있다. 그리고 큰 부류의 독립적이며 **중첩하는** 대응도-의존 파악은, 그 각각이 개별적으로 아무리 미약하더라도, 집합적으로 매우 확고하고 신뢰할 만한 것을 정말로 파악해낼 수 있다. 그것이 가능한 이유는, 대응도-의존 파악이 반복해서 일어나며, 현재진행으로 서로를 수정해줄 수 있으므로, 실재에 대한 개별적 묘사 내용들 사이의 정합성을 극대화할 수 있기 때문이다.

이것이 바로 좋든 싫든 간에 우리 자신의 인식론적 상황이다. 적어도 여기에서 탐구되는 자연주의적, 신경 그물망 접근법에 따르면 그러하다. 이러한 접근법은, 세계를 이해하는 일에 활용할 그 어떤 인지 장치들 내부의 개념 구조에 우리가 영구적으로 의존한다는 것을 말해준다. 그러한 측면에서 신경 그물망 접근법은 분명히 칸트적이다. 그러나 동시에, 그러한 접근법은 대부분의 그러한 인지적 장치들이 선천적이며 **불변적임**을 부정한다. 칸트가 뭐라고 했든, 우리는 자유롭게 그러한 장치들을 변화시키고 개선하려 노력하고 있으며, 그러한 노력을 통해서 (그러한 인지적 장치들이 종국에 획득하는) 대응도의 완전성을 높일 수 있다.

또한 이러한 자연주의적 접근법은 우리의 본유적인 인지적 장치들에 온전히 새로운 인지적 대응도들을 증가시킬 수 있음을 알려준다. 그 새로운 대응도들은 지금까지 실재에 접근할 수 없었던 영역에 접근할 수 있게 해줄 구조물인 동시에, 온전히 새롭게 파악하고 이해할 수 있게 해줄 구조물이기도 하다. 그러한 새로운 대응도들은 **과학 이론**이라 불리며, 그런 대응도들은, 전압계, 온도계, 가이거 계수관(Geiger counters, 방사능 측정기), 질량분석계(mass-spectrographs), 간섭계(interferometers) 등등처럼, 우리에게 새로운 경험적 삶을 열어준다. 이러한 장치들을 다루는 숙련자들은 그 새로운 재원을 가지고 본래의 인지 기관들을 확대시킬 수 있다. 그럼으로써, 그러한 인지 기관들은 객관적 실재에 대한 **추가적인** 가정적 파악을 해낼 무기를 소유하게 되며, 결국 어느 경험적 활동에 활용되는 대응도의 진술을 많은 다른 대응 진술들과 비교할 능력을 증대시킬 수 있다.

끝으로, 그리고 방금 지적한 두 논점의 결과로, 여기에 제안된 접근법은, 한편으로는 '경험적 세계'와 다른 편으로는 '사물 자체의 세계' 사이에 영원히 고정된, 칸트의 틈새를 부정한다. 정말로 우리는, 스스로의 세계에 대한 현재의 묘사 내용이 많은 차원에서 근본적으로 불완전하며, 많은 다른 차원에서 단호히 잘못된 것일 가능성을, 아니 거의 확실히 그러할 것임을 알아야만 한다. 이러한 논점은, 비록 매우 다양한 각론들로 등장하긴 하지만, 모든 학회 토론에서 쉽게 동의될 내용이다. 그러나 우리가 획득한 인지적 장치들에 의해 **묘사되는 세계**는, 아무리 우리의 현재 묘사가 곤궁하고 부정확하더라도, 언제나 그리고 영원히 '사물 자체의 세계'를 남겨둔다. 그리고 우리가 진실로 보고, 느끼며, 듣는 개별 사물들은, 아무리 우리가 현재 감각과 개념에 의해서 그것들을 특이적이며, 부분적이고, 뒤틀린 것으로 파악한다고 하더라도, 언제나 영원히 그것들 자체로 존재하는 것들이다. 마치 현상주의자들(phenomenalists)이, 물리적 사물과 구별되는 주관적 현상인 **내부의** 극장이, 우리의 지각과 인지적 이해의 대상인 '실재' 사물들을 포괄한다고 첨가한다는 점에서 오류를 범하듯이, 칸트 역시, 사물 자체와 구분되는 시공간적 현상이란 **외부의** 극장이 우리의 지각 또는 인지적 이해의 대상인 '실재' 사물을 포괄한다고 첨언한다는 점에서, 오류를 범한다. 우리의 문제는, 우리가 사물 자체와 **다른** 무엇을 지각하고 그것과 상호작용한다는 점에 있지 않다. 그런데도 우리는 사물 자체에 지나치게 몰두한다. 어떻게 우리가 사물 자체에서 벗어날 수 있을까? 우리의 문제는 단지, 사물 자체를 완벽히 그리고 의심의 여지없이 이해하고 추적하기에 불충분한 (역사적으로 우연히 습득한) 재원을 가지고 현재의 사물 자체를 이해하려 든다는 점에 있다.

넓게 생각해보면, 그러한 불충분함을 알아내고 벗어나는 것이 바로 과학적 탐구가 해야 할 일이며, 또한 우리의 현재 개념 대응도들을 더 나은 대응도들로, 그리고 그것들 역시 조만간에 더 나은 대응도들로 다시 수정하고, 확장시키고, 교체하는 것이 바로 과학적 탐구가 해야 할 일이다. 현존하는 대응도의 올바른 평가와 관련한 (이미 구체적으로 살펴본) 앞선 교훈에 따르면, 우리는, (현존하는 대응도가 묘사하려는) 영역을 (어떻게든) 체계적으로 운행하도록 해줄 대응도를 제시할 어떤 방안도 가지고 있지 않다. 우리는 그러한 운행함에 있어, 표적 대응도와 중첩되는 다른 활동적 대응도들을, 다소 잠정적으로 협력적 또는 비판적 방식으로, 동시적으로 전개(deploy, 효과적으로 활용)함으로써 도움 받아야 한다.

대응도의 지도 제작 은유에도 불구하고, 위의 벗어날 수 없는 교훈에서 독자들은, 우리의 인지 수행을 평가할 친숙한 실용주의자의 기준을 어렵지 않게 알아볼 수 있을 것이다. 나는, 퍼스(C. S. Peirce), 셀라스(Wilfrid Sellars), 콰인(W. V. O. Quine) 등의 저작을 읽고 공부하는 한참 후배의 학생으로서 솔직히 말하건대, 여기에서 (재)발견된 그러한 그들의 교훈은 오늘날에도 여전히 경청해야 할 듯싶다. 그러나 그들의 교훈에도 지적해야 할 아이러니와 어떤 (있음직한) 문제는 있다. 우리의 인지 활동을 어느 단계에서 어떻게 평가해야 할 것인지의 쟁점에 대해서, 퍼스 자신은 언제나, 우리가 우리의 인지 활동과 실재(Reality) 자체를 직접 또는 영원히 비교하려는 노력에서 **벗어나**, 그러한 인지 활동이 실제로 산출하는 실천적 행동, 혹은 세계 운행의 상대적 성향 **쪽으로** 우리의 관심을 돌려놓곤 하였다. 모든 정직한 (그리고 실용주의적으로 안내된) 연구자들이 마침내 합의에 이를 이론으로서, 진리(The Truth)에 대한 그의 공식적 설명은 이론-세계 대응이란 형식의 호소에 기울지 않았다. 더구나 내가 존경하는 네 번째 실용주의자 리처드 로티(Richard Rorty)는 다음과 같이 분명히 주장하였다. 세계에 관한 누군가의 축적된 지혜, 혹은 심지어 우리의 지각을, 어떤 측면에서 하나의 습득된, 자연(Nature) 자체의 **거울**(*Mirror*)이라고 설명하려 드는 것은 헛걸음질이며 얼빠진 짓이다(Rorty 1979를 보라). 그의 주장에 따르면, 우리는 상상된 '반사의(reflective)' 미덕을 잊어야 하며, 어느 경우에서든 지각의 일차적 기능이 무엇일지에 대해서, 다시 말해서 우리의 인지적 수행이 세계와 상호작용하는 가운데 어떤 실용적 성공을 현재 진행으로 이뤄내는지에 관심을 가져야 한다.

더구나 퍼스와 로티는 바로 이러한 쟁점에서 어느 정도 최신의 동맹자들을 가지고 있다. 최신 연구 동향, 즉 **동역학 시스템 이론**(*dynamical systems theory*)의 체계와 기술을, 생물학적 뇌에 펼쳐지는 활동에 적용해보려는 최신 연구 동향은, 기대되는바, 자연주의적이며 실용주의적이다(Port and Van Gelder 1995 참조). 그러나 그런 일부 선두 주자들의 제안에 따르면, 궁극적으로 인지란 어떤 종류의 '표상'을 계발하고 조작하는 데에 있다는 생각이 이제 더 이상 불필요하므로, 우리는 그것을 버려야만 한다.[2] 주목되는바, 이러한 제안이 고전적 행동주의로의 회귀는 아니다. 왜냐하면, 재차 생각해보더라도, 우리가 뇌를 접근

---

2) 예를 들어, 반 겔더(T. van Gelder 1993)는 그의 짧지만 예리한 시사 해설, "직관을 와트의 엔진으로 펌프질하라(Pumping Intuitions with Watt's Engine)"에서 논란을 불러일으켰다.

불가한 블랙박스로 여기도록 유인되지 않기 때문이다. 오히려 반대로, 뇌 내부의 동역학 메커니즘의 일차적 목표는 그것에 대한 이론적 접근에 있다. 그러나 의심의 여지없이, 뇌가 어느 피조물을 위해서 걷고, 먹이를 구하고, 굴을 파며, 위장하며, 짝짓기를 하는 등등을 수행하는 많은 통제 기능들은, 그 내부 메커니즘 혹은 활동이 범주적 '표상'에 상응하는 무엇을 포함할 것을 엄격히 **요구하지** 않는다. 그 메커니즘은, 예를 들어 자연언어 혹은 컴퓨터 언어의 **문장** 같은 고전적 표상을 요구하지 않으며, 아마도 지금의 책에서 보여주는 **활성 벡터**와 **조각된 활성 공간**과 같은, 기하학적 표상도 요구하지 않는다. 오로지 뇌가 요구하는 것이란, 그것이 가장 마주칠 법한 지각 환경에서 적절한 움직임을 만들어줄, 일종의 내적인 동역학적 행동(internal dynamical behavior)이다.

독자들은 아마도 이 시점에서 내가 꽤나 당혹스러워할 거라고 짐작할 수도 있겠다. 나는 뇌의 대응도들이, 부분적으로 그리고 근사적으로라도, 적어도 사물 자체의 일부 객관적 특징 공간들에 대해 객관-동형적이라고 주장한다. 그러나 칸트는 우리가 그러한 객관-동형성을 영원히 **평가 불가능하다**고, 또는 더욱 정확히 말해서 그런 것들에 대해 말하는 것조차 무의미하다고 반박할 듯싶다. 퍼스와 로티 모두는 다음과 같이 반박할 듯싶다. 우리는, 그러한 실재-반영 동형성이 뇌가 습득한 지식의 본질이라는 것을 **밝혀낼 것으로 기대하지 말아야 한다**. 왜냐하면 그러한 본질은 온전히 무관하기 때문이다. 그리고 반 겔더는, 뇌가 그 많은 통제 기능을 수행할 '실재-반영 대응도'를 **엄밀히 요구하지 않는다**고 반박할 듯싶다. 그리고 그는 그러한 대응도를 **실제로 적용하지 않는** 성공적 통제 시스템(예를 들어 아마도 와트 증기기관의 회전하는 속도 통제기 같은 것)을 지적할 듯싶다.[3]

3) (역주) 와트의 증기기관은 속도를 자동으로 조절하기 위해서, 그 속도에 따라서 회전하는 회전추가 원심력에 의해 축에서 멀리 벌어지게 만들고, 그에

나의 문제는 내가 이러한 모든 네 철학자들을 존경한다는 데에 있다. 나는 내 자신이 그들이 주장하는 거의 모든 것들을 계승한다고 천명하며, 나는 그들 각각이 내세우는 전통에서 배제되기를 바라지 않는다. 그러므로 나는 그들 모두를 길러낸 그들의 배경 전통을 통째로 거절하지 않으면서도, 방금 알아본 반박을 무력하게 만드는 모습으로 이 책의 주제를 제안하려 한다.

나는 첫 번째로 반 겔더의 논점에 대해서 이야기해보겠다. 그는, 그러한 통제 메커니즘이 대응도처럼 유익해 보이는 무엇을 이용할 필요가 없으며, 흔히 이용하지도 않는다는 것을 정당하게 주장할 수 있다. 그러나 많은 다른 통제 메커니즘이 그러한 것들을 이용하며, 일부는 아주 긴요하게 활용한다는 것 역시 참일 여지가 있다. 예를 들어, 내 집의 한편에 조절 상자가 하나 놓여 있다. 그 조절 상자는 전기 모터를 자동적으로 켜서, 정원의 풀(수영장)의 물을 퍼 올려 필터로 걸러낸다. 그러한 장치에는 시계처럼 눈금으로 24시간이 표시된 원판이 있다. 시계처럼 생긴 그 원판은 하루에 한 바퀴 돌아가며, 그 원판이 아래 가운데 고정 바늘을 지나가면서, 그 바늘은 느리게 회전하는 원판의 눈금을 가리키므로, 그것으로 현재 시간을 나타낸다. 여기에서 다시 한 번 우리는 상대적 운동에 따라서 '현재 시점'을 가리키는 배경 대응도를 볼 수 있다. 그리고 이러한 (하루) 시간의 (회전) 대응도는 그 회전 원판에, 대략 30도 떨어진, 두 조정 클립(clips)을 가졌으며, 그 클립은 각기 조절 상자가 필터 펌프를 켜고, 두 시간 후 끄는 두 시점을 표상한다(가리킨다). 그 두 클립은 고정 바늘을 지나칠 때에 전기 접촉을 일으킨다. 그 첫 접촉에서 펌프의 모터가 켜지고, 둘째 접촉에서 꺼진다. 이런 방식으로 풀의 물은 매일 두 시간 동안 필터로 걸러진다.

따라서 스팀의 밸브를 열어주어, 스팀 탱크의 압력을 감소시킴으로써 속도를 자동으로 통제한다. 그러므로 증기기관에 독립적인 인지적 속도 조절 통제기는 없다.

이와 같은 조절 장치들은 어디에든 있다. 그 장치와 거의 동일한 것이 정원 잔디밭의 전등을 매일 저녁 여덟 시에 켜고 세 시간 후에 끈다. 여기에도 역시 켜고 끄는 표식을 가진 회전하는 시간 대응도가 그러한 묘기를 발휘한다. 반면, 이번에는 디지털로 구현하는 세 번째 장치가, 사막 지역에서 보통 그러하듯이, 지하 매설 스프링클러 시스템에 동일한 일을 수행한다. 풀, 정원, 잔디 이외에도, 모든 현대인들의 팔에 채워진 유비쿼터스(ubiquitous) 손목시계도 주목할 필요가 있다. 그것의 배경 시간 대응도와 움직이는 바늘은 지구상에 거주하는 거의 모든 사람들의 일상 행동을 통제한다.

집의 복도에 설치된 온도조절장치는 동일 과제를 위한 또 다른 변형물인데, 다만 여기에서 두 가지 금속을 접합시킨 코일로 회전되는 내부의 원판 대응도 공간은, 시간 대응도가 아니라, 집 내부 **온도** 대응도가 된다. 그 대응도가 방 안의 온도를 반복적으로 감지하고 변화를 최소화하도록 수정하는 역할을 담당하므로, 대응도 공간 내의 두 표식 위치는 보일러를 켜고 끌 수 있다. 자동차의 속도계, 연료계, 라디오 다이얼 등을 살펴보면, 비록 그런 것들에 적용된 대응도가 **속도** 공간, **연료-용량** 공간, 전자기 **주파수** 공간 등 각기 다른 대응도일지라도, 그런 것들 모두는 동일 과제를 수행하는 또 다른 변형물이라는 것이 드러난다. 그리고 이 경우에 운전자 자신은 여기 주제에서 조절-폐회로(control-loop)의 일부와 다름없다. 이제 자동차 주제로 돌아가서, 앞서 논의된 자동차에 탑재된 GPS 안내 시스템에 적용된 온전히 문자 그대로의 도로지도를 다시 회상해보라. 그것은 [오늘날의 구글(google) 자동차처럼] 운전자 없이 샌디에이고 주변 도로를 운행하게 해줄 수도 있다.

분명히 말해서, 어느 실천적으로 적절한 특징 공간의 배경 대응도, 즉 어느 동역학적 위치-표식을 수행하는 대응도를 전개하는 것은, 많은 실천 관련 행동들을 모니터링하고, 조절하고, 통제하기 위한 일반적이고 매우 효과적인 기술이다. 그리고 현대 신경과학의 발견은, 생물학적 뇌가 적어도 그와 동일한 기술을 상황적으로 이용한다는 것을 명확히 밝혀주고, 이해시켜준다. 당신의 귓속 달팽이관(cochlea)에 있는 진동에 민감한 섬모세포(hair cells) 집단은 분명히 청각 주파수 공간의 계량적으로 정교한 대응도이며, 그 세포들의 집단적 활성은 그 주파수 공간 내의 현재 파워-스펙트럼(power-spectrum)의 위치를 나타낸다. 우리의 체성감각 피질은 일종의 신체 외부 표면(피부)에 대해 계량적으로 형성된 대응도이다. 반면에, 우리의 운동 피질은 분명히 일종의 많은 복잡한, 아마도 신체가 점유하는, 사지-조성 상태(lims-configurations)에 대한 (고차원) 대응도를 내재화한다(Graziano, Taylor, and Moore 2002 참조). 우리가 앞서 살펴보았듯이, 파리의 후각 망울은 일종의 후각 공간의 고차원 대응도이다. 인간의 일차 시각피질은, 그 계산처리 사다리 위쪽의 여러 다른 시각 영역들과 마찬가지로, 망막 표면이 그곳으로 신경의 가지를 뻗어 연결하는 일종의 계량적으로 형성된 국소기능 대응도(topographic map)이다. 감각 시스템과 운동(말단) 시스템 모두에, 생물학적 뇌 내부에 기능적 대응도들(functional maps)이 있다는 것은 논란의 여지가 없다. 그리고 많은 대응도들이 그런 기능들을 계량적으로 수행한다는 것은, 마치 자연적인 계산 기술처럼, 대응도-대-대응도 변환을 즉각적으로 암시해준다.

뇌의 많은 다른 뉴런 집단 모두가 혹은 거의 모두가 **그 이상의** 대응도들을 포함할지, 즉 추정컨대 방금 제시된 일련의 사소한 사례들을 지배하는 비교적 명확한(1차원 또는 2차원) 대응도들보다 훨씬 더 높은 차원을 지닌 대응도들을 포함한다고 밝혀질 것인지, 온전히 경험적인 문제는 남아 있다. 그러나 이것은 추진해볼 만한 하나의 가설이다. 그 이유는, 시냅스 연결 집단에 의한 명확한 **대응도-변환** 능력이 어느 하나의 뉴런 집단으로 하여금 다른 뉴런 집단을 활성 시킬 수 있기 때문이다.

따라서 나는, 우리가 표상에 대해서, 그리고 그 표상에 대한 표상에 대해서 온전히 잊어야 한다는 반 겔더의 조언에 강력히 저항하는 편에 선다. 경험적 증거가 정말로 암시해주는바, 폭넓은 '구문론적' 표상들, 그리고 그것들에 대한 폭넓은 '유사-추론' 변환들은, 동물들의 인지에 어떤 역할도 하지 않으며, 오직 인간 인지에서 중요치 않은 이차적 역할을 할 뿐이다. 이것이 우리가 동의하는 주제이다. 그러나 바로 그러한 동일한 증거가 암시해주는바, 이 장에서 보여주는 고차원의 기하학적 표상 형식이 지구의 모든 동물들의 인지에 두드러진 역할을 담당한다.

따라서 나는 반 겔더 조언의 이러한 국면에 반대하며, 다른 측면을 받아들인다. 그의 발군의 메시지는 지금 내가 지적하려는 논의에서 순수한 설명적 이유로 인지의 **현실적** 차원, 즉 의도적으로 감추었던 차원을 털어놓을 필요가 (중요하게) 있다. 그렇게 숨기려는 직무 유기는 다음 단원의 앞머리에서 그리고 그 이어지는 장에서 결국 교정될 것이다. 거기에서 설명되겠지만, 어느 생물학적 뇌의 특성을 결정하는 극히 중요한 **재귀적 축삭 투사**라는 우리의 이론적 그림에 첨언하건대, 그 이론의 결과적 그림은, 포트(Port), 반 겔더 그리고 그 밖의 다른 학자들이 주장했던 동역학 시스템 접근법에 매우 유익한 **사례**이다. 그러한 이론적 그림은 결코 그들의 접근법에 반대되지 않는다. 그러므로 우리는, 고전적 인공지능(AI)의 편협한 구문론적 표상에 따라서, 벡터 표상과 고차원 대응도를 묵살시키지 말아야 한다. 오히려 반대로, 벡터 표상과 고차원 대응도가, 공공연하게 이야기되고 있는 동역학적 이야기를 설명해준다는 측면에서 종합적 시선으로 바라볼 필요가 있다.

앞의 여러 단락의 주제는 또한 퍼스와 로티에 대한 내 대답의 시작이기도 하다. 그들 모두가 어느 고전적 진리 대응설(Correspondence of Theory)에 대해서, 즉 (한편으로는) 관련 대응 부분들이 세계에 내재한 '집합-이론적 구조'이며, (다른 편으로는) 어느 선호 집합의 해석 문장들로 나타나는 '구문론적 구조'라는 등의 입장에 대해서, 반대한다는 측면에서 이 책은 실질적으로 그 두 사상가들에 동조한다. 왜냐하면, 어느 뇌가 세계에 대해 단번에 포착해낸다는 전체적 대응(global correspondences)을 전망한다는 측면에서, 고전적 진리 대응설은 **옳은 관점이 아니기** 때문이다. 대부분 인지적 생명체들, 즉 우리 인간 이외에 지구의 모든 인지적 동물들이, 타르스키(Tarski)식의 진리 설명을 위해서, 온갖 구문론적 구조를 갖출 필요는 전혀 없다. 그리고 심지어 우리 성인들에게조차도, 우리 언어 형식의 표상이 일반적인 우리 인지에서 다만 이차적 역할을 담당할 뿐이다. 이 말이 지극히 당연한 것은, 인간 역시 동물이기 때문이다. 그리고 이런 문제와 관련하여, 우리 뇌는 다른 영장류들의 뇌, 다른 포유류의 뇌 등과 질적으로 그리고 양적으로 단지 약간만 다를 뿐이다. 분명히, 고전적 진리 대응설은 지상의-피조물-일반의 인지적 성취를 설명하기에 단적으로 희망이 없다.

방금 규정한 두 **고전적** 영역들에서 거대한 설명적 일치가 없거나 빈약하다는 것이 곧, **생물학적 뇌**가 세계를 어떻게 표상하는지를 충분히 설명함으로써 규명될, 매우 다른 영역들 사이에 거대한 설명적 일치가 **전혀 이루어질 수 없다는 것**을 의미하지는 않는다. 만약 우리가, (한편으로는) 어느 '객관적 특징 공간의 명확한 요소들'과, (다른 편으로는) 어느 적절히 훈육(학습)된 뉴런 집단에 내재된 고차원 특징-공간 대응도들을 통합하고 나누는, 그런 객관적인 '유사성과 차이성 관계'를 우리의 잠재적인 설명적 일치 영역들로 바라본다면, 우리는 직접적으로 두 가지 보상을 얻는다. 첫째, '인지적 동물들이 세계를 어떻게 표상하는지'를, 인간-유사 언어를 다루는 동물에 불합리하게 제약하지 않고서도, 우리는 설명할 수 있다. 둘째, 그런 표상적 성공 아래에 '어떤 종류의 대응'이 있을지, 즉 '그런 종류의 객관-동형성'이 바로, 어느 구조물을 **정교한 대응도**로 만들어주는 것임을, 우리는 지성적으로 설명할 수 있다.

여기에 세 번째 중요한 이득, 즉 실용주의 성향을 가진 사람들에게 특별히 관심될 만한 보상이 주어진다. 우리의 행동을 지배하는 뇌의 고차원 특징-공간 대응도는 우리의 상황적 행동의 **불운**을 구체적으로 설명해줄 수 있다. 그것은 결국 대응도가 어떤 상황 혹은 더욱 많은 특별한 상황에 부정확하기 때문일 것이다. 이런저런 상황에서, 그 대응도가 표적 영역에 대한 완벽한 객관-동형성에 실패한 때문이다. 그리고 그러한 대응도를 신뢰하는 소유자는 표적 영역에 대해 그렇게 잘못 표상한 부담을 져야 하며, 그러한 뇌는 이 세계가 펼쳐놓은 부적절한 기대로 그 소유자를 인도할 것이며, 결국 이 세계가 제공하는 지엽적 행동 기회를 잘못 붙들게 된다. 그렇게 되면 불가피하게 실망이 찾아온다. 그것은 마치 GPS로 안내되는 우리의 자동차가, 3년 전 완전히 새롭게 개축된 복잡한 고속도로 교차로를 안내할 목적으로 설치된, 철제 울타리를 향해서 불합리하게 돌진하는 상황에 비유된다. 그 자동차의 컴퓨터에 저장된 지도가 아직 적절히 업데이트되지 못하여, 자동차로 하여금 길을 잃게 만든 것이다.

대응도가 정교하지 못하여 발생하는 만성적 오류 표상 이외에, 순간적인 오류 표상 또한 발생할 수 있다. GPS가, 그 자동차가 실제로는 200야드 떨어진 플레처 코브(Fletcher's Cove) 해변의 부서지는 파도를 향해 서쪽으로 직진하고 있으면서도, 태평양 연안 101번 고속도로 가는 로마스 산타페 도로(Lomas Santa Fe Drive)에서 서쪽으로 움직이는 중이라고 잘못 알려주는 경우에 그러할 것이다. 이런 경우에 배경 대응도가 어떤 표상적 오류를 담고 있기 때문은 아니다. 그보다 그런 오류는 감각 시스템의 단명한 활동 혹은 등록이 있어야 할 위치의 동쪽으로 200야드 떨어져서 위치를 잘못 표상한 때문이다.

그러므로 우리는 어느 동물이 마주치게 될 다양한 실망과 다중 양상의 재난에 대해, 한편으로는 세계에 대한 영구적 오류-**개념**에 의해서, 그리고 다른 한편으로는 세계에 대한 단명한 오류-**지각**에 의해서, 매우 특별히 설명할 수 있다는 희망을 가져볼 수 있다. 우리는 이러한 두 가지 독특한 수준 중 어느 한쪽의 표상에 대해 특별한 오류를 찾아낼 수 있을 것이다. 그리고 우리 자신과 다른 사람들의 그러한 오류 발생 대응도 영역에 대해서, 우리는 미래에 그 오류를 수리하거나 회피할 희망도 가져볼 수 있다.

마찬가지로, 실패나 다름없는 행동을 통해서 우리가 어떻게 **성공**할 수 있을지 역시 설명될 수 있다. 샌디에이고 거리에 대해서 탑재된 지도와, 그 지도 내에 끊임없이 업데이트되는 GPS-유도 자기위치, 모든 면에서 도움을 받는다면, 운전자 없이도 자동차는 성공적으로 운행되기 시작할 것이다. 그렇게 하여 그러한 운행의 묘기가, 아직 인상적인 일이긴 하지만, 말끔히 설명될 수 있다. 마찬가지로, 어느 동물(거미, 쥐, 올빼미 등)의 거동에서 성공 역시 설명을 시작해볼 수 있을 것이다. 만약 그 환경 상황에 대한 몇 가지 특징-공간 성격에 대한 내부 대응도에 대해서, 그리고 그러한 대응도 내의 현재 특징-공간 위치를 등록하는 몇 가지 감각 시스템에 대해서 우리가 알 수 있다면 말이다. 그러한 동물들의 다양한 성공이, 아직 인상적인 일이긴 하지만, 말끔히 그리고 체계적으로 설명될 수 있다.

그러므로 우리는 (어느 실천적 혹은 운행의 성공에 대한 계측과 무관한) 인지적 또는 표상적 **미덕**을 개념적으로 고집하며, 그 미덕을 최소한 어느 정도 가늠해볼 수 있다. 왜냐하면 우리는, 어느 동물의 다양한 실천적 성공과 실패를, 다양한 배경 표상 시스템의 덕목과 악덕**에 의해서 설명하고** 싶기 때문이다. 반면에, 만약 우리가 '진리' 혹은 '표상적 덕목'을, 실천적 성공에 의해서 (즉 "진리는 작동하는 것이다"라고) 직접적으로 **규정하려** 든다면, 우리는 스스로 명확히 풍부한 잠재적 설명 영역에 대한 모든 접근을 차단하고 만다.

이것은 우리로 하여금 과학적 실재론(Scientific Realism)을 납득될 만하고 어렵지 않게 알아볼 수 있을 모습으로 안내한다. 조금 정확히 말해서, 언제든 납득될 만한 (그렇지만 언제든 논박될) 설명은 이렇다. 어느 개념 체계 A가 다른 개념 체계 B보다 예측적으로, 설명적으로, 그리고 조작적으로 (지금까지) 탁월하다는 것은, A가 상대적인 실천적 평가가 이루어지는 객관적 영역에 대해서 더욱 정교한 표상을 내재하기 때문이다. 확실히 여기에서 '개념 체계'란, 고전적으로 인식되어온 과학 이론이라기보다, '고차원 특징-공간 대응도'를 말한다. 그러나 그것은, 내가 이 장에서 전개하고 주장하듯이, 좁혀질 수 있는 간극이다.

끝으로 그리고 가장 일반적인 주제로 칸트 양식의 반박이 있다. 그 반박에 따르면, 뇌의 대응도와 객관적 특징 공간 사이에 (아마도) 획득되는 부분적 혹은 근사적인 객관-동형성이란 영원히 인간의 평가를 넘어서며, 따라서 그런 가설에 대한 논의는 무의미하다. 이런 반론에 짧게 대답하자면, 그러한 객관-동형성의 존재와 범위는 지극히 인간의 평가 범위 내에 있다. 예를 들어, 우리는 낡은 AAA(미국자동차협회) 고속도로 지도에 대해 그 일반적 정확성과 특정한 오류를 분명히 평가할 수 있으며, 고차원의 뇌 대응도가 사실적 세계와 어떤 근본적인 차이가 없다고 분명히 평가할 수 있다.

이러한 평가 접근성에 대해 문제 되지 않을 사례로 설명하자면, 앞서 논의하였던 얼굴-재인 그물망으로 돌아가 이야기할 필요가 있다. 훈련 세트(훈련 표본들) 중 일곱 얼굴의 성별과 이름에 관해 신뢰할 만한 판단을 하려면, 그물망은 최소한 여성 얼굴과 남성 얼굴을 전형적으로 구분 짓는 몇 가지 객관적 차이점들에 대해 민감성을 갖추어야만 한다. (이 실험의 집단뿐만 아니라 다른 집단에서도 머리 길이에 집착하면 그런 구분을 할 수 없는데, 이 훈련 세트에서 두 명의 남성이 어깨까지 내려오는 긴 머리를 가졌으며, 두 명의 여성은 짧은 머리를 하였기 때문이다.) 남녀의 몇 가지 객관적이며 항구적인 차이점들은, 앞서 살펴보았듯이 다음을 포함한다. (1) 동공과 눈썹 사이의 수직 거리에서 보통 여성이 더 멀며, (2) 코 아래와 윗입술 사이의 수직 거리에서 보통 여성이 더 가깝고, 그리고 (3) 다문 입술선과 턱 아래 사이의 수직 거리에서 보통 여성이 더 가깝다. 대략적으로 말해서, 그리고 남성 시각으로 요약하자면, 전형적 남성 얼굴은 유일하게 짙은 눈썹과 홀쭉한 턱이 특징적이다.

훈련 과정에서 그물망은 정말로 이러한 종류의 여러 얼굴 변이들에 대해서 정확히 민감성을 얻는다. 원형의 남성 얼굴과 원형의 여성 얼굴 각각을 부호화하기 위한 그물망의 둘째 가로대의 활성 공간은 여러 얼굴들의 위치를 구분할 실질적 거리를 반영한다(그림 1.4를 다시 보라). 남성과 여성의 두 원형들은 그 관련 활성 공간의 기하학적 중심에서 거의 등거리 반대편에 있다. 반면에, 비록 중성 혹은 애매한 성의 얼굴이 남성과 여성의 두 원형의 중심점을 가로지르는 수직의 (초)평면에 놓일 많은 다른 가능성들이 있음에도 불구하고, 중성 혹은 애매한 성의 얼굴은 그러한 두 원형 지점들로부터 거의 등거리 지점으로, 예를 들어 그 두 원형 지점들 사이 (초)직선의 중심점에 부호화된다.

더구나, 위에서 인용된 세 매개변수에 의해 측정되는, 과도한 남성 혹은 과도한 여성인 인간 얼굴들은 남성과 여성 원형 지점들을 **벗어나는** 극단 영역의 어딘가에 부호화될 것이다. 그러한 열외의 얼굴들은 남성 얼굴 구역과 여성 얼굴 구역을 구분하는 성 중립 상태의 중앙 (초)평면에서 극단적 거리로 떨어진 이런저런 지점으로 부호화된다. 객관적 얼굴의 범위와, 둘째 가로대 얼굴 대응도 내에 대응하는 위치를 그림 1.4에서 다시 보라.

이러한 경우에, 우리는, 한편으로 유사성 계측규준을 획득한 '활성 공간의 내부 구조'와, 다른 편으로 인간 얼굴의 범위를 조성하는 '객관적인 유사성 및 차이성 관계의 외부 구조' 사이에 객관-동형성을 어느 정도 구체적으로, 적어도 성별 표상과 관련하여, 살펴볼 수 있으며 추적할 수도 있다.4)

예를 바꿔 다시 설명해보자면, 2장 3절의 게 조절 그물망의 세 가로대 각각은, 입력 층에서 눈-각도 공간의 독특한 대응도를, 중간층에서 감각운동 조절 공간의 대응도를, 그리고 출력 층에서 팔-위치 공간 등을 내재화한다. 첫째 가로대의 2차원 감각 대응도와 가능한 관절 눈-회전의 객관적 범위 사이에는, 셋째 가로대의 2차원 운동 대응도와 가능한 관절 팔-각도의 객관적 범위 사이에서처럼, 객관-동형성이 단순하고 투명하게 나타난다. (그림 2.6a, b를 다시 보라. 또한 그러한 두 대응도들은 학습되지 않았지만, 의도적으로 처음부터 그물망에 '내장되었다.')

역-전파 알고리즘(back-propagation algorithm)에 의해서 느리게 조각되는 중간 가로대의 8차원 대응도 역시, 독특한 '눈-각도 쌍을 팔-각도 쌍으로' **변환하는** 추상 공간에 의해서 객관-동형성이 주장될 수 있다. 그러한 대응도는 모든 가능한 변환을 표상하지는 않는다. 매우 많은 다른 활성 공간들처럼, 학습된 대응도는 초기에 가용한 전체 8차원 공간 중 단지 일부만을 포함한다. 이러한 경우에, 학습된 공간은 모든 가능한 입출력 변환들 중 단지 특정 부분만을 포함한다. 다시 말해서, 이 경우에 그러한 변환을 통해서 게의 집게 끝은, 시선이 어느 곳을 향하든, 두 눈 시선의 교차 지점에 정확히 놓인다. 그러한 매우 독특한 변환을 일으키는 중간 가로대의 부호화 지점들은 모두 8차원 공간 내의

---

4) 학습된 내부 차원들이 무엇을 반영하는지, 다르게 말해서, 그 훈련 세트에서 일곱 명의 개별 인간들을 나누는 여러 객관적 얼굴들의 차이가 무엇인지, 그리고 동일한 사람에 대한 여러 다른 사진들에서 그 사람을 어떻게 알아보게 하는지 등은 다소 명확하진 않다. 그 내부 차원들은 성별을 특징짓는 상대적으로 거대한 차이보다 훨씬 미묘해 보인다. 그리고 그러한 동일 내부 차원들은 아마도 원래의 훈련 세트에 정해진 일곱 명의 사람들을 독특하게 무작위로 무리를 짓는 것 같다. 다시 말해서, 둘째 그물망에 전혀 다른 무리의 얼굴들을 훈련시켜보면, 그물망은 얼굴들 사이의 유사성과 차이성에 대한 약간 다른 대응도를 산출할 듯싶다. 그런 대응도는 두 그물망 사이에 약간 다른 양태의 구별 행동을 산출함으로써 신뢰를 저버릴 수 있어 보인다. [그렇지만] 엄밀히 말해서 인간들도 동일한 실험결과를 보여준다. O'Toole, Peterson, and Deffenbacher(1996).

휘어진 2차원 평면에 놓인다. 그리고 그 평면 위의 여러 지점들은 눈-각도 공간과 팔-각도 공간 모두의 지점들에 대한 국소기능 조직화를 반영하도록 국소-형태적으로 조직화된다. (다시 말해서, 그 모든 변환에서 이웃관계가 유지된다.) 선호 평면의 외부 지점들은, 어느 뉴런 기능에 고장이 없다면, 결코 활성화되지 않는다. 이러한 선호 평면은 좌표 조절의 **성공적** 변환에 필요충분한 대응도이다. 그 밖에 모든 다른 것들은 그저 무시되고 만다.

끝으로, 객관적 색깔 공간의 익히 알고 있는 3차원 대응도에 관심을 돌려보자(그림 1.3, 플레이트 1). 이 경우는 많은 이유에서 흥미로운데, 특히 수많은 현대 사상가들이 객관적 색깔들이 총체적으로 환영(illusion)이라고, 거의 적절히, 논증하기 때문이다. 그 논증에 따르면, 과학적 사실의 문제로서, 객관적 세계의 어떤 것도, 우리의 본유적 색깔 공간에 그렇게 강건하게 묘사되는, 독특한 유사성과 차이성 관계를 **해명해주지** 못한다. 그러한 사상가들에 따르면, 내부 대응도는 빛 반사라는 객관적인 물리적 실재의 실제 구조를 명백히 잘못 표상하는 부정확한 대응도 혹은 거짓 대응도라고 판단된다(Hardin 1993 참조). 이러한 불만은 로크(J. Locke)의 사상에서 나왔는데, 그는 우리의 내부의 상태와 외부의 속성 사이에 **일차적** 객관-유사성이 없다고 애석해하였다.[5] 현 시대의 불만 역시, 우리의 내부 대응도와, 우리가 마주 대하는 객관적 외부 특징-공간, 즉 물리적 사물에 의한 전자기 **반사율**의 범위 사이에 적절한 객관-동형성 혹은 **이차적** 객관-유사성이 없다고 애석해 한다. 반면에, 우리가 앞서 살펴보았듯이, 로크의 불만이 잘못 알고 했던 부적절한 것이었다면, 현대의 이러한 불만은 정곡을 찌른다.

그 불만이 정당한지 아닌지에 대해서 나는 앞선 논문에서 탐색하였는데(Churchland 2007b), 여기에서는 그 세세한 이야기를 하지 않겠다.

---

5) (역주) 로크는 이 외에도 소리, 맛 등은 사물의 길이나 무게처럼 사실 자체의 객관적 느낌이 아닌, 주관이 개입한 이차 속성이라고 규정하였다.

하여튼, 그런 불만은, 오류 대응도를 사람들이 가졌을 가능성과, 그 대응도의 내부 구조와 **다른** 대응도의 내부 구조 사이의 비교에 의해서 차단했어야 할, 그 특정 오류가 차단되지 못할 가능성 모두를 드러낸다. 그 다른 대응도란, 동일 영역을 중첩하는 대응도, 새로운 과학 이론에 의해서 아마도 제공되는 대응도, 새로운 계량도구와 검출도구에 의해 활성되거나 알려주는 대응도들을 말한다. 색깔의 경우에, 새로운 이론이란 전자기방사(electromagnetic radiation)의 반사와 흡수와 관련되며, 새로운 도구로 분광계와 광도계가 있다.[6]

칸트의 주장, 즉 우리는 자신들에 축적된 인지적 장치로부터 벗어날 어떤 희망도 가질 수 없고, 사물 자체가 어떻게 '실제로 존재하는지'에 관한 직접적인 '초월적 안목'을 얻을 수 없으며, 따라서 우리 혹은 누구든 어떤 '초월적 조망'도 가질 수 없다고 했던 주장은 확실히 옳았다. 그러나 우리는 그러하게 잘못되고 공허한 목표를 어느 정도 '성취할' 몇 가지 가치 있는 일을 할 수 있다. 첫째, 그리고 일시적으로, 우리는 자신들에게 부여된 현재의 대응도들을 통합해볼 수 있으며, 그러므로 우리의 인지적 전략, 방책, 그리고 생물학적으로든 인공적으로든 우리 자신과 유사한 다른 동물들의 대응도를 이해하고 평가할 수 있다. 둘째, 그리고 방금 지적한 임시적 가정에 따라서, 우리는 자신들의 여러 본유의 인지적 대응도들을, 상호 중첩하는 영역들의 다른 대응도들와 대조해봄으로써 옥석을 가릴 수 있으며, 대응도들 전체 집합의 일관성(consistency)과 부합(consilience)을 위해 각각의 대응도들을 점진적으로 교정할 수도 있다. 그리고 셋째, 우리는 전혀 새로운 여러 인지적 대응도들을 새로운 과학이론이란 형식으로 창조할 수 있다. 그러한 대응도

6) (역주) 우리는 이러한 도구를 활용하여 뇌의 내부 대응도들이 수행하는 오류를 교정할 수 있다. 즉, 착시현상들을 교정하여, 객관적 사실에 접근할 수 있다. 물론 앞서 살펴보았듯이 명암의 착시현상은 어둠에서도 사물을 더 명료하게 볼 수 있도록 진화가 우리에게 부여한 유리함 때문이다.

들은, 우리에게 인간 게놈으로 유전된 비천한 생물학적 감각들을 능가하고 넘어서는 측정 도구들을 통해서 일순간에 [실재 세계에 더욱 근접한 무엇을] 알려준다. 또한 이러한 이론들은, 우리가 상호 검토, 교정, 그리고 잠재적 통일 등을 추구하는 중에, 실용적 세계-운행을 가능하게 해줄 정도로, 그리고 여러 다른 중첩하는 대응도들을 다른 대응도들과 곧바로 비교해봄으로써, 표상의 정확성을 평가할 수 있게 해준다.

그러므로 사물 자체의 세계란 우리에게 완전히 접근 불가능한 것은 아니다. 정말로, 그것이 우리 모두의 인지 활동에서 항구적 목표이다. 그것에 대한 우리의 현재 표상들은 물론 완벽과는 상당한 거리가 있어서, 아마도 영원히 어느 정도 불완전한 상태로 남을 것이다. 그러나 우리는 언제나 그런 표상들을 더욱 좋은 것으로 개선할 여지가 있다. 칸트가, 유클리드 기하학의 진리, 시간과 공간의 구분, 모든 사건들의 인과적 연결 등을 보증하는 자신의 소박한 가정에 안심하여, 객관적 세계에 자신의 소박한 인지 대응도를 전개하였던 이후로, 우리가 객관적 세계에 관해 발견한 것들을 알게 된다면, 그는 분명 무척 놀라워하고 기뻐했을 것이다.

특별히 지적하자면, 우리는, 공간이 적어도 커다란 질량 가까이에선 유클리드 공간이 아니라는 것을 발견하였다. 그리고 시간은 공간과 구분되어 있지 않다는 사실이 높은 상대적 속도에서 경험적으로 명확히 드러났다. 그리고 만인의 인과적 공동체(universal causal community)[7]의 법칙은 양자현상의 수준에서 극적으로 적용되지 않는다. 우리의 뒤에서 그리고 아마도 역사적으로 앞에서 벌어졌던 이러한 유명한 연구 결과들은, 인간 인지 활동에 대한 칸트의 반역사적 개념이 빈약하다는 것과, 인간 인지의 심각한 변화를 말해준다. 물론, 우리가 칸트의 고전적 확신보다 더 높이 올라서려면, 우리는 실질적으로 상당한 **노력**을

7) (역주) 지구는 만인들이 상호 영향을 미치는 인과적 공동체라는, 칸트식 표현이다.

들여서, 새로운 체계 내에서 생각하고 지각할 줄 알아야 한다. 이런 일이 우리에게 명확히 가능하다. 물리학자, 천문학자, 수학자 등이 일상적 기반에서 칸트적이 아닌 체계를 활용하기 때문이다. 그렇다는 과학적 증거가 20세기 동안에 축적되었음에도, 그러한 자신의 개념적 변혁은 어느 진지한 연구자들에게도 필수적이다. 결론적으로 말해서, 표상체계는 시간에 따라서 변화될 수 있으며, 여러 외부 기준에 따라서 평가 가능하다. 이러한 두 사실을 합쳐보면, 여전히 장담하긴 어렵지만, 지성적 진보가 적어도 강건하게 이루어질 수 있다.

2. 시간적으로 펼쳐지는 구조적 신경 표상

얼굴은 보통 일정 거리 정지 상태에서 정면을 향해 있기 어렵다. 그보다 사람들이 왼쪽 혹은 오른쪽으로 주의를 집중할 때마다, 그들의 얼굴은 이리저리 다양한 방향으로 움직인다(그림 3.1). 또한 책상을 내려다보거나 전등을 올려다볼 때마다 얼굴은 앞뒤로 끄떡인다. 누군가를 향해서 다가서면 상대의 얼굴이 불쑥 (크게) 다가오기도 하며, 멀어질 경우엔 그 얼굴이 작게 쪼그라든다. 그리고 우리가 웃고, 눈살을 찌푸리거나, 곁눈질을 할 때마다 그 얼굴 자체가 달라지며, 대화 중엔 입술이 움직인다. 그런 얼굴의 행동은, 코트렐의 고전적 얼굴-재인 그물망의 실험과 이해에 쓰인 정지 스냅사진과 완전히 다르다. 그리고 인간 뇌는 방금 묘사한, 그리고 그 이상 모든 것들의 통합을 바라본다. 뇌가 바라보는 얼굴은, 머리 모양의 사물이며, 그 사물 절반의 앞면이 이따금 변화하며, 한정된 다양한 특징들을 드러내며 공간 내에 부드럽게 움직이며, 그 앞면의 특징이 사회적으로 유의미한 일련의 정합적 행동을 보여주는 등등의 통일체이다. 그렇다면 어떠한 표상 재원들이 뇌로 하여금 어떻게 이러한 복잡한 것들, 특히 여러 특징들에 대한 여러 시간적 및 인과적 구조들을 포착하게 해주는가?

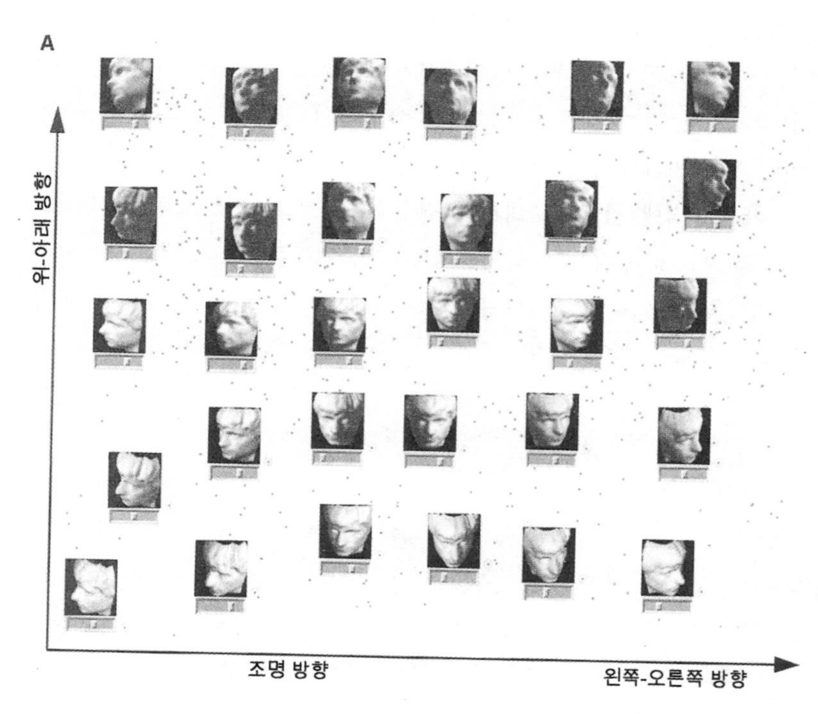

그림 3.1
동일 얼굴에 대해 다른 여러 각도에서 바라본 다양하고 독특한 여러 감각 표상들(허락을 받아서, Tenedbaum, de Silva, and Langford 2000).

움직이는 얼굴 행동은 앞으로 마주칠 우리의 거대한 질문을 암시해준다. 물리적 세계의 인과적 과정(causal processes)은 수동적으로 지각되므로, 뇌가 일반적으로 그러한 인과적 과정을 어떻게 포착해낼 수 있을지 우리는 묻지 않을 수 없다. 굴러가는 공, 포물선으로 날아가는 화살, 흔들리는 시계추, 날아가는 새, 내달리는 동물, 헤엄치는 물고기, 흐르는 물, 타오르는 불길, 왕복으로 움직이는 톱날 등 모든 것들은 우리의 표상 재원에 대한 유사한 도전을 담고 있다. 우리는 그러한 모든 것들을 분명히 우아하면서도 손쉽게 파악해낸다. 우리는 그러한 것들의 원형 과정들(prototypical processes)을 매우 부드럽게 지각할 수 있다. 우리가 그것을 어떻게 하는가?

하나의 고전적 설명에 따르면, 그것에 대한 재인은, 뇌가 그러한 과정이 일어나는 사물 혹은 실체에 대한 특정 공간적 특성을 우선적이며 독립적으로 재인함으로써 가능하다. 다시 말해서, 그러한 사물의 공간적 변화를 시간에 걸쳐 연속적으로 여러 번 재인함으로써 가능하다.8) 이러한 임의적이며 그럴듯해 보이는 제안은 거의 확실히 잘못된 설명이다. 그 한 가지 이유로, 그런 고전적 설명은, 구별되지 않는 시공간적 구조에 대해서, 순수한 공간적 구조 지각에만 특권을 부여한다. 어느 동물, 심지어 어린 것들의 지각적 삶의 인과 과정들의 편재성을 생각해보면, 그리고 그러한 과정을 다른 과정들로부터 가능한 한 즉각 구분하는 것이, 죽고 사는 문제라는 결정적 중요성을 고려해보면, 그러한 우선권은 의심스럽다. 어쩌면 정말로, 항구적인 공간적 개별자들이란, 뇌가 특정한 종류의 전개되는 인과 과정들을 사전에 포착한 것들로부터 얻은 **추상화**(*abstraction*)이다.

또 다른 이유로, 우리가 이미 알고 있듯이, 우리는 흔히, 정지된 스냅사진에서, 알아보기에 너무 형편없거나 명확히 지각하기 어려운 사물들을 비록 희미하게 알아볼 수 있을 뿐인데도, 특징적 걸음걸이 혹은 행동 양태를 즉시 재인할 수 있다. 시내의 3피트 물속에 희뿌연 잔가지가 있었다는 사실이, 잔잔히 흐르는 물에 정지 상태를 유지하고 있던 송어 같은, 특징적 변화 덕분에, 갑자기 눈에 띈다. 불연속적인 지그재그로 날아다니는 작은 각다귀(gnat, 곤충류)와 달리, 햇빛에 비친

8) (역주) 우리는 상식적으로 이렇게 생각한다. 마치 영화에서 조금씩 다른 많은 스냅사진들을 빠르게 보여줌으로써 영상 속의 사물이 움직이는 것으로 지각하듯이, 우리 뇌 역시 세계에 대한 많은 연속적 재인을 통해서 사물의 공간적 이동, 혹은 인과 과정을 파악한다.

먼지티끌이 있었다는 사실이, 시야에서 흐릿하게 떠다니는 특징적 변화 덕분에 재인된다. 콩깍지가 있었다는 사실이, 이웃집 정원에서 그것이 담장을 넘어 날아오는 특징적 변화 덕분에 눈에 띄며, 육안으로 간신히 보일 뿐인 8Hz의 작은 날갯짓으로 날아가는 참새가 눈에 띄게 된다.

"움직임의 인과 구조"를 발견하는 우리의 재주는 유명한 정신물리학 실험에서 충격적으로 나타난다(Johansson 1973). 그 실험에 따르면 두 개의 복잡한 상호작용 사물들이, 각각 거의 24개의 다양한 중요 부위들에 작은 불빛들을 부착한 채 준비된 상태에서, 누구라도 시각 자극을 받을 정도의 부착된 불빛만 남겨두고 그 외의 실험실 불빛은 완전히 전멸된다. 그런 상태에서 그 두 사물들이 움직이는 상호작용 도중에 찍은, 그 두 사물에 대한 한 장의 정지 스냅사진은 어느 소박한 관찰자라도 무의미하며 판독 불가한 발광 점들로 보였다. 그런데 만약 정지 프레임의 스냅사진 대신 이러한 안 보이는 두 사물들에 대한 동영상이나 비디오 장면을 제시해줄 경우라면, 그러한 시각 자극들이 공간적으로 빈약한 것들이었음에도 불구하고, 대부분 관찰자들은 즉각적으로 그런 상태의 어둠 속에서 두 사람이 춤을 추고 있는 것을 재인할 수 있었다. 팔꿈치, 무릎, 엉덩이 등등에 부착한 작은 불빛들의 집단적 움직임에 대한 지각 해석에서 관찰자들은, 춤추는 사람들이 서로를 빙글빙글 돌 때 그 불빛들 중 일부가 순간적으로 차단되기도 하였지만, 독특하며 거의 순간적인 의미를 만들어내었다. 모든 관찰자들은 이렇게 전개되는 인과적 과정을 1-2초 내에 재인하였다.[9]

지각 이외에, 우리는 또한, 뇌가 힘들이지 않고 다른 행위자들을 재

---

9) (역주) 어둠 속의 여러 불빛들의 '정지된' 스냅사진은 어떤 의미도 제공해주지 못하지만, 그 불빛들의 '움직임'이 특정한 의미를 산출하게 하였다. 이런 점에서 여러 장의 스냅사진들의 연속 제시가 인과 과정 파악의 재원이라는 설명은 궁색해진다.

인하는 동일한 종류의 복잡하고 정합적인 움직임을 **생성해내는** 뇌의 능력에 대해서 설명해야만 하겠다. 이러한 생성 능력은 종종, 공간적 패턴-재인 능력이 형성될 기회를 가지기도 이전, 출생 후 수 분 내에도 보여준다. 거북이와 병아리가 알에서 깨어 나오는 즉시 보행할 수 있다는 사실을 생각해보라. 심지어 고등 포유류인 가젤은 출생 후 20분이 지나면 걸을 수 있다. 분명히, 시간적 구조는, 가장 초기 단계는 물론 대부분의 성장 단계에서 신경 표상을 위해 필수적인 부분이다.

이러한 기초 표상적 요청을 만족시키려면, 우리가 앞서 논의했던 모든 사례들에서처럼, 어느 동물의 뇌이든 잡다한 여러 활성 공간들 내의 여러 원형 **지점들**을 활성화하는 것을 배우기보다, 그 활성 공간들을 **가로지르는 원형 궤도** 혹은 **경로**(*prototypical trajectories* or *paths*)를 활성화하는 것을 배워야 한다. 이러한 논점을 쉽게 이해하기 위해서 (다시 한 번) 하찮으나 (의도적인) 명료한 게의 사례를 살펴보자(그림 3.2a). 게는 자신의 관절을, 신체 쪽으로 굽혀진 임의 위치로부터, 시각적 표적 위치에 닿으려면 확대된 위치로 자신의 팔을 뻗어야 한다. 그 팔이 움직일 수 있는 무한한 동작들 중에 하나인, 그러한 특정 운동학적 연속 동작은 게의 운동 출력 공간 내에 그림 3.2b에서 가리키는 빨간색 **궤도**로, 독특하고 지속적으로, 표상된다(플레이트 12). 그러한 동작의 시간 과정은, 어느 활성 지점이 처음 지점에서 끝 지점까지 궤적을 그리는 공간 내에 실제로 걸리는 시간으로 표상될 것이다. 긴 시간은 느린 동작을 표상하며, 짧은 시간은 빠른 동작을 표상한다.

그렇지만 더욱 실재적이며 더 어렵게 설명되어야 할 경우, 즉 그림 3.1에서 보여주는 것처럼 움직이는 머리에 대해서 고려해보자. 한 지각 사례로, 가능한 여러 인간-머리 위치들의 연속체 내의 (지각되는) 인간-머리 위치들에 대한 (크지만 한정된) 집단을 고려해보자. [이것을 64 × 64 픽셀을 지닌 그림 2.12의 얼굴망으로 재인한다고 가정해보면,] 각각의 얼굴 방향 상태의 위치들은 초기에 (64 × 64 픽셀 =) 4,096차원이

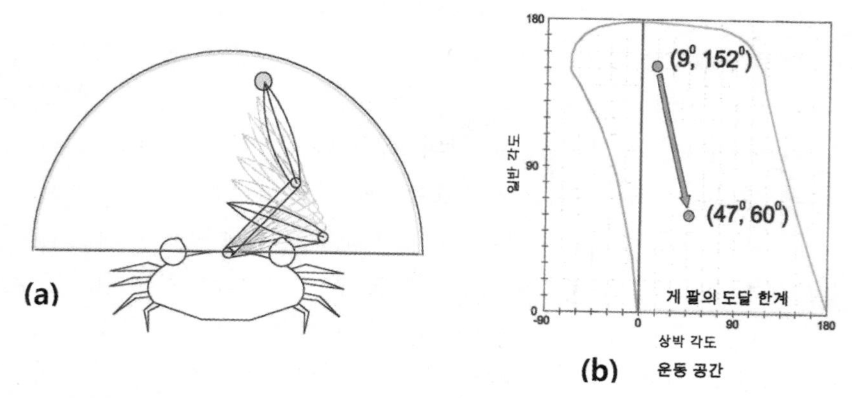

그림 3.2

(a) 게 팔의 연속 동작은, 운동 공간 (b)에 표상(표현)되었다. 플레이트 12를 보라.

란 고차원의 '망막' 무채색 공간 내의 단일 지점으로 표상된다. 즉, 그림 3.1에서 보여주는 많은 그림들 중 하나로 표상된다. (이러한 '픽셀 공간(pixel space)'은 분명히 고차원 공간이지만, 그 공간이 인간 망막의 활성 공간과 비교해볼 때, 매우 작다는 것에 주목할 필요가 있다. 인간 망막은 백만 개에 달하는 픽셀 또는 빛-감응 간상세포 및 원추세포를 갖는다.) 그렇다면 이제 다음과 같은 질문이 나온다. 이렇게 많은 그림들 내에 묘사되듯이, 기초적인 실재와 그 특징적 변이들을 표상하는 어느 다른 더 소박한(검소한) 방식이 있는가? 정말로, 그런 것들이 있다. 우리 모두가 이미 잘 알고 있듯이, 그림 3.1의 많은 다양한 그림들에서, 우리가 인간 얼굴 모양의 단일 고체 사물들을 바라볼 때, 그것들은 오직 세 가지 방식에서, 즉 (1) 머리 위아래 수직축을 중심으로 좌우 회전, (2) 양쪽 귀를 연결하는 수평축을 중심으로 끄떡이는 회전, (3) 추정된 조명의 재원에서 좌우 변화 등에서 서로 다르다.

이러한 기초적인 실재에 대한 인식 혹은 재인은, 그림 2.10의 우수이(Usui)의 색깔 그물망과 그림 2.12의 코트렐의 얼굴 그물망에서 이미 살펴보았던 종류의 **차원 축소** 혹은 **정보 압축**이란 다른 경우에도 성립한다는 것을 잘 주목해야 한다. 여기에서 우리는 코트렐 얼굴망의 4,096차원의 변이(픽셀 밝기)가 그림 3.1에 묘사된 단 3차원의 변이로 축소되는 것을 볼 수 있다.[10] 각각의 조명된 머리 위치는 더욱 소박한 3차원 공간 내의 단일 지점으로 표상된다. 그림 3.1에 붙여진 다양한 4,096픽셀의 그림들은, 독특한 고차원 벡터가 저차원 공간 내의 저차원의 딸 벡터로 묘사되도록 변환되는, 샘플 사례를 보여준다.

그러나 어느 동물 혹은 인공 그물망이 어떻게 이런 특별한 차원-축소 변환을 할 수 있으며, **학습할** 수 있는가? 그러한 변환은 얼마나 많은 방식으로 나타나는가? 아주 분명히 말해서, 우리는 단순한 두-가로대 그물망을, 첫째 가로대의 4,096개 입력 집단 유닛들이 오직 둘째 가로대의 3유닛들로 뻗어 연결하는 것으로 구성해볼 수 있으며, 여기 쟁점의 변환 함수로부터 의도적으로 유도된, 큰 집단의 적절한 입출력 쌍들에 대한 그물망을, 앞서 설명했던 가상의 역-전파 알고리즘을 이용하여 훈련시킬 수 있었을 뿐이다. 그러한 변환 함수는 우리가 앞에서 살펴보았듯이 강건히 비선형적이나, 만약 우리 그물망의 신경 유닛들이 S형 출력 반응 양태를 가질 경우(그림 2.4를 다시 보라), 우리가 원하는 함수에 꽤 근접하게 다가설 수 있다. (입출력 사이의 중간 가로대가 이러한 측면에 아마도 도움이 될 듯싶다. 그림 2.10의 다섯-가로대를 지닌 우수이 그물망 내의 첫 세 단계를 다시 살펴보라.)

그럼에도, 이러한 접근은 적어도 다음 두 가지 측면에서 만족스럽지 못하다. 첫째, 이러한 접근은 그물망을 훈련시키는 자가 누구이든 그는, (1) 그 기초적인 실재의 차원(3차원)을 **이미 알고 있어야** 하며, 왜냐하면 그물망의 표적 가로대를 정확히 3차원을 위해 세 뉴런으로 제

---

10) 물론, 그러한 그림은 2차원 인쇄물이지만, 각 이미지 아래에 있는 수평 막대기의 커서를 주시하라. 그 커서의 위치는 적절한 3차원, 즉 조명 각도를 묘사한다.

한해야 하므로, (2) 여기 쟁점의 변환 함수를 **이미 알고 있어야** 하며, 그래야 그 함수에 대해 필요한 훈련 사례들을 제공할 것이므로, 그리고 (3) 그 학생 그물망이 그 사례들에 연속적으로 근접하는지 **반복적으로 측정해야** 한다. 그러므로 이렇게 설명되는 접근은 **지도 오류-축소** 학습(*supervised, error-reducing* learning)의 한 사례이다.

그렇지만 실제적으로 고려해볼 때, 야생의 동물들은 '정답'에 접근할 어떤 선행의 혹은 독립적 접근법 없이 그들 스스로 학습해야만 한다. 우리는 의당 어떤 종류의 **비-지도** 학습(*unsupervised* learning)을 위한 전망을 탐색해볼 필요가 있다. 둘째, 또한 여기 쟁점의 (역-전파) 접근법은 다음과 같은 결함이 있다. 그 접근법은 그물망의 시냅스 연결이 정교한 오류-축소 과정에 의해서 점진적으로 수정될 것을 요구하지만, 이것은 생물학적으로 결단코 실제적이지 않다. 그 접근은 너무 점묘주의적(pointillistic)이다. 즉, 그 접근은 큰 그물망의 경우에 엄청 느리며, 어느 뉴런 시스템도 명확히 가용하지 않는 계산을 요구한다.[11)]

누구라도, 우수이와 코트렐 모두가 실질적 성공에 도취해 그러했듯이, 쉽게 생각하고선, 의도적으로 소박한 둘째 가로대를 지닌 **자동-연합** 그물망에 관심을 가질 수 있다. 그러므로 그러한 두 변환이 무엇인지를 아는 사람이 없이도, 혹은 알 필요도 없이, 그러한 그물망이 성공적 차원-축소 변환(그리고 차원-확장 도치(inverse))을 위한 **탐색**에 나서게 해볼 수 있다. 그러나 이러한 기대는 단순하고 자기암시적인 착각이다. 엄밀히 말해서 그런 기대는 관련된 **예지적**(*prescient*) 지도자를 불필요한 것으로 여기게 한다. [그리고 그런 기대는 우리를 다음과 같이

11) (역주) 역-전파 학습으로 그물망의 많은 유닛들의 강도를 조절하여 점진적으로 교정되어 변환 함수를 갖도록 만들려면, 다른 유닛들의 상태에 따라서 특정 유닛을 조금씩 수정해야 하므로, 그물망의 유닛들 전체의 학습이 엄청 느리게 이루어질 것이며, 실제 신경계가 그러할 것 같지 않아 보인다. 우리들은 순간적으로 학습한다.

생각하도록 유도하는 측면이 있다.] (어느 바보, 그리고 어느 프로그램이라도 동일성 변환(identity transformation)의 사례와, 그 변환에서 벗어난 것을 알아볼 수 있으며, 그러한 변환에 필요한 것은 오직 자동-연합 그물망에서 발견된 오류 역-전파이다.) 그러나 조금만 더 생각해보면, 거대한 의문이 어렴풋이 다가서는 것을 보게 된다. 역-전파 학습 알고리즘이 충분히 멋진 기술이긴 하지만, 그것이 자연 자체의 기술(Natural's technology)은 아니다.

하지만 우리가 그 점에 낙담할 필요는 없다. 학습해야 할 것에서 충분한 사례들이 주어질 경우에, 여기 쟁점의 차원-축소 문제를 비합리적인 예지에 호소하지 않고서도 해결해줄, 적어도 다른 두 가지 분명한 효과적 절차가 있기 때문이다. 두 개의 최근 보고서들(Tenenbaum, de Silva, and Langford 2000, Roweis and Saul 2000, 또한 Belkin and Niyogi 2003)은 서로 긴밀히 관련되면서도 각기 독특한 절차를 개략적으로 보여주는데, 그 절차들은 어느 예지적 지휘가 없더라도 주어진 고차원 데이터 공간 내의 저차원 하부 공간을 찾아낼 수 있다. 그 하부 공간은, 초기의 고차원 데이터 공간 내에 우연히 마주치는 특정 집합의 데이터 지점들을 실제로 발생시킨, 기초적인 실재 내의 객관적인 변이 차원들을 표상한다. 그리고 비록 고차원에서 저차원으로 변환이 비선형적일지라도, 이러한 차원-축소 과정들 모두는 이미 수학자들에게 잘 알려진 주요 요소 분석(principle element analysis: PCA)과 다차원 스케일링(multidimension scaling: MDS) 등의 선형적 기술의 한계를 넘어설 수 있어서, 그 변환에 성공할 것이다.

그림 3.3a(플레이트 13)는, 마치 그 지점들이 초기의 4096-D 공간 내에 위치를 차지하는 것처럼, 임의 데이터 지점들(예를 들어, 회전하는 반죽 머리의 많은 픽처들(pictures, 상태들)에 내재된 수많은 4096-D 벡터들) 집합을, 저차원의 도식적 그림 형태로 묘사해준다.[12] 그림 3.3b는, 회전하는 반죽 머리에서 일어나는 변이의 객관적 차원들을 표

현하는, (발견된) 저차원 비선형 다양체(nonlinear manifold)를 명확히 묘사해준다.13) 그리고 그림 3.3c는, 다시 한 번, 이번에는 하부 공간이 본래의 임베딩(original embedding, 본래의 담지자)에서 벗어나, 명료한 유클리드 다양체로 풀려난 것을 묘사해준다.14) 그 공간 내에서, 그 독특한 좌표-쌍들은, 고차원의 '겉보기 공간(appearance space)' 내에 본래의 4,096픽셀 무채색의 표시에 의해서라기보다, 단일 수직축과 단일 수평축을 중심으로 객관적 회전 각도에 의해서 객관적 머리-위치(head-positions)를 표현할 수 있다. (이해가 어렵다면, 단지 이것만을 생각하

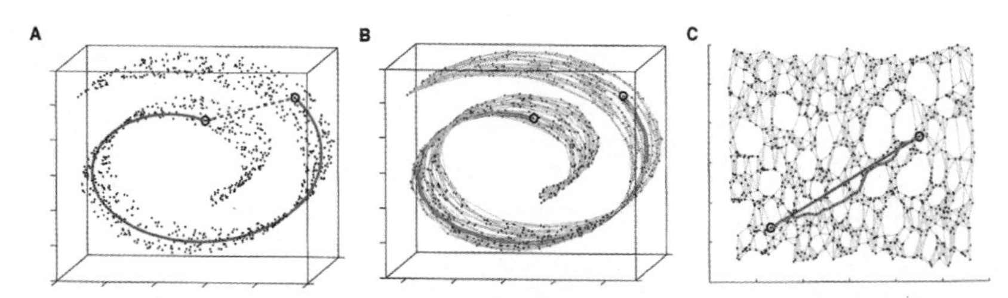

그림 3. 입체도(Isomap)가 비선형적 차원 축소(nonlinear dimensionality reduction)를 위해 측지선 경로(geodesic paths)를 어떻게 개발하는지를 보여주는, '롤 카스텔라 모양(Swiss roll)' 데이터 세트. (A) 비선형 다양체(nonlinear manifold) 위의 두 임의 지점(원)들에 대한, 고차원 입력 공간 내의 유클리드 공간 거리(점선 길이)는, 저차원 다양체를 따라가는 측지선 거리(입방체 곡선의 길이)에 의해 측정되는, 고유의 유사성을 정확히 반영하지 않을 것이다. (B) (K=7 그리고 N=1000 데이터 지점들을 지닌) 입체도의 1단계 내에 구성된 이웃 그래프 G는, 2단계 내에 효과적으로 계산된 실제 측지선 경로의 근사치(붉은색선)를, G의 가장 짧은 거리로, 제시해준다. (C) 3단계의 입체도에 의해 드러난 2차원 임베딩(embedding)으로, 이것은 지역 그래프의 가장 짧은 경로 거리(겹쳐진 선)를 가장 잘 제시해준다. 임베딩의 직선(파란색)은 이제 실제 측지선 경로에 대해서, 그 상응 그래프(corresponding graph) 경로(빨간색)보다, 더 단순하며 더 명확한 근사치를 표현해준다.

그림 3.3

고차원 감각 입력의 차원을 축소하는 (앞선) 기술(허락을 받아서, Tenenbaum, de Silva, Langford 2000). 플레이트 13을 보라.

---

12) (역주) 그림 3.1의 얼굴들이 움직이는 경우를 고려해보고, 그 각각의 얼굴 상태를 그림 2.12의 얼굴망이 학습하는 경우를 가정적으로 고려해볼 때, 첫 가로대의 64 × 64차원, 즉 4,096차원 지점들이 고려된다.

13) (역주) 각 지점들이 나선으로 회전하는 비선형 다양체는 많은 차원이기는 하나, 3.3a보다 훨씬 축소된 차원을 보여준다.

14) (역주) 즉, 앞의 3.3b의 비선형 다양체는 여기에서 유클리드 2차원 공간으로 다시 축소된 것을 보여준다.

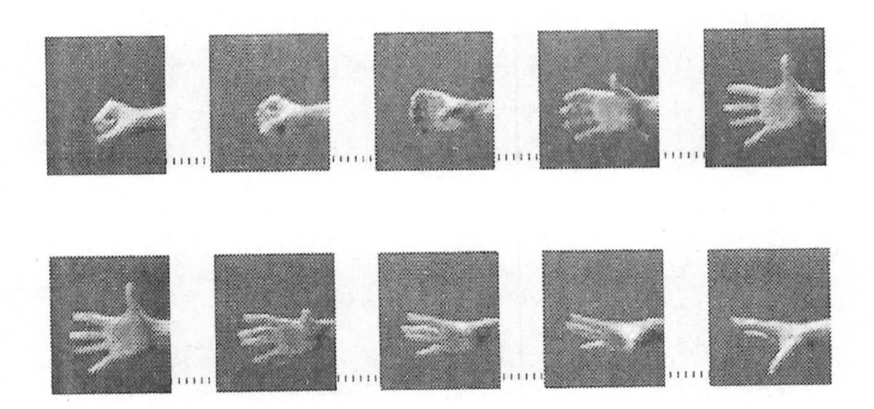

그림 3.4
인간 손의 두 복합 운동 결과(허락을 받아서, Tenenbaum, de Silva, Langford 2000)

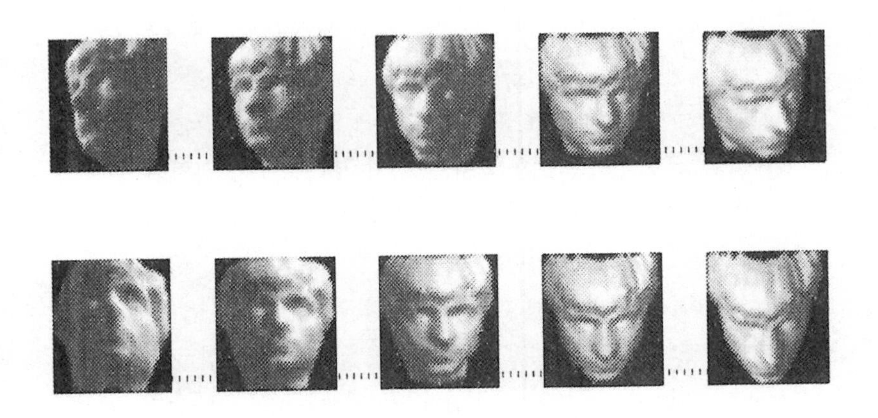

그림 3.5
인간 머리의 두 복합 운동 결과(허락을 받아서, Tenenbaum, de Silva, Langford 2000)

라. 그림 3.3의 도식적 그림이 3차원에서 2-D 축소를 묘사한다. 여기 쟁점(그림 3.1)의 실제 축소는 4,096-D에서 3차원 축소이다.)

이러한 차원-축소 기술이 무엇을 성취할 수 있는지를 보여주는 둘째 사례는 그림 3.4이며, 여기에서 임의 고차원 데이터 지점들은 다시 60 × 60 픽셀의 사진들이다. 쟁점의 알고리즘은, 근본적 저차원 실재의 변이, 즉 주먹 회전 정도, 손가락 펼쳐짐 정도, 그리고 조명 각도 등에서 다양한 손과 주먹의 변이를 성공적으로 찾아낸다. 저차원 표상인 그림 3.4와 3.5의 두 경우들에 대해 고마운 특징은, 저차원 하부 공간에 제한된 연속적 경로가 거기에 표현된 사물에서 일어날 연속 **동작**을 표상(표현)한다는 것이다. 서로 다른 경로들은 그 사물에서 일어날 서로 다른 운동들을, 서로 다른 가능한 시작과 끝 위치로 표상한다. 이것이 바로, 우리가 그림 3.4의 두 손 연쇄 사진들에서, 그리고 그림 3.5의 두 머리 연쇄 사진들에서 본 것이다. 정말로, 머리든 혹은 손에 대해서든, 객관적 공간 내에 **어느** 가능한 동작이라도, 관련 저차원 하부 공간 내의 어느 혹은 다른 연속적 경로에 의해 표상된다.

(내가 여기에서 강조하려는바, 그렇게 표상적으로 통찰력을 제공하는 저차원 하부 공간들이 존재한다는 것은, 어느 알고리즘의 진행 혹은 생물학적 진행이 (모연한) 고차원 내재 공간들에서 저차원 하부 공간들을 이끌어내기 위해 이용될 수 있다는 생각에 반대한다. 그러한 절차들은 다음 절의 주제이다.)

분명히, 그러한 변환-중재 더 낮은 차원 공간들은, 어느 **시간적으로 펼쳐지는 구조화 과정**의 본질적 특징들을 표상하기 위한 가장 효과적 매개 수단을 제공한다. 그러한 공간 내의 폐쇄된 경로는, 걷기, 펄떡거리기, 수영하기, 씹기, 할퀴기 등과 같은 율동적이며 주기적인 동작들을 표상할 수 있으며, 그러한 동작들의 적절한 과정은 자체의 시작 지점으로 돌아오도록 반복적으로 유도한다. 더구나, 그리고 중요한 만큼, 그러한 고차원에서 저차원으로의 변환은, 한편으로 인지 시스템에 제시되는 복잡하며 전망-의존적인 현상과, 다른 편으로 단순하며 전망-비의존적인 **실재**에 대한 차후 파악 사이의 구분을 드러나는 방식으로 반영하며, 그럴 경우에 그 **현상**과 실재 모두는 시간적으로 펼쳐지는 복잡한 과정들을 포함한다.

이러한 논점의 중요 제안에 따르면, 시간적으로 펼쳐지는 원형적 신체 동작(운동)과 다른 인과 **과정들**은 (적어도 원리적으로) 뉴런 집단의 뉴런 활성 공간을 관통하는 원형 **궤도** 혹은 경로로 (효과적이며 이해가능하게) 표상되며, 특히 (사안의 동작 혹은 과정을 위해 발견된) 항구적이고 기초적인 특징들 내의 기본적 변이들을 표상하는, 학습되고 비교적 저차원의 하부 다양체(submanifold) 내의 경로로 표상된다. 유사한 운동들은 그러한 특별한 하부 다양체 내의 근접 경로로 표상된다. 상이한 여러 동작들은 매우 다른 여러 경로들로 표상된다. 어떤 점에서 공통의 신체적 조성 상태를 보여주는 여러 동작들은 어느 지점에서 교차하는 경로로 표상된다. 여러 반복적 동작들은 폐곡선(**한계 사이클** (*limit cycle*) 혹은 안정된 진동)을 형성하는 경로로 표상된다. 지금까지 이야기를 정리해보자면, 그러한 특별한 하부 다양체 내의 많은 궤도들은 그 궤도에 포함되는 **모든 가능한** 동작들 혹은 인과 과정들을 표상한다.

그렇지만, 그러한 표상적 하부 다양체, 그리고 그 내부 경로의 추상적 존재를 지금까지 확인시켜주는 벡터-대수 알고리즘(vector-algebraic algorithms)은, 그러한 신경계의 다양체를 어떻게 구현시켜서, 그러한 원형적 경로에 놓이는 지점들을 순차적으로 적절히 **활성화**시켜주는지 우리에게 아무것도 알려주지 않는다. 그런데 만약, 신경계가, 예를 들어 실제 동작 행위를 유발하는 선호 궤도를 이용해야 한다면, 그러한 원형적 활성 지점들의 연쇄적 활성화를 촉발하고 추구할 능력이 신경계에 필수적이다. 그리고 그러한 신경계의 능력은, 그것이 동작의 특징적인 첫 몇 단계 지각에 촉발되는 뇌-발생 예측 **완성**을 성취함에 따라,

어느 원형적 동작 혹은 인과 과정을 지각적으로 재인할 수 있는, 어느 그러한 선호 궤도의 활성화를 위해서도 동일하게 필수적일 것이다. 구체적으로 말해서, 우리에게 필요한 것은, 이 장에서 지금까지 논의한 모든 그물망 사례들에서처럼, 주어진 자극에 반응하여, 순전한 원형 **지점들**을 드러내기보다, 활성 지점들의 원형적 **순차**(*sequences*)를 드러내도록 학습하는 신경 그물망일 것이다. 우리에게 필요한 것은, '상황 스냅사진의 구현'에 반대되는, '짧은 영화 한 편을 보여줄' 신경그물망이다.

공교롭게도, 그렇게 요청되는 능력은 마땅히, 지금 3장의 앞에서 논의된 많은 사례들로부터 잘 알 수 있는, 순수한 전방위 양태의 그물망에 대한 명확한 설명에서 드러날 것이다. 비판적으로 첨언하자면, 관련 계산처리 사다리의 어느 가로대에서 상당한 비중의 뉴런들이, 언제나 오직 위쪽으로 투사하기보다, 자체의 축삭을 아래쪽으로 투사하여(그림 3.6, 플레이트 14), 계산처리 계층 구조의 **하위** 어느 가로대 뉴런과 체계적으로 시냅스 연결하도록 유도된다. 이러한 '하향의' 혹은 '재입력' 혹은 '재귀적' 축삭 투사 등으로 다양하게 불리는, 상위 가로대로부터 나오는 투사는 그러한 특별한 투사를 받아들이는 하위 가로대의 뉴런 활동을 상당한 정도로 **조절한다**.

그러한 그물망의 존재가 의미하는바, 그물망의 하위 가로대가 그 사다리의 더 하위 가로대로부터 들어오는 어느 감각 입력에 반응하는 방식은, 더 이상 그 감각 입력의 특징과 (그 입력이 통과해야 하는) 시냅스 가중치 조성 상태에 의해서만 결정되지 않는다. 왜냐하면, 지금 중복 연결되는 가로대의 신경 반응은 부분적으로 (그러한 하향 재귀 축삭으로 투사하는) 앞선 상위 가로대의 활성 상태에 의존하기 때문이다. 그러한 신경 반응은, 하나의 동일 감각 입력에 대해서, 재귀 경로를 아래로 투사하는 상위 뉴런 집단의 활성에 의해 제공되는, 앞서 항시 변화하는 '인지적 맥락'에 따라, 변화할 것이다.[15] 다시 말해서, 그러한

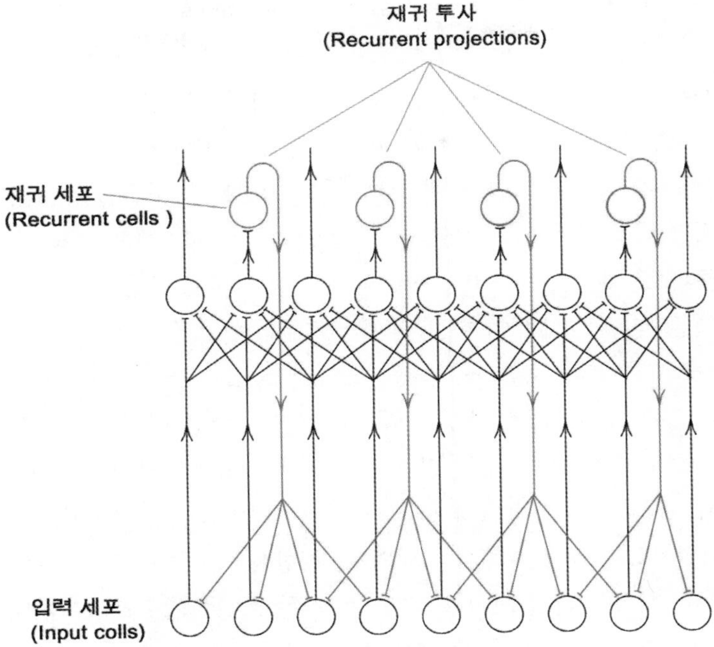

재귀 투사
(Recurrent projections)
재귀 세포
(Recurrent cells)
입력 세포
(Input colls)

그림 3.6
단순한 재귀적 그물망(recurrent network). 플레이트 14를 보라.

신경 반응은 이제 지각 그물망의 항시 변화하는 동역학적 '마음 체계(frame of mind)'의 기능이 된다.

우리의 기초 전방위 신경 장치에 이러한 구조적/기능적 추가 사항은 새롭고 고마운 행동을 풍부하게 가져다준다. 초보자로서 재귀적 그물망은 그 시냅스 가중치들을 형성시킬 수 있어서(즉 훈련시킬 수 있어서) 그 활성 공간 내의 궤도들이 어디에서 시작되는지에 따라서 하나

15) (역주) 즉, 상위 가로대에서 하위 가로대로 연결되는 재귀적 가로대는 결정된 출력 신호를 동일 감각 입력 뉴런으로 투사하며, 그럼으로써 감각 입력은 그 가로대의 다른 뉴런들의 맥락에 따라서 새로운 입력 상태로 보완된다.

또는 여러 다른 명확한 **끌개 지점들**(*attractor points*)을 향해 빠르게 빨려들어 갈 것이다. 이러한 지점들은, 익히 알고 있는 원형 지점들이, 우리가 이미 검토해보았듯이, 전방위 그물망의 경우에서 다루었던 기능을 수행할 수 있다. 그러나 재귀적 그물망은 여러 신속한 재귀 활성 사이클 이후에서야 그러한 특별한 활성 지점들에 도달할 수 있으며, 그 재귀 활성 사이클은 그물망의 시냅스 연결에 내재되는 배경 정보를 **반복적으로** 개발할 수 있다. 이러한 반복적 개발은 종종, 순수한 전방위 그물망의 동작에서 이미 긍정적으로 살펴보았던, 고마운 벡터 완성 현상에 그 이상의 재인 초점(recognitional focus) 차원을 추가시켜준다. 만약, 약간 애매하거나 저질의 입력 정보가 주어진 관계로, 재귀 그물망의 둘째 가로대가 순수한 전방위 벡터 완성만으로 첫 번째 시도에서 학습된 원형 내의 영점(zero)에 도달하지 못한다면, 그 가로대는 자체로 되먹임하는 재귀적 폐회로 내의 여러 활성 사이클 이후에야 원형에 '안착될' 기회를 가질 것이다. 만약 그 원형 활성이 입력 가로대로부터 들어오는 첫 번째 시도에서 일어나지 못한다고 하더라도, 여러 재귀적 보조 사이클 이후에는 원점을 구현해낼 것이다. 그러므로 재귀적 그물망은, 비록 활성 공간 내의 단일 지점들이 관련되는 경우일지라도, 순수한 전방위 유비보다 더 똑똑한 급(notch)일 수 있다.

그 과제를 더 잘 수행할수록 더 좋은 그물망이 될 터이다. 그러나 재귀적 그물망이 **표상** 능력을 확장시키려면, 우리의 일차적 관심을 받아야만 한다. 그리고 그물망이 강화시켜야 할 주요 표적은, 어느 가로대의 활성 공간 내에 한 부류의 원형 **지점들**을 학습할 능력이라기보다, 그 가로대의 활성 공간 내에 원형 **궤도들**을 학습할 능력이다. 이러한 능력의 강화를 통해서, 재귀적 그물망들은 외부 세계 사건들의 원형적 순차를 표상할 수 있다. 또한 그러한 그물망들은 활성 공간 내에 원형 궤도의 구조적 자료실을 가질 수 있어서, 마치 단순한 전방위 그물망이 세계 내의 여러 원형의 **물리적 구조**를 표상하는 원형 지점들을 습득하듯이, 그 궤도 역시 세계의 여러 원형적 **인과 과정**을 표상할 수 있다. 시간적으로 전개되는 여러 인과적 과정에 대한 이러한 그물망의 포착은 주요 미덕이 된다. 왜냐하면 이런 포착을 통해서만 동물들은, 상호작용하는 여러 인과 과정들의 화려한 대양을 항해할 수 있기 때문이다. 재귀적 경로와 그에 의해서 나타나는 동역학적 미덕이 없다면, 어느 동물이라도 우주를 형성하는 여러 인과 과정들을 보지 못할 것이며, 그것들을 앞에 두고도 아무런 능력도 발휘하지 못할 것이다.

이러한 이유에서, 누구라도 재귀적 축삭 경로가 더 기초적 장치인 전방위 그물망에서 진척된 것으로 생각하지 말아야 한다. 전방위 그물망은 이 책의 앞 장에서 오직 부차적 설명을 위한 것이라는 점에서만 기초적일 뿐이다. 전방위 그물망이 더욱 쉽게 이해될 수 있으며, 그 단순한 작동이 더욱 쉽게 탐구되고 설명될 수 있기 때문이다. 그래서 우리는 그것을 먼저 돌아보았던 것이다. 그렇지만 재귀적 그물망이 생물학적 피조물의 척도이다. 왜냐하면 그런 그물망이 가장 미물의 생물학적 기능에서조차 필수적이기 때문이다. 혈관의 끝부분으로 영양분을 보내기 위한 혈관의 느린 맥박 운동, 혈액을 순환시키기 위해서 그침없이 뛰는 심장, 음식물을 소화시키기 위한 위의 분해 작용, 이산화탄소를 내보내고 산소를 주입하기 위한 폐 또는 아가미의 규칙적인 수축운동 등을 생각해보자. 모든 이러한 기능들은 그리고 그 이상의 기능들은, 내적 움직임에서 안정된 한계 사이클을 수용하는 고유의 동역학 시스템, 즉 뉴런 활성 공간 내의 주기적 궤도를 수용하는 시스템에 의한 신경 조절을 수행해야 한다. 그물망이 단지 물리적 구조에서 적절히 재귀적이기만 하다면, 그것이 이러한 필수적 동역학의 특징들을 보여줄 것이다. 그러므로 진화론적으로 말해서, 재귀적 그물망은 신경계 자체만큼이나 오래된 것이며, 정말로 동물들만큼 오랜 역사를 가진다. 왜냐하면 재귀적 그물망이 비선택적(필수적) 기술이기 때문이다.

그러므로 마땅히 방금 언급한 기초 생물학적 기능들을 위한 신경 조절은, 전형적으로 당면의 생물학적 기관 자체에, 혹은 척수에, 혹은 모든 척추동물의 원시적 뇌간(brainstem)에 의해서 일어난다. 그런 그물망은 전통적으로 **자율** 신경계라 불리는 것에 속해 있으며, 거의 그침 없는 그러한 규칙적 활동은 전형적으로 어느 동물에서든 어떤 시각 혹은 의식과 무관하게 일어난다. 반면에, 학습되고, 상황적이며, 의도적인, 그리고 의식적인 동작 행위에 대한 신경의 산출과 조절은, 전형적으로 대뇌피질의 운동 및 전운동 영역(motor and premotor areas)과 같은 진화적으로 훨씬 최근의 뇌 구조 의해서 일어난다. 확실히, 이러한 최근의 영역들은 '어떻게-알기'를 담아내며, 그런 지식은, 날아오는 물체를 어떻게 회피하는지, 돌을 어떻게 던질 수 있는지, 망치를 어떻게 휘두르는지, 물고기를 어떻게 잡는지, 불을 어떻게 피우는지 등에 관한 지식이다. 반면에 숨을 어떻게 쉬는지, 혈압을 어떻게 올리는지, 음식물을 어떻게 소화시키는지 등에 관한 지식은 그와 다르다.

이러한 새로운 영역들은 (시각, 촉각, 청각 등등의) 여러 감각피질 영역들과 함께, 동물들로 하여금 훨씬 더 복잡하고, 통찰력 있으며, 상황-적응 방식으로 주변의 인과적 환경에 개입하고 영향을 미칠 수 있게 해준다. 그렇게 할 수 있는 동물들은 (현재의 지각이 자신들의 지각 원형-궤도를 활성화시킴에 따라서 그리고 바로 그럴 시점에, **빠른 전방위**로 학습되는 지각 원형-궤도에 의해서) 다양하게 가능한 미래를 볼 수 있으며, 그래서 여러 가능한 미래에 대한 오프라인 탐색의 인과적 반응에 따라, 그리고 증거와 덜 바람직한 대안적 미래를 고려하여, 여러 가능한 미래들 중 하나로 선택된 정보적 동작 행위를 할 수 있다.

이러한 방식으로 동물의 **자율성**(*autonomy*)은 우주의 인과적 질서로부터 천천히 등장한다. 그것은, 자율적인 동물들이 완전히 배타적인 인과 질서를 어떻게든 **회피할** 수 있기 때문에서가 아니다. 그보다 그것은, 동물들이 배경 구조물(뇌 구조)에 담긴 그러한 인과 질서에 대한, 충분하고 상세한 개념을 포착할 수 있어서이며, 하나의 체계적 기반으로서 자체의 현재 신경망의 조성 상태에 의해서 지각할 수 있기 때문이다. 그리고 그런 능력에 의해서, 동물들은 최소한 다소 바라지 않는 전망의 포식에서 벗어날 수 있다. 이러한 설명의 맥락에서, 자유란 소위 '날아오는 돌을 피하는' 능력에 달려 있다. 따라서 자유는 실무율(all-or-nothing)의 사건이 아니다. 그와 반대로 자유란 정도의 문제이다. 누군가의 자유란, 그가 자신의 잠재적 미래를 얼마나 멀리 그리고 얼마나 정확히 볼 수 있는지, 그리고 훈련된 자신이 그러한 능력 중 일부를 남을 위해 호혜적으로 (**인과적** 호혜로) 얼마나 실천하는지 모든 고려에서 측정될 수 있다. 이러한 관점에서, 자유란 궁극적으로 지식의 문제이다. 여기에서의 지식이란, 우리로 하여금 어느 임의 시간에 자신의 가능한 미래를 최소한 일정 거리 떨어져서 알아볼 수 있게 해주는 무엇이며, 다른 것들을 배제하고서 자신이 선택한 대안을 구현하거나 강화하기 위해서 스스로 어떻게 행동해야 하는지를 알아볼 수 있게 해주는 무엇이다. 역설적이게도, 자유란 일반적 인과 질서를 회피하는 데에 있지는 않다. 그보다 자유란, 어패류와 굴의 인지적 능력을 넘어서는, 일반적 인과 질서를 인지적으로 상세히 포착해낼 능력에서 나오며, 그러한 포착을 통해서 우리는 주변의 인과 질서에 복잡하게 개입하고 그 환경을 극복할 수 있어서, 매우 고착되고, 수동적이며, 가엾은 운명의 인질 상태에서 영원히 벗어날 수 있다.

더구나, 우리 인간은 어패류나 굴과 마찬가지로 인과 질서에 구속받는다. 다만 우리는, 엄청나게 훨씬 복잡한, 오직 전지의(omniscient) 초월적 신만이 알 수 있을, 운명의 인질이다. (그러한 신은 일종의 비극적 의미를 부여한다.) 그러나 여기 논의에서 그것이 핵심은 아니다. 우리가 어패류나 굴의 방식으로 고착해서 살아가거나 세계를 이해하지 않으며, 수동적이지도 않다는 사실이 핵심이다. 우리는 그러한 생물들과 매우 다르다. 증거와 명백한 경험적 사실이 말해주는바, 우리는 무수히 다양하게 '날아오는 투석'을 피할 수 있으며, 또 실제로 피하지만,

그러한 하찮은 생물들은 그런 투석을 볼 수 없어서 그 앞에 무력하다. 우리는 약탈 포식자를 분간할 수 있어서 적절히 방어할 수 있다. 우리는 사회적 갈등의 조짐을 알아볼 수 있어서, 풍파를 가라앉힐 수도 있다. 모든 이러한 인지적 기술들은 자신이 습득한 도덕적 특성과 엄밀히 예측 불가한 평가적 활동을 반영하고 있다. 어패류는 그러한 기술을 전혀 갖지 못한다. **그러한** 차이점은 실제적이며 중대하다. 그러한 차이의 정도는 곧 인간 자유의 정도가 된다.

끝으로, 다음을 주목해보자. 이러한 전망에서, 인간의 자유는 고급 지식을 증가시킬 수 있고 또 실제로 증가시키는 무엇이며, 그 증가에 의해 관리할 수 있는 인과 영역에 엄밀히 관련된다. 어느 어린이가 자신의 예측과 실천적 기술을 발달시킬수록, 자신의 자유도 따라서 커질 것이다. 왜냐하면 스스로 적절히 조절할 수 있어서, 자신의 운명을 넘어설 수 있기 때문이다. 그리고 인간이 자신의 경제적, 의학적, 환경적 미래에 대해 예측하고 구상하는 능력을 확장시킬수록, 하나의 사회로서 자신들의 집단적 자유 역시 그러할 것이다. 잘 주목해야 할 것으로, 그러한 능력은 우리의 집단적 과학 지식에 그리고 우리가 잘 아는 입법과 행정 제도 속에 담겨 있다. 반면에, 그런 것에 관해서 우리가 전적으로 무지하다면, 그런 것에 대해서 우리가 정말로 깜깜하고 무력하다면, 우리는 운명의 인질이 되고 만다. 그런 것에 대해 우리가 정말로 단지 급류에 휩쓸리는 나무토막과 같다면, 조그만 자유조차 얻을 수 없다. 그 강물 아래의 교활한 송어는 상당한 정도의 자유를 가지며, 나무토막은 전혀 갖지 못한다.16)

---

16) 데닛(Dennett 2003)은 최근 『자유는 진화한다(*Freedom Evolves*)』에서 이와 동일한 일반적 노선을 유지하는, 새로운 자유의 최적화 견해를 피력하였다. 이 견해를 잠시 고려해보자. 나의 관심을 끄는 것은, 그의 독자적인 관점이 (혹은 그와 매우 유사한 관점이라도) 인과적 인지와 운동 조절을 전반적으로 매우 자연스럽게 설명해주면서도, 동역학적으로 작동하는 재귀적 신경 그물망 이론에 의해서도 지지될 수 있는가이다. 이러한 유익한 "귀납적 부합(consili-

그러므로 자신의 운명이 단지 보편적 인과 질서에 포함되어 있다는 것이 자신의 자유에 나쁜 일은 아니다. 만약 실질적 자유가 실현 가능하다면, 정말로 자신의 운명이 보편적 인과 질서에 포함되어 있다는 것이 우선 조건일 것이다. 그보다도, 누군가의 자유를 낮추는 것은, 자신의 역사에서 전개되는, 완전하고 단호한 **조절 결핍**에 있다.[17] 결핍된 지식을 습득하고, 그러한 예측이 조절을 실현 가능하게 해주는 정도만큼, 자신은 그만큼의 자유를 얻어내고 성취한다. 자유는 자신의 미래에 대한 선견지명을 실천에 옮길 능력에 달려 있다. 자유를 얻으려면, 자신의 능력으로 자신의 운명에 대한 적어도 일부분만이라도 붙들어야 한다. (안타깝지만, 오직 일부만을 극복할 수 있을 뿐이다.) 이러한 논의의 논점을 강조하건대, 자신의 신경 그물망의 재귀적 구조는 그러한 자유를 최초로 가능하게 해주는 장치이다. 왜냐하면, 미래에 대한 어느 정도의 통찰과 미래에 대한 어느 정도의 운동 조절을 동시적으로 제공해주는 것이 바로 자신의 재귀적 그물망이기 때문이다. 그러므로 자유란 다만 점진적으로 획득된다.

그런데 아직 우리는 전통 형이상학에서 나오는 쟁점을 다루지 않았다. 운동 조절에 관한 이야기는 잠시 미뤄두고, 다음과 같이 질문해보자. 우리가 세계의 전형적 인과 과정을 파악할 경우에, 예를 들어 번개 후에 천둥소리가 나며, 한 당구공이 다음 당구공에 부딪치면서 운동이 전달되며, 불에 의해 열이 나는 등등을 통해서, 우리는 무엇을 학습하는가? 우리가 학습한 뉴런 활성 공간의 궤도가 실제로 표상하는 것이 무엇일까? 이러한 전통 형이상학적 질문은 우리를 무겁게 짓누른다. 인과관계, 그리고 그것에 관한 우리의 지식 등에 대한 설명은 넓고 다양

ence of inductions)"은, 우리가 앞으로 살펴보겠지만, 그 분야의 많은 것들 중 하나일 뿐이다.

17) 자기조절의 신경생물학은 술러와 처칠랜드(Suhler and Churchland 2009)에 의해 잠시 탐구되었다.

한 관점에서 주장되어왔다. 인과관계에 대한 학습이란, 단지 물리적 세계 내의 여러 사건들(유형의 사례들) 사이를 '지속적으로 연결시킴'에 의한 학습일 뿐이라고 인과관계를 낮춰보았던 데이비드 흄(David Hume)의 관점에서부터, 많은 사례들 사이의 연대적 시간-공간 관계와 상반된 의미에서 그것이 관련 보편자들(universals) 사이에, 우연적이나 온전히 실제적인, 경험-초월적 관계가 존재함을 받아들이는 것이라는 데이비드 암스트롱(David Armstrong)의 관점도 있었다.

그들이 비록 플라톤의 말에 대해 서로 다른 수준에서 (암스트롱은 동일 수준에서, 흄은 다른 수준에서) 대답하려하지만, 모두의 관점은 공통적으로 잘못을 보여준다. 나는 그것이 왜 그러한지를 보여주려 한다. 그들이 공유하는 잘못은 다음과 같은 가정에 있다. 개별자(particulars)의 독특한 유형(types)이, 시공간적으로든 아니면 플라톤적으로든, 우선적으로 포착되며, 그런 연후에 그 유형들 사이의 적절한 '원인-지시' 연결이 (그렇지 않았더라면 연결되지 않았을 상황에 우연히 첨부되어) 나중에 어떻게든 간파된다. 그 모든 경우에서, 적절한 개별자들 유형이 일차적으로 인식론적이며 존재론적인 존재로 우리에게 다가오지만, 반면에 그것들을 묶어주는 그 어떤 (본래적 혹은) 인과적인 관계들이 이차적으로 인식론적이며 존재론적인 존재로 우리에게 다가온다.

이 문제를 정확히 원점으로 되돌려 생각해볼 필요가 있다. 어느 동물의 뇌 전체에 재귀적 경로가 충분히 갖춰졌다면, 그리고 적절한 인과 과정, 예를 들어 어미의 젖을 먹어야 하고, 어미의 품에서 체온을 유지해야 하며, 자기 동족의 전형적 걸음걸이를 알아보아야 하고, 자신의 형제자매와 함께하는 놀이의 행동을 알아보아야 하는 (그리고 어미가 제공하는 자원에 대해 종종 형제자매들과 벌이는 격렬한 경쟁을 알아보아야 하는) 등등을 즉각적으로 파악해야 할 일차적 이유가 있다면, 적어도 원형의 **인과적** 혹은 **법칙적 과정들**을 뇌가 우선적으로 그리고 가장 잘 파악해야 한다는 가설을 고려해볼 필요가 있다. 활성 공간 내의 유용한 **궤도**를 창조하고 정교하게 조율하는 것은, 우리의 가장 기초적 학습 메커니즘이 해야 할 우선적 과제이다. 차후에 **개별자**의 독특한 유형을 재인하려면, 그에 앞서 세계의 인과 구조를 알고 있어야 하며, 앞으로 우리가 알아보겠지만, 그럴 수 있으려면 구조적 원형 궤도를 발달시킬 수 있어야 한다. 이것을 갖추려면, **4차원** 시공간의 세계에 대한 본유적 구조인 활성-공간 대응도를 가져야 한다. 이것을 가지려면, 뇌가 **4차원** 보편자를 갖추어야 한다. 이것을 갖추려면, 뇌가 시공간 다양체 전체에서 거듭 사례로 나타나는 전형적인 4차원 구조의 체계적 표상을 발달시켜야 한다.

우리들이 지금은 세계의 4차원 구조에 대해 이미 확실히 파악했지만, 과거에 개별적 '사물들'을 3차원 세계로 한정시켰던 우리는 무수히 다양하게 가능한 대안적 방법들을 (처음) 인식하면서 어려운 시기를 당연히 맞이하게 마련이다. 내 컴퓨터 키보드의 왼쪽 일부가 보이고, 그 아래 오른쪽으로 구겨진 황갈색 봉투가 깔려 있으며, 그 둘 바로 위의 브라운관(CRT) 모니터의 아래쪽 경계에 걸쳐 "Dell dimension"(컴퓨터 기종)이라 인쇄된 푸른색 글씨가 보이는 등에 대해서, 하나의 '사물'임이 선험적으로 인정된다고, 누군가 고집하는 경우를 상상해보자. 우리는 정상적으로 그것이 개별 사물이라 여기지는 않는다. 왜냐하면, 그것이 세계의 다른 것들과 인과적 상호작용에서, 그리고 심지어 그 (내적인) 부분들 사이에서도 어느 단일 패턴을 보여주지 않기 때문이다. 그것이 단일 물리적 사물인지 알아보는 가장 단순한 실험으로, 그 일부분, 즉 봉투를 끌어당겨보면, 그 세 부분의 '사물'에서 나머지 부분이 함께 딸려오지 않는다. 반면에, 어느 유형의 실제 물리적 개별자라도 혹은 다른 유형의 것이라도 그와 구분되며, 한 유형은, 다른 유형들이 다소 고정된 3차원의 시간적 순간들의 순차에 내재되는, 4차원 인과 과정의 특징적 얽힘에 의해서 다른 유형들과 구분된다.

예를 들어, 야구공 크기의 돌은 땅바닥에 던져지면 하나의 전체로 굴러가며, 공중에 던져질 경우에 하나의 전체로 날아가며, 물속에 넣을 경우 하나의 전체로 가라앉으며, 유리창에 던져지면 유리를 박살내고, 마치 망치처럼 사용하여 호두를 깨부술 수 있는 등등, 무수히 많은 사례들에서 하나의 전체로 작용하는 것을 볼 수 있다. 물속의 송어 역시 그와 같이 많은 사례들을 보여줄 수 있지만 단지 다른 인과적 행동을 보여주며, 잡초, 정(chisel), V-모양을 이루며 집단으로 날아가는 오리들에서도 그러하다. 그 각각이 서로 다른 유형의 개별자들인 것은, 그것들 각자가 시간적으로 지속되기 때문이 아니라(사실상, 점 이벤트들(point events) 이외에, 앞서 살펴본 잘못된 '사물'을 포함하여 **모든 것들**은 시간적으로 지속된다), 독특한 원형의 인과 과정에 적절히 불변적으로 참여하기 때문이다

후보 개별자를 **진정한** 개별자 지위로 (혹은 **자연종** 개별자의 지위로) 격상시켜주는 것이, 그 개별자가 지속적으로 참여하는 진정한 인과 과정의 특성이라고 우리가 동의한다고 가정해보자. 그래도 우리는 이렇게 다시 묻게 된다. 어느 전개되는 과정을 (예를 들어, 내가 걸어갈 때 불규칙한 벽에 드리워지는 내 그림자의 움직임과 연속적 모양의 변화와 같은, 혹은 텔레비전 스크린 표면에 밝은 빛으로 묘사되는 '홈런볼 궤적'처럼, 단지 우연적 순차 혹은 허위-과정에 반대되는) **진정한 인과 과정**의 지위로 격상시켜주는 것이 무엇일까? 이러한 두 사례에서 관심을 끄는 연속적 사건들은, 각각의 시간적 전임자들과, 벽에 대해서 혹은 스크린에 대해서 인과적으로 관련되지 않으며, 첫 번째의 경우는 태양을 차단하는 내 신체 움직임과, 또는 둘째의 경우에는 실제 야구장의 실제 사건이란, 각기 이차적 결과를 일으키는 배경의 **공통 원인**과 관련된다. 그리고 존재론적으로 특징을 구별지어주는 것이, 인식론적으로 그것을 어떻게 파악할 수 있게 해주는가? 한마디로, 무엇이 진정한 인과 과정을 만들어주며, 우리가 그것을 어떻게 탐지하는가?

한 가지 가능한 대답은 이렇다. 진정한 인과 과정이란 진정한 4차원 우주의 사례이며, 그런 우주가 모든 것을 내재하는 4차원 연결체의 객관적 구조 내에 (언제나는 아니지만, 매우 자주) 보여주는 진실로 예외 없는 혹은 불변의 행동 모습을 반영한다. 인과적 필연성에 관한 이러한 견해는, 흄과 암스트롱을 거슬러, 고대 스토아학파 논리학자인 디오도로스 크로노스(Diodorus Cronus)에까지 올라간다. 그는 시간적 용어에 비추어 단순한 우연성과 진정한 필연성을 구분하였으며, 세계의 필연적 특징이란 진정으로 시간 불변적인 것들이어야 하며, 우연적 특징이란 시간에 따라 변화하는 것이라고 보았다(Mates 1961 참조).

이러한 설명을 처음 접했을 때, 그 설명이 너무 엉성하고 단순해서, 나로선 당황스러웠다. 내 생각에 그러한 설명은 그저 법칙적 필연성[18]을 말하는 것 같으며, 가장 약한 형태의 필연성과 훨씬 엄중한 형태의 분석적 혹은 논리적 필연성을 분명히 구분하지 못한 생각에서 나온다. 그리고 어느 경우이든, 그 설명은 단순한 우연적 일치에 대한 우려를 낳는다. 우주 전체의 역사를 통틀어 (억지로 하나의 예를 들어보자면) 한 변의 길이가 10마일 되는 금 입방체(금괴)는 결코 존재했던 적이 없다. 따라서 "모든 금 입방체는 한 변의 길이가 10마일보다 짧다"라는 무조건적이며, 공허하지 않은, 보편적 조건문(universal conditional)은 참일 것이다.[19] 그러나 그런 사실은 분명히, 전혀 **사실상의** '규칙성'에 대한 어떤 법칙적 필연적 혹은 인과적 의미도 알려주는 바가 없다. 왜냐하면, 어느 현존하는 금 입방체의 한 변의 길이가, 10마일보다 짧은 이유와 원인에 대해 어떤 **설명적** 핵심도 제공해주지 못하기 때문이다.

---

18) (역주) 법칙적 필연성이란, 예를 들어, "봄 이후 여름이 온다"와 같은 자연적 규칙의 필연성을 말한다.

19) (역주) 러셀에 의해 전칭긍정명제는 '조건문(conditional)'으로 분석되었다. 하나의 문장처럼 보이지만, 실제 논리적 구조는 두 문장의 결합으로 보인다는 것이다. "어떤 것이 금 입방체라면, 그것의 한 변의 길이는 10마일을 넘을 수 없다."

그런데 그 이후에 디오도로스의 설명에 대한 나의 반론에 대한 확신은 희미해져버렸다. 일차적으로 콰인에 의해서, 분석-종합 구분은 마땅히, 그 설명에 포함된 전적으로 신비적인 필연성의 풍미와 마찬가지로, 난감한 역사적 골동품이 되어버렸다. 그리고 양자역학에 의해서 (또한 일반상대성 이론에 의해서 유클리드 기하학이 하찮아진 일과 맞물려서) 우리의 소위 기하학적, 수학적, 논리적 혹은 형식적 진리는, 비록 지금도 참이라고 여겨지는 측면이 있긴 하지만, 단지 자연법칙 또는 법칙적 진리처럼 비쳐지게 되었다. 법칙적 필연성은 일반적으로 필연성의 황금 기준(gold standard)으로 재등장하였다. 이것에 디오도로스는 아마도 동의할 듯싶다.

심지어 우연적 규칙성에 대한 염려가 상당 부분 상쇄되었는데, 왜냐하면 "10마일 길이의 금 입방체가 보편적으로 존재하지 않는다"는 사실이, 우주를 규정할 불변의 **인과 과정**에 의해서라기보다, 우주를 규정할 **임의 조건**에 의해서 매우 적절한 **대안적** 설명이 가능하고, 용인되기 때문이다. 반면에, 동일 크기의 플루토늄(plutonium) 입방체는 정말로 인과적으로 불가능한데, 그 이유를 우리는 설명할 수 있다. 엄청난 크기의 질량을 고려해볼 때, 집적된 플루토늄 입방체는 중성자(neutron) 방출에 의해서 특정 크기에 도달하는 순간 폭발할 것이다. 그러나 많은 이 세계의 **다른** 규칙성들에 대한 우리의 지식이 우리의 추론을 허락하는바, 금은 그러한 크기의 한계를 전혀 갖지 않는다. (플루토늄 원자핵은 지속적으로 붕괴되는 중성자를 방출하지만, 금의 원자핵은 그렇지 않다.)

우연적 규칙성과 진정한 인과 규칙성을 구분하기 위하여, 이미 살펴보았듯이, 어느 다른 법칙적 규칙성에 호소하는 것은 전혀 순환적이지 않다. 우리는, 유사한 종류의 호소에 의해서, 흐르는 그림자와 전개되는 텔레비전 스크린 이미지에 대한 인과적 자격을 부정한다. 특별히, 우리는 그러한 허위-과정이 그러하게 작동하는지에 대해 훨씬 **좋은** 설명을 할 수 있으며, 그 밖에 다른 곳, 즉 태양 빛을 차단하는 나의 신체 움직임에서 그리고 경기장 내의 사건들에서 작동하는 진정한 인과 메커니즘을 부여하는 설명을 할 수도 있다. 일반적인 진리와 마찬가지로, 법칙적 진리는 다른 추정된 진리들의 넓은 그물망 내에서 일관성, 체계성, 단순성 등을 찾는 과정에 의해서만 오직 신뢰할 만하게 결정될 수 있다. 실제 인과 과정들, 즉 진정한 4차원 불변항들은 상호작용하며 상호 반영하는 전체를 형성한다. 심지어 그 전체에 대한 일부 파악만으로도 우리는 그러한 (예를 들어, 한 변의 길이가 10마일보다 짧은 금 입방체와 같은) 단순한 우연적 일치를, 그와 관련된 보편적 조건문을 직접 논박해주는 것을 실제로 내세워 애써 방어하지 않더라도, 알아볼 수 있다. 그러한 사실적 '일치'는, 무수히 많은 다른 필적하는 무-관련 '일치'와 마찬가지로, 우연적 동일성과 유사-법칙 동일성 사이의 구분을 내세우지 않더라도 지지될 수 있다.

이러한 논점은, 진정한 법칙적/인과적 구조를 지닌 **어느** 우주라도, (10마일 금 입방체와 같은) **모든** 법칙적 가능성이 언제 어디에선가 마침내 단호히 성립되는 특이하게 드문 우주만 아니라면, 쟁점과 무관한 많은 (절대적으로 많은) 순수한 우연적 동일성을 확실히 그리고 마구잡이로 보여주는 관찰에 의해서 강화된다. 그러한 특이한 우주는 아마도, 사건들의 모든 가능한 시간적 순차, 그리고 그러한 연속에 대한 모든 가능한 순차, 그리고 다시 그것에 대한 순차 등등을 구현하기 위하여, 시공간적으로 무한히 존재해야만 할 듯싶다. 그렇지만 그러한 특이한 경우들이 없기에, 모든 법칙적으로 있음직한 우주는, 실재 인과적 구조에 엄격히 따르는 무엇 너머 그리고 그 이상의 어떤 종류 혹은 다른 종류의 무한한 우연적 균일성을 어쩔 수 없이 낭비해야 한다. 그러나 균일성은, 그러한 우주 내의 인지적 피조물에 의해서, 그리고 앞서 언급된 체계적 절차에 의해서, 그러한 것으로 밝혀질 수 있으며 또 드러날 것이다.

3. 헤브 학습에 의한 개념 형성: 공간적 구조

찾을 것이 없는 곳에서 법칙적/인과적 구조를 거짓으로 바라보는 것은 학습하는 뇌가 피해야 할 위험 요소들 중 하나이다. 물론 그런 구조가 **있음에도** 불구하고, 노이즈나 다른 방해 요소들로 인하여 법칙적/인과적 구조를 바라보지 **못하는** 것 역시 명백한 위험일 수 있다. 그러므로 우리는 다음과 같이 (형이상학적 질문과 상반된) 과학적 질문을 하지 않을 수 없다. 뇌가 어떻게 우주의 4차원 구조에 대해 거의 정교한 (부분적) 대응도를 **생성할** 수 있는가? 어떤 절차에 의해서, 그러한 가능한-인과-과정의 대응도가 실제로 형성되는가?

우리는 잠시 앞에서 이런 질문에 대답해보긴 했지만, 그것은 단지 대략적인 이해에 불과하였다. 생물학적 동물의 경우에, 뇌의 시냅스 연결에 대한 '경험-의존 장기 수정 과정'은 분명히, 우리의 컴퓨터-모델 인공 그물망을 훈련시키는 데 폭넓게 이용된 '지도자 오류 수정-역-전파 기술'에 따르지 않는다. 인공 그물망이 그러한 인공 기술을 활용하려면, 학습 활동에 앞서 성숙한 그물망의 올바른 작동이 무엇일지 우리 인간이 알려주어야 했다. 그러면 그 명확한 목표에 따라서, 그 학생 인공 그물망은 자체 행동의 오류 수준을 낮추도록 이후 시냅스 변화를 유도할 수 있어서, 결국 최적 행동을 실제로 작동할 수 있게 된다. 그렇게 지도자 학습 기술은 학생 인공 그물망이 최적 행동을 점진적으로 찾아가도록 도와준다. 그러나 생물학적 동물은 '정답'을 알 수 있는 어떤 방안도 없으며, 비록 알더라도 그러한 정보를 모든 시냅스들에 각기 적용시켜줄 어떤 수단도 갖지 못한다. 대신에, 생물학적 동물의 시냅스 변화는 분명히 **헤브 학습**(*Hebbian learning*)이라 불리는 과정으로 유도된다. 그 학습 과정은, 처음으로 그 과정을 기술했던 심리학자 도널드 헤브(Donald O. Hebb)의 이름에서 유래되었다(Hebb 1949 참조).

그 학습 작용이 어떻게 이루어지는지에 대한 이야기를 단일 뉴런에서 시작해보자. 한 세포의 세포체는 다른 다양한 뉴런들로부터 거의 750개 흥분성 시냅스 연결을 받으며, 그 연결은 다른 뉴런들로부터 뻗어 나온 많은 축삭 말단들로 이루어져있다. 가정해보건대, 그러한 시냅스 연결의 다양한 강도 혹은 '가중치'는, 어떤 활성-의존 학습이 일어나기 이전, 처음에는 무작위로 분배된다. 이제 그러한 많은 뉴런들이 자체의 많은 축삭을 통해서 다른 대기하는 학생 뉴런들에게, 다양한 주파수의 상황 전압-극파 연쇄의 형태로, 무수한 메시지를 보낸다고 가정해보자. (추정컨대, 그러한 뉴런들의 유입 축삭 메시지는 그 동물이 관여하는 현재진행의 지각 경험을 반영한다.)

헤브의 주장에 따르면, 임의 시냅스 연결에 의해 도달한 고주파 극파 연쇄가, 이미 높은 활성 상태에 있거나 혹은 도달하려는, 다른 '시냅스후 학생 뉴런(postsynaptic student neuron)'을 만날 때마다, 그러한 높은 활성-수준의 시간적 **일치**는 관여되는 개별 시냅스의 강도 혹은 가중치를 조금 **증가시키는** 부수적 효과를 가져다준다. 따라서 만약 어느 임의 시냅스가 **정규적으로** '수용성-흥분성-메시지'와 '이미-흥분된 수용 뉴런' 사이에 시간적 일치 자리라면, 그 본래의 강도 혹은 가중치는 상당히 증가한다. 그러한 시냅스는 느리지만 확실히, 다른 학생 뉴런의 현시점의 활성-수준을 넘어서는, '증가된 감응 또는 조절 수준'을 획득할 것이다. 반면에, 수용성 흥분-수준과 국소 흥분-수준의 그러한 시간적 일치를 계속적으로 **이루지 못하는** 시냅스 연결은 가중치를 약화시킬 것이다. (시냅스 가중치가 천천히 감소하는 경우는 "반-헤브 학습(anti-Hebbian learning)"이라 부른다.) 그래서 그러한 시냅스들은 학생 뉴런에 대한 감응 수준을 성공적인 이웃 시냅스들에 비하여 점차 줄여나간다.

이러한 분명히 무의미해 보이는 시냅스 변환 과정은, 우리가 다음을 이해한다면, 조금 더 의미 있게 다가온다. 수용 뉴런(receiving neuron)이 높은 흥분 상태에 이미 도달해 있을 가장 가능한 **이유**가 있는데, 그것은 749개의 **다른** 시냅스 연결들 중 상당수(가정컨대, 그중 3분의 1, 또는 250개)가 동시적으로 바로 그 뉴런에 **또다시** 흥분성 메시지를 전달하는 경우이다. 그래서 헤브 학습의 시냅스 강화 과정은, 어느 **집합적** 시냅스 연결이라도 언제나 수용 뉴런에 상황 극파 연쇄를 **동시적으로** 전달하기 쉽도록 지원한다. 대략적으로 말해서, 어느 하부 집단의 시냅스들이라도 만약 **함께** 노래를 부른다면, 그리고 바로 그러한 시기에, 이어서 그 집단의 개별 '목소리들'은 영구적으로 더욱 큰 목소리를 가지게 되며, 이것이 바로 수용 뉴런이 높은 흥분 상태에 있을 이유이다.

이러한 특별한 조치는 다음 사실을 반영한다. 어느 다양하고 특유한 감각 정보가 바로 그 시기에 이러한 독특한 집합적 연결 내의 250시냅스 각각에 의해서 우연히 전달되더라도, 그 정보 조각들 각각은, 모든 다른 감각 이벤트들(events)이 그 집합적 연결 내의 다른 모든 시냅스 활성들에 대해 반응함에 따라서, **동시적으로 발생되는** 어떤 감각과 관련된다. 만약 그러한 다양한 감각 입력들의 동시적 활성 패턴이 그 동물의 현재진행의 경험에서 정규적으로 **반복되는** 패턴이라면, 그에 따라서 수용 뉴런의 이후 활성은 점차적으로 특별히 그러한 패턴에 더욱 민감해질 것이지만, 다른 가능한 패턴에는 잠재적 민감성을 줄여나갈 것이다.[20)]

여기에서 주목해야 할 것으로, 하나의 '동일 뉴런'이 이러한 방식으로, '**하나 이상의** 매우 독특한 감각 입력 패턴'에 대해, 선별적으로 민감해질 수 있다. 초기 사례에서 가정된 250개 이외의 독특한 시냅스들 집단은 더 큰 집단의 750개 시냅스들 내에 자체의 시간-통합 집합을

---

20) (역주) 즉, 특정 연결 집합 내의 개별 시냅스들과 개별 뉴런들은 동시적으로 다른 여러 감각 정보를 전달하는 일에 관여할 수 있다. 그런데 만약 특정 개별 시냅스와 뉴런이 그 동물의 활동에 따라서 정규적으로 자극된다면, 그것들은 바로 그 특정 감각 정보에 특별히 민감하게 반응할 것이다.

형성할 수 있으며, 그런 집합의 목소리는 점진적인 헤브의 증폭 학습에 의해서 유사하게 강화될 수 있어서, 수용 뉴런들을 둘째, 셋째, 그리고 넷째 가능한 감각 패턴에 선별적으로 민감하게 만들 수 있다. 심지어 임의 시냅스들은 그러한 하나의 선호 집합 이상의 구성원이 되며, 따라서 (특정 시간에) 현재의 독특한 감각 입력 패턴의 신호 발생에 참여할 것이다. 종합해보건대, 어느 뉴런은 하나 이상의 '선호 자극'을 가질 수 있다.[21]

그림 3.7의 사례는 헤브 학습의 기초 과정을 상상적으로 보여준다. 인공적인 25 × 30의 망막 감각입력 세포 집단을 보면, 모든 세포들 각각이, 약한 흥분성 시냅스 연결을 단일 수용 세포로 연결시키는, 고유한 축삭을 적절한 망막으로 투사한다. (그러한 수용 세포는 아마도 전형적으로 커다란 둘째 층 세포 집단의 일원이겠지만, 여기에서 잠시 동안 단지 하나의 세포에만 초점을 맞춰 이야기해보자.) 그러한 750개의 시냅스 연결들이 0의 시냅스 강도보다 그리 높지 않은 양의 값(positive)으로 다양하고 무작위로 맞춰진다고 가정해보자.

이러한 비유적인 망막 세포 집단에, 그림 3.7의 초보적 그물망에 의해 구현되는, 다양한 25 × 30의 패턴과 같은, 일련의 여러 이미지들을 제안해보자. 그러면 가정컨대, 왼쪽 아래의 이미지를 제외한 모든 것들은 대략적으로 50퍼센트 흰색/회색 사각형들이 분산되고, 50퍼센트의 검정 사각형들이 무작위로 분산되어 있다. 그 왼쪽 아래의 것은, 솔직히 말해서, 우리들에게 인간 얼굴로 나타나 보인다.

21) (역주) 즉, 시간적으로 동시적인 격발이 어떻게 이루어지는지에 따라서, 특정 시냅스 또는 뉴런은 여러 독특한 감각 입력에 반응하고, 강화 학습될 수 있어서, 여러 독특한 감각 입력들에 선택적으로 반응할 수 있다. 한마디로, 특정 뉴런은 다양한 선호 감각정보 혹은 반응 패턴에 참여할 수 있다. 이런 이야기를 확장하여 말해보자면, 동일 뉴런을 넘어, 동일 그물망 역시 다양한 정보를 기억하고 처리할 수 있다.

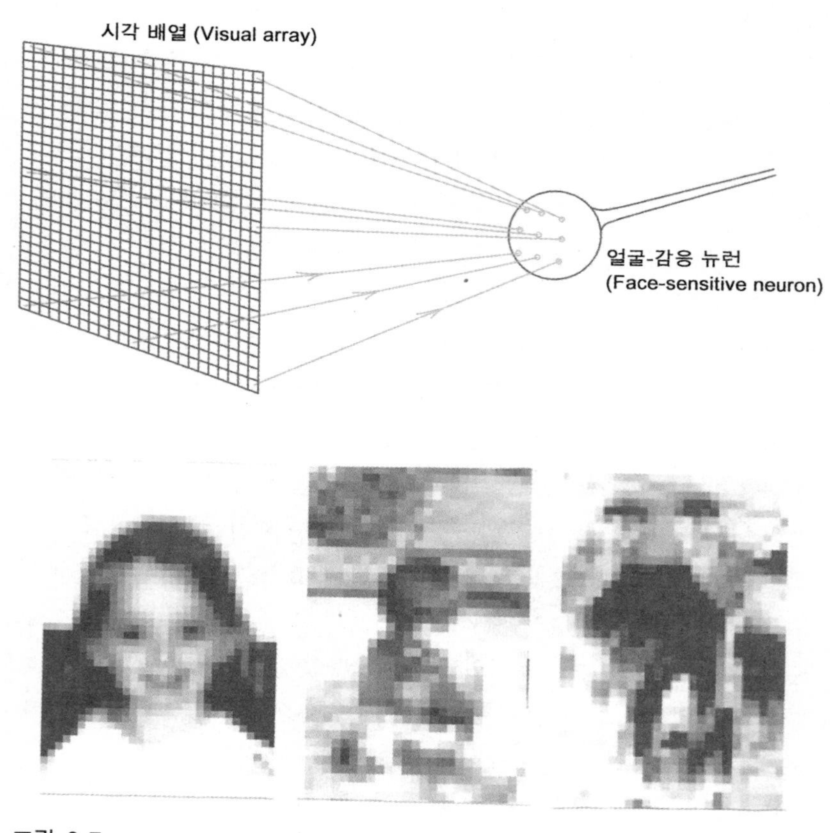

그림 3.7
특정 입력에 선택적으로 민감한 뉴런 만들기.

그렇지만 그물망은 그것을 무엇과 관련지어 구별할 수 없는데, 왜냐하면 그것 역시 대략적으로 50퍼센트의 흰색 사각형들 사이에 분산된 50퍼센트의 검은색 사각형들로 구성되기 때문이다. 그러나 이렇게 가정해보자. 우리가 이제 촉발시킨 훈련기 동안 이러한 독특한 얼굴-패턴 이미지는 어느 다른 이미지들과 마찬가지로 그물망에 열 번 반복해서 제시된다. 그럴 경우에 덜 자주 제시된 패턴은 그 훈련기에 무작위로 분산된다. 만약 둘째 층 세포와의 750개 시냅스 연결이 앞에서 설명된 헤브 규칙에 따라 통제된다면, 얼굴-패턴 이미지의 375개 흰색/회색(어느 정도 채색된) 사각형들로부터 투사 받는 그 특별한 집합의 (대략 전체 750개 연결 중 절반 정도인) 375개의 연결은, 검은색 사각형들로부터 그곳으로 유입되는 다른 모든 연결들보다 분명 유리함을 가질 것이다. 그 연결은 어느 다른 집합보다 10배 더 자주 집단적으로 활성화되므로, 그 선호 집합 내의 각 연결 강도 또는 가중치는 어느 다른 집합의 요소들보다도 10배 더 빨리 증가할 것이다. 그러므로 광범위한 훈련 이후, 그것들의 연결은 그 집합 이외의 어느 연결보다도 최소한 10배 더 강화될 것이다.

이런 훈련기의 시냅스-가중치 조정 결과는, 그 표적 혹은 둘째 층 세포 내의 시냅스 가중치 조성 상태이다. 그러한 가중치 조정을 통해서 그 세포는, 그림 3.7의 어느 얼굴-이미지 제시에 대해서도 반응하게 되며, 훈련 세트에서 마주치는 어느 다른 망막 입력에 의해서 유도되는 활성 혹은 흥분성에 10배로 반응한다. 그 선택적으로 강화되는 집합적 시냅스들 덕분에, 그 얼굴-패턴이 둘째 층 세포의 '선호 자극'이 된다. 더구나, 그리고 일반적으로, 집단-부호화 그물망과 마찬가지로, 그 훈련 얼굴-그물망과 거의 (객관적으로) **유사한**(*resembles*) 어느 차후 입력 패턴 **역시**, 수용 세포를 (비록 최대값은 아닐지라도) 선택적 높은 수준으로 활성시킬 것이다. 다시 말해서, 그런 그물망 역시 그러한 얼굴 이미지에 **비슷한** 것들에 선택적으로 민감해진다.

이러한 선택적 시냅스 강화라는 헤브 학습 과정과, 그 훈련기 동안 그물망의 지각 경험의 순수 통계학은, 우리의 단적으로 소박한 그물망을 원시적 '얼굴-검출기'로 변환시킨다. 어느 식견 있는 안내자에 의한 어떤 '지도(supervision)'도 전혀 요구되지 않는다. 후속 그물망 형성을 위해서는 물론, 그물망의 수행을 위해서 어떤 '평가'도 어느 시기에든 요구되지 않는다. 왼쪽 아래의 얼굴 이미지에 관해 어느 특별한 것도 필요치 않다. **다만** 이런 얼굴 패턴은 그물망으로 하여금 지각 경험을 수행하도록 우연히 지배할 뿐이다. 만일 어느 대안 패턴이 그러한 지배를 보여준다면, **바로 그** 패턴이 점차 둘째 층 세포의 선호 자극으로 설정될 것이다. 그러므로 헤브-훈련 그물망은 학습에 있어 극히 '경험적'이다. 그 그물망이 입력층 위의 그 둘째 층 내에서 매우 선택적으로 뉴런 반응을 일으키도록, 점차 그 그물망을 지배하게 만드는 것은 바로 **자주 반복되는** 생생한 지각 입력 패턴이다.

여기에서 보여주는 사례는 시각의 인지적 성취에 관한 것이지만, 만약 그 입력 집단이 그와 달리 와우(cochlea, 달팽이관)의 섬모-세포(hair-cells)를 모델로 한다면, 그리고 만약 그러한 독특한 입력 집단에 제시되는 동시적 감각 패턴이 청각의 특징으로 주어진다면, 역시 유사한 설명이 가능할 것이다. 그러한 그물망은 자체의 경험에 대해 시공간적 통계에 의해서 유사하게 훈련될 수 있어서, 만약 어느 다른 청각 입력보다 목소리가 더욱 자주 제시된다면, 특정 **목소리**에 선택적으로 반응할 것이다. 또는 만약 그 입력 패턴이 후각 시스템(olfactory system) 내에 또는 미각 시스템(gustatory system) 내의 감각 활동을 반영한다면, 그물망은 특정 **냄새**에, 또는 특정 **맛**에 선택적으로 반응하도록 훈련될 수 있다. 헤브의 학습 과정 그 자체는, 어느 그물망의 감각 활동을 유도하게 만드는, 원심의(감각 말단의) 객관적 실재에 무심하며, 전적으로 무지하다. 그물망이 관심 두는 것은 오직 무엇이든 현재 활동성을 보여주는 반복 활성 패턴뿐이다.

이 시점에서 두 가지 주의해야 할 것이 있다. 첫째로, 우리의 초보 그물망이, 심지어 위에 제시한 것처럼 성공적 훈련이 이루어진 이후라도, 마치 영구적인 물리적 사물에 대해서처럼, 개인 얼굴에 대한 개념을 가져야 할 기나긴 여정이 여전히 남아 있다. 왜냐하면, 얼굴에 대한 개념은, 훈련 데이터의 특징 측면에서, 그리고 그물망이 그것을 탐구하기 위한 물리적 조직화를 이루려면, 훨씬 더 많은 것들이 요구되기 때문이다. 이것을 앞으로 살펴볼 것이다. 둘째로, 우리의 그물망은 그것이 '완벽히 연결되어 있다'는 점에서 생물학적으로 실제적이지 않다. 다시 말해서, 인공 그물망의 **모든** 각각의 망막 세포들은 둘째 층의 수용세포로 축삭을 투사하여, 시냅스 연결을 이룬다. 그러나 실제 뇌는 결코 그런 연결에서 그러한 낭비를 하지 않는다. 그리고 그럴 수도 없다. 그것은 단지, 전형적 뉴런이, 망막의 신경절 세포들(ganglion cells)로부터 시신경(optic nerve)을 따라 올라가는 50만 개 축삭 각각을 위한 계류장을 찾을 만한 수용 면적으로 충분한 **여유 공간**이 없기 때문이다. 어쩌면 단일 세포는 (넓게 가지를 벌리는 수상돌기 덕분에) 아마 천여 개의 (심지어 2천 혹은 3천 개의) 수용 축삭으로부터 시냅스 연결을 받아야 할 것이다. 그런데 50만 개의 축삭은 너무 많은 수이다.

따라서 실제 신경망에서 외측무릎핵(LGN)의 각 세포들은, 망막으로부터 외측무릎핵으로 도달하는 전체 정보 중 1퍼센트 이하만을 수용해야 하지만, 반면에 그림 3.7의 인공 그물망의 수용 세포들은 100퍼센트 수용을 보여준다. 다시 말해서, 실제 신경 그물망은 전형적으로 단지 **성긴** 연결을 갖는다. 이것은 확실히 좋은 것이며, 분명히 그렇게 보이는 이유가 있다. 만약 그림 3.7의 그물망에서 둘째 층의 (다만 하나의 세포가 아니라) 100개의 수용 뉴런들 모두가 동일한 방식으로 망막과 완벽히 연결되려면, 모든 그러한 세포들은 정확히 동일한 '선호 자극'을 갖게 될 것이다. 그 모든 세포들이 단일-세포 선임자처럼 동일한 행동을 보일 것이다. 이것은 지나친 과잉의 문제를 넘어, 어떤 목적도 성취하지 못하는 문제를 발생시킨다.

그렇지만 만약 그 100개의 세포 각각이 불변의 망막 층으로부터 들어오는 750개의 투사 중 단지 **무작위 1퍼센트**만을 수용한다면, 그림 3.7에서 보여주는 훈련 세트에 대한 헤브 학습은 이제 (제시 빈도에서 10배의 유리함을 갖는 얼굴-패턴에 대해서) 그러한 수용 뉴런들 전체에 매우 **다양한** 선호 자극들을 발생시킬 것이다. 훈련 이후 그 각각의 수용 뉴런들은 확실히 단일 얼굴-이미지에 대해 측정 가능한 선호도를 지속적으로 보여줄 것이다. 그러나 각각의 둘째 층 세포들은 그 이미지에 대해 서로 다르며 꽤 적은 (1퍼센트) '샘플'만을 수용하므로, 그리고 각 수용 세포들의 획득된 선호 자극이 미약한 반응을 산출하므로, 둘째 층 세포들은 수용 세포들에 대해 특이성을 가질 것이며, 그리고 본래 그물망의 외로운 수용세포의 선호자극보다 더 넓은 범위의 독특한 입력 자극을 포함할 것이다. (이것은, 다양한 비-얼굴 입력 패턴들이 어느 임의 둘째 층 세포들로 투사하는 픽셀들의 특정 1(7 또는 8)퍼센트를 얼굴 이미지와 **공유**해야 하기 때문이다.)[22]

이러한 본래 인지능력의 명확한 '저하'는 매우 유용할 수 있다. 왜냐하면, 만약 우리가, 그림 3.7의 단일 얼굴 이미지를 넘어, **다양한** 매우 다른 얼굴 이미지들을 강화된 그물망에 반복적으로 보여준다면, 그 각각의 이미지들은 100개의 수용 세포들 전체에 어느 정도 **서로 다른** 효과를 줄 것이다. 그러므로 옛 얼굴과 새로운 얼굴 등, 각 얼굴 이미지들은 그 100개의 수용 세포들 전체에 대한 활성 수준에서 양의 값이지만 이체-동형적 **양태**를 만들어낼 것이다. 어느 얼굴 이미지라도 100개의 수용 세포들 전체에 대해 적어도 어느 정도 반응을 일으키겠지만, 그 개별 '선호 자극'들이 결코 더 이상 동일하지 않기 때문에, 각 세포들은 서로 다른 활성 수준으로 반응할 것이다. 따라서 전체적으로 다음과 같은 결과가 일어난다. 어느 개별 얼굴 이미지는 둘째 층에서, 바로 그 얼굴 이미지에 유일한 활성 수준의 상징적 **양태**를 만들어낸다. 따라서 이러한 다양한 둘째 층 양태들은, 어느 임의적 차후-학습 상황에서 망막에 제시되는 개별 얼굴 이미지를 진단할 수 있다. 그 양태들은 어느 입력 얼굴에 대한 100차원 **분석표**를 제공하며, 따라서 그 양태들은 훈련 중인 서로 다른 얼굴들 각각에 대해 독특한 분석표를 만

---

22) (역주) 그림 3.8에서 750개의 일차 감각 층에 대해서 100개의 이차 중간층은 7.5퍼센트이다.

들어낸다.

그러한 100개의 둘째 층 세포들 각각은 물론 여러 얼굴들에 매우 광범위하게 조율된다. 다시 말해서, 상당히 다양한 여러 독특한 얼굴들은, 비록 미약한 반응이긴 하지만, 임의 세포에 **어느 정도**의 반응을 일으킬 것이다. 그렇지만 그러한 100개의 독특하고, 광범위하게 조율되며, 상호 중첩하는 민감도들이, 집합적으로 작용하여, 전체 그물망으로 하여금 특정 얼굴에 대해 아주 **좁게** 조율된 반응을 일으키도록 만든다. 그 그물망은, 100차원 얼굴 공간 내의 현재 표적에 대한 정확한 위치를 '측량하거나', 또는 더욱 인상적으로 말해서, '**정조준**한다.'

이런 이야기는 헤브 훈련 그물망에 셋째 층을 추가할 가능성을 열어주며(그림 3.8 참조), 그 **셋째** 층이 만약 훈련 과정에서 여러 개별 얼굴들을 매우 빈번히 경험하게 된다면, 그 독특한 개별 얼굴들을 구별하도록 훈련될 수 있다. 그럴 수 있는 까닭은, 새로운 100세포 둘째 층에

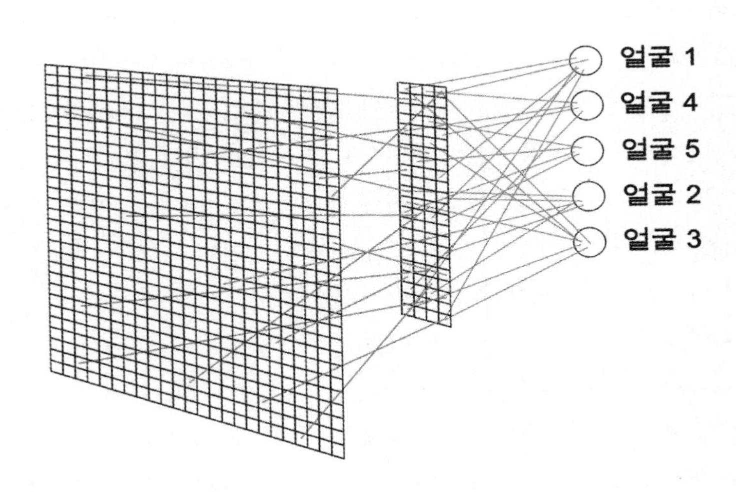

그림 3.8
특별한 자극의 범위에 대한 선호 민감도

서의 활성 양태들이 다만 하나의 활성 패턴 이상이기 때문이다. 선호 반복적 발생은 헤브 학습 과정을 통해서, 계산처리 계층 구조의 다른 상위 가로대의 세포들로 하여금 어느 활성 패턴들이라도 그것들에 민감하도록 만들어주며, 그 활성 패턴들은 어느 뉴런들이라도 **자체의** 입력을 제공하도록 집합적 행동을 관장한다. 그렇지만 세 번째 층에서, 그것으로 들어오는 입력 패턴들은 순수한 감각 패턴이 아니다. 그 패턴들은 이미 감각 말단에서 한 발 뒤로 물러선 뉴런 집단의 활성 패턴들이다.

우리는 이미 2장 5절에서, 그러한 둘째 층 활성-양태, 즉 코트렐의 얼굴-재인 그물망을 성공적으로 개발하는 그물망에 대해 검토하였다. 그 그물망은 헤브 업데이트하기로 훈련되지 않았으며, 지도자 학습에 의해서, 좀 더 정확히 말해서 역-전파에 의해서 훈련되었다. 그렇지만 분명히 그러한 훈련 양식이, 매우 유사한 결과를 산출하기 위한 유일한 훈련 절차는 아니다. 따라서 이미 강화된 그물망에 셋째 층, 즉 둘째 층 상위에 다섯 개 세포를 추가시켜보자. 그 각각은 둘째 집단과 아마도 20퍼센트 정도 성기게 그리고 무작위로 연결된다. 그리고 난 후, 그 확장된 그물망에 새로운 훈련 양식을 부여해보자. **다섯** 독특한 얼굴-이미지들을, 그렇지 않았더라면 그 계층 구조의 첫 집단에서 단지 노이즈 감각 경험을 가졌을 그물망에 부여해보자. 이렇게 하면, 위에서 논의된 헤브 학습 과정에 의해서, 다섯 개의 독특한, 그러나 빈번히 산출된, 얼굴-양태 또는 얼굴-분석표가 산출되며, 그것들은 둘째 층의 활성 패턴 혹은 양태를 지배하여, 이것들에 대해서 자체의 셋째 층의 각 뉴런들은 마침내 선별적으로 민감해진다. 그렇게 하여, 부차적으로, 새로운 셋째 층에 있는 각각의 다섯 세포들은 다섯 얼굴 이미지들 중 하나를 마치 선호 자극으로 습득하며, (둘째 층으로부터 성기고 무작위로 연결됨으로써) 그 다섯 세포 각각이 다른 네 얼굴과 구분되는 하나의 얼굴에 매우 그럴듯하게 초점을 맞출 것이다.

이제 우리는, 셋째 층의 다섯 세포들에 의해 독특한 활성-양태들을 확보함으로써, 다섯 명의 독특한 개인들에 대한 얼굴 이미지들 중 하나를 구별해내는 그물망을 확보하였다. 이러한 측면에서 그런 그물망은 코트렐 그물망과 동일하게 수행하지 않겠지만, 그럼에도 동일한 종류의 인지 능력을 보여줄 것이다. 그리고 이런 그물망은 어느 예지자에 의한 어떤 지도도 전혀 받지 않고서도 그러한 능력을 성취한다. 그 그물망은, 헤브 학습 과정이라는 추상적 정보-민감성, 그물망의 연결, 감각 입력에 대한 객관적 통계학 등만으로 그러한 과제를 수행할 수 있다.

시냅스 수준의 생리학적 활성에서부터 생물학적 실재성을 넘어서는, 이런 종류의 학습 과정에서 아마도 가장 중요한 것은, **그 학습 과정이 미리 설정된 개념 체계를 요구하지 않는다**는 점이다. 그런 학습 과정은, 명제를 표현하기 위해 필요하며, 세계에 관해 가설 역할을 하는, 그리고 그러한 가설을 긍정 혹은 부정해줄 증거가 되는, 어떤 개념 체계도 요구하지 않는다. 앞서 언급했듯이, 학습 과정에 대한 표준 철학적 설명, 예를 들어, 귀납주의(inductivism), 가설-연역주의(hypothetico-deductivism), 베이지 확률 정합주의(Baysian probabilistic coherentism) 등 모두는, 이미 작동하고 있는 유의미한 개념의 배경 체계를 전제한다. 그러한 체계 내에서 명제-평가의 선호 형식이 작동될 수 있기 때문이다. 그러한 개념 체계가 어디로부터 오는지, 즉 어떻게 발생되는지는 위의 모든 설명에서 무시되거나 또는 잘못 탐색되었다. (한편으로는 로크/흄식의 조합 경험주의와, 다른 편으로는 데카르트/포더식의 개념 본유론에 대한 앞선 비판을 돌아보라.) 앞서 탐색된 헤브주의 이야기는, 동물의 감각 경험에 대한 가공되지 않은 통계학이 어떻게 그 동물로 하여금 신경 활동의 특정 원형 패턴에 차별적으로 민감하게 만들 수 있는지에 대해서, 구조적인 원형 범주들이, 어떻게 후속 감각 입력이 우선적으로 해석되는, 배경 개념 체계를 서서히 출현시키고 형성할 수 있을지 설명해준다. 그런 설명은, 세계를 처음 포착하기 위해 어떠한 선행적인 개념 체계도 필요하지 않은 학습에 대해 해명해준다. 그 해명에 따르면, 우리가 무엇을 통합하거나 나누는 객관적 그리고 법칙적 관계에 대한 이해를 전체적으로 증진하게 됨에 따라서, 점진적으로 우리의 개념들이 출현한다.

그렇지만 이 모든 이야기는 서론에 불과하다. 우리가 여전히 설명할 것은, 헤브 학습이 어떻게 특별한 **시간적** 구조에 대한 학습을 실현시킬 수 있는가이다.

4. 헤브 학습에 의한 개념 형성: 시간적 구조의 특별한 경우

앞에서 살펴보았듯이, 어느 시냅스 연결에 대한 점진적 헤브 강화는, 시냅스후 뉴런이 이미 상승된 흥분 상태에 있는 바로 그 동일 시간에 특정 시냅스에 도달하는 흥분성 신호의 시간적 동시발생에 따라 이루어진다. 이러한 시간적 일치, 즉 시냅스전과 시냅스후 양측에서의 흥분은, 특별히 만약 시간적 일치가 자주 반복된다면, 그 시냅스 연결 가중치를 끌어올린다. 그런 혜택을 받은 시냅스는 이후로, 동일 강도의 축삭 메시지가 도달하더라도, 앞서 흥분했던 것보다 더 큰 효과를 수용 뉴런에게 미친다.

이러한 선택적 신호 증폭의 양태는, 재귀적 구조물의 그물망 내에서 (그림 3.9a 참조), 그러한 시냅스 연결을 선별적으로 정확히 '보상하기' 위해서 전개될 수 있다. 그러한 시냅스 연결은 자체와 연결된 시냅스후 뉴런의 강화된 흥분 상태를 정확히 '예상'해내거나 또는 '**예측**'해낸다. 그림 3.9a 그물망의 두 층 배열은 그 점을 잘 보여준다. 우선적으로 살펴봐야 할 것으로, 집단적으로 전방위 또는 위로-뻗는 연결은 모두 본성적으로 지형적이다. 다시 말해서, 가장 하위층 또는 감각 층 뉴런들을 구성하는 **좌측**, **우측**, **사이** 등의 관계 모두가, 우리가 이러한 (극

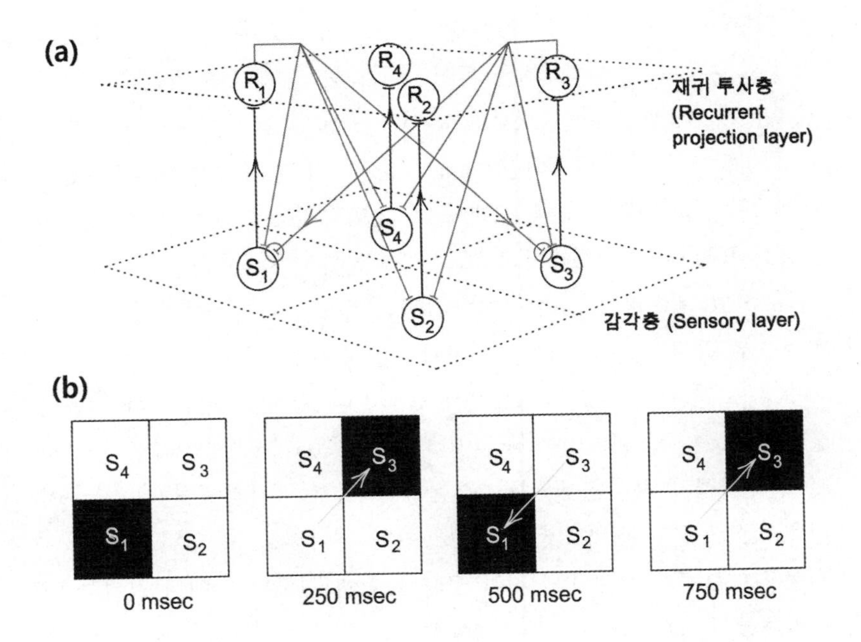

그림 3.9
극히 단순화한 순차-학습 그물망(sequence-learning network)

히 단순한) 계층 구조의 후속 뉴런 집단으로 올라가면서 그대로 보존된다. 모든 전방위 축삭들은 '수직 위'를 향하며, 그 모든 축삭들은 각자의 수용 뉴런들과 강한 또는 높은 가중치로 흥분성 연결을 이룬다.

반면에, 어느 임의 위쪽-가로대 뉴런으로부터 나오는, (여기에서 회색으로 묘사된) 재귀적 또는 하강 경로들은 모두 극히 '방사적'이다. 즉, 그 경로 모두는 바로 이전 층의 모든 뉴런들 각각으로 후방 투사 방식으로 가지를 뻗어 연결하며, 그 연결에서 그것들은 약하지만 동일한 흥분성 연결을 이룬다. (나는 여기 그림이 너무 복잡해지지 않도록, 상위층 네 개의 뉴런들 중 단지 두 개의 뉴런(R_1과 R_3)에서 하향의 또는 재귀적 투사만을 그렸다.) 이러한 '지형적 상향'과 '방사적 하향' 배열 방향은, 그림 3.9b에서 '영화 필름' 조각들로 묘사되듯이, 우리가 감각 층의 자극들의 **순차**, 예를 들어 흔들리는 진자의 현재진행의 행동을 위에서 보아서 대략적으로 나타나는 순차를 보여준다.

이 영화 필름의 첫 프레임(frame, 화면)에서 오직 S_1만이 감각 입력에 의해 활성화된다. 둘째 프레임, 즉 250밀리초 이후에 오직 S_3만이 활성화된다. t = 500밀리초의 셋째 프레임에서 오직 S_1만이 활성화된다. 그리고 계속하여, 250밀리초 간격을 두고, S_3로 돌아가며, 이러한 방식으로 감각 활성 위치는 500밀리초를 주기로, 다시 말해서 2Hz 주파수로 일정하게 앞뒤로 미끄러져 움직인다. 이런 동작은, 예를 들어 흔들리는 추에서 벌어지는 행동에 대한, (매우 기초적인) 감각 가로대의 현재진행의 표상을 구성한다. 우리는 이러한 사각형 뉴런을, 마치 기초적인 2 × 2 '망막' 빛-감광 요소처럼 생각해볼 수 있다.

끝으로, 1단계 축삭 메시지가 수용 뉴런에 전도되는 데에 걸리는 시간이 8분의 1초 또는 125밀리초라고 가정해보자. 그리고 이런 시간은 상향 메시지나 하향 메시지 모두에게서 동일하다고 가정해보자. 만약 그러하다면, S_1 감각 뉴런이 활성화된 이후 250밀리초에, 그 바로 위의 둘째 층 세포, 즉 R_1이, 감각 층의 네 뉴런들 각각에게, 흥분성 신호를 후방 아래로 보낼 것이다. 그러한 하향의 신호들이 네 감각 뉴런들에 도착하는 시간, 즉 250밀리초에, 오직 뉴런 S_3만이 당시의 감각 입력에 의해 그 수용 뉴런 층으로 활성화될 것이다(그림 3.9에서 250밀리초의 프레임을 다시 보라). 따라서 그러한 경우에 (회색 선으로 그려진) R_1에서 S_3로의 하향 시냅스 연결만이 시냅스 가중치에서 헤브식 상승(Hebbian boost)의 수혜자가 될 것이다. 반면에, 감각 층 일원인 나머지 세 연결들은, 그들의 표적 감각 뉴런들, 즉 S_1, S_2, S_4 등은 모두 250밀리초에 침묵하기 때문에, 전혀 헤브식 격려를 받지 못한다. 그 이유는, 적어도 이러한 경우에 다른 하향 메시지들의 시점이 잘못되었기 때문이다. 그것들은 이미 흥분된 뉴런들에 도달하지 않았다. 그러므로 그러한 메시지들을 전달하는 가중치들은 증가되지 않는다.

주목해야 할 것으로, 매우 동일한 과정이, 뉴런 S_3가 진동하는 외부 입력에 의해 활성화된 이후 250밀리초에 재평가될 것이다. 왜냐하면 그것 역시 활성화되면, 상향 신호를 내보내어 그 세포 바로 위 둘째 가로대 세포, 즉 R_3을 활성화시켜주며, 이것은 다시 (가지를 뻗은) 축삭 신호를 모든 네 감각 뉴런들로 되돌려 내보낸다. 그렇지만, 오직 R_3-S_1 연결 가지만이 그 신호를 이미 흥분된 감각 뉴런, 즉 S_1으로 도달하여, 바로 그 시점(500밀리초)에 진자의 흔들림 왼쪽-아래 끝에 등록된다. 이 둘째 경우, 이 진자의 주기가 시작된 이후, 즉 총 500밀리초 이후 R_3에서 S_1으로 하향 연결은 시냅스 가중치의 선별적 헤브식 상승을 가진다.

두 번의 250밀리초 각각에서, 이 그물망의 진동 감각 활성은 정확히, 회색으로 그려진, **두 개의** 하향 시냅스 연결 가중치에서 헤브식 상승을 산출한다. 이제 첫째 진자 주기가 완성되고, (그림의 혼잡함을 피하려고 모두를 그리진 않았지만, 총 16개 중에) 정확히 두 시냅스에서만 선별적으로 가중치가 조금이라도 강화된다.

둘째 가로대로부터 가지를 연결하는 하향 신호를, 감각 뉴런이 **다음 번에**(125밀리초 후에) 활성화될 것이라는, 일종의 **예측**으로 고려하는 것은 유용하며 적절하다. 왜냐하면, 그것이 바로 참여하는 시냅스의 가중치를 **증가**시키는 **성공적** 예측이기 때문이다. 실패한 예측은 결코 그러한 **증가**를 일으키지 못한다. 정말로, 만약 우리가 **반**-헤브식 학습 과정이 여기에서 작동한다고 가정한다면(그 과정에 의해서 흥분성 일치가 만성적으로 **실패**할 경우, 시냅스 가중치의 점진적 **감소**를 일으키는), 그러한 성공적 연결의 실패는 가중치를 낮추거나 심지어 완전히 사라지게 할 수 있다. 어느 경우라도, 그러한 예측적 연결의 실패에 의한 **상대적** 효과는, 학생 그물망 내에 흔들리는 진자 패턴의 만성적 제시에 따라서 감소될 것이다.

따라서 그물망의 행동은 점점 더 그 예측적 성공 연결에 의해 지배받게 된다. 왜냐하면 그런 행동은 그 연결의 가중치가 높아져 발생된 것이기 때문이다. 만약 그림 3.9b에 묘사된 진동하는 감각 순차(oscillating sensory sequence)가 그물망의 경험을 지배한다면, 그 두 예측적 성공 가중치들은 천천히 증가하여, 초기의 강하며 매우 불변적인 전방위 가중치에 필적할 것이다. 그러면 그 그물망의 행동은, 임의 감각 입력에 따라서, 그림 3.10의 그물망에 비슷해질 것이다. 그 그림 내에서 예측적 실패 연결은 단순히 사라질 것이며, 반면에 성공 연결은 이제 다른 전방위 연결들에 필적하는 흥분성 가중치를 가질 것이다.

이와 같이 상당히 잘 소개된 이 그물망은 이제 흥미로운 특징을 갖는다. 이 그물망은, 온전히 자력으로, 감각 층에서 발생되는 최대 진동-패턴의 (오직) 외부 감각 자극에 의해서 초기에 산출되는 것과 동일한 활성 주기를 일으키는 긍정적 경향을 보여준다. 이 그물망은, 감각 층에서 (그리고 둘째 층에서도 역시, 비록 125밀리초 늦긴 하지만) 쟁점의 주기적 진동 패턴을 산출하는 자체-부양 진자(self-sustaining oscillator)가 되며, 따라서 이 그물망은 처음 촉발된 감각 입력의 부분적 혹은 저하된 버전에 대해서도 그러할 것이다. 일단 그 하향의 연결이 본래의 전방위 연결의 가중치에 필적할 정도의 값으로 가중치를 높여주기만 하면, 예를 들어 S_1 감각 뉴런의 강한 자극은, 오직 S_3의 강한 자극만이 그리했듯이, 전체적 결과를 충분히 촉발한다.

그와 마찬가지로, 그 진동 감각 입력을 그러한 두 감각 뉴런 어느 것에 대해 상황적으로 차단한다고 하더라도, 이미 촉발된 그물망의 주기적 행동을 붕괴시키지 않을 것이다. 본래의 그물망은, 그 확장된 경험 덕분에, 특정한 감각 이벤트(sensory events), 즉 2Hz의 주기로 대각선 경로를 따라 흔들리는 진자에 의해서 산출된 패턴에 대해서 선택적으로 민감해질 것이다. 그리고 그 그물망은 이제 그물망 모델 개발자들이 오랫동안 **벡터 완성**(*vector completion*)이라 불러온 것의 시간적 유사

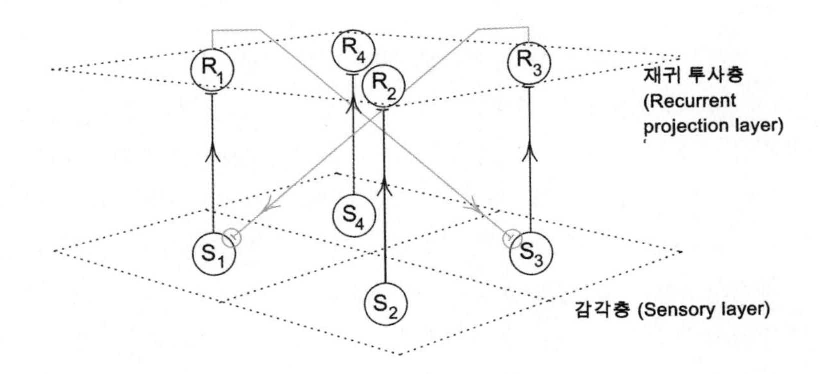

그림 3.10
훈련 후의 지배적 재귀 투사

물에 관여할 것이다(그림 2.14의 코트렐 얼굴 그물망의 수행을 회상해 보라). 특별히 이 그물망은, 쟁점의 특정 패턴에 오랫동안 훈련한 이후, 비록 그러한 순차를 표현하는 감각 입력이 어느 정도 저하되거나 또는 부분적으로 차단된다고 하더라도, 원형 벡터 순차의 완성, 즉 활성 공간의 원형 **궤도**의 완성에 관여할 것이다.

정말로, 적절한 시간적 순차가 학습되기만 하면, 특별히 **감각** 자극은 엄격히 불필요해진다. **둘째** 층 R_1에서 (또는 R_3에서의) 강한 단일 자극은 역시 침묵의 그물망으로 하여금 쟁점의 활성 주기에 들어서도록 해주며, 이것이 보여주는바, 시간적으로 확장된(즉 학습된) 진동 표상(oscillatory representation) 역시 이벤트(events)에 의해서, 외부 세계로부터 들어오는 실제 감각 입력 이상으로 활성화될 수 있다. 다시 말해서, 그 그물망은 **상상적으로** 활성화가 가능하다. 그 그물망은, 그 내부에서 표상되는 어느 객관적 실재 사례와 감각적으로 만나서 촉발되기보다, 더욱 커다란 포괄적 그물망 또는 '뇌' 내부 어느 곳으로부터 나오는 어떤 종류의 '하향식' 자극에 의해서 촉발됨으로써, 표상적 활성화가 가능하다.

(특이하고 일정한 지형적 전방위 투사, 그리고 방사적 후방 투사라는) 동일한 일반적 조성 상태를 지닌 훨씬 커다란 그물망와 달리, 이러한 작은 그물망은, 단지 한 번에 둘 혹은 어쩌면 셋의 원형 감각 순차를 학습하는 제약을 가질 뿐이다. 그러나 이러한 작은 그물망은, 세포생물학 용어를 빌려서 말하자면, 다능적이다. 다시 말해서, 그것은, 자체 경험의 순수 통계학으로부터, 방금 탐색된 특정한 사례를 넘어, 일정 범위의 독특한 시간적 순차를 학습할 수 있다. 물론 S_2와 S_4 사이의 진동도 학습할 수 있다. 마찬가지로, S_4와 S_3 사이의 진동, 또는 S_1과 S_2 사이의 진동, 또는 마치 감각 면(sensory surface) 전체의 왼쪽과 오른쪽의 단일 수직 기둥 진동처럼, 둘 모두를 연결시킨 진동에 대해서도 학습할 수 있다. 이런 모든 진동들 각각이, 마치 전체 그물망에 대한 독특한 '선호 자극'처럼 획득될 수 있는데, 이것은, 그 모든 재귀적 투사에 의해 만들어지는 강박적 '예측'을 다시 계발함으로써, 또는 좀 더 정확히 말해서, 예측이 성공적인 운 좋은 투사의 선별적 헤브식 증강(Hebbian enhancement)을 계발함으로써, 가능하다.

5. 조금 더 실제적인 경우

물론 이러한 그물망은 극히 단순하므로, 가능한 학습 궤도들의 목록이 아주 적다. 그러나 우리는, 그물망이 어떻게 더 복잡한 가능한 순차를 상당히 늘릴 수 있을지 어렵지 않게 알아볼 수 있다. 감각 뉴런의 2 × 2 배열 대신에, 그림 3.11a에서 묘사되었듯이, 4 × 4 평면에 배열된 16개의 뉴런들이 16개의 둘째 층 뉴런 층으로 수직으로 뻗어 투사하는 그물망을 궁리해볼 수 있다. 그리고 방금 앞에서 알아보았듯이, 그 둘째 층 뉴런들 각각이 감각 뉴런 전체에 각기 뒤로 투사함으로써, 초기의 미약한 흥분성 재귀 연결을 하도록 만들어보자. (나는 이 그림

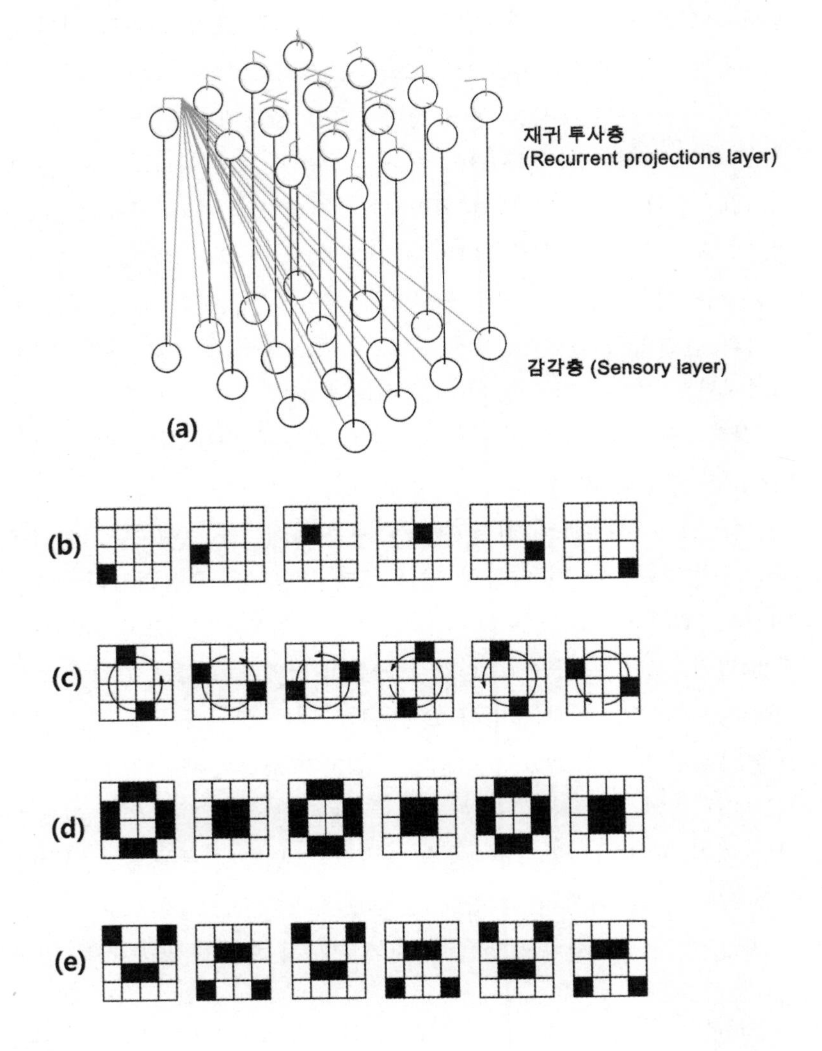

그림 3.11
다소 큰 규모의 순차-학습 그물망

에서 난삽함을 피하고 명료함을 보여주기 위해, 오직 **하나의** 둘째 층 뉴런에서 나오는 재귀 경로만을 그렸다. 그러나 둘째 층의 모든 뉴런들이 유사한 하향 투사를 뻗어 분산한다고 생각해보자.)

그렇게 더 커다란 감각 면이 주어진다면, 이제 그물망의 가능한 입력 패턴 순차 범위는 분명히 훨씬 더 확장된다. 그러나 본래의 2 × 2 그물망에 구현된 원리, 즉 감각 뉴런이 그물망에서 전개되는 경험의 다음 시간적 단계에서 높이 활성화될 것임을 성공적으로 '예측'하는, 재귀적 연결의 선별적 '보상'은, 단순한 그물망의 경우와 마찬가지로, 여기에서도 적절히 작동할 것이다. 이러한 커다란 그물망 역시, 전개되는 감각 경험을 지배하는, 어느 시간적 패턴에 대해서든 선별적으로 민감해질 것이다.[23)]

그림 3.11a 아래에 네 가지 가능한 패턴 사례들을 보여준다. (여기에서도 나는 다시 한 번 영화의 영상 프레임 양식을 활용하였다.) 그림 3.11b는 포물선 궤도를 보여주며, 이것은 마치 던져진 투사체의 경로를 닮았다. 그림 3.11c는 16개 감각 뉴런의 거의 원형적인 순차 흥분성 패턴을 보여주며, 이것은 마치 0.5Hz로 느리게 돌아가는 두 프로펠러 끝을 색칠한 모양을 닮았다. 그림 3.11d는 약 2Hz로 빠르게 열리고 닫히는 대략적인 '입' 모양을 보여준다. 그리고 그림 3.11e는 역시 2Hz로, 새의 머리 쪽에서 바라보는 (아주 대략적인) 날갯짓 운동을 보여준다. 이런 모든 것들 역시 감각 층에 반복하여 보여주는 방식으로 학습될 수 있다. 다시 말해서 그물망은, 심지어 부분적 혹은 저급한 감각 입력

---

23) 이러한 그물망의 구조 체계와 학습 절차는, (MatLab 내의) 마크 처칠랜드 (Mark Churchland, Neurobiology Lab, Stanford)에 의해서, 각각의 층마다 100개 뉴런 집단으로 모델화되었다. 작은 집단의 매우 무작위적인 활성화-순차(activation-sequences)가 독립적으로 발생되었고, 그런 이후 그물망에 훈련 입력으로 되먹임되었다. 그 그물망은 이러한 표적 패턴 학습을, 훈련 입력과 (검증을 위한) 차후 감각 입력 모두에 첨부된 노이즈에도 불구하고, 매우 잘 수행하였다.

에 의해서도, 유사한 순차적 활동을 점차 효율적으로 발생시킬 수 있다. 그물망은 전체로서 그러한 패턴을 마치 '선호 자극'처럼 획득할 수 있지만, 이번에 그 패턴은, 마치 순수한 전방위 그물망과 같이, 단지 공간적이라기보다 시-공간적이다. 여기 이러한 그물망은 공간적 구조는 물론, 시간적 구조까지 확실히 포착할 수 있다.[24]

물론, 이 그물망은, 어느 시공간 패턴이라도 민감해질 수 있는, 주기적 빈도 범위에 제약된다. 어느 뉴런에서 뉴런으로 전달 신호 지연시간은 125밀리초로 약정되므로, 2Hz보다 더 높은 빈도의 주기적 패턴은 결코 학생 그물망에 의해 정확히 표상될 가능성이 없다. (비록 일부 **환영**(*illusions*)이 여기에서 가능하다고 하더라도. 만약 주기적 입력 궤도가 $n \times 2$Hz의 빈도를 가진다면(여기에서 n = 정수 2, 3, 4 등등), 그물망은 2Hz 정도의 진동 궤도에 따라서 아마도 잘 반응할 것이다. 왜냐하면 그물망이 그런 입력 순차 내의 모든 둘째 혹은 셋째 혹은 넷째 요소를 '계속 포착해내고,' 반면에 그 중간 요소들을 파악해내지는 못하기 때문이다. 있음직한 실제 사례로, 머리 위에 돌아가는 커다란 군용 헬리콥터의 회전날개를 올려다보는 경우를 생각해보자. 만약 그 회

24) 재귀적인 특징의 이러한 예측 그물망(Predictor Network)은 일부 독자들로 하여금 고전적인 호프필드 망(Hopfield Net)을 떠올리게 할 듯싶다(Hopfield 1982). 그러나 둘 사이에 중요한 다른 점이 있다. 훈련된 호프필드 망은, 초기 (저급한) 감각 입력이 주어지면, 앞서 학습한 **공간적** 패턴에 안착(settle) 또는 이완하기(relax) 위해서, 많은 주기(cycles)를 반복해야 했다. 시간적인 그 주기적 행동은 순수한 **공간적** 목적을 위한 수단이다. 반면에, (여기 묘사된) 훈련된 예측 그물망은, (일반적이진 않지만, 진동하게 되는) **시간적** 패턴에 따라서, 감각 입력에 대해 즉각적으로 반응한다. 그것이 보여주는 특정 재귀적 활동은 어떤 목적을 위한 수단이 아니며, 그 자체가 목적이다. 그리고 거기에 전혀 어떤 이완도 개입될 여지는 없다. 그렇지만, 예측 그물망은 호프필드 망의 고전적 문제들 중 하나, 즉 중첩하는 표적 패턴의 문제(the problem of overlapping target patterns)를 공유한다. 여기에 대해서 자세한 것을 즉시 알아보자.

전 빈도가 적당하다면, 당신은 꽤 느리게 회전하는 개별 회전날개를 쳐다볼 수 **있을** 것이다. 그러나 물론 당신은 그렇게 하지 못한다. 그러하기엔 그 회전날개가 훨씬 빨리 움직이기 때문이다.)[25]

125밀리초, 즉 중간 뉴런 지연시간의 값은 물론 순전히 예를 들어 보여줄 목적으로 약정되었다. 나는 인공 그물망이 2Hz의 진자 순차를 학습할 수 있기를 원했다. 인간과 동물의 경우에, 중간 뉴런 소통의 전형적 지연시간은, 비록 중간 뉴런의 거리, 축삭 수초화(axon myelinization), 그리고 다른 요소들에 따라서 다르긴 하지만, 10밀리초에 가깝게 매우 짧다.[26] 특정한 축삭 거리가 우리의 일차 감각 경로에 관여한다면, 이러한 그림은 다음을 시사한다. 인간들은, 자신들이 포착할 수 있는 진동 감각 입력에서, 인공 그물망의 것에 비해서 약 열두 배의 절대 주파수 한계, 또는 12 × 2 = 24Hz의 한계를 가질 것이다. 그러나 우리는 결코 그것에 가깝게 다가가지 못한다. 날아가는 앵무새 날갯짓은 약 8Hz이며, 나는 맨눈으로 그 날갯짓 과정을 바라볼 수 있다. 따라서 그렇게 24Hz의 한계는 많은 의문을 제기하는 측면이 있기는 하다. 그러나 그러한 값들은 (아주 대략적으로만) 근사치일 뿐이다. 이러한 주파수에 이르는 혹은 넘어서는 진동을 우리는 거의 볼 수 없다. 우리는 이러한 쟁점을 뒤에서 다시 검토해볼 것이다.

그물망이 자체 학습한 순차를, 단지 부분적 혹은 저급한 감각 입력에 의해서도, 어떻게 활성화시킬 수 있는지는 그다지 이해하기 어렵진 않다. 그림 3.12a는 그 과정을 명확히 보여준다. 나는 여기에서 그림 3.11a의 그물망을, 그림 3.11b 내에 회전하는-사각형의 순차 패턴에 대

25) (역주) 즉, 신경망의 반응 속도가 외부 사물의 운동 속도에 미치지 못하면, 우리는 그것을 감각적으로 파악하지 못한다.

26) (역주) 신호를 전달하는 축삭을 감싸는 수초는 일종의 전선의 피복 역할을 하며, 동시에 신호 전달 속도를 높여준다. 『뇌과학과 철학』의 2장 3절, 특별히 101쪽 참조.

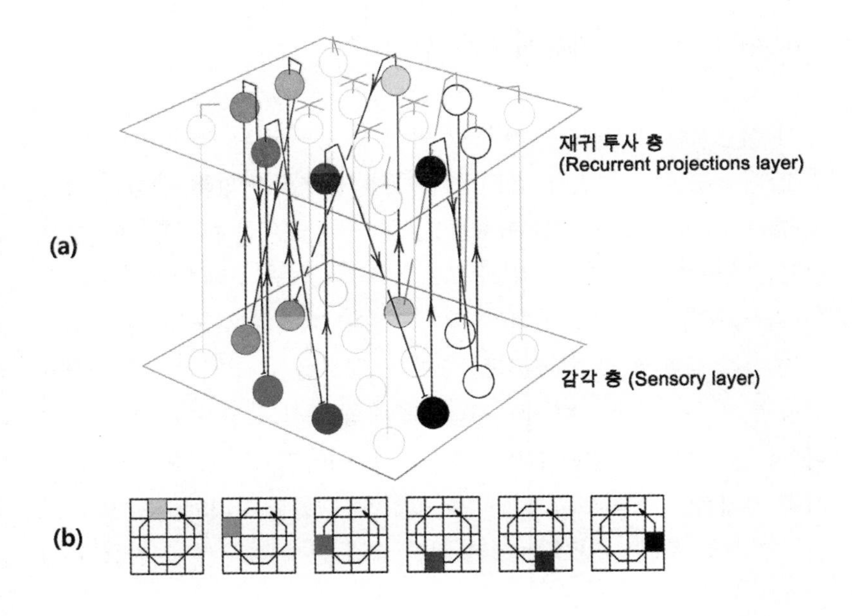

그림 3.12
전개되는 순차적 활성화

해서, (확장된 헤브식 훈련에 의해 선호되는) 작은 하부 집단 이외의, 하향 또는 재귀적 경로 모두를 삭제한 상태로 보여준다. 그리고 나는 여기에서 그러한 경험-선호 신경 경로를 점차 짙어지는 회색 선의 순서로 그려놓아, 그 실시간 활성의 시간적 순차를 보여주었다. (단순함을 위해서, 나는 여기에서 프로펠러 두 끝 중에 오직 하나의 활성-순차만을 그려 넣었다.) [이해를 위해서, 위와 아래 양] 끝에서 순환적으로 작동하는 도미노의 순차 비유를 염두에 두어도 좋겠다. 하나가 넘어지면, 나머지 것들이 그것을 뒤따른다. 그리고 만약 쓰러지고 나서, 각 도미노 조각들이 수직으로 재설정되면(즉 그 관련 뉴런들이 재분극되면(repolarized)), 모든 순환하는 활성 패턴은 그 자체를 무한히 반복할 것이다.

6. 훨씬 더 큰 실재론에 대한 탐색

이 시점에서 지적하고 넘어가야 할 것으로, 우리의 시각, 청각, 체성 감각 등 모든 여러 일차 감각 경로들의 거대한 **미시해부학**(*microanatomy*)은 3.11a 모델의 핵심 특징들을, 한 가지 중요한 예외를 제외하고, 반영한다. 그 그림에서 '감각 층'으로 묘사된 것은, 우리 인간에게도 어느 다른 포유류에게도, 전혀 감각 층이 아니다. 그보다 그 감각 층은 진짜 감각 층에서 한 발 **떨어진** 층이다. 진정한 감각 층은 지형적으로 상향 투사하지만, 분명히 말해서, 어떤 하향 투사도 받아들이지는 않는다. 이 시점에서 포유류의 망막에 관해서 이야기해보자. 해부학적으로 더욱 실재적인 인공 그물망을 다루기 위해서, 그림 3.13에 최종으로 묘사하였듯이, 우리는 앞서 논의된 배열 밑에 진짜 감각 층 하나를 추가시켜보자.

이러한 배열은, 아직도 상당히 과도한 단순화를 보여주는데, 그것은 실제 시각피질 내에는 총 여섯 주요 뉴런 층이 있지만, 이 그림에서는 그런 층들 집단이 무시되었기 때문이다. 실제로 외측무릎핵(LGN) 축삭의 상향 투사는 단지 시각피질(V1) 층 4의 뉴런에만 연결되며, 이어서 그 뉴런들은 층 6으로 후방 투사를 한다. 그리고 시각피질의 층 6 뉴런들은 최종으로 자신들의 더 많은 방사형 투사를 외측무릎핵으로 되돌려 투사한다(Sherman 2005 참조).

마찬가지로 이러한 재귀적 투사 모두가 외측무릎핵 뉴런으로 바로 연결되지는 않는다. 그중에 상당한 분량은 (시상 망상 핵(thalamic reticular nucleus)에 있는) 다소 적은 수의 **억제성** 중간 뉴런들(*inhibitory* interneurons) 중간 집단에 시냅스 연결을 이루며, 그 중간 뉴런들은, 외측무릎핵 자체의 잡다한 뉴런들과, 이번에는 억제성 연결로, 최종 시냅스 연결을 이루기 이전에, '양극성 변환기(polarity inverters)' 역할을 담당한다. 그러한 억제성 연결이 있다는 것은, 시각피질의 활성 뉴런들

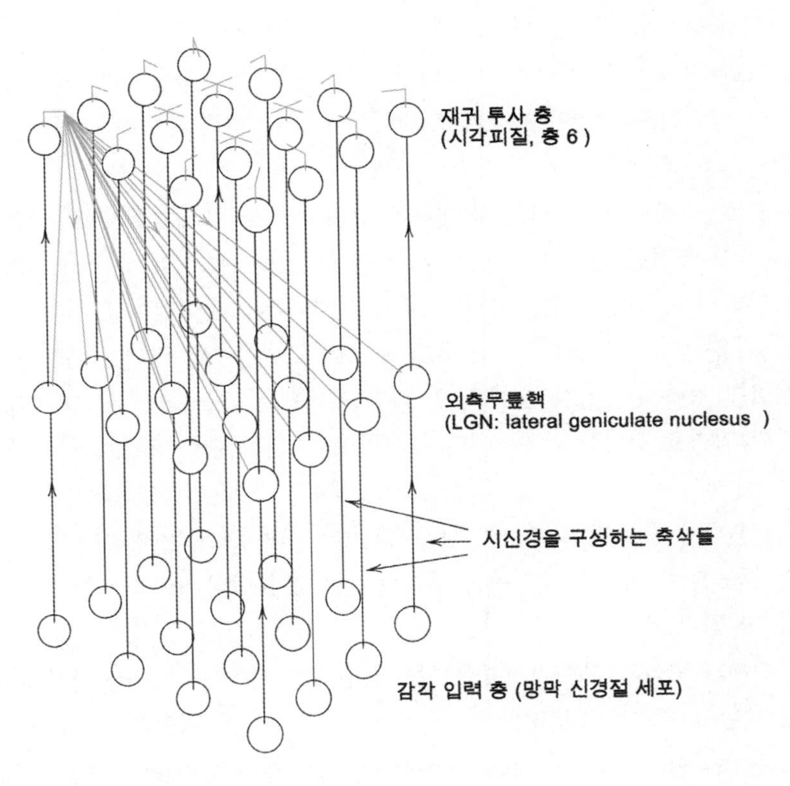

그림 3.13
인간의 일차 시각경로(primary visual pathway)를 보여주는 도식적 그림

이 한 '다발의' 예측을 어떻게든 이뤄낸다는 것을 의미한다. 그러한 예측에 대해, 외측무릎핵 뉴런들은 다음 감각 입력의 공간적 패턴에서 활성화되지 **않을** 것이다. 비록 더욱 직접적인 흥분성 예측에 대해 감각 뉴런들이 활성화된다고 하더라도, 추가적으로 그러하지는 않을 것이다. 만약 이미 침묵하는 뉴런에 억제성 메시지를 지속적으로 전달해주는 시냅스들이 또한 독특한 버전의 헤브식 학습에서 선별적으로 강화된다면, 그 그물망은 또한 원형의 인과적 순차가 전개됨에 따라서

전형적으로 무슨 일이 발행할지는 물론, 전형적으로 무슨 일이 일어나지 **않을지**도 학습할 것이다. 그러한 상보 과정은 그 그물망의 인지 분석을 예리하게 만들어줄 것이며, 그물망의 감각 입력을 저하시키는 상황적 노이즈를 억제할 것이다.

특별히, 본래의 순수한 흥분성 그물망의 이러한 억제성 묘수는, 공통의 혹은 중첩된 공간적 단계를 공유하는 (이 장의 각주 26에서 암시된) 독특하게 학습된 순차의 문제를 개선시켜줄 것이다. 이것이 문제가 되는 이유는, 그 공유된 공간적 패턴이, 그 어느 입력에 의해서라도, 활성화될 경우, (비록 두 순차들 중 다만 하나만이 그물망의 현재진행의 감각 입력을 정확히 반영하기만 하더라도) 그러한 순차 요소를 담당하는 **두** 시간적 순차 모두를 완성 또는 실행하는 경향을 가질 것이다. 만약 그 공유된 공간적 패턴의 상호 중첩이 절대적으로 완벽하다면, 이러한 문제는, 적어도 여기에서 구현되는 특정 뉴런의 구조물로는 해결할 수 없다.

그러나 만약 그러한 두 (중첩하는) 공간적 패턴들 중 하나가 단지 다른 패턴의 온전한 **부분집합**이라면, 그 차후의 흥분성 영향은, 지배적인 또는 초집합의 공간적 패턴을 등록하는, 더 많은 뉴런들의 집합적인 억제성 영향에 의해서 제지되는 경향을 가질 것이다. 그러므로 더 많은 강한 순차-요소가 덜 강한 순차-요소를 억제할 것이다. 즉, 지배적 순차가 전개됨에 따라서, 비대칭의 제지가 빠르게 증폭될 수 있다. 그러므로 억제성 중간 뉴런들이 중요한 기능적 역할을 하는 것으로 보인다. 다시 말해서, 억제성 중간 뉴런들이, 적어도 큰 그물망에서, 부분적으로 중첩하는 공간적 패턴의 문제를 해소시켜줄 수도 있겠다.

게다가 그 문제가 애초부터 제기되는 이유는, 우리가 그 그물망의 재귀적 경로의 연결이 **완전하기**를 요구하기 때문이며, 상위층 뉴런들 각각이 하위층 뉴런들 각각 모두로 역 투사하여 연결되기를 요구하기 때문이다. 그러나 이러한 이상화는, 수천 또는, 더욱 그럴 법하게는, 수백만 뉴런들을 가진 그물망에서 생물학적으로 실현될 수 없다. 실제 뉴런은 다른 뉴런들과 천 개가 조금 넘는 정도의 시냅스 연결을 이룰 수 있다. 따라서 우리가 인정해야 할 것으로, 실제 그물망에서 임의 상위층 뉴런은 이전 집단에서 단지 적은 퍼센트로 재귀적 연결을 퍼뜨린다.

그러나 그러한 연결이 성길수록, 겉치레-자극 문제는 점차 덜 발생한다. 이것은, 전체의 연결이 실제적 수준으로 감소함에 따라서, 단일 뉴런이 바로, 그 동일 주기적 과정의 **두 가지 독특한 국면**을 올바로 예측할 가능성을 급속히 감소시키기 때문이다. 따라서 완전히 중첩되는 자극 패턴, 그리고 그것들이 만들어내는 이중-중첩 순차의 문제는, 우리가 만들어낸 초단순 모델의 가공물이라는 것이 드러난다. 미흡해 보였던 그러한 문제는, 그물망의 연결 수가 실제에 가까워지고, 그럴 법한 양태에 다가섬에 따라서, 확실히 퇴색될 것이다.

그러나 우리는 아직 추가적인 묘수를 다루었다고 볼 수는 없는데, 왜냐하면 외측무릎핵이 여기에서 단일 층으로 묘사된 것과는 달리, 그 자체 내부에 몇 개의 독특한 뉴런 층들을 가지기 때문이다. 이 모든 것들은, 인간이 파악 가능한 주파수 한계가 나의 초기 과도한 단순화 만화-기반에서 추측된 24Hz의 절반 정도라는 사실에 대한 설명에 도움을 준다. 우리 자신의 뉴런 시스템은, 그림 3.13의 도식적 그림에 보이는 것보다, 훨씬 많은 가로지르는 축삭 경로와 연결시키는 시냅스 연결을 포함한다. 우리 자신의 재귀적 시스템은 아마도 네 개의 독특한 축삭 단계를 가지며, 그 각각은 아마도 10밀리초의 통과 시간이 걸리며, 상향과 하향의 단일 주기에 대략 40밀리초가 걸린다. 그러므로 우리의 지각 주파수 한계는 그에 따라서 더 낮아, 1,000밀리초 / (2 × 40) 밀리초 = 약 12Hz 정도이며, 실제로도 그러하다. 말하자면, 거의 올바른 모델은 분명히 인간 시각의 대략적 한계를 예측해주며, 그 예측은 진동 주파수의 분별 능력을 설명해준다.

그 외에, 그 그림은 포유류의 일차 시각경로라는 거대한 조직의 재인 가능한 묘사를 하지 못한 채 남겨두고 있다. 특별히 망막에서 외측무릎핵으로, 그리고 외측무릎핵에서 시각피질로 연결하는 실제의 '상향' 투사는 진실로 모두 아주 획일하게 지형적이며, 반면에 피질로부터 외측무릎핵으로 연결하는 재귀적 혹은 '하향' 투사는 상당히 방사적이며 아주 많은 수이다(Sherman 2005, 115 참조). 실제로 시각피질로부터 외측무릎핵으로 후방향의 재귀적 투사는, 외측무릎핵에서 피질로 연결하는 전방위 투사에 비해 수적으로 거의 **10배**에 달한다. (놀랍게도 외측무릎핵으로 들어가는 입력 연결의 오직 7퍼센트만이 망막에서 연결된다. 반면에 그중에 93퍼센트는, 일차 시각피질과 같은 상위 뉴런 집단으로부터, 분명히 배타적이지는 않게, 연결된다! Sherman 2005, 107 참조.) 그러한 하향 연결이 도대체 왜 있는 것인가? 그리고 그 연결이 왜 그리 획일적으로 방사적 풍부함을 지니는가?

앞서 간략히 살펴본, 궤도-학습 이야기는 이렇게 궁금한 배열에 대해 가능한 설명을 제공해준다. (아마도 그것이 여러 개일 수 있겠지만) 그런 궤도-학습의 여러 기능들 중 하나는, 그것이 관찰 가능한 세계에 대한 원형적 인과 순차(prototypical causal sequences)를 학습할 수 있게 해준다는 점에 있다. 다시 말해서, 우리의 낙관주의가 경계되어야만 하는 것은, '원형의 시간적 순차 학습'과 '진정한 **인과** 순차 학습' 사이에 연결하기 어려운 큰 간격이 있기 때문이다. 후자는 전자의 온전한 부분집합이며, 동물들은 전자를 통해서 후자를 보는 데에 늘 취약하다. 특별히 그렇게 하는 동물은 관련 사건들 흐름을 간섭할 어떤 수단도 가지지 못하며, 자신들의 은닉된 인과적 구조를 탐색할 어떤 수단도 가지지 못한다. 반면에 만약 여기 우리의 학습이 앞에서 언급된 과정에 의해 진행된다면, 잘 알려져 있듯이, 우리는 그러한 종류의 환영(illusion)에 취약하다.

우리가 그림 3.13의 도식적 조직을 늘려서, 각 층들이 수십만 개의 뉴런들을 포함하도록 만든다면, 물론 학습 가능한 시간 순차의 범위는 그 복잡성만큼이나 극적으로 증가할 것이다. 하나의 동일 그물망이 넓은 범위의 아주 다른 원형 순차를 재인하도록 학습할 수 있다. 그러므로 우리는 달려가는 농구 선수와 아이스하키 선수를 구별할 수 있으며, 그 둘 모두와 크로스컨트리 스키 선수의 왼발 오른발을 뻗는 동작을 구별할 수 있다. 그렇다고 하더라도, 모든 이러한 세 친밀한 발동작 궤도들은 아마도, 거의 공통 주제에 대한 독특한 변종들인 만큼, 그물망 중간층의 총 활성 공간 내에 서로 가까이 있을 것이다. 정말로 어느 개인 아이스하키 선수의 독특한 스케이트를 뻗는 발동작 그 자체는 매우 복잡한 활성-공간 궤도에 의해 표상될 것이며, 그 궤도의 많은 요소들은, 많은 서로 다른 스케이트 선수들의 오랜 경험에 의한 적절한 활성 공간 내에 느리게 새겨진, 중심적 혹은 원형의 **스케이팅** 궤도 요소들 주변으로 매우 가까이 모여 있을 것이다. 다시 말해서 우리가 여기에 논의하는 헤브-유도 시간 학습의 결과 또한 다양한 핵심 **원형들**의 구성을 포함할 것이며, 그 원형들은 다양한 사례들로 둘러싸일 것이고, 그 모든 것들은 적절하고 정합적인 **유사성 공간** 내의 서로 적절한 거리에 있을 것이다. 그러므로 우리는 다음과 같이 생각해볼 수 있다. 그러한 유사성 공간은, 심지어 시간적 구조의 경우에서도, 개념 체계의 학습이 도달하려는 목표이다.

나는, 여기 묘사된 학습 과정의 (결단코 흄의 방식이 아닌) 전-개념적(pre-conceptual) 본성을 다시 한 번 강조하면서 이러한 논의를 마치려 한다. 특별히 나는 다음의 가능성(아니 개연성)을 강조하려 한다. 전형적 시간적 순차 학습은, 전형적 물리적 사물들 그리고 속성들에 대한 1차원 혹은 2차원 혹은 3차원의 공간적 조성을 **처음에** 포착하고 나서, 그런 것들의 시간적 연결과 반복적인 점진적 수정을 **차후에** 주목함으로써 진행되지는 않을 것이다. 그보다 나의 제안에 따르면, 뇌가 처음 가장 잘 파악하는, 즉 뇌가 순수한 (개념화되기 이전의) 경험 상태에서 마주 대하는 것은 전형적으로 4차원 연결체이다. 이러한 전형적인 물리적 사물들, 그리고 그것들의 특징적 속성들은 아마도, 마치 더욱 하위 차원의 불변항들이 그러한 두드러지며 반복적으로 마주치는 4차원 순차의 구성적 역할을 담당하듯이, 뇌가 이후로 그것들로부터 간파하려는 무엇일 것이다. 그러한 사물들과 속성들은 세계의 인과 구조에 대한 우리의 이해로부터 이끌어낸 추상물이며, 우리의 이해를 위한 인식론적 바탕이 아니다. 왜냐하면 그러한 이해는, 앞에서 살펴보았듯이, 그 어떤 전형적 사물이나 전형적 속성에 관한 사전의 어떤 개념적 포착도 없이, 세계로부터 손쉽게 습득되기 때문이다. 그러므로 뇌의 관점에서 바라볼 때, 근원적인 것은 사물들과 그것들의 속성이 아니라, 과정들로 보인다.

이러한 전적으로 무의식적, 전-개념적, 즉 개념-이하의 헤브 학습 과정은, 앞서 살펴보았듯이, 원형의 공간적 조직과 원형의 시간적 조직 모두를 표상하기 위한 개념 체계들을 생산하며, 그 개념 체계들은 다양한 외부 특징-영역들의 적어도 어느 정도의 객관적 구조에 아주 정확히 **대응할** 수 있다. 그러한 대응이 아주 자연스럽게 나타날 수 있는 것은, 그러한 개념 체계들이, 그 동일한 객관적 구조물들과의 인과 상호작용을 본뜸에 의해서, 인과적으로 **산출되기** 때문이다. 이러한 주장은 어느 초월적 인식론의 형이상학적 단언이 아니다. 그보다 이러한 주장은, 뇌가 어떻게 기능하는지에 관한 경험적 설명이며, 순전히 그리고 전적으로 오류 가능한 단언이다. 이러한 단언은 본질적으로 인간과 동물의 인지 활동의 영역에서 설명과 예측적 성공으로부터 현재의 신뢰성을 이끌어내고 있다. 뇌가 어떻게 세계의 객관적 구조에 대한 (일부) 신뢰할 만한 표상을 산출하는지는, 카메라가 어떻게 세계의 객관적 구조에 대한 (일부) 신뢰할 만한 표상을 만들어내는지의 문제와 마찬가지로, 이제 더 이상 원리적으로 문제 되지 않는다. 뇌는 표준 광학 카메라보다 훨씬 더 잘한다. 그러므로 뇌가 어떻게 세계를 표상하게 되었는지에 관한 우리의 이론은, 판매되는 카메라가 세계를 어떻게 표상하는지에 대한 우리의 이론들보다 훨씬 더 복잡할 수밖에 없다.

'**우리가 카메라이다**'라는, 즉 세계-표상에 대한 자체 능력을 표상하려는 카메라라는, 우리의 인식론적 이론화에는 분명히 반사적 왜곡이 있다. 그러나 여기 우리의 입장이, 광학 카메라의 경우처럼, 결코 넘을 수 없는 신비는 아니다. 예를 들어, 옆면이 개방된 구식 카메라(open-sided box-camera)를 장치하면서, 한쪽의 중심에는 평범한 렌즈를, 그리고 반대쪽에는 필름 판을 붙이고, 그 필름의 직교 표면에 (말하자면) 사과의 뒤집힌 이미지를 투사하는 렌즈 앞 어느 정도 거리에 사과를 놓아보자. 그런 다음에 우리는 사과로부터 투사하는 적절한 진행 경로를 보여주도록, 팽팽한 흰 실이 렌즈를 관통해서 뒤집힌 이미지로 연결되도록 붙여볼 수 있다. 그리고 마지막으로 우리는 다른 동일한 둘째 카메라를 이용하여, 옆에서 보이는 이 모든 장면을 사진 찍어볼 수 있다. 우리 모두가 동의하는 것으로, 이 최종의 사진은 카메라가 객관적 사과에 대한 일차적 표상을 어떻게 구성하는지에 관한 기초 메타 표상(metarepresentation)이다. 그리고 이러한 메타 표상은 다른 카메라 내부에서 나타난다. 기초 광학 교과서들은 정확히 그러한 그림들이나, 그와 동형의 도식적 그림으로 채워져 있다. 분명히 여기에는 표현되지 **못하는** 많은 사진 찍는 과정들이 있다. 그러나 여기에서 반성적 표상자인 우리는 단지 카메라일 뿐이다. 뇌는 이러한 미약하고 무력한 사촌(카메라)보다 훨씬 커다란 인식론적 성취를 갈망할 수 있다.

7. 몇 가지 자기중심 공간에서 타자중심 공간으로 올라서기

지금까지 이 책에서 제시한 항구적인 그리고 단명한, 두 표상들에 대한 설명에서 미흡한 부분이 있었다. 그것은 그러한 두 표상들 중 어느 것도 각기 다른 감각 양태들의 독특한 형식, 또는 각기 다른 개별 지각들에 대한 독특한 공간적 조망 등을 관련시켜 돌아보지 못한 점이다. 그러나 참된 인식론적 상황은 결코 일순간에 이루어지지 않는다. 우리 모두는 각자 동일한 단일 3차원 공간 내에 살아가며, 그러한 공간 내에 시간적으로 지속되는 많은 물리적 사물들이 상호작용한다. 그리고 우리는 자신들 역시 그러하다는 것을 안다. 우리는 그러한 세계 속을 움직이지만, 세계에 존재하는 여러 사물들 덩어리는 전혀 움직이지 않거나, 거의 움직이지 않는다. 내 부엌의 싱크대, 그 옆의 찬장, 벽돌 화로, 밖의 거리와 빌딩, 바위, 나무, 저 멀리 있는 언덕 등등은 고정된, 비록 얼룩덜룩하지만, 그리드(grid)를 형성하며, 그런 그리드 내에 나는 현재 자신의 공간적 위치를 학습하고 재인할 수 있으며, 그 속에서 나는 일반적으로 자기 의도대로 움직일 수 있다.

내가 그렇게 고정된 그리드를 관통하여 천천히 움직임에 따라서, 나는 전형적인 느린 변화를 보고, 듣고, 느낄 수도 있다. 명확히 말해서, 내가 앞으로 걷고, 운전하고, 또는 날아감에 따라서, 나는 시각 과학자들이 "시각 흐름(optical flow)"이라 말하는 것을 경험한다(그림 3.14를 보라). 구체적으로 말해서, 내 앞에 고정된 사물들은 점차 '커지면서,' 점차로 내 시야의 중앙에서 벗어나는 위치로 옮겨가고, 마침내 시야 옆으로 빠르게 스쳐 지나가면서, 시야에서 사라진다. 뒤로 걸어가거나 뒤로 운전하면, 그 가시적 사물들에 대해서 정확히 그와 반대의 '움직임'이 나타난다. 즉, 모든 것들이 이번에는 내 시야의 중심으로 흘러들어오고, 그에 따라서 점차 작아져 보인다.

마치 기차나 버스의 차창을 내다보듯이, 내가 움직이는 방향의 정확히 직각으로 옆을 지속적으로 바라보면, "운동 시차(motion parallax)"라 불리는 다른, 그렇지만 관련된, 흐름이 나타난다. 이런 흐름에서 멀리 있는 사물들은 거의 전혀 움직이지 않는 것 같아 보이며, 반면에 점차 가까운 사물들일수록, 내가 움직이는 반대 방향으로, 더 빠른 '속도'로 움직여 스쳐 지나간다. 그리고 만약 우리가 움직이지 않으면서, 자신의 머리를 왼쪽 혹은 오른쪽으로 돌리면, 사물들의 더욱 단순하고

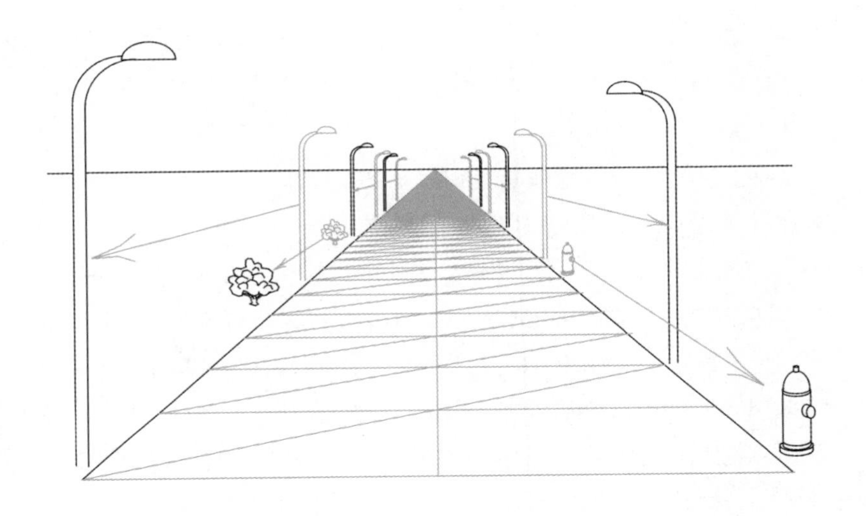

그림 3.14
전방 운동을 전형적으로 보여주는 "시각 흐름(optical flow)"

동일한 흐름을 지각하게 되며, 자신의 머리를 앞으로 혹은 뒤로 끄떡일 때에도 마찬가지이다.

물론 그러한 흐름의 '동작들' 어떤 것들도 외부 사물 자체의 진짜 활동은 아니다. 가정적으로, 그러한 사물들은 움직이지 않는다. 그보다 그것들의 '명확해 보이는' 동작들은, 단일의 **공동 원인**, 즉 우리 자신의 개인적 움직임이 그것들 사이에 궤도를 그려나감에 따른 하나의 총체적 결과이다. 그러나 그것들의 집단적 '동작들'은, 우리의 여러 지각 다양체로 표상됨에 따라서, 그것들의 서로 상대적인 다양한 위치들과, 그것들 내에 그리고 그것들 사이에 우리 자신의 동작의 본성 모두에 대해서 우리가 하나의 매우 확고한 인지적 포착을 할 수 있게 해준다. 그리고 그런 것들은 단일의 시공간 다양체를 구성하기 위한 자료가 되며, 그런 시공간 내에 모든 사물들이 놓이고, 모든 움직임과 변화들이 가리켜질 수 있다. 단일의 시공간 체계를 "감각 직관의 순수 다양체"로 바라본 칸트의 개념은 이제 직접적으로 이해되며, 앞 절에서 언급된 이야기의 재원이 그것을 재구성하기에 미흡하므로, 이제 설명해보려 한다.

실제는 이렇다. 앞 절에서 탐색해보았던, '지형적 전방위', '방사적 재귀'의 그물망 구조물은, 엄밀히 말해서, 방금 설명한 지속적으로 마주치는 시각 흐름을 온전히 학습할 수 있으며, 이후에 재인할 수도 있다. 왜냐하면, 우리가 살펴보았듯이, 그러한 그물망 구조물은, 아주 임의적인 것들을 포함하여, 심지어 노이즈 상태에서도, 전개되는 활성 패턴을 **어느** 순차라도 학습할 수 있기 때문이다. 비교적 단순하며 잘 동작된 (쟁점의) 감각 흐름들은 특별히 더 쉽게 학습할 수 있는데, 그것은 시각 흐름들이 이동 능력을 지닌 어느 동물의 시각 경험을 완전히 지배하기 때문이다. 당신은, 적어도 쟁점의 여러 흐름들 중 하나를 경험하지 않고서도, 자신의 머리를 돌릴 수 있으며, 혹은 방을 걸어 나갈 수 있다. 당신이 그런 흐름을 외면하기 위한 유일한 방법은, 마치 자신이 조각상인 것처럼, 절대로 움직이지 않는 것뿐이다. 따라서 우리 모두는 그러한 흐름을 학습할 수 있게 되어 있으며, 우리의 인지적 삶에서 매우 일찍부터 배울 수 있게 되어 있다.

우리는 그러한 시각적 흐름이 정확히 두 가지 다른 변형으로 들어온다는 것을 간파한다. 첫째, 신체가 주변 사물들의 그리드 속을 움직임에 따라서 나타나는, **변환 흐름**이 있다. 그 흐름은, 그 흐름의 요소들이, 우리의 감각 다양체에 상대적이면서도 그러한 다양체 내에 서로 상대적으로, 자체의 위치를 변화시키는 그런 흐름이다. 그리고 둘째, 우리가 어느 방식으로든, 그렇지 않으면 정지했을, 머리를 회전시킴에 따라 나타나는, **회전 흐름**이 있다. 이런 흐름의 요소들은, 우리의 감각 다양체 전반을 집단적으로 휩쓸고 지나감에도 불구하고, 서로에 대한 상대적 내부-다양체 위치를 엄밀히 유지한다.

나아가서 우리는, 특별히 변환 흐름의 집합이 세 가지 다른 하위 부류로 정확히 구분된다는 것을 안다. 첫째, 중심 외부 쪽 혹은 주변 내부 쪽 흐름이란 (실제로는 신체가 앞으로 또는 뒤로 움직이는) 명료한 움직임을 포함하는 것이다. 둘째, 왼쪽으로 혹은 오른쪽으로 (실제로는 신체가 시선 방향의 측면으로) 항시 등급의 명료한 움직임을 포함하는 것이다. 셋째, 위쪽으로 혹은 아래쪽으로 (실제로는 신체의 수직으로 움직이는) 명료한 움직임을 포함하는 것이다. 어느 가능한 변환 흐름도 이러한 세 가지 기초적인 흐름들의 조합일 것이며, 이것은 다음 사실을 직접 반영한다. 정지한 사물들의 주변 그리드를 관통하는 내 신체의 어느 가능한 궤도라도 3차원의 객관적 공간 내의 변환 움직임들 조합이다. 이런저런 방식으로, 3차원의 객관적 물리적 공간은 학습하는 뇌에 각인된다.

이와 아주 동일한 학습이, 아주 다른 **회전 흐름**의 세 가지 다른 하위 부류들을 구분하는 그물망의 학습에 의해서 (독립적으로) 유도될 수 있다. 그러한 흐름에서 주관적 공간 내의 상호 흐름 요소들의 위치들은 서로 상대적으로 변화하지 않는다. 첫째, 흐름의 요소들은, 자신의 머리를 천천히 오른쪽 혹은 왼쪽으로 돌릴 때, 왼쪽으로 또는 오른쪽으로 일정하게 흘러간다. 둘째, 흐름의 요소들은, 자신의 머리를 위 또는 아래로 끄덕일 때, 위로 또는 아래로 일정하게 흘러간다. 셋째, 흐름의 요소들은, 자신의 머리를 왼쪽 혹은 오른쪽으로 갸우뚱 움직일 때, 모두 자신의 시야의 중심 위치에서 회전할 수 있다. 어느 가능한 회전 흐름이라도 그 흐름은 이러한 세 가지 기초적 흐름의 종합일 것이며, 이것은 다음 사실을 직접 반영한다. 내 머리의 어느 가능한 객관적 회전이라도 그것은 객관적 공간의 세 직교축을 중심으로 한 객관적 회전들 조합이다. 그러므로 두 종류의 시각 흐름들, 즉 변환 흐름과 회전 흐름은 객관적 물리 공간의 차원성을 각기 지시함에 있어 통합적으로 합치된다. 그것은 3차원이며, 우리는 어느 그리고 모든 그러한 3차원에 따라서 변환하거나, 회전하거나, 둘 모두를 할 수 있다.

우리가 다양한 노이즈를 방출하는 사물들의 고정된 집단을 관통하여 나아갈 때면, 우리의 현재진행의 청각 경험은 관련된 쌍의 지각 '흐름'을 보여준다. (시끄러운 커다란 칵테일파티 중에 사회자는 움직이지 않지만, 자신은 눈을 가린 채 휠체어를 타고 움직이는 경우를 가정해보자.) 여기에서 분명히 청각 흐름 요소들은 시각 흐름의 경우에서처럼 아주 잘 조명되지는 못한다. 그렇지만 이런 경우에도 역시, 변환과 회전의 청각 흐름은 동일한 세 가지 기초 요소들로 다시 분해되며, 이것은 시각 흐름에 대응하여 드러나는 동일한 객관적 공간의 차원성을 반영한다. 정말로 눈가리개를 벗어보면, 특정한 청각 흐름 요소(바리톤 목소리)와 특정한 시각 흐름 요소(푸른색 양복을 입은 건장한 남자)를 하나의 동일한 위치에 서 있는 개인에게 할당하게 된다. 다시 말해서, 시각적이며 청각적인 흐름들은, 적어도 일시적으로 움직이지 않는 사물의 단일한 3차원 세계 속에 움직이는 자신의 단일 움직임을 반영한다는 것을 둘 모두 상호 정합적으로 확인시켜준다.

그러한 교차-양태 통합(cross-modal integration)은 시각과 청각에 그치지 않는다. 우리의 전정 시스템(vestibular system), 즉 내이 안에 상호 수직으로 교차하는 원반 고리의 가속 측정기는 신체가 물리적 공간 속에 움직이는 **변화**, 즉 객관적 변환과 회전 등의 활동 변화 관련 정보를 지속적으로 업데이트해준다. 당연히 이러한 표상들은, 동일한 개인에 의해 경험되는 하나 또는 다른 동시적 시각 흐름(그리고 정말로 청각 흐름)에서 보여주는 그 어떤 **변화**와도 절묘하게 어울린다. 우리가 만약 한 변환 방향에서 다른 변환 방향으로 머리를 움직이면(예를 들어, 20도 오른쪽으로 돌린다면), 우리의 시각 흐름의 방사 지점이, 한 부류의 흐름 요소들에 맞췄던 것으로부터 부분적으로 중첩하면서 적절히 다른 부류의 요소들에 맞추는 방향으로 이동한다. 우리는 스스로 약간 방향을 변화시켰다는 것을 느낄 수 있으며, 볼 수도 있다.

이러한 방향의 변화에 대한 정확한 파악은 신체의 체성감각 및 자기

감응 시스템(somatosensory and proprioceptive system)에서도 가능하다. 왜냐하면 이러한 시스템들은 자체 움직임의 변화에 관한 현재진행의 정보를 뇌에 제공하기 때문이다. 예를 들어, 자동차의 가속기를 발로 가속하면 운전자는 자신의 등에 압박을 느끼며, 그 압박은 가속의 정도에 명확하고 엄밀히 비례한다. 오른쪽으로 방향을 돌리면 운전자의 신체는 왼쪽으로 쏠리며, 근육-모니터 자기감응 시스템은, 뇌로 하여금 운동 시스템에 자동적으로 적용되는 보정 근육 수축을 일으키도록 하여, 회전하는 중에도 운전자가 거의 곧은 자세를 유지하도록 해준다. 그러한 표상들은 서로 절묘하게 어울리며, 가장 중요하게는, 전정, 청각, 무엇보다도 앞서 논의한, 시각 등의 표상들과 어울린다.

이러한 표상들의 다양한 형식들은, 여러 **동시적 시작**(개시)을 포함하는 체계적인 상호 정보, 그 시작들이 거듭하여 **진화하는** 다양한 방식의 상호 확인, 그리고 심지어 그 시작들의 시간적 진화 방식에서 자체의 여러 **변화들**의 시간 조절과 본성에 대한 상호 확인까지 내재화한다. 따라서 만약 각기 포함하는 정보가, 이러한 다양한 감각 경로들이 물리적으로 모아지는, 앞 절에서 탐구된, 두 단계의 단일 뉴런 집단에 제시될 수 있다면, 그 집단은 아마도, 다름 아닌 헤브식의 업데이트 방식으로, 세계에 대한 **단일** 표상을 학습할 능력을 가질 것이며, 그 표상은 각각의 말초 감각 다양체에 의해 개별적으로 제공되는 다양하고 원초적인 자기중심적 표상을 위한 담보물이 아니다.

뇌 안에 그러한 단일의 그리고 양태-의존적 표상이 어디에서 발견될지는 좋은 질문이지만, 나로서 대답하기 어렵다. (소위) '일차 시각피질'이 한 후보자이며, 외측무릎핵 자체에도 적어도 다양하고 양태적으로 다른 여러 입력들이 각기 도달하는 만큼 역시 후보자이긴 하다. 그러나 많은 뇌 영역들이 이러한 조건을 갖추고 있으며, 아마도 모든 길이 통하는 단 하나의 로마가 존재할 것 같지는 않다. 교차-감각 통합이란 아마도, 모든 단계에서 그리고 모든 기회에서, 뇌 처리 과정의 한 특징일 것이다. 여러 뇌 영역들의 상호작용하는 합병이 아마도 어렵지 않게, 여기에서 고려되는, 여러 기능들을 통합하거나 합병하게 해줄 것이다.

그렇지만 그러한 칸트식 책략을 넘어서려면, 여러 다양한 감각 입력들을 통합적이며 양태-중립적인 방식으로 단순하게 조절하는 것을 넘어, 더 나아간 표상적 성취가 요구된다. 특별히 표상은 또한, 객관적 공간 속에서 바로 자체가 변환하고 회전하는 여러 신체적 움직임들로부터 인과적으로 유도한, 필수적인 감각 흐름들을 추상화하거나, 어떤 방식으로든 추출할 수 있어야만 한다. 이러한 제외하기는 아마도 꽤 단순한 과제일 것이다. 즉, 마치 완벽히 움직이지 않고 그냥 서 있어서, 모든 그러한 감각의 흐름들을 적어도 일시적으로라도 영(zero)으로 만들고, 그런 후에 그 결과 표상을 마치 독립적 실재의 정규적 묘사 내용이라고 받아들일 수도 있겠다.

그러나 어쩌랴. 세계는 당신이 방문하는 각각의 가능한 객관적 유리한 지점마다 **다르게** 보이고 들리며, 당신이 휴식하게 되는 경우일지라도 아마도 많은 측면에 의존함에 따라 **다르게** 보이고 들린다. 단순히 감각 흐름-정보 전체를 (정지시킴으로써) 제외시킨다는 것은, 우리의 목표를 성취하기에 아무런 도움이 되지 않는다. 우리는 그러한 심히 체계적인 흐름-정보를 **활용**할 필요가 있으며, 그것을 내다 버리지 말아야 한다.

그리고 우리가 활용하는 것을 이용해야 한다. 우리는 자아를 주변의 많은 이들 중에 추가적인 한 물리적 사물로 표상하도록 배우며, 거의 움직이지 않는 다른 물리적 사물들의 객관적 행렬 속에 자신의 신체 움직임을 반영함으로써, 자기 감각 흐름의 더욱 커다란 부분을 표상하도록 배운다. 이것은 우리 지구 환경의 통계학이 주어지면, 그리 어려울 것은 없다. 결국, 우리 자신의 움직임은 전형적으로, 방앗간 내부, 혹은 들판, 혹은 숲 등등의 대부분의 사물들의 움직임보다 더 부드럽고 훨씬 더 빈번하다. 이것은 다음을 의미한다. 우리가 가지는 시각적 그리고 다른 감각적 흐름은 전형적으로, 사물들 전체의 모든 움직임에 대한 반영이라기보다, 자신의 개인적 움직임에 대한 반영이다.

더구나, 앞의 여러 문단에서 살펴보았듯이, 우리 내부에서 실제로 발생되는 (시각, 청각 등등의) 여러 종류의 감각 흐름들 모두는, 바로 세 가지 기초적이며 매우 잘 행동되는 유형의 갖가지 조합들로 환원된다. 그러므로 바람직한 타자중심 공간의 적절한 차원은, 학습하는 뇌에게 적절히 명확하며, 다행스럽게 작은 3차원이다. 자아를 객관적 3차원 공간 내에 하나의 정합적으로 움직이는 사물로 표상하는 것은, 이러한 출현하는 지각적 우주 속에 거의 모든 그 밖의 것들을 꼼짝 않고 멈춰선 것으로 만든다. 그렇게 일단 '정지한' 것으로 만들어놓고 나면, 그러한 다른 사물들은 극히 안정된 상호 공간적 관계, 즉 '지형적' 체계를 유지한다. 그러한 체계 내에서 우리는 특정한 공간적 위치를 기억하도록 배울 수 있으며, 그러한 위치로부터 다른 위치로 신뢰하게 이끄는 특정한 경로 역시 기억하도록 배울 수 있다. 우리는 대부분 움직이지 않는 세계 주변에 자신의 길을 찾아가도록 배울 수 있다.

이러한 성취를 인공 신경 그물망 내에서 정확히 모델링한다는 것은, 이 책의 저자로서 완수하기 어려운 욕심이다. 그러나 우리는 이미 요구되는 종류의 차원-감축을 지금까지 논의된 몇 가지 경우에서 적용시킬 수 있음을 살펴보았다. 예를 들어, 코트렐 얼굴-재인 그물망, 우수이 색깔-부호화 그물망, 게 그물망 중간층의 8차원 공간에 내재된 점진적 학습 2차원 좌표 평면, 그리고 머리를 끄떡이고 좌우로 돌림에 따른 편차의 하부 차원들을 성공적으로 파악하는 분석 기술 등등에서 살펴보았다. 앞 문단에서 숙고되었던 경우에서, 우리의 시각 흐름의 여러 차원들은, 그것들이 전개됨에 따라서 우선적으로 확인되어야 하며(우리가 살펴보았듯이, 이것이 아마도 심각한 문제는 아니다), 그런 다음에 우리의 시각 흐름에서 '효과를 줄이거나' 또는 '축소시켜야' 하며(이것은 해결하지 못한 문제이다), 이를 통해서 움직이지 않는 사물들의 안정된 체계의 표상을 남길 수 있어야 한다.[27] 그러므로 그러한 안정된 체계를 배경으로, 전형적인 시간적 순차와 추정되는 인과적 과정에 대한 차후의 학습이 실질적으로 더욱 정확히 진행될 수 있다. 왜냐하면 자신의 우연적 전망과 상황적인 개인 움직임으로 인한 변화는 우리가 마주 대하는 모든 총체적 감각 흐름에서 제외될 것이기 때문이다.

이러한 '부여된' 안정성의 최종적 그리고 최대로 극적인 사례는, 예를 들어 우리의 눈이 저녁을 먹는 동안에 매 초마다 여러 번 한 지점에서 다른 지점으로 시선을 옮김에 따라서, 눈에서 많은 불연속 단속운동(saccades)이 만들어짐에도 불구하고, 저녁 테이블 위의 사물들이 현상학적 안정성을 갖는다는 점이다. 우리의 시야(visual field) 내에 그런 요소들의 위치는 연속되는 단속운동마다 매번 갑작스럽고 반복적으로 변화하지만, 그럼에도 불구하고 우리는 안정되고 불변하는 (정돈된) 테이블에 대한 주관적 인상을 가진다. 이것은 각 단속운동에 대한 시점, 방향, 크기 등에 관련한 정보들이, 안구 근육으로부터 시각적 세계를 표상하는 피질 영역으로, 자동적으로 보내기 때문이다. 다시 말해서, 그리고 철학적 전통에도 불구하고, 그 어느 다른 방법도 아니라 뇌가 여러 **움직임들**과 **변화들**을 지성적으로 감시할 수 있는 선행의 능력을 가짐으로써, 마침내 우리가 움직이지 **않는** 물리적 사물들과 그 무수한 안정된 속성들을 포착할 수 있다.

---

27) 여기에 우리 인지적 성취의 역설이 있다. 그런 성취는, 지구 전체가 이행 및 회전 운행(translational and rotational motion)을 한다는 아리스타쿠스, 코페르니쿠스, 갈릴레이 등의 주장에 대해서 반대하도록, 우리를 심히 편견에 빠지게 만든다. (마땅히, 이러한 여러 상상력에 의해 나타나는 만연한 몰이해와 저항이 있다.) 그러므로 적어도 국소적 행성들의 운행을 정확히 파악하려면, 우리는, '고정된 별들'이 움직이지 않는 사물들의 역할을 담당하도록, 자신의 타자중심 그리드(allocentric grid)를 일시적으로 '초기화시키도록' 배울 필요가 있다. 이것은 적어도 지각 이해를 위해서 쉬운 일이 아니지만, 그렇게 할 수는 있으며, 그 결과는 유쾌할 수 있다. Churchland 1979, 31, 33 참조.

4 장

2단계 학습:
뇌 내부의 동역학적 변화와 개념의 영역-전환 재전개

1. 설명적 이해의 성취

지각적 활성에 의한 대응도-지시(map-indexing) 이야기의 여러 장점들 중 하나는, 앞에서 살펴보았듯이, '벡터 완성'에 대한 해명이다. 그 해명에 따르면, 훈련된 그물망은, 꽤 넓은 범위의 감각 입력들에 대해 선택적으로 반응하여, 습득한 여러 원형 영역 내의 어느 벡터를 반드시 활성화시키는 강한 경향을 갖는다. 특별히, 그 그물망은 이미 성공적으로 훈련해온 전형적 감각 입력들의 부분적, 저급, 혹은 어느 새로운 버전 등에 대해서도 선택적으로 반응하는 경향을 보인다. 이러한 사실이 말해주는바, 훈련된 그물망의 자동적 반응 경향은 어느 임의 자극에 대해서 마치 그것이 과거 지각 경험의 세계에서 이미 발견해낸 영구적 범주들 또는 인과적 양태들 중 이런저런 또 다른 사례인 것처럼 여하간 해석해낸다. 때때로 이러한 지속적인 충동은, 우리가 앞서 살펴보았듯이, 그 그물망을 적극적으로 잘못 인도하기도 한다. (완전히 새로운 개인들에 대해, 코트렐 얼굴-그물망에 의해 벌어진, 오류 동일화를 다시 돌아보자. 그러한 개인들은, 많이 닮은 이미지를 가진, 본래의 훈련 세트 내의 개인으로 자주 아주 잘못 일치시키기도 한다.) 그러나 전체적으로 그러한 인지 전략은 그 그물망을 매우 훌륭하게 만들어준다. 실제 세계에서 어떤 두 개의 감각 상황들도 엄밀히 동일하지는 않을 것이며, 따라서 어떤 효과적인 그물망이라도 지금 논의 중인 일치화 전략을 채용하지 않을 수 없다. 상황적으로 그리고 불가피한 오류는 단지 우리가 감내해야 할 부분이며, 어쩌면 그것을 통해서 우리가 교훈을 얻어내야 할 부분이기도 하다.

그러한 준-자동 일치화는, 앞서 살펴보았듯이, 종종 극적으로 증폭되며, 그런 중에 적절한 입력은, **일반적** 특징과 관계를 원형으로 표상하는, 인지 공간 내의 특정 위치로 배정된다. 그러므로 그러한 외고집 해석의 결과, 그물망은, 현재 감각 입력에서 표상하지 못하는 것(메리의 가려진 눈)이든, 아니면 현재 감각 입력에서 아직 표상되지 않은 것(전형적 인과 과정에 대한 미래의, 아직 일어나지는 않은 사건)이든, 그 지각 상황의 특징과 관련된 특정한 **기대**를 불러일으킨다. 배경 '전체'에 대한 여기-지금 '부분'의 그러한 일치화는, 그것이 공간적이든, 혹은 시간적이든, 혹은 그 모두이든, 그물망으로 하여금 현재의 감각적 이해에서 그런 지각 상황을 용이하게 **해석하거나 이해하도록** 도와준다. 그러한 일치화는 그물망으로 하여금 자신이 마주 대하는 현상을 **설명하도록** 만든다. 그리고 그러한 설명적 해석이 충분한지 불충분한지는, 그 그물망의 차후 경험이 드러내주듯이, 여러 복합적 기대의 정확성에 의해 측정될 수 있다. 또는 좀 더 정확히 말해서, 그것은 그러한 기대와, 동일 배경 개념 재원에 의해 차후에 해석되는 그물망의 차후 감각 경험 사이에, 일치 또는 불일치에 의해서 측정될 수 있다.

그러한 확대 해석은, 전문가로서 우리가 어렵지 않게 친숙한 일들을 자연스럽게 해결하듯이, 시시각각의 지각과 실천적 삶에서 일어나는 평범한 작용이다. 그러나 경험을 확장함에 따라서, 우리는 이따금 놀라기도 한다. 마치 어린아이가 처음으로 누군가의 무릎 위에 앉아 있는 페키니즈(Pekinese terrier)를 보고서, 그 작은 짐승을 자연종(natural kind)의 개, 예를 들어 골든 레트리버(golden retrievers), 또는 독일 셰퍼드(German shepherds) 등으로 대표되는 개에 일치시켜보면서 잠시 혼란스러워할 때 놀라는 경우가 그런 예이다. 다른 예로, 더 성장한 아이가, 돌고래는 물고기가 아니라 수생 포유류이며, 그것이 물개와 바다코끼리처럼, 물고기인 연어보다는 개에 더 가깝게 관련된다는 것을 처음 배우면서 놀라는 경우도 있겠다. 그런 어린이에게 그러한 놀라운 일치화는 새로운 예측과 설명의 이득을 제공해준다. 납작코를 한 페키니즈는 아무리 작고 털북숭이일지라도, 고양이를 보면 짖고, 쫓아가며, 주인의 얼굴을 혀로 핥는다. 그리고 돌고래는 아무리 겉보기에 물고기처럼 보인다고 하더라도, 온혈동물이며, 온전히 자란 새끼를 낳으며, 공기를 들이켜기 위해서 자주 바다 수면으로 올라와야만 한다. 물론 이러한 예측과 설명의 이득과 그 밖의 것들이 그러한 새로운 일치화의 일차적 역할이다. 우리는 자신들의 범주 **개**, 혹은 **포유류** 등의 범위를 확장함으로써, 특정한 방식에서 그러한 새로운 (재해석된) 것들(페키니즈 또는 돌고래 등)을 더 깊게 이해할 수 있다. 물론 마땅히 혼란스러움이 있고 난 후에, 뜻밖의 범주 사례들에 대한 기초 경험적 양태가 친숙해짐에 따라서, 그러한 예측과 설명의 이득이 나타난다. 그러한 이득은 자신의 선행적 그리고 기능적 이해의 범위 내에서 생겨난다.

이러한 종류의 재지각은 아마도, 뇌가 재귀적 경로를 개발하여 문제의 감각 자극을 처리하고, 마침내 옛것을 지금 재전개한 원형의 친숙한 인지적 항구에 정박시킴에 따라서, 그다지 인지적 노력을 들이지 않고서도 하는 일이다. 페키니즈의 경우에, 만약 복서(boxer)를 보고 나서, 잉글리시 쉽독(English sheepdog)을 보게 되는 경우라면, 특별히 거의 인지적 노력을 들이지 않아도 된다. (그러한 개들이 아주 크긴 하지만, 복서는 납작코를 가졌으며, 잉글리시 쉽독은 상당히 털북숭이이다)

그러한 중간의 경우들은 어린이로 하여금, 처음에 자신을 난처하게 만들었던 유사성-간격을 연결시키도록 도와줄 수 있다. 분명히 돌고래의 경우에는 훨씬 더 어려운 인지적 노력이 필요하다. 왜냐하면 돌고래는 외형에서 물고기와 매우 유사할 뿐만 아니라, 대부분 사람들은 처음에 (개념적으로) 거의 **포유류**로 분류하지 않기 때문이다. 그런 경우에 많은 일반 사람들은, 돌고래를 '이상한 물고기'로 여길 듯싶다. 하여튼 대부분 우리들은 적절한 개념적 전이를 이룰 수 있으며, 그럼으로써 돌고래에게서 나타나는 행동과 해부학적 양태를 더 잘 예측할 수 있다.

아무리 겸손하게 말하더라도, 이러한 두 사례들은 훨씬 더 광범위한 경험적 영역들과 관련되며, 훨씬 더 근본적인 개념적 변화를 포함하는, 개념 재전개를 위한 대표적 철학 모델로 제안되곤 한다. 나는, 근본적으로 동일한 종류의 재일치화의 세 번째 사례로, 다윈(C. Darwin)이, 지구의 식물들과 동물들의 오랜 역사를, 마치 농장에서 길러지는 식물과 동물에 의해 오랫동안 실행되어온 **인위적 선택**의 **자연적** 사례로 재해석한 사례를 제시해본다. 예를 들어, 개 유형의 엄청난 다양성은, 인간 개 사육장의 사육사들에 의한 여러 세기의 선택적 번식에 의한 것으로 당시에도 잘 알려져 있었다. 그런 사육사들은 다음 세대의 개들에게서 자신들이 원하는 기질이나 다른 것들이 더 자주 발생하도록 할 방법을 찾았기 때문이다. 말, 소, 곡식, 과일, 채소 등의 다양성은 그런 방법으로, 비록 이따금은 빈약하기도 하지만, 더 좋은 것을 제공하였다. (오랜 시간이 걸리며, 기록이 거의 없었음에도, 그들은 그것을 알았다.) '만족하는/불만족하는' 인간 품종 개량가들을 '만족하는/불만족하는' 자연의 번식 환경으로 대체해보자, 그리고 인간 농장의 하찮은 역사를 지구 위의 모든 생명체들의 전체 역사로 대체해보자, 그러면 우리는 매우 놀랍게도 모든 현재의 종들과 모든 과거의 종들의 기원을 재개념화하게 된다.

이러한 생물학적 우주에 대한 재개념화는, 해부학적으로 특화된 동물들이 자신들이 살아가는 매우 다양한 환경에 적응하는 방식을 직접적으로 설명해준다. 그런 재개념화는 지질학적 고생대 화석 기록에 대해서는 물론, 그것에서 발견되는 거의 무한할 정도로 다양한 이상한 동물들에 대해서도 직접 설명해주었다. 그리고 그런 재개념화는 지속적으로, 심지어 오늘날까지도, 모든 현재 생존하는 종들의 게놈(genomes)을 형성하는, DNA 분자에 대한 분석에서 파악되는, 아주 동일한 '계보' 구조를 이해시켜준다. 정말로 그러한 두 가지의 독립적으로 구성된 계보는 서로를 체계적으로 (그것들이 서로 겹쳐진다는 것을 알아볼 정도로) 긍정해준다는 사실은, 양자 통합에 대한 추정적 증거이다.

그런데 우리의 논의 주제와 관련하여, 다윈이 가정했던 통찰에서 (인간의 의도적인 품종개량 외에) 흥미로운 점은, (이미 우리 자신이 소유한) 하나의 복잡한 개념을 새로운 경험 영역에 적용시켜본 일이다. **비글호**(*Beagle*)에 승선하기 이전부터, 다윈은 **자연적 변종**과 **선택적 번식**의 과정이 모두 새로운 동물 유형들은 물론, 후세의 많은 실제-번식 유형들을 일정하게 산출할 수 있는 메커니즘이라고 알고 있었다. 다윈으로서 특별했던 점은, 그가 그러한 동일 메커니즘이, 우리 자신을 포함하여, 현재 지구상에 존재하는 모든 종들 전체와 다양성을, 지질학적 연대에 걸쳐서, 제공할 가능성을 탐구하기 시작했다는 사실에 있다.[1] 다윈은, 그러한 메커니즘의 작동을 인간 농장의 개 사육장과 마구간에 제한할 필요가 없다고 생각했다.

그러한 탐구를 세세히 칭찬하는 것이 지금 우리의 논점은 아니다.

---

1) 오랜 기간의 진화를 단지 제시한 것은 다윈(C. Darwin)이 처음은 아니다. 스펜서(Spencer)와 라마르크(Lamarck)는 그보다 더 일찍 그러한 견해를 대략적으로 그려보았다. 그러나 그러한 과정에 대한 다윈의 특정 **메커니즘**은 새로운 것이었다. 오직 월리스(Wallace)만이 다윈의 특정한 통찰을 공유했으며, 그는 개인적으로 그 통찰을 특별히 **인간**의 기원에 대한 설명으로 받아들이지 않을 수 없었다.

우리의 논의 목적상 강조해야 할 것은, 그런 탐구 과정이 처음으로 착수된 것은, 다윈이 꽤 세속적인 개념을 재전개함으로써, 즉 바로 앞의 여기-지금의 실천적 영역 내에, 구체적으로 말해서, 지구상의 모든 생명체들의 깊은 역사적 시간과 발달의 영역이란 새로운 영역 내에, 전형적으로 재전개함에 의해서였다는 것이다. 거대하고 심히 혼란스런 역사적 과정이, 온당하고 친숙했던 인과 과정에 의해 뜻밖의 거대한 사례로 새롭게 인식되었다. 이렇게 가정된 통찰은 다윈 뇌의 물리적 **구조**에서 중대한 수정이 있었기 때문은 아니다. 특히, 그런 통찰은 뇌 내부의 어느 시냅스 연결을 제거하거나 추가한 때문은 아니며, 그의 뇌 내부에 현존하는 시냅스 연결의 어떤 수정에 의한 것도 (심지어 단기적 수정에 의한 것도) 아니다. 그보다 다윈 뇌 내부에 있었던, 다중-안정 **동역학** 시스템이, 우연적 환경에 의해서, 적어도 지구의 생물학적 역사의 주제와 관련한 인지 처리 과정에서 중요하고 새로운 양식으로 기울었기 때문이다.

다윈 설명의 돌연한 출현의 인과적 기원은, 그의 정상적 지각과 상상 과정의, 특별한 변조에 의해 나타나며, 그리고 그러한 변조는, 하향의 혹은 재귀적 축삭 경로에 의한 상상 과정에서 발생되는, 새로운 맥락 정보에 의해 유도된다. 적어도 그것은, 이 책에서 보여주는 신경망 접근법이 우리에게 고려하도록 만든 부분이다. 순수한 전방위 그물망은, 일단 그 시냅스 가중치가 고정되기만 하면, 동일 감각 입력에 대해, 불변의 독특하고 적절한 인지적 출력으로 반응하도록 결정된다. 그러한 그물망은, 엄격한 수학적 의미에서, 하나의 함수(function)를 내재화하며, 어느 함수라도 어느 주어진 입력에 대해 독특한 출력을 갖는다. 전방위 그물망은, 일단 훈련되기만 하면, 그에 따라서 일종의 엄격한 인지적 단조로움을 갖도록 결정된다.

반면에, **재귀적** 구조를 지닌 훈련된 그물망은 전적으로 하나의 동일 감각 입력에 대해서 매우 다양한 방식으로 반응할 수 있다(그림 3.6,

플레이트 14를 다시 보라). 이러한 다능성은, 어느 상황에서 그물망의 출력 벡터가 (1) (평소와 마찬가지로) 적절한 감각 입력의 특성, (2) (평소와 마찬가지로) 훈련된 시냅스의 고정된 가중치 조성 상태, 그리고 가장 중요하게는, (3) 그물망의 모든 비감각 뉴런들의 **현재 동역학적** 혹은 **활성적 상태** 등에 따라서 결정된다는 사실로부터 나온다. 왜냐하면 그러한 높은 수준의 뉴런들이 흥분성과 억제성 메시지 양태를, 현재 감각 정보를 받는, 바로 그 동일 뉴런들로 되돌려 보내기 때문이다. 가장 중요하게는, (3)의 조건에서 이해되는 동역학적 요소들은, 비록 (1)과 (2)의 조건에서 이해되는 요소들이 완전히 일정하다고 하더라도, 매 순간마다, 그리고 상황에 따라서, 실질적으로 매우 다양하다. 그러므로 어느 지각 상황에 대한, 다양한 설명, 해석, 벡터 완성, 또는 인지적 관여 등은, 비록 고정된 물리적 구조를 지닌 그물망일지라도, 가능하게 되어 있다. 비록 그 배경 구조가 고정된다고 하더라도, 그 동역학적 상태들은 모든 대응도에 걸쳐 굽이쳐 흐른다.

그러한 상태들이 굽이쳐 흐름에 따라서, 그 상태들은, 동일 감각 주제가 서로 다른 상황에서도 도달하도록 정해진, 늘 변화하는 인지적 맥락을 제공한다. 대부분 그러한 맥락적 변종들은, 반복되는 감각 입력을 뇌가 차후에 계산처리함에 있어, 작고 국소적인 차이만을 일으킬 뿐이다. 그러나 이따금 그러한 변종들이 커다란 영구적 차이를 만들 수 있다. 일단 다윈이, **환경적으로** 다양한 갈라파고스 군도(Galapagos Islands)에 특화된, 현재 유명해진 다양한 핀치 새 유형들(finch-types)을, 유럽의 **선택적으로** 다양한 개 번식 사육장에 특화된 다양한 개 유형들과 역사적으로 그리고 인과적으로 유사한 것으로 보자마자, 그는 모든 다양한 생물학적 형태들에 대해서 다시는 이전과 동일한 방식으로 보거나 생각하지 않게 되었을 것이다. 그리고 다윈의 개념적 재해석에 (그가 받았던) 영구적 충격을 가했던 것은, 정확히 그 재해석이 자신에게 제공한 광범하면서도 심오했던, 비범한 설명력이었다. 그것은 모든 역사를 통틀어 지구상의 모든 생명체의 발달에 관해 독특한 설명을 제공하였다. 또한 주목해야 할 것으로, 그러한 설명은, 종의 기원에 관해, 폭넓게 수락된 성경의 설명과 첨예하게 충돌하였다. 그러므로 그러한 재해석은 그의 관심을 사로잡았으며, 그 주제에 관해서, 말할 수 없을 정도로, 이후의 모든 자신의 개념 활동을 형성하였다. 다윈의 뇌에 있었던, 플라톤의 카메라는 현존하던 '인지적 렌즈들' 중 하나를 재전개하였으며, 그럼으로써 여러 생물학의 역사적 쟁점들과 연관된 새로운 양식의 체계적 개념화를 제공하였다.

물론, 다윈의 인지적 성취에 관한 특별한 설명에서 가장 중요한 요소는, 자신의 감각 해석에서, 그리고 정말로 일반적인 인지적 전개에서, 아래로 흐르는 혹은 재귀적 축삭 경로에 의한, 하향식 변조이다. 그보다 약간 덜 중요한 것은, 그렇게 전개된 특정한 개념적 재원이 (자신이 항시 소유했던) 개념적 재원이다. 그러한 그의 개념적 재원이, 새로운 영역 내의 경험적 현상에 대한 반응을 통해서 (헤브 학습에 의해) 처음부터 수고롭게 창조될 필요는 없었다. 그의 선행의 개념적 재원은, 일단 순조롭게 새로 전환되기만 하면, 이미 작동 중인 활동을 재가동할 수 있다. 그러므로 우리는, 적어도 이따금 **학습**이라 불리는 둘째 메커니즘, 즉 뇌의 시냅스 연결을 헤브식으로 점차 수정하는 궁극적 기초 메커니즘을 넘어서는 상위 메커니즘을 갖는다. 이러한 새로운 메커니즘은 확실히 우선적이며 더욱 기초적인 학습 과정에 의존하며, 그것이 없다면 뇌는 처음부터 재전개할 어떤 개념도 가질 수 없다. 그러나 이러한 새로운 메커니즘은, 운이 좋은 동물이 어느 영역의 현상들에 대해 체계적으로 새로운 개념적 파악을 하도록 허락하는, 비교적 **신속하고** 독특한 메커니즘이다. 그것은 여러 주일, 여러 달, 여러 해가 아니라, 단 수 초 만에 이루어진다. 우리는 이렇게 더욱 신속한 과정을 **2단계 학습**(*Second-Level Learning*)이라 부르며, 이것을 앞 장에서 장황하게 논의했던 훨씬 느린 전임 학습과 구분한다.

과학의 역사는 2단계 학습에서 보여주는 이따금 유용한 돌연적 출현으로 가득 차 있다. 뉴턴은, 친숙하지만 매우 혼란스러운 달의 타원 궤도를, (울즈소프(Woolsthorpe)에서 우연히 떨어지는 사과에서 갑자기 발생된 궤도와 비교하여) 지구의 날아가는 돌의 궤도에 대한 큰 규모의 사례라고 갑자기 재지각화/재개념화함으로써, 이러한 엄격히 세속적인 일치화 현상의 둘째 주요 사례를 제공하였다. 두 궤도 모두 결국은 원뿔의 단면이다. 날아가는 돌은 (거의) 포물선 경로를 따라가며, 달은 타원 경로를 따라간다. 그리고 뉴턴은 전자의 많은 가능한 경우들을, 가상의 산 정상에서 점차 더욱 빠르게 던져진 다양한 투사체들에 대한 자신의 충격적 그림을 통해서, 후자의 많은 부분적 사례인 것처럼 보여주었다(최신 버전으로 그려진, 그림 4.1을 보라).[2)]

---

2) (역주) 뉴턴이 떨어지는 사과를 보고 갑자기 아이디어를 얻었다는 것이 사실인지는 분명치 않아 보인다. 그런 이야기는, 뉴턴을 잘 이해하지 못한 당시 영국의 어느 국회의원의 비유적인 말이 언론에 유포된 것이라는 주장도 있기 때문이다. 아무튼 저자는 그러한 뉴턴의 이야기를 2단계 학습이 짧은 시간 내에 일어날 수 있다는 여기 주제에 활용하였으며, 그것은 전혀 문제 되지 않아 보인다.
역자의 입장에 따르면, 이러한 2단계 학습이 가능하기 위해서는 기존 이론들에 대한 연구가 우선적으로 있어야 하며, 즉 기존의 개념화가 충실히 이루어져야 하며, 그런 상태에서 비판적으로 사고하면 뇌의 자기조직화 시스템(self-organizing system)이 새로운 해답을 찾는다. 다시 말해서 과학자들이 자신의 탐구 내용들을 철학적으로 질문하는 것이 중요하다. 신경망 인공지능 연구자들은, 신경망이 국소 최소값(local minima)을 벗어나 전체 최소값(global minima)을 찾도록, 학습 규칙에 요동(fluctuation)을 준다. 이것은 더 좋은 해답을 찾는, 즉 저자가 이야기하는 개념의 재전개를 유도한다. 추정컨대, 이러한 재전개를 통해서 우리 실제 신경망도 세계를 바라보는 새로운 통찰력, 즉 '커다란' 창의성을 유도해낼 것이다. 이러한 전망에서, 에드워드 윌슨(Edward Wilson)이 저서 *Consilience*(1999)의 마지막 페이지에서 했던 주장, 즉 통섭 연구와 함께 올바른 질문이 중요한 발견, 즉 창의적 사고를 유도한다는 주장이 설득된다. 이유는, 통섭 연구가 신경계에 다양한 배경 대응도들을 형성시켜주며, 올바른 질문, 즉 비판적 사고가 그것들 대한 재전개를 유

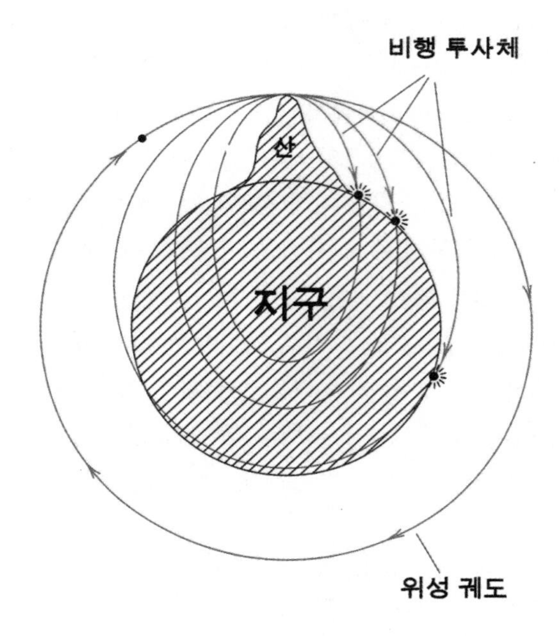

그림 4.1
궤도 운동에 대한 뉴턴의 설명

여러 하부 궤도 투사체들 각각이 임의적 타원 궤도를 따라서 지구로 떨어지며, 그 타원은 지구의 표면을 투과한다. 왜냐하면 그 투사체들의 원래 수평 속도는 너무 느려서 지구와 충돌을 피할 수 없으며, 그 충돌로 완전한 원을 그리지 못하기 때문이다. 그러나 만약 그 투사체에 충분히 높은 초기 속도가 부여된다면, 그 타원 경로는 확장되어 전체 지구를 돌아, 마침내 그 산 정상의 발사 지점을 반복적으로 스치며 지나가 무한 순환할 것이다.[3] 감히 생각해보건대, 달은 엄청 커다란 반경

도하여, 하나의 통합된 개념 체계를 재조직화하기 때문이다. 그 결과 개념 체계 전체의 부합(consilience)이 일어난다. (박제윤 2013 참조.)

3) 이 그림은 공기의 저항을 무시하였다. 마찬가지로, 지구 내부의 여러 선들은,

운동을 하는 투사체와 같으며, 지구 중심을 향한 그 투사체의 일정한 가속도는, 언제나 변화하는 추락 방향에 수직으로 거의 일정한 '수평' 운동에 의해 언제나 '보정된다.'

이러한 전망은 매우 시사적이다. 왜냐하면 뉴턴은, 이미 알려진 달 궤도의 반경과 '수평' 속도로부터, 지구를 향한 가속도가 이미 지구 표면의 사과, 돌, 또는 어느 다른 투사체들의 (알려진) 중력 가속도의 1/3,600이라는 것을, 빠르면서도 독립적으로 계산할 수 있었기 때문이다. 1/3,600이란 특별한 분수는 가장 절묘한 수이다. 왜냐하면 이 수는 정확히 1/60의 **제곱**이기 때문이며, 지구 중심으로부터 달은, 지구 표면에 떨어지는 사과나 날아가는 돌에 비해서, 60배 더 멀다고 별개로 알려졌기 때문이다. (지구의 반경은 4,000마일이며, 달의 거리는 240,000마일이다. 240,000 ÷ 4,000 = 60) 날아가는 돌처럼, 만약 달이 지구를 향한 가속도가 지구 중력의 힘 때문이며, 직접적으로 그 힘에 비례한다면, 그 힘은 분명히 $1/R^2$으로 **감소**할 것이다. (여기에서 R은 사물이 지구 중심으로부터 영향 받는 거리이다.) 이러한 방식으로 뉴턴의 새로운 설명은, 중력의 힘에 관련한 양적 법칙, 즉 $F_G \propto 1/R^2$을 제안하였다.

어느 것도 이 법칙이 참임을 보증하지 않지만, 만약 이것이 참이라면, 많은 다른 사실들이 인지적으로 부드럽게 이해된다. 예를 들어, 독특하게 거대한 태양은, 마치 코페르니쿠스가 앞서 주장했듯이, 그러나 뉴턴은 아주 다른 배경에서[4], 단지 모든 행성들의 운동에서 중심이 틀림없다. 태양의 중력은 그 외의 모든 것들을 지배한다. 그리고 달의 궤도는 지구를 하나의 초점으로 한 타원이어야 한다. 물론 실제로도 그

모든 지구의 전체 질량이 중심점에 모아질 경우를 **가정했을 때**, 투사체들이 지나는 여러 경로들을 표상한다.

4) (역주) 뉴턴은 자신의 이론이 참임을 주장하기 위하여 (절대시간과 함께) 절대공간을 가정해야 했으며, 그 중심이 태양의 중심이라고 하였다.

러하다. 그리고 달이 그 타원 경로를 운행하고, 저점을 향해 속도를 높이고, 고점을 향해서는 속도를 낮춤에 따라서, 달은 언제나 동일한 시간에 동일한 면적을 그릴 것이다. 물론 실제로도 그러하다. (이러한 두 가지 규칙성은 케플러의 이미 잘 알려진 궤도 운동의 제1법칙과 제2법칙이다.) 그리고 만약 모든 행성에 대한 태양의 중력 효과가 또한 $1/R^2$ 법칙에 의해서 지배된다고 가정해본다면, 뉴턴은 점차 더 먼 거리의 행성의 더 길어지는 여러 궤도 주기들은 이 형식의 법칙(궤도의 주기 $\propto \sqrt{R^3}$)에 따라야만 할 것이라고 빠르게 연역할 수 있었다. (여기에서 R은 행성 궤도의 반지름을 표상한다.)[5] 실제로도 그러하다. (이것은 행성 운동에 대한 케플러의 세 번째 법칙이다.) 이러한 후자의 설명적 통찰은 이후에 그 이상의 영역에도 적용된다. 즉, 목성(Jupiter)의 중력에도 유사한 힘의 법칙이 적용된다는 가정 하에서, 목성의 네 중요 위성들의 상대적 주기에도 그대로 적용된다.

그 통찰은 여기에서 끝나지 않는다. 뉴턴은 태양계(Solar System)의 모든 물체들에 대해서 질량을 추리적으로 할당하였으며, 그 각각의 중심에 $1/R^2$ 중력의 힘을 할당한 것은, 그로 하여금 크고 단절된 일련의 그 이상의 천문학적 사실들에 대해 동일한 하부 메커니즘의 자연적 효과로 바라보게 해주었다. 예를 들어, 지구, 태양, 그리고 모든 행성들이 거의 구의 모양이라는 것을 고려해보라. 지구에 대양의 조수(oceanic tides)가 존재하고 때맞춰 작동하는 것을 고려해보라. 모든 혜성들(comets)의 타원 혹은 쌍곡선 경로를 고려해보라. 매 18년마다 달의 기울어진 궤도가 (혼란스런) 세차 운동(precession)을 한다는 점을 고려해보라. 그리고 지구 회전축에서 매 23,000년마다 벌어지는 긴-신비한 세

5) 겉보기와 달리, 이러한 통찰은 거의 노력이 들지 않는다. 이러한 7단계 연역은 추정의 중력 법칙을 넘어, 세 가지 거의 사소한 전제들에서 출발하여, 동일한 것들에서 잡다한 동일한 것들을 빼고, 그런 후에 여러 항들을 결합하는 방식으로 이루어진다.

차 운동을 고려해보라. 모든 이러한 다양한 현상들은, 마치 그것들이 $1/R^2$로 감소하는 구심의 중력 때문에 강제된 운동의 많은 사례들이라고 성공적으로 새롭게 인식된다. 그 모든 것들이 사실상 그러하다.

이러한 나중의 개념적 조정(재전개)에는 물론 시간이 걸린다. 뉴턴 스스로는 자신의 초기 통찰을, 즉 달의 상태가 (마치 수평으로는 관성에 의해 어느 정도 일정하게 움직이며, 수직으로는 지구를 향해 가속되는 돌 같은) 투사체라고 다시 탐구하는 데에 시간이 걸렸다. 이러한 뉴턴의 통찰에 대한 충분한 탐구는 정말로 이후 300년 동안 후배 천문학자들의 열정에 의해 성취되었다. 그 대상 영역은 지속적으로 확장되어, 우리 태양계를 훨씬 넘어선 항성계(stellar system)의 행동, 은하수(Milky Way galaxy)의 행동, 그리고 우주의 모든 은하들의 개별적 그리고 집단적 행동을 포함하게 되었다. 뉴턴이 현존하던 개념들을 동역학적으로 재전개했던 것은, 쿤(Thomas Kuhn)으로 하여금 극히 깊고 넓은 '연구 기획'으로 나아가도록 불을 붙였으며, 이것은 마치 다윈이 특별히 20세기 이래로 분자생물학 분야의 발달과 DNA의 구조와 행동에 대한 이해를 넓혀준 사건에 비견된다. (예를 들어, 최근에 발견된 것으로, 일반적으로 은하들이 변칙적으로 짧은 회전 주기를 가지고 있음을 상기해보라. 그러므로 각각의 은하들 내에 응집된, 일부 알려지지 않은 형식의 '암흑' 물질의 존재가 제안되기도 하였다.) 그리고 후자의 경우에, 분자의 복잡성과 넓은 범위의 적절한 대사(metabolic) 및 발달(developmental) 현상에 의해서 판단하기 위해서, 우리는 이제 다윈이 우리에게 유산으로 물려준 거시적 수준의 골격에 생물학적 살을 겨우 덧붙이기 시작했다.

그러므로 이 장에서 보여주는 **동역학적 재전개**(*dynamical redeployment*) 이야기는, 위와 같은 과학의 돌발적 발견이 어떻게 일어났는지에 대한 신경-동역학(neural dynamics)에 대해서는 물론, 그 발견에 지배되어가는 과학자들의 이후의 인지적 행동에 대해서도 자연적 설명을 제공한다. 구체적으로, 과학자들은 쟁점의 설명 영역을 확장하고 굳건히 다지려 노력하면서도, 또한 완강한 변칙들의 점진적 출현에 민감한, 즉 집단적이며 전문적인 설명 아래의 원형이나 모델에 동화되기를 완강히 **저항하는** 뚜렷한 현상의 출현에 민감하다. 그들이 그러한 출현에 민감해지는 이유가 무엇인지도 동역학적 재전개에 의해서 자연적 설명이 가능하다. 그러한 긴 혁명 이후 시기에, 대단히 많은 과학자들이 자신들의 지성적 삶을 소모한다고 지적한 점에서, 쿤은 매우 옳았다. 그러한 연구 프로그램의 초기 핵심을, 탁월한 예측적/설명적 성취와 동일한 사례, 즉 굳건한 성공(Concrete Success)이라고 지적한 점에서, 그는 옳았다. 그리고 그 선호되는 패러다임의 한계를 확장하는 일은, 명시적 규칙에 지배되지 않으며, 그리고 (정말로) 어느 경우든 매우 명확한 말로 설명될 수 없는 과정이라고 지적했다는 점에서, 다시 한 번 그는 옳았다. 동역학적 학습의 전망에서, 그 이유를 알아보기는 어렵지 않다. 그 과정은, 우리가 대부분 알 수 없는 매우 고차원 개념을, 임시적 범위의 지각적 또는 실험적 현상들에 적용하려는 반복적 시도를 포함하며, 그 과정에서 (1) 선호적 개념을 정확히 어떻게 적용해야 할지는 처음에는 어느 정도 분명하지 않으며, (2) 정확히 어느 실험적 현상이 그 개념의 용어로 이해될 것으로 기대해야 할지 역시 명확하지 않다. 그러므로 그 과정은 어느 정도 희미한 불빛 아래에서 더듬어 찾아봐야 할 운명이며, 그곳에 성공과 실패 모두 극히 명확하지 않다. '확증'과 '반박'이 이루어지더라도, 거의 명료하지 않다.

2. 개념 체계의 평가에 대해서: 둘째 평결(개념 재전개)

이제 합리적 방법론(rational methodology)의 쟁점을 논해야 할 시점이 되었다. 역사적으로나 현재 시점에서 보더라도, 우리 인간들은 모두 세계의 혼란스런 모습들을 황당하고 부적절한 용어들로 기꺼이 해석하려 들며, 그래서 이후로 자신들의 예측적/조작적 실패에 대해서, 비록 그 실패를 알게 되더라도, 계속 합리화하려 든다. 이것은 '그렇다/아니다'의 문제가 아니라, 우리의 모든 인지 활동이 그러한 우려를 어느 정도 갖는지의 문제이다. 우리가 그러한 우려를 어떻게 줄일 수 있으며, 실재에 대한 이해를 극대화시킬 수 있을지는, 우리 인간이 꽤나 오랫동안 알려고 고심해온 문제이다. 특히, 이것은 계몽시대 이래 여러 과학 발전과, 그 발전이 고무시켜온 다양한 철학 주석서들에서 우리가 찾으려 했던 주제이다. 적어도, 갈릴레오, 케플러, 데카르트, 호이겐스(Huygens), 뉴턴, 보일(Boyle) 등과 같은 과학 개척자들은, 다양한 경험 영역들에서 더 많고 더 좋은 풍성한 재개념화의 **사례들**, 즉 초기 근대 과학혁명을 이끈 다양한 이론들을 내놓았다.[6] 이런 일은 우리로 하여금, 그런 사례들이 어떤 인식론적 특징을 가졌으며, (이와 연관하여) 어떤 특징들이 그러한 개척자들을 덜 가치 있는 개념적 선구자들을 다르게 구별시켜주는지 등을 간파할 입장에 올려놓았다.

이러한 맥락에서 우리는, 데카르트("이성의 능력에 의한 명석하고 판명한 이해"), 라이프니츠("충족이유율에 따른") 등과 같은 이성주의자들에게서 미완성의 초기 시도를 보며, 그리고 뉴턴("나는 가설을 세우지 않는다"), 흄("사실의 문제와 실제 존재는 오직 경험에서 오는 귀납에 의해서만 밝혀질 수 있다") 등과 같은 경험주의자에게서 약간 더 나은 시도를 보기도 한다. 그러나 그들의 탁월한 저술들의 추정적 권

---

6) 다음을 돌아보자. 갈릴레오는, **속도가 증가하지도 감소하지도 않는 구르는 공**을, 영구적인 행성 운동의 추정 모델로 제시하였다. 케플러는 은혜로운 타원(ellipse)을 행성의 실제 궤도 경로로 제시하였다. 데카르트는 **유체 소용돌이**(*fluid whirlpool*)를 코페르니쿠스 태양계의 인과적 동역학(causal dynamics)으로 제시하였다. 호이겐스는 **전달 파동**(*traveling wave*)을 빛의 본성이라고 제시하였다. 뉴턴은 **날아가는 돌**(*flung stone*)을 중력을 받는 천체 운동의 모델로 제시하였다. 그리고 보일은 **공기의 '반동'**(*spring of air*)을 [공기 압력의 모델로] 제시하였다.

위에도 불구하고, 그러한 모호한 표준들은 우리의 인지적 행동에 관해 어떤 실제적 안내도 제공하지 않는다. 더욱 나쁜 것으로, 그 기준들이 적극적으로 **오해**를 불러일으킨다. 데카르트의 입장에서, 현재 인간 이성의 명령에 따라서 명석해 **보이는** 것을 신뢰하자는 것이 인식론적 보수주의로서 확실한 처방이었지만, 반면에 흄의 입장에서, 그것은 사례 귀납(Instantial Induction, 열거 귀납) 과정에 의해 도달되는 과학적 일반화에서 제외되었다. 잘 주목해야 할 것으로, 이 후자의 추론 형식 또한 직접적인 의미에서 '개념적으로 **보수적**'이다. 그 입장에 따르면, 귀납 추론의 형식은, 결론에서, 자체의 일반적 결론을 지지해줄 전제로서, 단칭 관찰-문장들에 **포함되지 않은**, 어느 기술적 술어들을 결코 포함할 수 없다.7) (사례: "이 **까마귀는 검다**; 저 **까마귀는 검다**; 저러한 **까마귀들은 검다**; 따라서 모든 **까마귀들은 검다**.") 이러한 관점에서, 적법한 과학 법칙들은 예외 없이 모두, '까마귀임'과 '검정' 등과 같이, 엄격히 세계의 **관찰 가능한** 특징들에 대한 일반화이어야 한다. 그러나 도대체 그러한 일반화들을 적법하게 이끌어낼 전제를 우리가 어떻게 확보할 수 있을까? 더구나, 현대 과학의 일반화들은 거의 대부분 인간으로서 관찰 **불가능한** 규칙성에 관한 것들이다. 예를 들어,

한 전자의 대전량 = 1.6×10^{-19}쿨롱(coulombs), 그리고
전자기파는 상호 유도하는 전기장과 자기장 사이의 현재의 상호작용이며, 진공에서 300,000k/s로 전파되는 동안 서로 직각이면서 서로 180° 위상으로 진동하며, 그리고
인간의 DNA 분자는 3×10^9 핵산 단위 가로대를 가진 긴 이중-나선 사다리 구조라는 등등 무수히 많다.

---

7) (역주) 즉, 귀납추론의 형식은 언제나 관찰-문장의 전제들로부터, 그것을 지지해주는 관찰 가능한 결론을 이끌어내는 논리적 구조이어야만 한다.

우리의 일반적 과학 지식과 단일 경험 사이의 연결은 분명히, 뉴턴과 흄이 소박하게 추정했던 것에 비해서 훨씬 덜 직접적이며, 결코 그들의 노선에 가깝지도 않다.[8)]

경험주의 전통에서 후속 철학자들은 이러한 특별한 문제에 매달려, 사례 **귀납**(Instantial *Induction*) 과정 대신에 가설-**연역**(Hypothetico-*Deduction*) 과정에 호소하여 어느 정도 실질적 성공을 거두기도 하였다. 예를 들어, 칼 포퍼(Karl Popper)는, (지각으로 **접근 불가한** 특징들을 적법한 과학 영역에 관련시키는) 법칙과 일반화를 (그러한 일반화가 간접적으로라도, 지각 가능하거나 실험적으로 접근 가능한 세계에 대해 체계적으로 **제약**되기만 한다면) 기꺼이 받아들였다. 이것이 바로 포퍼가 과학의 일반화와, 비교적 반증 불가한 형이상학의 일반화를 구분하려 했던 유명한 시도이다. 구체적으로 말해서, 그의 요구사항에 따르면 진정한 과학 가설은, 적절한 보조 전제를 부과하기만 한다면, 적어도 어느 정도 실제적 또는 잠재적 관찰-문장의 부정을 논리적으로 함의해야(entail) 한다. 그의 생각에 따르면, 문제의 이론적 일반화가 경험에 비추어 시험 가능해야(testable) 한다. 다시 말해서, 이론적 가설은 어느 가능한 실험 결과에 의해 반증 가능해야(refutable) 한다. 따라서 '과학'이란 이름에 어울릴 만한 것이라면, 그것은, 뉴턴과 흄에 의해서 앞서 개괄된 순진한 방식이 아니라면, 언제나 실험에 답보되어야 한다.

그러나 과학과 경험 사이에 온전한 관계에 관한 포퍼의 이야기 역시 너무 순진하다. 형식적으로, 우리는 항시 어느 괴상한 형이상학적 가설

---

8) (역주) 최근 과학철학자들은, 이 주제에 대한 해결을 통해서 앞으로 우리가 어떻게 과학을 탐구해야 할지 교훈을 얻고 싶어 했다. 그러나 과학의 방법론과 관련한 논쟁에서 그들은 목적을 달성하지 못했다. 그 실패를 논리실증주의자 카르납(Carnap)에서 파이어아벤트(Feyerabend)에 이르는 논쟁에서 살펴볼 수 있다. 이하 문단의 내용을 이해하기 어려운 독자라면, 다음 책을 참고할 수 있다. A. F. 차머스, 신중섭 · 이상원 옮김, 『과학이란 무엇인가?』(서광사, 2003).

이라도 반증 가능한 관찰 문장과 필히 논리적으로 관계하도록 '보조 전제'를 등장시킬 수 있다. (왜냐하면 어떤 그런 괴상한 가설 '*M*'은 단순히 보조 전제로 "만약 *M* 이라면, *O* 가 아니다"를 내세울 수 있기 때문이다. 여기에서 '*O*'는 어느 임의 관찰 문장이다. 이것은 잠재적으로 반박하는 관찰과 필히 연결시킬 수 있다.) 따라서 **과학적으로 적법한** '보조 전제'로 고려되기 위한, 어떤 독립적이며, 문제에 호소하지 않는 (순환적이지 않은) 기준이 없다면, 과학과 형이상학을 구분하려는 포퍼의 제안은 공염불이다.

그의 제안은 다른 이유에서도 공염불이다. "만약 *H* 라면, *O* 가 아니며", 그리고 "*O* 이다"라는 측면에서, 과학 가설 '*H*'에 대한 가정적으로 가능한 **반증**은, 우리가 '*O*'의 진리를 확신하는 만큼만 확신할 뿐이다. (추론-규칙, 후건부정형(*modus tollens*)은 아마도 우리가 얻을 수 있는 것으로 확실하지만, 그 반증은 '*O*'의 가정되는 진리를 또한 요구한다.) 불행히도, 모든 개념의 이론-적재(theory-laden) 특성에 의해서, 그리고 모든 지각의 맥락 유연성에 의해서 "어떤 관찰 문장도 확실하다"고 장담할 수 없다. (이 논점은 포퍼 자신도 알고 있었다. Popper 1972, 41-41, n.8 참조.) 그러므로 어떤 가설도, 심지어 적법한 과학 가설일지라도, 확실히 반증될 수 없다, 즉 결코 그럴 수 없다. 그러므로 아마도 포퍼 지지자라면 이러한 환영 받을 결론에 멀쑥하게 어깨를 으쓱이며 할 말을 잃을 것이며, 만약 확실히 반증할 수 없다면 "있음직한 관찰이 적어도 진정한 과학 가설을 **반박할** 수 있다"는 요청 정도로 만족할 수도 있겠다.

그러나 이것은, 비록 우리가 일반적 가설들에 대한 결정적 반증 가능성이란 요구사항을 받아들일지라도, 우리가 기대하는 과학과 형이상학의 명확한 구분을 가능하게 해주지는 못할 것 같다. 그러한 문제는, 가정되는 형이상학 역시 우리의 지각 판단을 형성하는 습관에 스며들기 때문이다. 그래서 일반적으로 우리가 단순히 "나는 죄의식을 느껴요" 또는 "나는 찬란한 일출을 보고 있어요"라고 말할 경우에 대해, 독실한 신자라면 "나는 신의 불편한 심기를 느껴요" 또는 "나는 신의 행복을 보고 있어요"라고 진지하게 확언할 수 있다. 이러할 가능성은 단지 철학자들의 선험적 불만이 아니며, 수백만의 종교인들은 **지각 가능한** 세계에 대해서, 방금 인용한 것과 같은 정확히 그러한 형이상학적 개념으로 반복적으로 접근한다. 그들에게, 자신들의 감각 시스템에 의해 벡터(vector)로 가리켜지는 고차원 개념 대응도는, 대부분 우리들에 의해 전개되는 개념 대응도와 아주 다른 세계를 표상한다. 그러므로 다음과 같은 가능성을 추정해볼 수 있다. 그들의 형이상학적 확신들, 예를 들어 신이 무엇을 하는지 그리고 우리에게 무엇을 요구하지 않는지 등에 대한 확신은 아마도, 방금 인용된 말처럼, 그러한 '관찰 판단'에 의해 맥락에 따라서 반증될 수 있다. 다시 강조하건대, 포퍼의 제안은, 이번에는 관찰 문장 또는 지각 판단 자체가 무엇인지에 대한 과학 특징을 독립적이며 순환적이지 않은 기준으로 말할 수 있어야 한다. 그는 무엇을 관찰로 여겨야 할지를 스스로 해명해야 한다. 우리가 무엇을 관찰하고, 측정하고, 모니터링하고, 추적하며, 지각하는지, 그리고 그렇게 하지 않는지 등이 바로 과학이 설명해야 할 의문이며, 그 의문에 대해 나타날 다양한 경쟁하는 가능한 대답들을 우리가 평가할 수 있어야 한다.

이렇게 우리가 수락된 배경 이론 또는 개념적 활용에 어쩔 수 없이 의존한다는 것은, 예를 들어 전류계, 온도계 등과 같은 인공 측정 도구들의 행동에 대한 정보적 의의와 관련될 경우에, 문제가 매우 명확해진다. 전류계의 바늘 위치가 전류 흐름의 양을 측정하고 있는가? 그것이 시간당 통과하는 전자의 수를 말해주는가? 그 전선 안의 악마가 화난 수준인가? 온도계의 수은주 눈금의 높이가 칼로리 유동체의 압력을 측정하는가? 그 주변 분자들의 평균운동에너지인가? 원소 플로지스톤의 유출 비율인가? 그러한 질문들에 우리가 대답하려면 어느 선호 이론 또는 개념 체계에 정착해야 한다. 불행히도, 그러한 이론에 정착하기 이전이라면, 측정 도구들은 숨겨진 정보적 의의를 보여주지 않을 것이다.

그리고 인간과 다른 동물들에게 타고난, 다양한 **생물학적** 감각-양태들도 그리하지 못한다. 왜냐하면 그러한 것들이 인위적인 종류의 측정 도구와 다름없기 때문이다. 물리적 세계의 부분이기 때문에, 그 감각-양태들은 특정 차원의 객관적 실재에 선택적으로 그리고 인과적으로 반응한다. 그리고 그 감각-양태들은, 그러한 객관적 실재에 대한 (인력으로 구성되고, 역사적으로 우연적이며, 상당히 오류 가능한) 개념 **대응도** 내의 특정 위치를 결국 가리키게 될, 축삭 출력을 산출한다. 어느 임의 동물 내의 어느 임의 감각 양태에 의해서, 이후의 체계적 지시를 위해, 무수히 다양한 **서로 다른** 개념 대응도들이 있을 수 있다. 우리의 감각 경험을 반사적으로 해석하는 (일시적) 주권자로서, 우리가 어떤 대응도를 품어내는지는, 우리가 인지적 피조물로서 마주 대하는, 인식론적인 문제이다.

포퍼를 공정하게 바라보건대, 그는 지각 판단의 불확실성을 마주 보았으며, 우리가 필요시에 그 판단을 많은 다른 지각 판단들과 실험적 탐구들에 비추어 시험할 태도를 가져야 한다고 충고하였다. 이것은 확실히 좋은 충고이며, 포퍼는 그렇게 했던 것에 대해 명예를 받을 만했지만, 이제 우리는 한낱 형이상학적 판단과 건전한 과학적 판단을 구분해줄 의사 결정 절차를 명시적으로 설명할 수 있을 것이라는 희망을 상실하게 되었다. 포퍼의 가정적 의사 결정 절차가 분명히 의존하는, (초석의) 인식론적 수준, 즉 지각 판단의 수준은 분명히, 어느 다른 수준과 마찬가지로, '형이상학적' 감염과 부패에서 벗어나지 못한다.[9]

그러므로 만약 우리가 무엇을 (한낱 형이상학에 반대되는) 적법한

---

9) 인간 지각의 개념적 가변성(conceptual plasticity)은 Churchland 1979, ch.2에서 어느 정도 탐구되었다.

과학적 가설로 여겨야 할지를 신뢰할 만하게 규정하려는 어떤 희망도 가질 수 없다면, 아마도 우리는 덜 야심적이며, 더 현실적인 무언가에 정착해야 할 듯싶다. 어쩌면 과학적 합리성을 위해 실제로 중요한 것은, 우리가 염두에 두고 있는 **이론들**의 준-실증주의 지위가 아니라, 거듭해서, 이따금은 매우 긴 기간에 걸쳐, 우리의 가설을 평가하고 수정하기 위해 채용하는 **방법론**의 기획적 성격일지도 모른다. 포퍼 자신은 이론 자체를 위한 직접적 반증 가능성 기준이 갖는 문제점을 명확히 인식하고, 이따금 그 대신에 그러한 이론을 제안하고 평가하는 **과학자들**이 끌어안는, ('독단적 태도'에 반대되는) 현재진행의 '비판적 태도'에 대해 말하곤 하였다. 이런 점에서 우리의 철학적 관심은 개별 이론들에서 벗어나, 그 이론들을 다루는 과학자들의 실천으로, 또는 조금 더 나은 표현으로, 과학자들 공동체로 옮겨진다.

포퍼의 젊은 연구원이며 지적 동반자인 임레 라카토슈(Imre Lakatos)는 이론을 평가하는 포퍼의 원래 관심에 대한 구체적 대안을 구성했다. 그 대안에서, 평가의 중요한 단위는, 시간적으로 확장되는 연구 프로그램이 포함했을 다양한 일순간의 이론-단계들이라기보다, **진화하는 연구 프로그램**이다(Lakatos 1970 참조). 라카토슈의 대안적 설명에 따르면, 여러 경쟁 연구 프로그램들은, 자체의 부정적 측면을 정체되거나 퇴보하는 것으로, 그리고 긍정적 측면을 확장하고 번창하는 것으로 점차 스스로 드러낸다. 이러한 구분은 다음 두 가지 기준에 따라 갈린다. 첫째로, 적절한 연구 프로그램이, 자체의 교설적 핵(doctrinal core)을 명확히 드러내며 그리고(또는) 주변의 여러 이론적 가정들을 확대하여, 그 프로그램 전체의 추정적 '경험 내용'을 확장시킬 능력 또는 무능력을 천천히 밝힐 수 있는지, 둘째로, 그렇게 발달하는 경험적 내용이, 그 연구 프로그램이 제시하는 다양한 경험적 시험 결과에 연속적으로 직면함에 따라서, 성공 또는 실패를 펼치는지이다.[10)]

(주목해야 할 것으로, 과학사에 대한 쿤의 사회학적 해석을 재해석

하는) 이러한 대안적 이야기에서, 우리는 우선적으로, 무엇을 '진정한 경험적 내용'으로 여겨야 하는지 규정할 수 없다는 사실을 우리 모두 묵인할 수 있으며, 또 그래야만 한다. 왜냐하면 그러한 핵에 대한 우리의 판단은 연구 프로그램마다 아주 당연히 **다양할** 것이며, 그리고 그러한 실험의 결과, 우리의 인공적 측정 도구의 행동, 그리고 심지어 우리 자신의 지각 경험의 참된 내용 또는 의의 등을 해석할 권리는, 그 자체가 부분적으로 여러 경쟁하는 연구 프로그램들 사이의 경합에 걸려 있기 때문이다. 비록 일시적이라도, 그러한 경합에서의 승리는, 어느 연구 프로그램이 다음 두 가지에서, 즉,

(1) 쟁점의 후보 이론 체계를 실험적으로 **지시하는**(*indexing*), 체계적 수단/양식/실천을 제공함에 있어, 그리고
(2) 그러한 동일 실험적 지시를, 마치 그것이 배경 이론 체계 전체의 인지적 맥락에서 적절한 부차적 지시의 맥락에 따라서 (즉 임의 조건에서) 다양하게 산출되듯이, 체계적으로 정교하게 **예측**/**예언**/**설명**함에 있어,

상대적으로 성공하는 문제이다.

쉽게 알 수 있듯이, 나는 지금 라카토슈와 쿤의 엄격한 언어 형식의 인식론 이야기를, 이 책 전체에 걸쳐 보여주는, 이론에 대한 '조각된 활성 공간' 또는 '고차원 대응도' 설명으로, 다시 표현하는 중이다. 현재의 설명과 그러한 앞선 설명 사이의 중요한 차이점은 다음과 같다.

---

10) (역주) 라카토슈에 따르면, 과학이란 어느 연구 프로그램(research program) 내에 일어나는 활동이며, 그런 연구 프로그램은 중심을 이루는 이론들의 견고한 핵(hard core)과 주변부를 이루는 이론들의 보호대(protective belt)로 구성된다. 연구 프로그램을 수행함에 있어, 과학자들은 보호대를 적극적으로 바꿔보려 노력해야 하며, 견고한 핵을 수정하려는 데에는 소극적이어야 한다.

(1) 여기에서, 고차원 신경 운동학(neuronal kinematics)이 일반적으로 인간(그리고 동물)의 인지 활동이라고 가정하며,
(2) 여기에서, 벡터-계산처리 동역학이 특별히 지각 활동이라고 가정하며, 그리고
(3) 여기에서, (그 벡터-계산처리 동역학의) 재귀적 변조가, 전(pre)-개념적 감각 입력에 대한 다양하고 가능한 해석에 대한 탐색이며, 그 입력은 단지 (시각, 청각, 촉각 등등의 감각 뉴런들의 독특한 집단 전체의) 거대한 활성 패턴이라고 가정한다.

여기에서 우리는 문장/명제/믿음 등에 대해 맹목적으로 친근한 운동학(kinematics)과, 논리적 추론에 대해서 지나치게 피상적인 동역학(dynamics)을 의도적으로 **돌이켜** 보는 중이다. 우리는 지금, 전통적 인식론의 기초 체계를 공동으로 구성해온 운동학과 동역학을 돌이켜 보는 중이다.

그렇게 하여 우리가 무엇을 보게 될까? 우리는 인지 활동을 위한 체계를 본다. 그 체계는 기초적으로 인간과 인간이 아닌 모든 뇌에 걸쳐 동일하며, 다양한 여러 인간 문화들과 역사 속에서, 그리고 상충하는 여러 연구 프로그램들에서도 모두 동일하다. 또한 그 체계는 우리가 지각 활동을 처음으로 어떻게 개념화할 수 있는지에 대해 전혀 알려주지 않는다. 그리고 어느 피조물의 미래 경험에 대한 예상은, 우리가 어느 일반 명제의 가정들에서 엄격한 연역을 통해 그 관찰 문장을 포착해냈다기보다, 오히려 훨씬 더 뒤엉키고 복잡한 과정을 통해서 산출된다. 그러한 단일 예상은 원형 활동(prototype activation)의 과정을 통해서 산출되며, 그런 활동은, 추론적인 명제적 가설들로부터 엄격하고 잘 규정된 논리적 함의(logical entailment)를 이끌어내는 것과 반대 의미에서, 극히 **등급적인**(*graded*) 더-혹은-덜한 전형적 기대를 산출한다. 그렇게 등급적인 기대는, 전형적으로 수백만에 달하는 시냅스 연결 행렬에

의해 산출되는 것으로, 쟁점의 영역에 관한 습득된 익숙함과, 명료하게 말하기 어려운 전문지식을 반영한다. 그 전문지식은 전형적으로 너무 복잡하여, 일련의 문장들로 명료하게 말하기 어렵고, 심지어 적절히 말하기조차 어렵다.

우리는 아래와 같은 오랜 기간의 과정을 본다. 그 과정에서, 어느 임의 객관적 특징-영역의 대응도로서 인지 대응도의 정확성 또는 완결성은, 여러 국소적 기대를 반복적으로 발생시키는 전체적 성공에 의해 평가되는데, 그러한 경우에 그런 기대는, 고차원 범주들의 차후 자발적 또는 자동적 지시, 즉 그 동물이 소유하는 어떤 감각 장치 또는 측정 도구에 의해서 유도된 지시를 동의해준다. 우리가 앞 장에서 살펴보았듯이, (우리가 사물의 모양을 보면서 동시에 느낄 수 있을 때, 그리고 사물의 운동을 보면서 들을 수 있을 때) 하나의 동일한 대응도는 종종 둘 또는 그 이상의 독특한 감각 양태들에 의해 지시된다. 그러므로 개별적 지시 그 자체는 음미와 평가에 따라 이루어지므로, 따라서 배경 체계 전체의 예측 정확성을 평가하는 현재의 수단을 제공한다. 우리는 또한, 독특한 감각 도구들에 의해 지시되는 독특하면서도 **부분적으로 중첩하는** 대응도들을 전개하여, 세계에 대한 자신의 인지적 활동에 대한 전체적 정합성을 시험할 수 있다.

우리는 인지 활동을 위한 체계를 본다. 그런 체계는, 비록 그 관련 표상이 특징적으로 거의 언어적이지 않음에도 불구하고, 우리가 실제 표상 활동에서 성공적이라는 **대응**설(*correspondence* theory)을 유지한다. 그리고 인지 활동 체계는, **우리**가 자신들의 표상이 성공적인지 또는 실패인지를 평가하는 방식에서, **정합**설(*coherence* theory)을 지지한다. 그렇지만, 다시 말하건대 그 적절한 정합의 형태는 본성적으로 언어적이지 않다. 그보다 그 형태는 다양하면서 중첩하는 여러 개념 대응도들의 상호 확인 성격을 갖는다.

이렇게 세계 표상의 계산처리에 대한 자연주의적이며 비언어적 시도는 다음과 같은 불가피한 반박을 마주하게 된다. 인식론이란 원래부터 그리고 온전히 규범적인 분야이며, **이성적인** 사고의 원리와 관련하며, 우리가 자신의 이론을 어떻게 평가**해야** 하는지를 다룬다. 우리가 '사실(is)'로부터 '당위성(ought)'을 이끌어낼 수 없으므로, 뇌의 **사실적**(*de facto*) 작용에 대한 어느 기술적 설명이라도 그것은 우리의 표상적 상태가 어떻게 **정당화될** 수 있을지의 문제에, 그리고 이성적 뇌가 어떻게 인지적 업무를 유도**해야** 하는지의 문제에 엄격히 부적절하다. 만약 이러한 명확히 규범적인 문제들이 우리의 우선적 관심사가 아니라면, 기술적인(descriptive) 뇌 이론은 엄격히 말해서 시간낭비이다.

당연히 이러한 반론에는 그에 못지않은 다음과 같은 반격이 예상된다. 즉각적으로 반격하자면, **어느** 영역이라도 우리의 규범적 확신은 항상 그 영역의 본성에 관한 체계적인 사실적 전제들을 포함한다. 그러한 사실적 전제들은 우리 확신의 배경 깊은 곳에 언제나 자리 잡고 있다. 그리고 만약 그러한 사실적 전제들이 피상적이며 혼란되고 또는 단지 거짓에 불과하다면, 그 확신을 전제하는 규범적 확신은 재평가되거나, 수정되거나, 또는 어쩌면 전체적으로 거부되고 만다.

현재의 경우에 대해서라면, 그럴 가능성이, 누구라도 짐작하겠지만, 그리 명확해 보이지는 않는다. 왜냐하면, 이러한 편협한 가정에 순진하게 기초했던 여러 세기의 규범적 논의에도 불구하고, 우리는 이미, 인간의 뇌를 포함하여 일반적으로 뇌가 세계를 표상하는 기초단위는 믿음, 또는 명제, 또는 그로부터 나온 고결한 시스템이 아니라는 유력한 증거를 보았기 때문이다. 그보다 표상의 기초단위는 (여기저기에서 표상이 일순간 벌어지는) 활성 벡터이며, (세계의 영원한 구조에 대한 표상이 영속되기 위한) 조각된 활성 공간이며, (그러한 공간을 처음으로 형성하기 위한, 그리고 하나의 고차원 활성 벡터를 다른 벡터로 변환하기 위한) 조율된 시냅스 연결 행렬이다. 만약 우리가 그러한 인지 활동의 '미덕' 혹은 '합리성'을, 이러한 새로운 운동학과 동역학의 체계(즉 지구에 있는 대부분의 인지 활동)에 의해 해명될 정도로 표준을 세우며 평가하고 싶다면, 우리는 처음부터 자신들의 규범적 가정을 다시 생각해보아야만 한다.

두 번째 반론에 따르면, 정상적 또는 전형적 뇌의 인지 장치가, 세계를 표상하기 위해서 실제로 어떻게 기능하는지 더 깊은 기술적 앎은, 이따금 우리의 표상적 유리함으로 작동하지 **못하는** 다양한 방식에 대해 더욱 깊은 통찰력을 제공해주며, **최적의** 기능적 작용이 무엇에 해당하는지 더 깊은 통찰력을 제공해준다. 나는 여기에서 앞서 호소하였던 것들, 예를 들어, 살아 있는 것들의 본성에 대한 우리들의 이해, **건강한** 신체, 신진대사, 면역 시스템, 발달 과정, 또는 소화 등등이 무엇에 해당하는지에 대한 우리들의 규범적 이해 등에[11] 유비적으로 호소하려 한다. 심지어 근대 초기에서조차, 우리는 생물학적 실재에 대해서 전혀 본질적으로 이해하지 못하였다. 비록 우리가 건강이 무엇에 해당하는지에 대해, 그리고 그것을 어떻게 가장 잘 성취하고 유지할지에 대해, 공공연한 규범적 문제로 변치 않는 관심을 기울였지만, 분명히 어떤 미시 수준의 이해도 갖지 못했다.

이제 18세기에 미시물리학과 생화학 등의 출범과 함께 등장하게 된 불평에 대해 상상해보자. 엄밀히 말해서 그러한 기술적 과학 탐색은 시간 낭비이며, 적어도 그런 탐색에서 건강과 같은 규범적 문제는 전혀 관련되지 않는다는 불평은, "당신은 **사실**(*is*)로부터 **당위**(*ought*)를 이끌어낼 수는 없다"는 원리에 근거한다. 추정컨대, 독자들은 아마도 그러한 불평에 대해서 심히 (심지어 끔찍이) 어리석다는 또는 그러해 보인다는 의견에 동의할 것이다. 우리를 괴롭히는 질병의 신전인 다양한 바이러스와 박테리아의 기원, 면역계의 작용, 그리고 우리의 정상적 신진대사 기능을 손상시키는 수많은 퇴행성 질환 등에 대한 우리의 차후

11) 나의 저서, *Neurophilosophy at Work*(Churchland 2007a), 마지막 장의 마지막 문단에서.

인식은, 우리로 하여금 건강의 기초 본성과 그와 관련한 많은 조작 가능한 차원들에 대해서 전례 없는 통찰을 제공하였다. 우리의 규범적 지혜는, 목적 자체를 위해서가 아니라, 그 '궁극적' 목적 자체의 동일성과 본성과 관련하여 수천 배로 증가되었다.[12]

내가 제안하건대, 합리성(Rationality)에 대한 연구와 관련해서도 명확히 현재 불평이 나타난다. 뇌가 무엇을 하는지, 그리고 뇌가 그것을 어떻게 하는지 등에 대해 구체적으로 정확히 이해하는 것을 외면하고서, 뇌가 그것을 **가장 잘**한다는 것에 대한 어느 명확하거나 신뢰할 만한 인식을, 우리가 탁월하게 가질 것 같지는 않다. 종합하건대, 합리성의 본성은 우리 인간만이 오직 간파하기 시작한 무엇이며, 인지신경과학은, 건강에 대한 앞선 사례에서처럼, 우리의 기술적 이해는 물론, 우리의 규범적 이해를 증진시키는 데에서도 분명히 중심 역할을 담당한다.

3. 개념 체계의 평가에 대해서: 셋째 평결(이론 간 환원)

여러 개념 대응도들의 단번의 지시하기(one-shot indexings), 또는 아주 많은 수의 그러한 지시하기는, 앞서 살펴보았듯이, 표상의 정확성을 위해 우리의 여러 대응도들을 평가할 유효한 수단이다. 물론 그러한 지시하기는 언제나 교정 가능하며, 언제나 다른 일부 대응도들을 전개한다. 그러므로 모든 우리의 대응도 평가를 위한, 불변의 초석과도 같은 적임의, 어느 특권적 지시하기란 결코 있을 수 없다. 오직 다양한 대응도들과, 그러한 대응도들을 지시해줄 다양한 감각 시스템들을 가진 우리는 모든 각각의 대응도들과 감각 시스템들을 활용하여, 모든

12) (역주) 즉, 새로운 과학에 의해 터득되는 우리의 규범적 지혜는, 전통적 규범성 자체를 위해서가 아니라, 그 궁극적 목적인 건강을 위해 우리가 무엇을 어떻게 해야 하는지의 규범적 지혜를 위해서 엄청나게 도움이 되고 있다.

다른 대응도들과 감각 시스템들을 신뢰할 수 있도록 유지해야 한다. 이것이 흔히 의미하는바, 만약 그것들 사이에 부정합성이 발견되어 복원시켜야 할 경우에, 우리는 그러한 대응도들을 수정하거나, 대응도를 지시하는 우리의 습관을 교정할 수 있어야 한다.

그렇지만 경우에 따라서 감각적 지시하기(sensory indexing)는 우리의 개념 대응도들에 대한 스스로의 평가에서 어떤 역할을 거의 하지 못하거나, 전혀 하지 못하기도 한다. 이따금 우리는, 자신들의 감각 시스템에 의해 전달되는, "당신이-여기에-있다"는 단명한 알림을 무시할 수 있어서, 고정된 전체로 간주되는 서로 다른 두 개념 대응도들 사이의 복잡한 내적 구조를 숙고할 수 있다. 여기로부터 나오는 쟁점은, 우리의 대응도들 중 어느 하나의 습득된 구조가 어떤 방식으로 (고려되는) 둘째 대응도의 어느 **하부** 구조를 반영하는지(즉 객관-동형적인지)의 의문이다. 첫째 대응도가 어쩌면 단순히, 더욱 크고 포괄하는 둘째 대응도의 작은 **부분**에 더욱 친밀하고 더욱 편향된 **버전**일까? 그 첫째 작은 대응도가 더욱 커다란 대응도의 작은 부분과 잘 중첩되는 버전이어서, 비록 세부적으로 어느 정도 다르긴 하더라도, 마치 큰 대응도의 적절한 부분인 것처럼 **동일 영역을 묘사하도록** 자연적으로 구성될 수 있는가? 만약 그러하다면, 우리는 첫째 대응도에 의해 표상되는 객관적 특징-영역이 실제로는, 둘째 대응도에 의해 표상되는 더욱 커다란 객관적 특징-영역의 특정 **부분**임을 발견하게 될지도 모른다. 우리는 어쩌면, 하나의 전체집합의 현상들이 실제로는 다른 커다란 포괄적 집합 내의 현상들의 특정 부분집합과 일치한다는 것을 발견할지도 모른다.

과학사는 그러한 발견들 또는 가정적 발견들로 가득 채워져 있다. 맥스웰(J. C. Maxwell)의 수학적 묘사에 따르면, 전자장과 자기장 사이의 상호작용은 전자기파를 산출하며, 모든 **가시광선**의 알려진 속성들은 물론, 진공에서 그 광선의 매우 특이한 속도, 반사, 굴절, 편광, 간섭 등의 속성들, 그리고 그 광선의 에너지-전달 특징 등이 전자기파의 전파 동작임이 드러났다. 우리가 지금 고려하는 것은, 다르고 훨씬 넓게 포괄하는 개념 대응도에 의해서 하나의 매우 특정한 개념 대응도가 어떻게 체계적으로 포섭될 수 있을지의 문제이다. 우리가 오랫동안 "빛"이라 불러왔던 것이 (이후로는) 있음직한 커다란 스펙트럼의 **전자기파** 내에 단지 한 작은 부분이다. 전자기파의 스펙트럼은, 인간의 좁은 가시적 파장 영역보다 훨씬 더 긴 파장인 라디오파, 마이크로파, 적외선 등에서부터, 그보다 짧은 파장인 자외선, X-선, 감마선 등까지 포함한다. 독특한 인간의 눈은 이러한 광범위한 영역 중 단지 좁은 영역만을 볼 수 있으며, 이러한 새로운 연구는 앞서 우리가 지녔던 빛에 대한 개념의 근간을 무너뜨리고, 마침내 기하광학(geometrical optics)의 단계에 올라섰고, 호이겐스(Huygens)와 영(Young)의 초기 파장이론으로 성장하였다. 이러한 후자의 이론들은 분명히 모두 사소하지 않은 대응도들이다. 왜냐하면 가시광선의 물리학은 그 자체로 나름 난해하며 매력적인 이론이지만, 그 대응도들은, 전자기 이론 전체의 개념 대응도가 포괄하는 실재에 대한 훨씬 넓은 묘사에 비해 보잘것없게 되었기 때문이다.

개념들 사이의 포섭에 관한 이러한 유명한 사례는, 20세기 과학철학자들이 "이론 간 환원(intertheoretic reduction)"이라 불러온 것의 한 보기이며, 과학이 희망적으로 성취하려는 가장 두드러진 이론적 통찰 중 하나로 정당하게 인정받는다. 또한 그러한 '환원'이란 인간이 성취할 수 있는 가장 아름다운 것들 중 하나이기도 하다. 왜냐하면 매우 흥미롭게도, 비록 희미하더라도, 지금까지 매혹적으로 보였던 실재가, 무대의 조명이 올라가면서, 갑자기 단지 훨씬 복잡하고 화려한 배경 실재의 부분적 윤곽에 불과한 것으로 지각되기 때문이다. 그러한 이론 간 포섭은 이러한 은유가 전달할 수 있는 것보다 훨씬 더 매력적이다. 왜냐하면 그렇게 하여 **일반적** 특징들 또는 추상적 **보편자들** 전체가 훨씬 더 크고 훨씬 더 복잡한 일반적 특징들의 단지 작은 부분임이 드러나기 때문이다. 심지어 논리실증주의자들도 생각했던, 이론 간 환원은 전형적으로 여러 개별 **사실들**을 설명해주기보다는, 여러 **자연법칙들** 전체를 훨씬 더 **일반적인** 자연법칙들에 의해서 설명해준다. 우리의 관점에서 보자면, 이론 간 환원은, 개별자들 사이의 단명한 관계들보다 높고 그것을 넘어서는, **보편자들 사이의 영원한 관계**를 설명해준다.

- "**그것이 바로**, 물, 유리, 알코올 등처럼 투명한 물질들의 독특한 굴절률이 모두 서로 다른 이유이다"라고, 맥스웰은 호기심을 가졌다. "전자기파의 속도는 각각의 매개물마다 다르고, 독특하다!"
- "**그것이 바로**, 달, 행성, 혜성 등의 궤도가 모두 원뿔 단면인 이유이다"라고, 뉴턴이 매우 기뻐했다. "달, 행성, 혜성 등 모두는 관성 운동과 ($1/R^2$로 변화하는 힘의) 구심 가속도(중력 가속도)의 조합으로 작용한다."
- "**그것이 바로**, 이상 기체의 온도가 −273°C에 이르면, 그 압력이 0으로 떨어지는 이유이다"라고, 볼츠만(L. Boltzmann)이 소리쳤다. "그 한계 온도에 이르면, 그 기체 내의 무수한 입자들은 자체의 충돌 운동을 완전히 멈추게 되며, 따라서 그 기체 용기의 벽에 지속적으로 충돌함으로써 발생되는 반발 압력이 더 이상 발휘되지 못한다."
- "**그것이 바로**, 원소들의 주기율표가 화학적으로 유사한 '원소족들'의 특이 구조를 갖는 이유이다"라고, 보어(N. Bohr)가 공표했다. "그러한 원소-족들은, 잇따른 원소들 각각이 갖는 가장 외곽의 전자 막(electron shell)에 있는 전자들의 반복적인 궤도 조성 상태를 반영하며, 그 각각의 전자 궤도 조성 상태가 어느 원소의 화학적 행동을 정확히 지배한다."

이와 같은 사례들은 과학사에 실제로 엄청나게 많이 있다.

그러한 사례들은 종종, 심지어 무시되거나, 또는 외면당하곤 한다. 왜냐하면 포섭되는 표적 대응도(target map)와 포섭하는 더 큰 총괄 대응도(grander map) 모두에 대해 충분히 친숙하여, 총괄 대응도가 전형적으로 제공하는 설명적 통찰을 알아챌 수 있는 사람이 거의 없기 때문이다. 만약 누군가 어느 분야에서 과학자로서 살아가려 한다면, 그는 아마도 그 분야의 역사와 관련하여 총괄 대응도에 의한 국소 대응도(local map)의 부분적 포섭을 학습하겠지만, 거의 자신의 특정 전문 분야를 아주 많이 넘어서지는 않는다. 또한 만약 누군가 대체적으로 과학사 연구자로 살아가려 한다면, 그는 아마도 꽤 많은 분야의 개념적 포섭, 즉 명성이 높고 후세에 큰 지적 영향을 미친 개념적 포섭을 학습하고 알아볼 수 있을 것이다. 그러나 이런 경우에도 그러한 역사가의 이해는 대부분 해당 특정 분야에 종사하는 과학자의 이해에 비해 훨씬 보잘것없을 것이다. 그 과학자의 이해는 그 분야의 현재 탁월한 지적 발달에 의한 개념적 포섭도 포함할 것이기 때문이다. 그리고 본질적으로 현재를 살아가는 어느 누구도 인간 과학 활동의 전체 역사에서 일어났던 개념들 사이의 포섭 각각에 대해서 그리고 그 모두에 대해서 철저히 이해할 수 없다. 그렇게 하려는 사람은 학술적 그리고 전문적 신전 내의 모든 과학 분야에서 실천적으로 전문가이면서, 동시에 역사적 연구자이어야 한다. 이것은 너무 많은 요구사항이며, 그러한 요구는, 과학이 지속적으로 발전하는 한에서, 영원히 실현 가능하지 않다.

그러므로 불가피하게, 쟁점의 인지 현상에 대한 어느 실제 개인의 경험적 이해는 단지 괴리되고 앞뒤가 맞지 않는, 인류 전체의 과학사 박물관에 수집된 '전시장'의 작은 일부분에 한정되기 마련이다. 그리고 그 일반적 현상에 대한 개인의 견해는 불가피하게, 그 사람이 어쩌다 친숙해진 특유한 사례들의 지엽적 특징들을 접하면서 앞으로 나아갈 수밖에 없다. 그러므로 개념들 사이의 포섭에 대한 어느 일반 철학적 설명에 대한 책임 있는 **평가**, 즉 많은 역사적 사례들을 충족시켜줄 설명은, 많은 사람들에 의한 심사와 다양한 심사원들 사이의 합의를 요구할 것이다.

반면에, 그 현상에 대한 **가능한** 설명을 단순히 떠올려보기는 아주 쉽다. 정말로 그것은 아주 많이 쉽다. 이미 있었던 그럴듯해 보이는 대안적 설명들이 무엇이었는지 간략히 돌아보자.

1. **단순 연역적 설명**: 만약 더욱 일반 체계(G)의 법칙들과 원리들이 독특한 표적 체계(T)의 법칙들과 원리들을 **형식적으로 함의**(*entail*, **필연적으로 함축**)할 경우에 그리고 오직 그럴 경우에만(if and only if), G는 T를 성공적으로 환원한다.

난점: G와 T 내의 전형적으로 다양한 어휘 목록들은, 순수 형식적 이유에서 요구되는 어느 형식적 함의를 어렵게 할 것이다. 연역이 일어나려면 그에 앞서, 그러한 어휘 목록들이 서로 어떻게든 연결되어 있어야 하기 때문이다.

2. **수정된 연역적 설명**: 만약 더욱 일반 체계(G)와 독특한 표적 체계(T)의 어휘 목록들을 연결시키는, **어떤 '교량 법칙들' 또는 '대응 규칙들'과 함께**, G의 법칙들과 원리들이 T의 법칙들과 원리들을 **형식적으로 함의**할 경우 그리고 오직 그럴 경우에만, G는 T를 성공적으로 환원한다.

난점: T는 전형적으로, 적어도 세부적으로, 거짓으로 판명되곤 하며, 그럴 경우 대응 규칙들을 첨부한 G에 대한 진리, 그리고 그것으로부터 T의 연역 가능성 등의 공동 가정에 일관성이 없다.

3. **제한적 객관-동형성 설명**: 만약 **어느 제한적 그리고/또는 반사실**

적 가정들과 함께, 더 일반 체계(G)의 법칙들과 원리들이, (여전히 G의 어휘 목록들로 표현되는 일련의 제한적 법칙들과 원리들인) **이미지** (T), 즉 독특한 표적 체계(T) 내의 일련의 표적 원리들과 밀접한 **객관-동형의** '이미지'를 형식적으로 함의하는 경우 그리고 오직 그럴 경우에만, G는 T를 성공적으로 환원한다. 따라서 대응 규칙들은 진정한 연역에 어떤 역할도 하지 못한다. 그 규칙들은 요청된 어휘들과 다를 바 없으며, 그 어휘들은 집단적으로 **이미지(T)에-대한-**T 객관-동형성(homomorphism)의 핵심을 지시한다. 그렇지만 만약 그 성취된 객관-동형성이 충분히 밀접하다면, 그러한 대응 규칙들은 종종 전체적 객관-동형성에 의해 유발되고 정당화되는 '질료적 양태의 교차-이론적 동일성-진술문'으로 재등장할 수 있다. (상세한 이야기: 나는 이러한 내 자신의 설명을 Churchland 1979에서 방어했었다.)

난점: 이러한 세 번째 설명은 많은 장점을 가지지만, 앞의 두 설명에서처럼 이것 역시 이론에 대한 **구문론적 관점**에 집착하고 있다. 그 관점에 따르면, 이론이란 일련의 문장들 또는 명제들로 구성된다. 그러한 인간중심이고 언어중심인 관점은, 언어를 이용하는 인간과 다른 모든 인지적 동물들을 설명하지 못하며, 나아가서 이론에 대해서도 근본적으로 잘못 겨냥한다. (아래를 보라.)

4. **모델-이론적 설명**: 이론은 일련의 문장들이 아니다. 그보다 이론은 집합-이론적 구조(set-theoretic structure), 즉 특히 진리에 대한 타르스키(Tarski)의 설명이 채용하는 의미에서, **모델들** 집합이다. (구문론적 관점과 연결시켜 생각해보면, 이론은 여기에서, 그러한 해석에서 그 모델들 각각이 대응하는 문장들 집합을 진리로 만들어줄 듯싶은 구문론적 모델 집단으로 구성된다. 모델들 집합은 공통의 추상적 구조를 공유한다. 그 공유된 추상적 구조가 이론-동일성을 위해 중요하겠지만,

그 이론을 표현하는 특유한 언어는 그렇지 않다.) 따라서, 그리고, 끝으로 핵심을 지적하자면, 표적이론(T)을 위한 모델 각각이 일반 이론(G)을 위한 모델의 **하부 구조**일 경우 그리고 오직 그러할 경우에만, G가 T를 환원한다.

난점: 이러한 설명은 본질적으로, 위의 2에서 제시된, 수정된 연역적 설명의 '외연주의자(extensionalist)' 버전이며, 따라서 그 설명은, T가 매우 자주, 엄밀히 참이 되지 못하며, 그리고/혹은 G의 적절한 환원 양식과 완벽히 이체-동형적(isomorphic)이지 못하는 등을 설명하려면, (위의 3의 설명에서처럼) 어떻게든 자격을 갖추거나 그렇지 못하면 흔들린다. 추정컨대, 그러한(4의) 개정이 성취될 수 있으며, 따라서 이러한 설명은 최소한 3의 설명에 대한 대안으로 가치가 있고, 동일한 이유에서 다른 많은 설명에 대한 대안으로 가치가 있기는 하다. 그렇지만 그러한 설명은, 현재 정체되어 있다는 사실이 드러내주듯, 인간과 동물의 인지에 대한 본성과 관련하여, 뇌가 복잡한 집합-이론적 구조를 어떻게 표상하는지 의문은 놔두더라도, 도대체 마음 또는 뇌가 무엇을 어떻게 **표상하는지**에 관한 본성에 대해서도, 아무 증거 없는 이론에 의해 동기화되었다. 3의 설명은, 인지적 요소들에 대해 **의심스러운**(문장식의) 설명으로 드러난, 이론에 의해 동기화되었지만, 적어도 그 설명은 이러한 고려에서 어떤 동기를 가지기는 한다. 그러나 모델-이론적 설명은 어떤 동기조차도 없으며, 애써 찾으려 노력조차 하지 않는다.

5. **'논리적 수반' 설명**: 만약 표적 체계(T)-내에-표현된-사실들이 일반 체계(G)-내에-표현된-사실들에 **논리적으로 수반하는**(*logically supervene*) 경우 그리고 오직 그런 경우에만, G는 T를 환원한다.

이러한 설명을 조금 더 정교하게 표현할 필요가 있다. 이 설명이 근거하는 생각에 따르면, *G* 와 *T* 내의 용어들은 전형적으로 특별한 인과적/기능적 양태에 의해서 **정의되며**, 그런 양태가, 그 용어들이 표현하는, 배경 이론의 법칙들과 원리들에 따라서, 그 관련 용어들의 지시체를 결정한다. 따라서 만약 *T* 내의 어느 임의 용어를 위한 인과적/기능적 양태가 *G* 내의 어떤 용어를 위한 인과적/기능적 양태와 정확히 동일하다면(또는 그 양태의 적절한 부분이라면), 어느 임의 상황에서 그러한 *G*-용어의 부분적 또는 사실적 적용 가능성은 대응하는 *T*-용어의 적용 가능성을 **논리적으로 보증한다**(**의미론적으로** 또는 **분석적으로** 보증한다). 왜냐하면, 그 입장에 따르면, 후자를 정의하는 특징들이 전자를 정의하는 특징들에 포함되기 때문이다. 그리고 만약 *T* 내의 용어 **모두**가 *G* 내의 용어들을 한정하는 여러 양태들 중 정확한 양태-유사물들을 찾아낸다면, *G* 전체의 진리는 *T* 전체의 진리를 '논리적으로 보증한다.' (다시 말하건대, **분석적으로** 보증하지만, 형식적으로 보증하지는 않는다.) 따라서 *T*-내에-표현된-사실들은 *G*-내에-표현된-사실들에 근거하여 **논리적으로 수반한다**.

난점: 대응되는 인과적/기능적 양태들의 존재가 환원을 성취하는 데에 중요하다는 생각은, 이론적 용어들의 의미가 어떻게든 그러한 양태들에 근거한다는 생각만큼이나 좋다. 그러나 그러한 양태들이 문자 그대로 관련 용어들을 **정의한다**는 생각은, 모든 그러한 관련 법칙들을 **분석적으로** 참으로 만들어준다는 생각이다. 그리고 이것은 중요한 예측과 설명을 지지해줄 경험적 일반화의 역할과 양립 불가능하다는 생각이다. 그리고 그러한 생각, 예를 들어, (0.4~0.7㎛ 사이의 파장 λ을 지닌) 전자기파의 인과적/기능적 양태 특징을 충족하는 무언가가 "그것이 바로 가시광선의 경우이다"를 **분석적으로 보증한다**는 생각은 두 배로 더욱 지지되기 어렵다. 비록 분석적 진리가 있다고 하더라도, "가시광선은 (0.4~0.7㎛ 사이의 파장 λ을 지닌) 전자기파와 동일하다"라

는 진술은 그런 종류의(즉 분석적) 진리에 속하지는 않는다. 그런 진술 내용은 종합적이며 경험적인 발견의 뚜렷한 범례이다.

더구나, '분석적 진리'와 '분석적 함의'라는 용어는 실질적으로 공허하며, 어느 경우라도 인식론적으로 잘못 이해된 것이다. 이러한 공언은 이미 반세기 전에 콰인의 기념비적 논문 「경험주의의 두 독단(Two Dogmas of Empiricism)」 이래로 (느리게) 알려져 왔다. 역시나 이러한 설명도, 앞에서 두 번이나 지적했던, 곤란한 사실을 다루지 못하고 있다. 성공적으로 환원되는 이론이라 할지라도 전형적으로, 적어도 조금이라도 그리고 이따금은 대부분에서, **거짓**이라는 사실과, 환원되는 이론 T의 원리들의 분석성에 대한 주장에서, 그리고 더욱 일반적인 환원하는 이론 G의 집합적 원리들에 의한 T의 '분석적 함의'에 대한 주장에서 일관성이 없다는 사실이다. 총체적으로 이러한 설명은 한 쌍의 꽤 좋은 발상을 붙들고, 그것들을 파괴적이고 자기파멸적인 철학적 시대착오를 감싸고 있다. 끝으로, 그리고 가장 나쁜 것으로, 이러한 설명은 "이론이 문장들의 집합이다"라는 관점을 우리에게 재차 각인시켜준다.

만약 우리들이 이론 간 환원의 실재 본성을 충분히 이해하고 싶다면, 그러한 1부터 5까지의 (고색창연한) 발상 모두에서 벗어날 필요가 있으며, 이 책에서 탐구되는 뇌기반 인지 운동학과 동역학에 근거한 설명을 추구할 필요가 있다. 그러기 위해서, 이제 그러한 설명을 고려해보자.

6. **대응도-포섭 설명**: 만약 개념 대응도 G, 또는 그 일부가 개념 대응도 T를, 대략적으로 **포섭하는** 경우 그리고 오직 그런 경우에만, 더 일반 체계 G는 독특한 표적 체계 T를 환원한다.

더 명확히 말해서, 더욱 일반 체계 G는 다음 아래의 경우 그리고 그런 경우에만, 독특한 표적 체계 *T*를 성공적으로 환원한다.

(a) (어느 추상 특징-영역의 개념 대응도) *T*를 구성하는 (조각된) 뉴런 활성 공간 내에 원형-위치(prototype-positions)와 원형-궤도(prototype-trajectories)의 고차원 조성 상태가,
(b) (더 확장된 추상 특징-영역의 개념 대응도) *G*를 구성하는 (조각된) 뉴런 활성 공간 내의 '원형-위치와 원형-궤도'를 고차원적으로 조성하는 일부 하부 구조 또는 저차원 투사와
(c) 거의 **객관-동형적**이다.

더구나 만약 두 대응도들 사이에 이러한 객관-동형성 또는 '중첩'이 충분히 밀접하다면, 어느 쌍의 상응하는 대응-요소들이 매우 동일한 객관적 특징을 표상하며, 그리고 정말로 *T*에 의해서 표상되는 전체 특징-영역이 단지 *G*에 의해서 표상되는 더 커다란 특징-영역의 적절한 부분이라고, 우리가 결론 내리는 것이 정당화된다.

난점: 전혀 없다. 또는 더 솔직하게 말해서, 최소한 앞에서 거론했던 환원에 대한 설명에서 지적되었던 종류의 난점은 전혀 없다. 아주 엄밀히 말하자면, 이 설명은 언어 중심의 여러 구문적/연역적 설명을 회피한다. 그러면서도 이 설명은, 인간과 동물의 인지가 **작용하는**, 독립적으로 유력한 이론, 즉 고차원 뉴런 활성 공간의 구성과 채용에 의해 강하게 동기화되었다. 그리고 그런 공간은 세계를 언어-이전 또는 언어-이하 방식으로 표상해준다. 더구나 이 설명은, 표적 체계 *T* 내의 여러 표상적 **결함들**, 그리고 *G*와 *T* 사이에 보여주는 객관-동형성의 정도나 성격에 대한 뚜렷한 한계 등을 명시적으로 드러낸다. 따라서 이 설명의 관점에서, 좋은 이론은 부분적으로 불완전한 이론을 밝히는 환원을 제공할 수 있다. 이것은 미덕이다. 대부분 역사적 환원이 바로 이런 패

턴을 따르기 때문이다.

조각된 활성 공간에 초점을 맞추고 있음에도 불구하고, 이러한 대응도-포섭 설명은, 과학 문헌과 우리의 고급 과학 교과서 내에 전형적으로 보여주는 명시적 형식과 수학적 연역에 대한 중요도와 인지적 적절성을 결코 낮춰 보거나 부정할 의도를 전혀 갖지 않는다. (그러한 연역은, *T*를 *G*로 환원하는 것을 설명하고 사례로 보여주기 위해 고안된 것이다.) 왜냐하면 그러한 연역적 사례는, *T*의 특징-영역을 *G*의 특징-영역 내에 **위치를 정해주며**, 최소한 그러한 표적 영역의 중요 구조적/관계적 특징들을, 환원하는 영역의 더 기초 구조적/관계적 특징들에 의해서 **재구성**시켜주기 때문이다. 그러므로 연역-법칙적 논증(deductive-nomological argument)은, 강력하며 적절한 방식으로, 이론 간 환원을 통해서 우리가 성취하려는 표적 영역에 대한 체계적 재개념화를 정확히 불러일으킬 수 있다. 그러나 이러한 환원에서 중요한 관계는, 문장들 사이의 연역적 관계가 아니라, 독특한 개념 체계들 사이에 긍정하는 관계, 다시 말해서, 개인의 뉴런 활성 공간들 내의 독특한 고차원 구조들 또는 대응도들 사이의 긍정하는 관계(conformal relation)이다.

그러한 긍정하는 관계는, 마치 (*G*와 *T*가 포함하는) 두 이론들 또는 개념 체계들이 전형적으로 그 각각을 표현하기 위해 채용되는 일련의 교과서 문장들보다 훨씬 더 풍부한 것처럼, 과학 교과서에 보여주는 연역적 관계보다, 많은 뉴런 차원에서, 불가피하게 훨씬 더 풍부하다. 과학 전문가들의 인지적 기술(cognitive skill)은, 마치 프로 골프선수들 또는 프로 음악가들, 또는 체스 챔피언 등의 기술이 그러하듯이, 일련의 규칙 또는 명시적 문장들로 포착되거나 표현될 수 있는 것을 훨씬 넘어선다. 그리고 같은 이유에서, 그러한 기술들의 참된 기반은 고차원 뉴런 활성 공간의 습득된 구조에 있으며, 그러한 공간의 내적 구조는 전형적으로 너무나도 복잡하여 그 기술의 소유자가 단지 초기의 또는 저차원의 명시적 설명으로 표현 가능하지 않다.

그럼에도 우리는 그 구조에 대해서, 비록 형편없고 부분적이긴 하지만, 명시적 설명을 시도한다. 왜냐하면 우리는 다른 전문가와 집단적 인지에 참여할 필요가 있으며, 우리는 최소한 자신들의 정교한 개념적 기술들을 다음 사상가 세대에 입문 수준의 기초원리라도 가르칠 필요가 있으며, 그들이 비교적 전문가로 발달하도록 고무할 필요가 있기 때문이다. 이러한 과정에 대해서는 다음 장에서 검토할 것이다.

이론 간 환원에 대한 대응도-포섭 설명의 (여기에서 칭송되는) 미덕은, '과학적 환원'의 일반적 본성에 대한 대중적 반응이 왜 끔찍하게 오해되며 절망적으로 혼란스러운지 그 이유를 특별히 명확한 사례로 보여준다는 데에 있다. "환원"이란 용어는 본래적으로 과학철학자들에 의해 친숙한 여러 역사적 사례들을 분석하기 위해서 채용되었다. 많은 적절한 경우에서, 더욱 일반적인 이론 *G* 의 (집단적) 방정식들은, 그 경우와 관련된 반사실적 가정들, 제한 조건들, '교량 법칙들' 등과 결합하거나 또는 그것들에 의해서 수정되는 경우에, 사실상 더 좁은 이론 *T* 의 (조합적인) 방정식으로 (치환하고 수집하는 용어, 약분 요소들 지우기 등등의 엄격한 **대수학적** 의미에서) **환원된다**.

물론 이것은, 비록 전문적이긴 하지만, '환원'이란 용어를 아주 적절히 사용한 것이지만, 대부분의 사람들에게 그 용어는 '작게 만들기' 또는 '끌어내려 축소하기' 등의 작용 또는 활동을 강하게 가리키는 말이며, 이것은 아주 다른 문제이다. 이러한 불운한 지칭에도 불구하고, 우리가 동의해야 할 명확한 사실은 이렇다. 많은 두드러진 이론 간 환원은, 그 모두와 아주 다르게, **미시**세계의 여러 가지들, 즉 분자, 원자, 아원자 등에 호소한다. 이러한 호소는 앞서 언급된 혼란을 불러일으키고, 축소하기와 과도한-단순화하기 등에 대한 두려움을 부추기는 경향을 가진다. 따라서 학계의 대부분 사람들은, 만약 자신들이 이론 간 환원이란 어느 개념을 도대체 가지기라도 하면, 그것을 표적 현상으로부터 활력을 뽑아내는 작용으로 생각한다. 그들은 그것을 그러한 현상을 축소시키고, 추락시키며, 개념적으로 능욕하는 작용으로 생각한다.

이러한 해석은 재앙이다. 왜냐하면 진실은 그와 반대이기 때문이다. 성공적인 환원에서, 표적 현상은 훨씬 더 넓은 **일반적** 배경(표적 체계 *T*의 비교적 좁은 전망을 훨씬 넘어서는) 현상들 중 특별히 흥미로운 **사례**임이 드러난다. 표적 현상의 인과적 그리고 관계적 양태들은, 환원됨으로써, (표적 체계 *T*에 의해서 명시적으로 이해되었던) 처음 명확해 보였던 실재를 훨씬 넘어서고 더욱 광대한 실재를 규정하는, 포괄적으로 인과적이며 관계적인 양태들로 (국소적으로 혹은 인간중심적으로 적절히) 명료하게 드러난다. 그러므로 앞서 인식되었던 지엽적 양태의 초기 매력은 (물론 정말로 고려해볼 만하긴 하지만) 훨씬 더 큰 (존재론적으로 그리고 행동적으로) 장관에 통합적으로 편입됨으로써 극적으로 **강화된다**. 그 어떤 현상이라도 환원을 통해서 '더 커지는' 것이지, '더 작아지는' 것이 아니다. 그러나 이러한 인지적 확장은, 새롭고 훨씬 포괄적인 체계를 조망하지 못하는 사람에게, 전형적으로, 납득할 만하게 **보이지 않는다**.

그러한 사례는 많다. 뉴턴 역학(Newtonian Mechanics), 즉 세 운동 법칙과 중력의 법칙은, 우리 행성의 운동에 대한 코페르니쿠스-케플러 설명을, 아주 다른 프톨레마이오스(Ptolemy)와 티코 브라헤(Tycho Brahe)의 설명을 포함하여, 경쟁하는 세 설명들 중 옳다고 인정해주며, 유일하게 포괄한다. 그것이 제공하는 넓은 동역학 이야기는 결정적으로 세 방식의 경쟁에 종지부를 찍었다. 즉, 오직 코페르니쿠스-케플러 설명만이 더욱 큰 뉴턴의 포괄 내로 부드럽게 미끄러져 들어갔다. 그로써 쟁점의 행성 운동들은, 전체 물리적 우주에 걸쳐서 유지되는 패턴 내의 아주 많은 지엽적 사례들임이 드러났다. 그러한 패턴은 또한 목성의 달, 쌍둥이 별, 혜성, 그리고 다른 태양계 등도 포괄한다.

그러한 천체 이야기를 넘어, 바로 그 동일한 뉴턴 역학은 또한, 물질이 분자들로 구성되었다는 가정을 더해서, 열과 온도에 대한 운동학 또는 분자운동 설명이 **열** 현상 일반에 대해서 유일하게 옳은 설명이라고 확정지었다. 그러므로 가스의 행동, 스팀 엔진의 작용, 그리고 고전 열역학 일반의 법칙들 등이 (즉 현대 시민 산업혁명을 일으킨 기반이) 천체의 운동을 통제하는 법칙들과 아주 동일한 것임을 드러내 보여주었다. 전체적으로 뉴턴의 이론적 전망은 우리에게, 분자의 움직임 수준에서 날아가는 포탄과 회전운동하는 행성 수준을 넘어, 수백만 개가 나선 소용돌이로 회전운동하는 별들의 전체 은하 수준에까지, 여러 수준의 물리적 현상들에 대한 뜻밖의 풍부하고 통합된 개념을 제공하였다. 그러므로 이러한 어느 것에서도 뉴턴의 포괄에 놓이는 다양한 현상들을 실추하거나 낮추는 경향은 없다. 오히려 그 반대이다.

앞에서도 간략히 지적했듯이, 우리의 전망은 빛을 전자기파로 환원하는 경우에서 상당히 확장된다. 그리고 빛 자체는 (동일한 속도이지만 서로 아주 다른 파장과 에너지를 가지고) 우주를 종횡으로 움직이는 전자기파의 전체 범위와 동일화되는지의 의문을 떠나서, 나침반 바늘의 움직임, 전류, 전기 모터, 전신, 전화, 라디오 회로, 텔레비전 스크린, 북극광 등 무수히 다양하게 언급되는, **부동의** 전기장과 자기장의 꽤 넓은 맥락이 여전히 있다. 가시광선은 단지 많은 단면을 지닌 고차원 보석의 반짝이는 단면일 뿐이며, 그 단면들 각각은 동일한 근원적 실재에 대한 서로 다른 창일뿐이다. 만약 당신이 이전에 빛을 좋아했다면(누구든 그렇지 않겠느냐마는), 당신은 그와 관련된 모든 것들을 배운 후에도 여전히 좋아할 것이다.

이렇게 투명하게 드러내는 패턴은, 성공적인 개념들 사이의 환원에서 (예외적이라기보다) 법칙적이다.[13] 그리고 그 이외의 역사적 사실들은 이 같은 논점을 지지해준다. 고전 화학은 실재적이지만, 현대 원자 이론, 구조화학, 현대 열역학 등에 의해 집합적으로 설명되는 훨씬 더

13) (역주) 즉, 환원이 우리에게 세계를 투명하게 들여다볼 능력을 부여한다는 것은 일종의 법칙이라고 할 만하다.

커다란 영역에 대한 꽤 간소한 창이며, 그러한 더욱 큰 이론 영역은 또한 생물학의 다양한 현상들, 특히 생식, 대사 작용, 진화 등의 현상들을 포괄한다. 우리는 지금 시간적으로든 공간적으로든, 에너지 측면에서, 모든 범위의 물질 구조에 대한 명확한 설명을 통합적으로 심사숙고하는 중이다.

그러나 그러한 예들은 마음을 편안하게 해주며 우리를 경외하게 만든다. 이 단원에서 우리의 주요 관심은 소위 '이론 간 환원'의 **인식론적** 의미를 알아보려는 것이지, 그러한 환원을 바라보는 눈을 가진 사람들의 심미적 충격에 관한 이야기가 아니다. 그리고 그러한 인식론적 의미는 무엇보다도 다음 사실에서 나온다. 만약 우리가 가정적으로 **중첩하는** 여러 대응도들을 갖는다면, 그 공유하는 영역의 각기 다른 묘사들 또는 표현들을 비교해보고, 그것들과 그것들의 있음직한 다양한 표상적 관계 등을, 매우 구체적으로, 정확히 평가할 입장에 놓인다. 우리 인류는, 여러 세기 동안에 우리 자신들이 무엇을 하는지 충분히 인식하지 못한 채, 이러한(비교 평가하는) 일을 해오고 있다.

4. 과학적 실재론과, 증거에 의한 이론의 미결정성

지금 검토하는 인지에 대한 설명은, 내가 앞서 주장했듯이, 과학자들이 오랜 동안 '과학적 실재론(Scientific Realism)'에 대해 고심해온 쟁점을 새롭게 부활시킨다. 특히, 그리고 현재의 관점에서, 이론이란 개념체계 또는 고차원 인지 대응도이며, 그것은, 어느 영역의 객관적 특징들과 그것들 사이의 항구적 관계들에 대한, **정확한** 또는 **충실한** 대응인 목표에 이르려 하며, 그리고 이따금 그런 목표에 성공하기도 한다. 여기에 대해서 우리로서는 과학적 실재론과 관련된 전통적 곤경들 중 하나, 즉 경험적 증거에 의한 이론의 (추정적) 미결정성(underdetermination)을 검토해보는 일이 필요하다. 그러한 친숙한 드라마가 여기서 제안되는 새로운 인식론의 무대에서 어떻게 공연을 마칠 수 있을까? 특히, 일부 친숙한 반실재론자(antirealist) 논증이 우리 눈앞에서 신경인지 운동학과 동역학(nerurocognitive kinematics and dynamics) 내에 재등장한다면, 그것이 어떤 모습으로 비쳐질 것인가?

아마도 여기에서 첫째 쟁점은, 과학의 역사적 성취와 우리 당대 이론의 진리에 대한 현재 전망 등에 관하여, 친숙한 '비관적 메타 귀납(pessimistic metainduction)'의 자격과 관련한다. 그 논증을 아래와 같이 정리해볼 수 있다.

> 과거 당시에 가용했던 증거를 넓게 포괄하는, 모든 과거의 과학 이론들은 완전히 또는 실질적으로 거짓임이 드러났다.
> 그러므로
> 모든 우리의 현재 과학 이론들은, 비록 그것들이 현재 증거를 넓게 포괄하더라도, 완전히 또는 실질적으로 거짓임이 드러날 듯싶다. 정말로, 그리고 동일한 이유에서, 어느 미래의 이론 역시, 당시 가용한 증거들을 포괄하더라도, 완전히 또는 실질적으로 거짓임이 드러날 것이다.
> 그러므로
> 우리는, 과학에 대해서 그것의 적절한 목표가 진리라고 인식하지 말아야 한다. 과학은 그보다 더 소박한 목표를 갖는 것으로 인식되어야 한다.

그에 따라서, 전형적으로 더욱 소박하면서도 다양한 여러 목표들이 제안되었다. 예를 들어, 실용주의자는 과학을 위한 더욱 적절한 목표로 단순한 '실천적 효과(practical effectiveness)'를 추천하였다. 구성적 경험주의자는 더욱 적절한 목표로 '경험적 충족성(empirical adequacy)'을 추천하였다. 나는 이 책 앞(209-222쪽)에서 이미 이러한 실용주의 제안에 반대하는 주장을 펼쳤으며, 대략적으로 25년 전에 구성적 경험주의자에 대한 반대를 장황하게 논의하였고(Churchland 1985), 따라서 나는 여기에서 그러한 현존하는 대안들에 대해 구체적인 비판을 생략하려 한다. 왜냐하면 나는, 과학의 본질적 과제와 적절한 목표로서, 새롭고 유력한 대안을 제안하며 방어하고 싶기 때문이다. 즉, 첫째로 고차원 '대응도 제작법(cartography)'을, 그리고 둘째로 항구적인 실재 구조이며, 어느 것보다 정확하고 포괄적인 인지 대응도의 구성 등을 제안하고 방어해볼 것이다.

이러한 설명에서 과학의 적절한 목표는, 주장컨대, 고전 과학적 실재론자에 의해 포섭되었던 목표, 즉 단순한 언어적 진리보다 훨씬 더 애매하다. 주장컨대, 이것은, 임의적 고차원성의 연속적 값인 상호작용하는 뉴런 대응도라는 매개체가, 인간 언어라는 단절된 집합적 매개체보다, 더 풍부한 매개체이기 때문이다. 첫째로 이것은 낙관적인 과학적 실재론자에 대한 문제 상황을 개선하기보다 오히려 난감하게 만드는 것처럼 보일지도 모른다. 왜냐하면, 그 장애물이 지금까지 높아지기만 했으며, 심지어 언어적 진리의 목표보다도 더욱 높아지는 듯이 보이기 때문이다. 그러므로 재형식화된 메타 귀납은, 우리 과거 이론의 여러 표상적 실패에 근거하여본다면, 현재의 우리 이론 역시도 표상적으로 성공할 것이란 전망을 우리로 하여금 훨씬 더욱 비관적으로 바라보도록 만드는 측면이 있다.

그러나 실제로는 그 반대가 옳다. 왜냐하면, 일종의 대응도인 개념체계를 구성함으로써 우리는, 문장과 그것이 참 아니면 거짓이란 이치적(bivalent) 문장들의 경우에서 거의 놓쳐왔던, 실질적으로 **등급화된** 평가 양태를 볼 수 있기 때문이다. 아리스토텔레스의 배중률(Law of the Excluded middle)(즉 어느 *P*에 대해, *P*가 참이거나 또는 거짓이어야 하며, 둘 모두일 수는 없다는 법칙)은 어느 문장 또는 어느 문장들의 집합에 대한 우리의 평가를 무겁게 짓눌러왔다. 비형식적으로, 우리는 경우에 따라서 '어느 정도의 진리' 또는 '부분적 진리'에 대해서 말하고 싶어 하며, 특히 인지적으로 서투른(확신하기 어려운) 상황에서 그러하다. 그러나 그러한 말은, 아리스토텔레스 법칙에 의해서 부과된 완강한 이치 내에서, 체계적이지 못하며, 인정될 수 없고, 엄밀히 낯설다.

그렇지만 만약 우리가, 객관적 우주에서 전개되는 여러 항구적 범주, 대칭성, 불변항 등에 대한 **대응도들**을 소유함으로써 과학적 이해를 가지게 된다면, 그러한 대응도들의 성공과 실패를 우리는 대단히 다양하고 독특한 **차원**에서 평가할 것이며, 그러한 대응도들이 정확성과 부정확성에서 서로 연속적인 **정도**로 다르다고 평가할 것이다. 그렇게 되면, 우리는, 오랜 과학사에서 평판을 받아온 수많은 '일시적 승리' 이론들이 보여준 잡다한 표상적 실패들을 알아볼 수 있으며, 또 그래야만 한다. 반면에, (a) 그런 이론들 각각이, 아무리 작더라도, 최소한 어떤 차원의 평가에서 적어도 어느 정도의 표상적 성공에 추켜세워지며, 여전히 유지되고 있음도 알아볼 수 있다. 그리고 (b) 동일한 또는 중첩하는 영역들에서의 성공적인 이론들은, 대체되는 전임자들보다, 훨씬 더 넓은 차원에 걸쳐 꽤 커다란 표상적 성공을 보여준다는 것도 종종 올바르게 알아볼 수 있다. 사실상 이것은, 앞 절에서 논의된 (이론 간 환원으로도 불린) 성공적 대응도 포섭이 우리에게 제공하는 바로 그것이다. 그러한 포섭은 우리로 하여금 환원된 이론의 존재론과 세계-묘사를 (언제나 부분적으로) **옹호하도록** 만들며, 나아가서 이전 세계-묘사 요소들 그리고/또는 그 묘사의 구조적 관계들을 체계적으로 **수정하도록** 유도해준다. 빈약한 대응도는 더욱 크고 나은 대응도에 포섭되며, 그 나은 대응도의 내적 구조는, 낡은 대응도가 왜 독특한 구조적 특징을 가졌는지 설명해주며, 나아가 그것들을 체계적으로 수정하기 위한 기본 틀을 제공한다.

우리가 이러한 대응도 조성의 측면에서, 우리의 이론적 실행의 (전개) 역사를 돌아본다면, 그 귀납적 교훈은, 언어적 진리에 초점을 맞추는 고전적 메타 귀납에 의해 그려졌던 우울한 결과보다 훨씬 더 낙관적이다. 고전 언어적 논리학의 이치적 속박은 우리로 하여금 인간사의 모든 단계마다 우리가 내놓는 최선의 이론에 대해서도 엄밀한 오류를 바라보도록 강요하였다. 그러므로 우리는 심지어 우리의 최선의 **현재** 이론에 대해서도 가능한 엄밀한 오류를 추론하도록 강요한다. 나는 그러한 추론을 수용하며, 그 결론을 포용한다. 나는 우리가 그래야만 한다고 생각한다. 그러나 진리의 측면에서, 그러한 동일 인식론적 겸손(비관적 관점)은, 우리의 과학사가 **또한** 제공하는, 다르고 훨씬 더 낙관적인 교훈과도 전적으로 일관성이 있다. 우리의 과학사를 자세히 들여다보면 마땅히 알 수 있는바, 항구적인 실재에 대한 우리의 개념 대응도들은 그 넓이와 정확성에서 극적으로 **증진**되어왔다. 그 대응도들의 불완전함과 실패들은, 대응도에 대한 적절한 모든 평가적 차원에서, 우리에게 실재에 대해 점진적으로 더 나은 묘사를 제공해왔다.

따라서 나는, 우리의 현재 선호되는 신경 **대응도들**의 표상적 미덕과 관련하여, 진리에 대한 친숙한 비관적 메타 귀납에 대해 상보적 첨언으로, 아래와 같이 의도적인 **낙관적** 메타 귀납을 제안한다.

> 모든 우리의 과거 신경 대응도들은, 당시에 그것들의 상당한 수행의 힘에 폭넓게 포괄되는 경우, **실제로 그것들을 교체한 우월한 신경 대응도들의 엄격한 전망에서 판단컨대**, 이후로 적어도 실재의 어느 차원들에 대하여 적어도 부분적으로 정확한 묘사라는 것이 밝혀진다.
>
> 그러므로
>
> 모든 우리의 현재 신경 대응도들은, 현재 그것들의 상당한 수행의 힘에 폭넓게 포괄되므로, 실제로 그것들을 마침내 교체할, 신경 대응도들의 안 보이는 전망에서 판단해보건대, 역시 적어도 실재의 어느

차원들에 대하여 최소한 부분적으로라도 정확한 묘사일 것이다. 정말로 같은 이유에서, 어느 미래 신경대응도가, 그 때 그것들의 상당한 수행의 힘에 폭넓게 포괄된다면, 심지어 그 어떤 신경 대응도가 그것들을 결국은 교체한다는 전망에서 판단해보건대, 그 또한 적어도 실재의 어느 차원들에 대하여 적어도 부분적으로 정확한 묘사일 듯싶다.

그러므로

우리는 정말로 과학의 기획을, 객관적 실재에 대해 가장 포괄적이고 정확한 개념들/묘사들을 찾는 것으로, 그리고 이러한 측면에서 적어도 어떤 성공을 성취하는 것으로 묘사해볼 수 있다.

이러한 논증은 과학의 성공에 대한 '초월적' 논증이 아니며, 그것을 의도하지도 않는다. 이 논증은 겸손한 경험적 논증이며, 심지어 우리의 현재 최고 이론들이 현재 우리가 상상하지 못하는 방식에서 거짓이라는 강건한 의심과 일관성이 있다. 이러한 논증은 또한 다음과 같은 과학적 실재론자들의 공통의 가정, 즉 과학적 기획은 결국에 단 하나의 이론 또는 단일 집단의 이론들에 **수렴할** 운명이라는 가설 앞에서 멈춘다. 오히려 이 논증은 그런 가정을 주장할 필요가 없다. 이것은, 여러 보충적 묘사들의 수렴이 중요하지 않기 때문이 아니다. 반대로 그러한 수렴은 매우 중요하다. 그런 수렴은 아마도 우리가 전개할 수 있는 표상적 과정에 대한 단일의 가장 최고의 도량법일 것이다. 그럼에도 불구하고, 이러한 논증은, **하나 이상의** 장기적인 초점 또는 표상적 수렴이 있을 가능성을 남겨둔다. 우리는 다음 절에서 이러한 쟁점을 다뤄볼 것이다.

불가피한 유한 증거에 의한 이론의 미결정성은 오랫동안 과학적 실재론을 고무해온 (추정의) 문제였다. (이론은 문장들의 집합이라는) 이론의 구문적 관점에서 보면, 어느 유한 집합의 '데이터 문장들'에 대해 언제나 무한히 많은 독특하고 가능한 이론들(즉 문장들의 여러 집합)이 존재하며, 그 이론들 각각은 그러한 데이터 문장들을 '설명하며' 그리고/또는 '예측한다'는 사실에서 벗어나기는 불가능하다. 그리고 (이론은 일종의 모형들이라는) 이론의 의미론적 관점에 보면, 언제나 대단히 많은 독특하고 가능한 모형들의 집단이 있으며, 그 모든 집단들이 공통의 '경험적 하부 구조'를 공유한다. 그리고 그런 하부 구조는, 우리 인간들이 관찰할 수 있다고 가정하는, 더 커다란 실재의 한 단면일 뿐이다. 그러므로 이론에 대한 설명의 관점에서 보더라도, 아무리 많은 관찰 증거를 가지고도, 언제나 그리고 항상 저기에 있는, 이론적 대안들을 애매하지 않게 해줄 수는 없다. 나는 기꺼이 이것을 인정한다. 그러나 이렇게 다시 한 번 반문해보자. 이러한 미결정성이란 친숙한 실수(오류)가 어떻게 이 책에서 탐구되는 아주 다른 운동학/동역학 체계 내에 자체를 드러낼까?

다시 말하건대, 이론이란, 어느 객관적 영역의 항구적 특징들에 대한 유사성-구조에 대응할 목적을 갖는 조각된 **활성 공간**이다. 그런데 이러한 구도에서 '증거'란 무엇일까? 또는 이 문제와 관련하여, '반증'이란 무엇일까? 아마도 이렇게 생각해볼 수도 있겠다. 여기에서 긍정적 또는 부정적 증거의 자연적 후보자란, 앞서 조각된 배경 활성 공간 내의 개별 '활성 벡터', 혹은 단일 대응도-지시하기, 혹은 감각적 발광 '지점'이다. 그리고 정말로 이러한 해석은 아마도, 증거 제시 역할에 대한 철학적 전통의 후보자, 즉 단칭 관찰 판단에 가장 가깝다.

그러나 그 적합성에 다소 한계가 있어 보인다. 활성 벡터는 어떤 논리적 구조도 갖지 않는다. 활성 벡터는, 그것들이 공간적으로 놓이는, 고차원 대응도와 어떤 논리적 관계도 유지하지 않는다. 그리고 엄밀히 말해서, 활성 벡터는 참도 거짓도 아니다. 더구나 세계의 무엇을 **표상하기** 위한 활성 벡터의 자격은, 전적으로 앞선 표상적 미덕에 기대며, 그 표상의 성공에 달려 있다. 그리고 그 어떤 표상 미덕의 배경 대응도 또는 **이론**은 바로 일순간 활성의 발생 자리에 있다. 2장의 8절을 돌아보면, 그러한 배경은, 그 활성이 처음으로 의미론적/표상적 내용을 획득하는 장소에 있다. 따라서 그 활성은 불가피하게 이론-적재(theory-laden) 자체이며, 따라서 이론적 참과 거짓의 '이론-중립' 조정자 역할을 담당하기에는 부적절하다. 그런 활성은, 우리가 평가하려는, 바로 그 개념적 실천에 어쩔 수 없이 얽히는 **부분**이다.

반면에, 단칭 감각적 지시는, 자신의 현재 인지적 수행에서 긍정적이든 부정적이든, 주요 평가적 영향력을 가지기 위해서 이론-**중립적일 필요**가 없다. 만약 자기 개념 체계의 정상적 적용이, 쟁점이 되는 바로 그 체계 내에 안정적으로 표현되는 동안, 무엇에 대한 국소 감각적 지시(관찰)를 반복적으로 산출한다면, 그런데 현재 경험 상황에서 자신의 배경 이해가 선행적으로 자신을 **기대하게** 만드는 감각적 지시와 아주 **다르다면**, 그 지시는 분명 어딘가 잘못되었다. 그 전체 인지 시스템은 최소한 일시적 불균형 상태에 놓인다. 자신의 배경 대응도 자체가 부정확하거나, 또는 그것을 가리키는 자신의 일반적 능력이 좋지 않거나, 또는 그러한 배경 대응도를 그 국소 상황에 어떻게 적용해야 하는 자신의 가정들에서 어떤 방식으로든 결함이 있다. 이러한 여러 가능한 실패들 중 **어느 것이** 쟁점의 감각적 지시의 불협화음 뒤에 숨은 범인인지는 그 관련 인지적 대행자의 이곳저곳에 대한 면밀한 추적에서 드러날 것이다. 어느 그러한 감각적 지시를 가정적으로 '반증하는 관찰'로 바라보는 포퍼의 충동은, 앞에서 살펴보았듯이, 낭만적인 과도한 단순화이다. 그렇다고 하더라도 그러한 불협화음 지시는 자신의 관심을 지시하게 된다. 즉, 그 불협화음 지시는 그 인지 시스템 내에 **어딘가에** 인지적 실패가 있었음을 공표하는 것이다. 그리고 그 부정합의 지시는 자체의 인지적 실천과 인지적 수행에 대한 재평가를 촉발하게 된다. 그 부정합의 지시가 하지 **않는** 것은, 자체의 인지적 삶에서 모든 다른 요소들이 비대칭적으로 평가되어야만 한다는 것에 반대하는, 독특한 집단의 특별한 **증거** 목록들을 구성하는 것이다.

이러한 이유는, 그러한 부정합한 지시 역시 그 통합을 위해 평가될 수 있으며, 만약 그런 지시가 부적절한 것으로 밝혀지면 거부될 수 있기 때문이다. 그리고 그러한 상황적 거부를 촉발하는 것은, 자체의 배경 개념 체계, 그리고 절박한 경험에 대한 지엽적 예감이 믿을 만하다는 추가적 확신 등의 축적된 판례(근거)로 제공되는 **증거**이다. 그러한 경우에, 자신의 **배경** 수행의 총합이 바로 다름 아닌 쟁점의 가정적 '관찰'의 통합을 평가하기에 적절한 증거로 성립된다.

이러한 논점은, 단지 관찰의 신뢰성만이 아니라, 다른 이론들의 신뢰성도 평가해주는 전체 **이론들**에 의해 종종 구현되는, 명백한 증거의 역할에 의해서 재강조될 수 있다. 예를 들어, 창조론자의 '젊은 지구' 가설과, 그 관련 이론들, 즉 모든 생물학적 종들은 원래부터 대략 6,000년 전에, 확정되고 불변하는 것으로 나타났다는 등의 신뢰성에 대해서 생각해보자. 우리가 동의하는바, 그러한 억측에 대한 주장은 매우 신뢰되기 어렵다. 그 주장에 반대하는 일차적 증거는 수많은 다른 이론들의 개별적 그리고 집단적 권위로부터 나온다. 즉, 다윈의 자연선택 이론, 심층-역사 지질학(특별히 퇴적 지질학), (화석 기록에 근거한) 종의 출현과 멸종에 대한 생물학자의 재구성, 세포핵과 미토콘드리아 DNA로부터 지구 진화 역사에 대한 생화학적 재구성, 행성 천문학과 장기적 발달 연대표, 핵물리학과 장기간 방사능 연대 측정 기술, 그리고 단순 유기체의 유전자 조작을 위한 생화학적 시술과 반복적 인공 진화에 의한 시험관 연구의 성장하는 조병창 등으로부터 나오는, 그 반대 증거가 집단적 권위를 부여받는다.[14]

---

14) (역주) 증거의 신뢰성 평가는 단지 관찰에 의해서만이 아니라 다른 이론들의 평가에 의해서도 나타나며, 그런 평가에 의해서 이론들은 서로 정합성을 갖추도록 교정된다. 나아가서, 이러한 교정의 과정에서 이론 간 통합의 작용, 즉 전체 이론들 사이의 부합(consilience)이 일어나며, 그 과정에서 일부 이론

이러한 경우에, 창조론자 가설에 반대하는 '증거'는, 그러한 다른 이론들을 지지하는 경향을 갖는 관찰 증거 집단보다 훨씬 더 많은 것을 말해준다. 이러한 높은 수준의 '증거'가 더 많은 것을 말해주는 이유는, 이러한 다른 이론들이 정합적이면서 서로 얽힌 여러 개념 대응도들을 형성하기 때문이다. 그런 대응도들은, 과학자들이 자신들이 전문 영역을 탐험함에 있어 전례 없는 성공을 보여주며, 그런 대응도들은 그렇게 체계적이며 뚜렷한 방식으로 **각기 서로**를 확인시켜줌에 따라서 지질학적이며 생물학적인 역사를 표상할 더욱 커다란 권위를 요구한다. 창조론자의 생물학에 반대하는 주요 증거는 단지 몇몇의 미심쩍은 관찰 사실들이 아니며, 무수히 많은 그런 수수께끼 관찰도 아니다. 그 증거는 '경험적 데이터'에 대해서 거대하게 부풀어 오르는 대안적 해석, 즉 매우 성공적이며, 독특하면서도 상호 확인해주는 설명 **이론들**이다. 정말로, 과학자가 보고하는 '관찰 데이터', 예를 들어 "이 퇴적층에서 우리는 후기 오르도비스기(late Ordovichian Period)에서 출토되는, 전형적인 삼엽충(trilobite)을 발견했다"는 보고는, 그들이 표현하는 개념 내의 배경 이론으로부터 획득된 권위로부터, 자신들의 권위를 상당 부분 이끌어낸다.

그렇다면, 그런 '증거'의 역할을 한다는 것은 매우 맥락적인 문제이며, 상황에 따라서 일반적 이론들은 특정 관찰과 다름없는 신뢰 역할을 할 수 있고, 또 정규적으로 한다. 정말로 '증거'라는 바로 그 용어는 아마도, 마치 법정이나 과학 전문 세미나와 같은, 명백한 **논쟁적** 상황에서 적절히 그리고 우선적으로 활용되며, 그런 곳에서 인간 토론자들은 언어로 명확히 거론되는 어느 논문을 옹호하거나 반박한다. 증거란 용어를 2단계 학습이란 극히 언어-이하 과정에 억지로 귀속시키려는

의 수정 또는 제거가 일어날 수 있다. 이것이 콰인의 전체론에 기반한 처칠랜드 부부의 이론 간 환원(intertheoretical reduction)과 제거적 유물론(eliminative materialism)에 대한 신경철학적 해명이다.

것은, 어쩌면 언어를 사용하는 인간에게조차, 이러한 중요한 인지 활동 형식의 운동학과 동역학 모두를 잘못 말하는 것일지도 모른다.

이미 우리 앞에, 2단계 학습이라는 대안적인, 비언어적인, 그리고 **명백히** 가치 있는 관점이 놓여 있다. 그래서 **1단계** 학습의 역사에서 거의 성숙된 뇌는, 현재진행의 감각 입력에 대해서, 배경 개념 대응도들의 일순간마다의 감각적 지시하기로 반응하는 경향을 가지며, 그런 반응 중에 전개하는 경험들에 대해 **정합적** 표상 이야기를 유지한다. 다시 돌아보건대, 뇌의 가장 중요한 대응도들이 아마도 전형적인 인과적 **과정**을 위한 것일 듯싶으며, 초기 단계의 이러한 인과적 원형들(causal prototypes)이 감각적으로 활성화되면, 앞서 살펴보았듯이, 뇌는 자동적으로 후기 단계의 적절한 과정에 대해서 일종의 **기대**를 전개하는 자리가 된다. 그렇게 내적으로 발생된 기대는, 최소한 그 뇌가 잘 훈련되기만 한다면, 언제나 외적으로 발생된 적절한 외부 인과적 과정에 대한 **감각적** 지시와 일치할 것이다. 정말로 이상적 상황이란, 뇌의 기대가 차후의 감각적 지시와 **언제나** 일치하는 경우, 즉 그 동물이 자체의 기대를 언제나 올바로 예견하는 경우이다.

그러나 실제로 그러한 상호 일치는 대체적으로 단지 부분적일 뿐이다. 우리의 지각은 정규적으로 가로막히고, 방해되기도 하며, 미혹되기도 한다. 그런 이유로, 앞서 우리가 예측 그물망에서 살펴보았듯이, 배경적 원형과 재귀적 경로는 잘못된 지각 정보 또는 혼란스런 노이즈를 복구하려 지속적으로 노력한다. 더구나 동물들의 예측-발생 메커니즘은 그 자체가 작동에서 연대적인 노이즈이며, 게다가 지각 입력들에 대한 확인에서 절충한다. 이러한 요인들 이외에도, 전형적인 인과적 과정들의 뇌 배경 대응도는 그 자체로 불완전하며, 따라서 비록 자체의 입력들이 완벽하다고 하더라도 그리고 배경 시스템이 전체적으로 노이즈에서 자유롭다고 하더라도, 그 지각 입력에 대해 무결함을 확인해줄 것 같지 않다. 끝으로, 감각 경험에서 마주치는 객관적인 인과적 과정들은 그 자체로 원형의 주제들에 대한 무한히 다른 변이들이다. 왜냐하면, 실재 세계에서 어느 두 개의 인과적 상황이라도 완벽히 동일하지 않기 때문이다.

그러므로 뇌는, 비록 전체 시냅스 조성에서 매우 잘 훈련된다고 하더라도, 이전의 복잡성에 직면하여 부드러운 인지적 평형을 유지하기 위하여, 흥미롭고 언제나 새로운 삶을 영위하도록 운명 지어져 있다. 그러한 복잡성은 아마도 대부분의 경우에 온당한 것이겠지만, 끝이 없을 것이다. 이렇다는 것은, 우리가 뇌에 대해 다음과 같이 개념화하도록 만든다. 뇌는 강한 항상성 동역학 시스템(homoeostatic dynamical system)을 갖추고 있어서, 어느 허용 가능한 한계 내에서 인지적 평형으로부터 불가피한 편차를 유지하려 부단히 노력할 수 있다. 그것은 마치 신뢰할 만한 자양분을 제공하면서도 무한한 노이즈의 인식론적 환경을 운항하는 것과도 같다. 이것은 현재진행의 인지적 신진대사 작용(cognitive metabolism)에 은유될 수 있다. 그 작용은, 마음이 수용하는 자양분의 작은 변이들에 대해서 안정적이면서도, 마음이 구현하는 실행 중의 작은 비정상에 대해서도 안정적이다. 정말로, 이것은 결코 그냥 하는 은유가 아니다. 뇌와 신경계에 의해 구현되는 동역학 양태는 분명히, 일반적으로 살아 있는 것들에 의해서 구현되는 더 넓은 동역학 양태의 다른 하나의 사례이다. 이러한 각각의 시스템들은 가용한 에너지와 가용한 시스템의 환경에 내재화된다. 즉, 그 각각의 시스템들은 이따금 그렇게 요동치는 환경 내에 최소의 작용 안정성을 유지할 필요가 있으며, 따라서 그 각각의 시스템들은 실질적인 성장과 발달을 이루기 위해 그 작용 안정성을 개발한다. 우리는 이런 주제에 대해서 잠시 후에 다시 다뤄볼 것이다.

뇌의 인지적 평형에 대한 작은 교란은 대부분 문제가 되지 않는다. 앞서 살펴보았듯이, 그 원인은 대부분 별것 아니며, 뇌의 신경 조성은 그런 문제를 원만히 해결할 수 있도록 잘 대비되어 있다. 그러나 이따금 교란이 크고, 되풀이되면, 자신의 내적 반성에서도 그러하듯이, 자신의 실천적 수행을 하지 못하게 만든다. 그런 교란이 과학 영역에서 발생하는 경우에, 인지 활동에서 되풀이되는 이러한 교란을, 토머스 쿤이 우리 시대에 혁명적 과학 역사 내에 교란의 역할을 예리하게 분석함에 따라서, "변칙 사례(anomalies)"라 불렀다(Kuhn 1962 참고). 쿤의 생각에 따르면, 지금까지 문제 되지 않았던 어떤 영역의 현상들을 예측하고, 조절하고, 설명하는 등에서 이렇게 발견된 실패는, 종종 그러한 현상들이 개념화되었던 방식에서 중대한 전환이 필요함을 알려준다. 신경인지의 용어로 말해서, 그러한 변칙 사례는 아마도 다음을 알려준다. 우리 자신의 습관적 이해를 위해서 지금까지 적용되었던 고차원 대응도가 **틀린 것**이며, 따라서 우리는 쟁점의 문제 영역에 대해서 새롭고 더 나은 인지적 파악을 위해, 전혀 다른 고차원 대응도를 적용할 필요가 있으며, 그것을 현재 지닌 개념 목록 밖에서 찾아보아야 한다.

그러한 두 경쟁하는 대응도들이, 관련된 과학적 공표 내에서, 문제의 경험적 기록물을 해석할 권리를 가지려 서로 경쟁하는 경우에, 쿤은 그것을 "위기 과학(Crisis Science)"이라 불렀다. 그리고 옛 이론이, 관련 영역 내의 그 공표를 개념적으로 잘못 지지하기에, 긴장된 경쟁 시기 이후 마침내 어느 새로운 대응도로 대체되는 경우를 그는 "과학 혁명(Scientific Revolutions)"이라 불렀다. 이에 쿤은 전체 범위에서 재개념화가 일어난다고 말하는 측면에서, 즉 넓은 사회적 혁명에서부터 사적인 사실 파악에서도, 그리고 지성적으로 장엄한 혁명에서부터 비교적 편협하고 일상적인 소소한 일에서도 일어난다고 말하는 측면에서, 과장한다고 이따금 지적받기도 한다. 그리고 실제로 그러하기도 하다. 그러나 이에 대한 쿤의 통찰은, 여기 이 책의 입장에 따르면, 전적으로 실재적이다. 물론, 그의 중요한 초점은 사회적 수준에서이며, 우리는 이것을 다음 장에서 논의해볼 것이다. 그러나 그에 앞서 우리는, 이 장에서 많은 개별 과학자들이 어떤 친숙한 현상에 대한 해석에서 단절된 전환을 경험하는 많은 사례들을 살펴보았다. 전체 공동체의 인지적 행동에서의 상당한 전환은, 언제나 있기 마련인 저항으로 인하여, 어느 정도 더 느리게 진행되기도 한다.

쿤에 의해 언급되는 역사적 이야기들은 지금의 맥락에서 더욱 중요한 의미를 갖는다. 파이어아벤트(Feyerabend)와 쿤과 같은 철학자들은 다음과 같이 주장한 것으로 유명해졌다. 우리의 과학사 전체에 걸쳐서 인간에 의해 이루어진 모든 흥미로운 이론적 결정들은, 어느 단일 이론이 안정되고 문제 되지 않는 영역의 감각적 이해를 입증해주려는 독자적 시도의 결과라기보다, 소위 '경험적 데이터'를 **해석할** 권리를 위해 경쟁하는, 둘 또는 그 이상의 이론들 사이의 경합의 결과이다. 이 장의 앞 절에서 살펴보았듯이, 우리 이론들, 즉 우리의 인지 대응도들에 대한 표상적 통합을 평가하기란 언제나 그리고 언제까지나, 그 이론들 사이의 불일치와 실패를 폭로(발굴)하기 위해서, 그리고 그 이론들의 확증과 성공을 공고히 만들기 위해서, 서로가 서로를 동의하거나 반대하는 중에 이루어지는 승자 결정전의 문제였다. 이것이 의미하는 바, 증거에 의한 이론의 미결정성과 관련한 전통적 쟁점들은 실질적으로 잘못 이해되어왔다. 그 쟁점들은 지금 제안하는 새로운 체계 내에서 재정식화되어야 한다.

5. 미결정성 다시 이해하기

그렇다면 그러한 전통적 쟁점들이 지금의 새로운 체계 내에서 어떻게 새로운 모습으로 보일까? 그보다, 그러한 쟁점들이, 제안된 문제들의 본성에서, 그리고 그 쟁점이 기대하는 대답의 본성을 놀랍게 재확인함에 있어, 어떻게 다르게 보일까? 이런 이야기를 위해서 다음과 같이 물음을 던져보자. 만약, 두 (또는 천의, 또는 십만의, 그 수는 문제되지 않는다) 서로 아주 유사한 인간 아기 뇌들이 **동일한** 물리적이며 사회적인 환경에서 자체의 인지 재원을 발달시키도록 허용된다면, 그 뇌들이, 환경의 지속적 구조물, 항구적 보편자, 그리고 전형적 인과 과정 등에 대한 동일한 고차원 대응도들을 가지도록 수렴해갈까? 이런 실험은 인간의 역사 속에서 무수히 수행되어왔으며, 지금도 우리가 말하고 있듯이, 여전히 수행되고 있다. 그 강건한 실험적 대답은 '그렇다'이며, 비록 완벽하진 않겠지만, 실제로 그 뇌들은 아주, 매우 유사하게 수렴한다.

어쩌면 이러한 실험적 사실은, 우리의 개념들이 단순히 본유적이며, 개별 경험에 따른 장기적 발달의 결과물이 아니라는, 생물학적 사실을 반영할 듯싶다. 그러나 앞서 우리가 살펴보았듯이, 이러한 친숙한 제안은, 우리 유전자 부호화 용량(20,000개의 단백질 형성 유전자)과 시냅스 연결 수(10^{14}) 사이의 9차수 크기 차이와 충돌한다. (게다가 그 시냅스 연결은 기능적 개념 체계를 갖추기 위하여 개별적이며 매우 다양한 가중치들을 가져야만 한다.) 그러므로 개념들은 본유적일 수 없다. 다능한 인간 **아기**의 뇌는, 우리 유전자를 넘어서는 무언가에 의해서, 매우 유사한 체계를 향해 명확히 수렴할 것이다.

그렇다면, 아마도 그 체계는 우리를 둘러싸고 있는 문화, 그리고 가장 핵심적으로는 우리가 공유하는 언어, 즉 계층적으로 조직화된 어휘들과 공통적으로 공유하는 가정들의 그물망이다. 이런 것들은 매우 유력한 **기본 틀**을 형성할 수 있으며, 어느 어린아이의 개념 대응도라도 최소한 그 기본 틀 주변에 의해 제약되어 발달할 것이다. 앞 장에서 살펴보았듯이, 이러한 제안에 상당한 신뢰가 실린다. 우리의 진화하는 개념적 문화는 각기 새로운 세대의 학습하는 뇌들을 끌어당기는 강력한 끌개(attractor)를 형성한다. 그러나 그렇다고 하더라도, 그리고 문화적 영향을 적절히 용인하더라도, 인간 뇌는 여전히 공유하는 지각 환경에 따라서 반응하며, 심지어 그 지각 환경의 일부가 사회적 환경일지라도 그러하며, 인간 뇌는 여전히 공유하는 고차원 대응도에 수렴해갈 것이다. 개념적으로 수렴하는 이러한 강건한 경향은 지속적으로 잘 작동할 것이다.

비록 거의 문화를 갖지 않으며, 전혀 언어를 갖지 않는 동물의 경우일지라도, 그러한 경향은 잘 작동할 것이다. 적어도 어느 종 내에서 그리고 공동의 환경 내에서, 포유류와 조류 등은 명백히 3차원 우주에 대한 거의 동일한 개념에 도달할 것이며, 그래서 거의 불변하는 물리적 사물들에 대한 동일 분류법을 지니고, 그 분류법은 특별한 부분집합(동물들)에게 독특한 '인과적 그리고 신체적 행동'을 하게 해준다. 만약 우리가 이러한 비언어적 동물들의 개념적 재원을, 자연적 적응을 위한 그들의 행동을 설명해야 할 필요성에 의해서 평가해야 한다면, 그런 동물들이 세계에 대해서 가지는 것은, 비록 어느 정도 단순하긴 하겠지만, 우리들의 것과 상당히 동일할 것이다. 의심할 바 없이, 이것은 다음 사실을 반영한다. 그런 동물들은 우리가 가진 것과 동일한 감각기관을 상당히 많이 가지고 있으며, 그것들의 대응도-발생 과정은 우리와 마찬가지로 동일한 헤브 과정(Hebbian process)을 따른다. 전방위 그물망이 자발적으로 엘리너(Eleanor)의 여성스런 얼굴을 그 '선호 패턴'으로 개발했으며, 재귀적 그물망이 자발적으로 날아가는 새를 자체의 '선호 과정'으로 개발했던 것을 돌아보자. 헤브 학습은 그 작동에서 극히 경험적이다. 만일 동일 감각 시스템을 동일 통계적 환경에 놓아보면, 헤브 학습은 언제나 자체 계산처리 사다리의 상위 가로대로 하여금 동일한, 혹은 매우 유사한 인지적 조성 상태를 갖도록 조정할 것이다. 이것이 실제 동물에서 일어나며, 또한 이것은 우리의 인공 신경망 모델에서도 일어난다(그 사례를 다음에서 보라. Cottrell and Laakso 2000).

그러나 이렇게 **1단계 학습**과 관련한 모든 재확인에 대해서, 독자들은 올바로 이의를 제기할 수 있지만, 이 장에서 우리의 일차적 관심은 **2단계 학습**의 과정, 즉 꽤 민감하고 훨씬 덜 예측 가능한 과정에 관한 것이다. 왜냐하면 이 과정은 강력한 비선형적 동역학 시스템의 동역학적 모험을 포함하기 때문이다. 더구나 앞 문단의 편안한 결론이 기대었던 가정에 따르면, 개념적 수렴을 이루려는 독특한 여러 뇌들은 동일한 감각기관들을 공유하며 동일 환경에 그것들을 적용한다. 만약 우리가 이렇게 상당히 쉬운 경우를 넘어서 살펴볼 수 있도록 스스로의 눈높이를 조정한다면, 어떤 일이 발생할까?

몇 가지 흥미로운 일들이 생길 것이다. 첫째, 우리와 아주 다른 여러 감각기관들을 지닌 동물이라면 물론, 우리와 아주 다른 감각적 지시를 위한 개념 대응도를 개발할 것이다. 그런 동물은 자발적으로 그리고 체계적으로 객관적 세계의 서로 다른 국면들, 즉 우리가 보거나 듣지 못할 국면들에 접근할 것이다. (어떤 동물들 또는 다른 동물들이 아마도 감각적으로 조율하는, 예를 들어 X-선, 또는 자기장을 감각한다고 고려되는) 세계의 아주 많은 다른 국면들이 있으므로, 그리고 적어도 그러한 조율을 성취해왔을 아주 많은 다른 감각 시스템들이 있으므로, 우리는 분명 여기에서 고려되는 종류의 개념적 다양성을 긍정적으로 기대해볼 수 있다.

그러나 이러한 가정으로부터 어떤 흥미롭고 유의미한 결론이 필연적으로 도출되지는 않는다. 우리 인간은 그 자체로 세계에 대해서 근본적으로 서로 다른 국면들을 조율해낼 다양한 감각기관의 발생 자리이다. 그렇지만 우리는 그러한 실재의 통합적 개념들을 구성해낼 수 있다. 왜냐하면 우리의 여러 감각 양식들은, 여러 객관적 영역들 내에 어느 정도 **중첩하기** 때문이다. 우리는 실재의 어떤 국면들(예를 들어, 모닥불)을 동시적으로 보고, 듣고, 느끼며, 냄새 맡을 수 있으며, 그래서 우리의 다양한 여러 개념 대응도들은 지시 확인 또는 금기시 등의 역할에 서로 자동적으로 활용될 수 있어서, 우리로 하여금 거주지의 실재에 대한 안정된 표상을 향해 나아가도록 인도할 수 있다.

이러한 다행스러운 상황은, 전압계, 전류계, 기압계, X-선 장치, 복사

선 측정기, 자기 측정기, 감마선 망원경, 적외선 카메라 등과 같은 **인공의** 감지 도구들과 측정 도구들을 우리의 '필수적 감각 장비'로 끌어들이는 경우에도, 근본적으로 달라질 것은 전혀 없다. 정말로 그런 상황은 전형적으로 우리의 상황을 극적으로 입증해준다. 왜냐하면, 새로운 추상적 대응도를 가리키는 이러한 인공의 장치들이 우리 주변에 전개되는 실재에 대하여 많은, 독립적이며 부분적으로 중첩하는 '증거들'을 제공해주기 때문이다. 그런 장치들은, 우리의 선천적 감각기관들의 다양성이 그러한 목적을 지원하는 동일한 이유에서, 개념적 수렴의 이익을 좌절시키기보다, 긍정적으로 지원한다.[15]

반면에, 이러한 유쾌한 평가는, 우리가 어느 **단일** 측정 도구 또는 감각 양식을 해석하기 위해서 이용하는 가능한 대응도들의 순수한 **개념적** 다양성의 차원을 무시한다. 그것은 정확히 2단계 학습 과정에서 개발되는 이러한 다양성 차원이며, 나는 그러한 철학적 어려움의 본성을 최근 캐나다 국가 전체가 마주 대한 개념적/지각적 위기에 관한 실제 있었던 이야기를 예로 들어 설명해보려 한다. 1970년대 중반 캐나다 의회는 지구 내의 다른 영어권 국가들처럼 영어권 국가로 변신하기로 결정하였다. 그런 대부분의 나라들은 영국식 도량법을 사용한다. 그러므로 모든 캐나다의 산업적, 경제적, 교육적, 사회적 활동들을 지구의 다른 모든 나라들이 이용하는 명확히 우수한 미터법으로 변경하기로 하였다. 그 변경 일자가 정해졌으며, 바로 그날 아침에 캐나다 국민들은 새로운 세계에서 깨어났다. 우유는 쿼트(quart)가 아니라 리터(liter)로 판매되었다. 소시지는 파운드가 아닌, 킬로그램으로 판매되었다. 국가 고속도로의 마일 표지판이 모두 내려지고, 친숙하지 않은 킬로미터 거리 표지로 바뀌었다. 모든 곳의 속도제한 표지판이 시간당 킬로미터

15) (역주) 즉, 그러한 여러 인공 장치들은 우리의 감각기관이 아님에도 불구하고, 우리는 그 장치들의 도움으로 세계의 여러 다양한 감각 국면들에 대한 개념적 통합을 이루어, 더욱 생존의 유리함을 가질 수 있다.

로 교체되었다. 연료는 갤런이 아니라 리터로 판매되었다. 신차의 마일당 연비 계기판은 100킬로미터 당 소비되는 리터로 바뀌었다. (그렇다. 다만 단위가 바뀐 것이 아니라, 규정이 뒤바뀐 것이다.) 학교와 공구상점에서 미터와 센티미터가 야드와 인치를 대체하였다. 지역 라디오와 신문은 온통 화씨 대신 섭씨로 일간 대기온도를 보도해야 했다. 혼돈과 혼란이 모든 곳에서 일어났다.

온도와 관련한 마지막 요구는 특별히 혼란을 초래한다. 섭씨온도가 화씨온도에 비해 거의 두 배 차이 나기 때문이 아니라, 가장 자연적 이정표인, 물의 어는점과 끓는점 등이 두 척도에서 아주 다른 위치에 있기 때문이다. 물은 (우리가 만일 화씨 척도에 친숙하지 않다면, 화씨 32도와 화씨 212도가 아니라) 섭씨 0도에서 얼며 섭씨 100도에서 끓는다. 이것은 쾌적한 여름날 오후에 대략 섭씨 20도 온도가 될 것임을 의미한다. 그러나 그 표현 "20도"는 빙점 이하의 온도로서, 미국인이나 (당시의) 캐나다인에게 무수히 많았던 끔찍이 추운 **겨울**날을 즉시 떠올리게 만든다. 유사한 여러 혼란이 다른 이정표 온도에 대해서도 일어났다.

여러 활용 범례들이 붕괴된 것은 그렇다 치고, 당시에 화씨 척도는 북부 아메리카의 모든 사람들에게 자발적이며 자동적으로 온도를 지각하기 위한 자동적 체계였다. 캐나다에서 정상적으로 문명화된 시민이라면, 당시에 화씨로 플러스 혹은 마이너스 2도 이내의 대기 온도 차이를 매우 신뢰성 있게 판단할 수 있었다. 화씨온도는 단순히 우주의 관찰 가능한 특징이었던 것이다. 그러나 누구도 새로운 섭씨 척도의 체계 내에서 동일한 과제를 수행할 기술을 아직 획득하지 못했다. 정말로 그 옛 감각적 지시 습관의 관성(타성)은 그 상황에 그대로 유지되었다. 거의 2년 동안이나, 캐나다에서 누구도 현재 온도가 무엇인지를 확신하지 못했다! (그리 혹독한 겨울에 시골 사람들에게 심각한 문제가 아닐 수 없다. 나는 당시 지구상에서 가장 추운 도시 위니펙(Winnipeg)

에 살았다.) 게다가 섭씨로 온도가 보도되는 경우 사람들은 "그래서 **실제** 온도가 뭐라는 거야?"라고 중얼대곤 하였다.

그렇지만 마침내 그러한 옛 체계는 희미해졌으며, 거의 모든 사람들은 섭씨 척도 내에서 자동적인 지각을 말할 줄 알게 되었다. 그리고 그곳에 다시 평온이 찾아왔다. 그런데 나만은 그렇지 못했다. 온당한 개념적 업데이트가 이루어져 행복이 찾아왔음에도, 국회의원들이 **켈빈**(*Kelvin*)온도의 척도 대신에 섭씨온도로 우리를 기만했던 일에 좌절감을 느꼈던 일을 나는 기억한다. (켈빈 척도는 섭씨와 동일 **크기로** 표시되지만, 그 영점은 **절대온도** 0이며, 그 온도에서 물질의 분자들은 완전히 운동을 멈춘다. 그것은 가능한 가장 낮은 온도이다. 왜냐하면 분자운동에너지가 바로 궁극적으로 **온도이기** 때문이다. 절대온도로 최저온도는 섭씨로 −273도와 같다.) 이러한 세 번째 척도에서 물은 273켈빈온도에서 얼며 373도 켈빈온도에서 끓는다.

나의 좌절은 다음 사실 때문이다. 고전 기체 법칙, $PV = \mu RT$에서 시작되었지만, 그것으로 끝나지 않는 열역학의 모든 중요한 법칙들 내에서, 우리들은 그 법칙들 내에 T로 기록되는 숫자를 켈빈온도로 표기해야만 한다. 다시 말해서, 그러한 독특하고 객관적인 최저점, 즉 절대온도 0에서 시작되는 온도로 표시해야만 한다. 이러한 불편함을 해소할 방안으로 나는 다음과 같이 추론하였다. 만약 우리 인간들이 화씨온도와 섭씨온도 모두를 자동적으로 그리고 정확히 지각할 수 있게 학습할 수 있다면, 캐나다의 사례에서 알아볼 수 있듯이, 명백히 우리는 그리할 수 있고 그럴 수 있었으므로, 우리는 아마도 쉽게 배워서 켈빈온도로 자동적 지각 판단을 할 수도 있을 것이다. 그렇게 되면, 아마도 우리는 그렇게 지각한 값(values)을 다양한 열역학 법칙에 직접 대입할 입장에 놓일 것이며, 그러면 우리는 지역 환경에 대한 모든 종류의 흥미로운 경험적 사실들을 빠르게 추론할 수 있을 것이다. (그런 열역학 계산법을 배우기 위해 우리가 물리학 수업을 받을 필요는 없다.) 그러면 아마도 우리는, 다양한 열역학 영역을 형성하는 다양한 보편자들을 통합하는 주요한 관계들에 관한 더욱 풍부한 개념 대응도의 맥락에서, 우리의 감각적 지시를 향상시킬 수 있을 것이며, 그렇게 그러한 보편자들에 대한 우리의 개념적 통찰과 지각 능력을 강화함으로써, 그러한 보편자들을 조작할 능력도 강화될 것이다.

이러한 통찰은 즉각적으로 나로 하여금, 만약 그러할 수만 있다면, 다음과 같이 생각하도록 만들었다. 만약 우리가 켈빈 척도를 마치 자동적 관찰 체계처럼 이용하도록 학습할 수 있다면, 우리는 마찬가지로 그러한 역할로 **볼츠만**(*Boltzmann*) 척도를 이용하도록 쉽게 학습할 수도 있을 것이며, 그러한 훨씬 더 예리한 척도는 어느 기체의 평균 분자 운동에너지, 즉 그 가스를 구성하는 개별 분자들의 평균 운동에너지를 직접 규정할 수 있다. 나는 여러 해 동안 책꽂이에서 먼지에 뒤덮인 낡은 열역학 교과서를 꺼내어, 우리 인간이 신뢰할 정도로 감각할 수 있는 분자운동에너지 범위를 빠르게 재구성해보았다. 우리는 화씨온도 범위로 대략 －20°F에서 ＋120°F까지를 신뢰할 정도로 지각할 수 있으며, 섭씨온도 범위로 대략 －0°C에서 ＋50°C까지를 신뢰할 정도로 지각할 수 있다. 이 범위는 대략적으로 5.1×10^{-21}줄(joules)에서 6.8×10^{-21}줄의 분자운동에너지 범위에 상응한다. 마찬가지로, 우리는 플러스-또는-마이너스 0.025×10^{-21}줄의 정확성 범위 값을 자동적으로 판단할 수 있어야 하며, 이 범위는 다른 두 척도에서 우리가 정확히 지각할 수 있을 범위에 상응한다.

누가 이와 같이 그렇게 초미세의 복잡한 감각을 자신의 감각적 손끝에 가질 수 있을 것이라 생각할 수 있을까? 다른 캐나다인들이 여전히 섭씨온도 척도에 적용하려 애쓰고 있는 중에, 나는 이러한 척도, 즉 운동-열-이론의 위대한 이론가인 볼츠만의 이름을 딴 척도를 자동적 관찰에 적용하기로 하였다. 여러 주일 동안 훈련을 한 후에, 나는 약간 높은 온도(78°F)의 방에서 감지하고선 이렇게 말했다. "이 방의 평균 공기분자의 운동에너지는 6.3 × 10^{-21}줄이니, 온도조절기를 끄자." 겨울 아침에 밖의 온도(−12°F)를 감지하고선 이렇게 말했다. "이 공기의 평균 분자운동에너지는 5.2 × 10^{-21}줄에 불과하다. … 으~ 춥다." 이런 식이다. 당시에 나는 내가 다니던 대학의 휴게실에서 함께 커피를 마시는 동료들에게, 건방지게 젠체하기 위해서가 아니라, **그들 역시** 어떻게 그렇게 할 수 있는지 열성적으로 설득해보았다. 그렇지만 그들은 섭씨온도와 현재 아주 열심히 투쟁하는 중이었으므로, 휴게실의 동료들에게 그럴 만한 가치는 전적으로 외면되었다.

이러한 이야기가 이쯤에서 끝날 듯 보일지 모른다. 그러나 전혀 그렇지 않다. 기억을 더듬어보면, 무엇의 운동에너지는 질량에 속도의 제곱을 곱하고, 그것을 2로 나눈 것, 또는 $mv^2/2$이다. 그리고 이것은 평균 공기분자의 특징, 즉 내가 자동적으로 감지하게 되었던 온도의 특징이다. 그러나 전형적 대기의 공기분자는 질소분자 단위, N_2이며, 그것의 질량은 대략 4.7 × 10^{-27}kg이다. 만약 우리가 이러한 질량을 $mv^2/2$으로 나누고(방 안 온도에서, 이것은 6.2 × 10^{-21}줄과 같다), 2를 곱하면, v^2만 남는다. 이것의 제곱근을 구하면, v, 즉 단일 N_2의 전형적 속도만 남는다. 따라서 전형적 공기분자의 **속도**는, 적어도 인간의 열감지 범위 내에서, 그것의 운동에너지만큼 감각적으로 파악 가능하다. 예를 들어, 방 안 온도의 대기에 대해, 그 속도는 대략 500m/s 정도이다. 그리고 다른 척도의 온도처럼, 그러한 판단은 플러스-또는-마이너스 2퍼센트 내에 신뢰할 수 있다. 비록 우리가 분자 자체를 느낄 수 없을지라도, 그것들이 얼마나 빠르게 혹은 느리게 움직이는지를 확실히 느낄 수는 있다!

이러한 값(500m/s)이 방 안 온도에서 소리의 속도에 꽤 가깝다는 것에 주목해보자. (나는 이 시점에서 무시하고 넘어갈 것이 있다. 그것은, 어느 2-원자(diatomic) 대기에서 소리의 속도는 언제나 대략 그 대기 분자 속도의 70퍼센트라는 사실이다.) 이것이 의미하는바, 우리의 '열

감각'은 해당 지역 대기 내의 소리 속도로 동일하게 가리킬 수 있다. 왜냐하면 소리의 속도는 대기 온도에 따라서 변화하기 때문이다. 이러한 새로운 척도에서, 우리는 저점 한계로 대략 313m/s의 범위에서, 고점 한계로 대략 355m/s까지의 범위를 감지할 수 있다. 지역의 소리 속도를 우리가 **느낄 수** 있을 거라고 누가 생각할 수 있었을까? 그렇지만 우리는 그것을 느낄 수 있으며, 그것도 꽤 정확히 느낄 수 있다. 그것이 도대체 무엇에 쓸모 있겠는가? 예를 들어, 박쥐의 입장에서 가정해보자. 만약 지역의 소리 속도를 연속적으로 알 수 **있다면**, 찍찍거리는 탐침 소리가 반향으로 되돌아오는 시간은, 박쥐에게 먹이 표적 나방까지의 정확한 **거리**를 알 수 있게 해준다.

이 이야기를 마치려면, 개념 대응도의 마지막 사례로, 우리의 선천적 '열 감각'을 지시할 잠재력을 개발해온 인간 역사를 돌아볼 필요가 있다. 고대 그리스인들은 **뜨거움**과 **차가움**을 명확히 구분되며 상호 반대되는 속성으로 인식했다. 우리가 뜨거운 것과 차가운 것을 접촉해보면 그러한 두 가지 느껴지는 특징들은 서로를 상쇄시키므로, 그 두 가지 모두를 함께 접촉할 경우에, 각각은 뜨겁지도 차갑지도 않게 된다. 이러한 더 원초적 개념을 우리의 증대되는 목록에 첨부하여, 지금의 탐색을 아래와 같이 요약해볼 수 있다.

'느낄 수 있는 열의 실재'를 개념화할 수 있는 체계들

1. 고대 그리스 체계
2. 화씨 체계
3. 섭씨 체계
4. 켈빈 체계
5. 볼츠만 체계 (분자운동에너지(KE))
6. 분자속도 체계
7. 음속 체계

이 정도에서 멈추어야만 하는 것은 아니다. 즉, 절묘한 예를 목록에 추가해볼 수 있다. 그러나 이러한 일곱 가지 체계가 온전히 실재적 가능성을 갖는지 논란의 여지가 있다. 즉, 어느 감각 양식 내의 우리 감각의 단순한 범위 또는 양태가 스스로, 어느 개별 개념 대응도를, 그 양식으로 파악되는 실재를 표상하기 위해 유일하게 적절한 대응도로 만들지는 **않는다**. 언제나 사물들을 인지하는 서로 다른 방식들이 있으며, 우리의 선천적 감각기관들의 범위를 훨씬 넘어서는 소위 '초경험적' 사물은 없다. 아마도 매 순간마다 감각기관들이 반응하여 감각적으로 알 수 있는 사물들을 인지하는 서로 다른 여러 방식들이 있다. 따라서 만약 그런 사실이 과학적 실재론에 이의를 제기하는 미결정성이라면, 그것은 인식론적 출발선에서 즉각적으로 이의를 제기하는 문제를 발생시킨다. 그것은 즉시 우리로 하여금, 존재론적 '특권인' '지각' 판단들의 총합이, 우리가 추정적으로 강력한 권위를 가정하는, '이론적' 판단의 진리를 어떻게 논리적으로 결정하지 못하는지의 문제를 중점적으로 다루도록 유도한다. 위의 목록에서 보여주듯이, 그것은 다음과 같은 쟁점을 불러들인다. **어느 배경 대응도**가, 우리의 감각 상태들이 아마도 우리 주변의 문화에 의해서 최초로 지시하도록 훈련되어야 할, 대응도이어야 하는가? 그것은, 우리가 **지각 가능한** 세계일지라도 그것을 어떻게 인지해야(conceive) 하는지 묻게 만들며, 이어서 우리가 그러한 세계를 어떻게 **재**인지하는지(*re*conceive), 그리고 잠재적으로 재인지해야 할지를 묻게 만든다.[16)]

이렇다는 것은 우리로 하여금, 자신들의 배경 개념 대응도가 우리의 선개념적 감각 변환의 생생한 통계에 의해서 강하게 미결정되는 상황

16) (역주) 철학자들은 전통적으로 지각(perceive)하는 앎과 인지하는(conceive) 앎을 구분해왔다. 후자의 앎이 바로 개념(concept, conception)이다. 그러므로 독자는, 여기 맥락에서 "우리가 어떻게 인지해야 하는지"를 "우리가 어떻게 개념적으로 이해해야 할지"로 해석하면 되겠다.

을 마주하게 만든다. 그러나 이러한 미결정성은 **논리적**이 아니라 **인과적**이다. 결정될 것(대응도)도 결정하는 것(우리 감각 기관의 상태들)도 엄밀한 진리 값을 가지지 못하며, 그 어느 것도 다른 것에 대해 논리적 관계를 갖지 못한다. 만약 여기에 문제가 있다면, 그것은 우리의 생생한 감각 입력의 객관적 통계 그 자체만으로, 어느 **개별적** 영역-특징 대응도가 우리의 감각 입력에 의해 습관적으로 지시되는 대응도가 될 수 있음을 인과적으로 보증해주지 못한다는 데에 있다. **이것**이 바로, 작동 중인 인지체계 내에서 미결정성이 취하는 형식이다.

그렇다면, 그 이상의 어느 발달 요소들이, 우리 감각 입력의 생생한 통계와 결합하여, 우리 개념 대응도의 (종국의) 특징을 인과적으로 충실히 결정하도록 **만드는가**? 매우 분명히 말해서, 우리의 무수한 시냅스들이 우리의 감각 입력의 통계적 양태에 따라 점진적으로 변경되도록 만들어주는 매우 중요한 메커니즘이 있다. 앞에서 논의되었듯이, 이러한 메커니즘은 명확히 헤브 학습 메커니즘이다.

앞에서 살펴보았듯이, 이러한 메커니즘은 다양한 개인들에 걸쳐서, 그들이 매우 유사한 통계적 양태의 감각 입력을 받는 한, 매우 유사한 개념 대응도들을 생산하는 경향을 갖는다. 확실히 말해서, 그 결과 대응도들은 많은 이유에 의해서 서로 완벽히 동일할 수는 없을 것 같다. 첫째, 생물학적 뇌에서 어느 뉴런 집단은 계산처리 계층 구조의 다음 집단 뉴런들과 단지 '성기게' 연결될 뿐이며, 따라서 이러한 연결은 무작위로 분산되는 경향이 있다. 이것이, 개념 대응도의 개별 축을 구성하는 습득된 '선호 자극'의 양태에서 개인적으로 차이가 나도록 만들 수 있으며, 실제로도 그러하다.[17] 그렇다고 하더라도, 개인마다의 대응도 내에 '원형 지점들'의 전체 조성 상태는 독특한 개인들에 걸쳐 유사

---

17) (역주) 선호 자극에 대한 감각 양태는 대응도의 위상공간에서 하나의 축으로 표현된다. 그러므로 사람들마다 서로 다른 선호 자극을 갖는다면, 결국 그들 각각의 대응도 위상공간은 서로 다른 축을 구성한다고 보아야 한다.

할 듯싶다. 그러나 그러한 조성 상태가 서로 다른 활성 공간 축을 구성하는 만큼, 독특한 사람들의 여러 대응도들에 걸쳐 약간 계산적 차이가 예상될 수는 있다. 그림 3.8의 헤브-훈련 얼굴-재인 그물망은 그러한 행동의 사례를 보여준다. 동일한 일반적 조성 상태를 지녔지만, 무작위로 다른 성긴 연결을 지닌, 열 개의 그물망을 동일 훈련 세트의 입력 사진에 대해서 훈련시켜보면, 얼굴 공간에 대해 거의 공통 형태이면서 계량적으로 특이한 대응도가 형성되는 것을 우리가 확인할 수 있다.

둘째, 비록 우리 인간 모두가 동일한 경험 세계를 마주 대하더라도, 어느 두 사람도 정확히 동일한 감각 자극의 역사를 갖지는 못하며, 따라서 우리는 학습 과정을 통해서 유사한 대응도를 기대해볼 수는 있지만, 동일한 대응도를 기대할 수는 없다. 무엇보다도, 사람이 거주하는 환경의 문화적 차이, 그리고 (환경의 이런저런 혹은 다른 국면을 고려해보면) 다른 사람으로부터의 문화적 압력 등은 서로 다른 인간 역사의 단계에서 전개되는 대응도에 흥미로우며 경우에 따른 실질적 차이를 낳을 수 있다. 온도에 대한 고대 그리스인의 개념과 현대 화씨 개념 사이의 대비는 [개인마다 다른 감각 자극의 역사를 가지는] 좋은 사례이다. [전자의 그리스인 개념과 달리] 후자의 대응도는 뜨거움과 차가움 모두를 하나의 통합 척도로 다루며, 모든 온도를 자연수에 대응시킴으로써, 서로 다른 여러 온도들을 양적으로 비교할 계측규준을 제공한다. 화씨와 섭씨 개념 사이의 대비는, 비록 이 대비가 첫째 것보다 꽤 작지만, 둘째 [개인적으로 감각 자극의 역사가 다른] 사례를 제공하며, 그 차이는 부과된 척도의 '최저단위'와 그 두 중요 표지판(온도계 눈금)의 위치로 제약된다. 그렇지만 켈빈 척도는 가능한 온도 범위에 대한 절대 최저 한계, 즉 0켈빈 또는 절대온도 0을 부과함으로써 의미심장한 개념적 신선함을 끌어들인다. 그리고 볼츠만과 속도 척도는, 우리 모두가 지각하는 것에 대한 정말로 중요한 개념적 재해석, 즉 **분자**

의 **운동에너지**와 **분자의 속도**를 명시해준다.

이러한 후자의 두 경우는, 우리가 지금까지 2단계 학습이라 불러왔던 것, 즉 일부 배경 개념 대응도의 재전개를 성립시켜주는 일종의 개념적 돌발 상황을 보여준다. 즉, 이미 어떤 영역이나 다른 영역에서 작동하고 있는 일부 배경 개념 대응도들을, 새롭고 뜻밖의 현상 영역으로 재전개하는, 일종의 개념적 돌출 상황을 보여준다. 일단 발견되기만 하면, 그 발견된 재전개의 (그 사회 집단을 통한) 전파는 물론 앞서 말했던 사회적 환경과 사회적 압력으로 작용할 것이다. 그러나 그 본래의 재전개는 전형적으로 개인들 속에 귀속되어 있으며(예를 들어, 헤어 파렌하이트(Herr Fahrenheit), 또는 더 극적으로 코페르니쿠스나 뉴턴 등), 그 사람의 현재 해석 활동에 대한 재귀적 변조는 그 사람으로 하여금 일부 이전의 개념적 재원을 새롭게 전개하도록 유도한다. 가장 중요하게, 그러한 단일 사건들은 한마디로 예측 불허이며, 고도로 비선형적 동역학 시스템인 뇌가, 한 안정된 양식에서 다른 양식으로, 상황에 따른 소란스런 전이를 유발한다.

이로써 우리는 세 번째 중요 요소를 이야기할 수 있게 되었다. 그런 요소의 결정에 따라서, 개념 대응도는 어느 임의 감각 양식으로 들어온 입력을 해석하기 위한 디폴트 체계(default framework) 또는 자동적 체계에서 벗어난다. 그렇지만, 앞의 두 요소들과 달리, 이 요소는 개인들 전체에 걸친 개념적 확증으로 향하는, 위에서 살펴본, 꽤 강한 경향을 갖지는 않는다. 그 하나의 이유로, 사람들은 각자 창의적으로 상상하는 기초 능력에서 상당히 다르다. 또 다른 이유로, 어느 특별한 유비가 어느 임의 개인에게서 발생되는지는 각자의 특이한 인지적 역사와 현재 지적 관심의 문제에 상당히 좌우된다. 셋째로, 개인에게 순간적으로 발생하는 수많은 유비들 중 어느 것이, 반복적으로 그럴듯하며 신뢰할 유용한 유비로서 **유지될지**는, 특이한 인지적 그리고 정서적 욕구에 따라 달라질 것이다. 그리고 넷째로, 우리를 성장시킨 어느 특이한 문화와 자신이 태어난 어느 개념적 역사의 단계는, 어느 개념적 재원이 우리의 디폴트 목록이 될지에 중요한 인과적 영향을 미친다. 무엇보다도, 2단계 학습 과정은, 인지적 확증이 아니라, 인지적 **다양성**을 향하도록 강하면서도 예측 불허의 경향을 보여줄 것 같다.

그리고 그렇다는 것을 인간 역사는 기록하고 있다. 확실히, 사회적 압력은 어느 확립된 문화 내에 공유하는 개념 목록을 강화하는 경향을 갖는다. 그러나 우리가 목격하는바, 독특한 여러 문화에 따라서, 그리고 역사적 시기에 따라서, 인간 본성에 대해서, 인간 발달에 대해서, 인간 질병에 대해서, 천국에 대해서, 지구와 심해에 대해서, 태풍, 번개, 지진, 그 밖의 다른 재난의 원인과 의미에 대해서, 불의 본성에 대해서, 도덕성의 기반에 대해서, 인종의 기원과 운명에 대해서, 기타 등등에 대해서, 극히 다양하고, 상황적으로 불합리한 이론적 개념들이 나타난다. 광범위하게 재발하는 주제는, 방금 거론한 수많은 현상들에 대해서 갖가지 **목적** 혹은 **대행자** 뜻으로 해석하기, 즉 통속 심리학(Folk Psychology)이 어느 정상 인간의 개념적 그리고 실천적 삶에서 과도한 중심적 역할을 한다는 것에 대한 반성이다. 우리는 자연스럽게, 설명하기 어려운 현상들에 대해서, 우리가 가장 친숙하고 가장 편안해하는 개념 대응도를 재전개하려 하며, 따라서 분명히 우리가 끔찍이 사랑하는 통속 심리학을 가장 우선적으로 활용한다. 그러므로 당연하게, 인간 역사는 갖가지 신의 목적과 명령, 다양한 영혼의 성격과 목적, 그리고 우주 전체의 '사회적 혹은 정치적 구조' 등과 관련하여 여러 '오피셜 스토리들(official stories)'[18]로 채워져 있다.

그러나 이렇게 우주 내의 모든 것들을 의인화하려는 강한 경향에서조차, 광범위하게 다양한 이야기들이 예측 불허의 다양성을 갖는다는 것이 역사를 통해 드러나며, 문화 분석을 통해 확증된다. 고대의 물활

18) (역주) 공식적으로 기록되지는 않았으나 모두 아는 이야기.

론(animisms)에서부터, 다양한 다신숭배(polytheisms)를 거쳐, 문화적으로 특이한 일신론(monotheisms)에 이르기까지, 우리는 우주와 우리 지구에 대한 안정된 이해를 그 안에서 맹렬히 찾으려는 인간의 모습을 보게 된다. 존재적으로 겸손한 중국인들의 고차원 교설 공간을 고려해보자. 그 공간은 마음의 안식을 위하여, 조상의 영혼 및 그러한 조상들이 보여준 숭배할 만한 인물들 등에 대한 경배를 포함한다. 그런 동일한 공간은 또한 존재론적으로 방탕한 유럽인들의, 더 자유롭고 더 화려한 곳을 향한, 온전한 '천국'에 대한 기도를 포함한다. (현재-고대를 관통하는 **정치적** 원형에 대한 다음의 재전개를 주목해보라.) 그러한 천국은, 전능한 신/왕, 독자인 아들, 악마 동맹군을 거느리는 교활한 모반자 사탄(Satan), 큰 무리의 날개 달린 천사들, 성인들의 회랑, 하프를 연주하는 무수히 많은 구원된 사람들의 영혼들, 지옥문 입구에서 벗어나려 아우성치는 그보다 적은 수의 희망 없는 사람들 등이 거주하는 곳이며, 선한 신(goodness)은 얼마나 많은 영혼들이 그 왕국의 끔찍한 지하에서 영원히 고통스럽게 불에 태워지는지 알고 있다. (객관적으로 그리고 현대적 전망에서 우리 자신을 돌아볼 때, 그런 종교의 성직자들이 어떻게 이러한 이야기를 거리낌 없이 계속 이야기할 수 있을지 참으로 의심스럽다.)

그러한 황당한 수천 가지의 이야기들이, 여러 문화권에서 동일하게 확신되면서, 그러한 교리 공간을 통해서 퍼져 나갔지만, 경험적 증거나 책임 있는 비교 평가는 거의 없거나 전혀 없이 형성되었다. 정말로 서로 다른 문화들에서, 역사적 경향은 우리 모두에 담겨진 실재를 공통적으로 해석하는 방향으로 수렴하지 않았다. 오히려 그런 경향은, 문화가 분리됨에 따라서, 반복적으로 여러 교리 분체로 나뉘어졌으며, 이따금은 호전적이기도 하였다. 기독교는 고대 유대교로부터 분리되어 나왔으며, 그 분리된 여러 종파들은 오랜 세월 상호 불신에도 불구하고, 여전히 '구약'을 공유한다. 그 분리 이래로 천주교와 동방정교회가 본래의 기독교 공동체를 두 독립체로 분리시켰다. 이어서 종교개혁은, 마치 기독교가 부족하기라도 했던 것처럼, 이미 조각난 로마제국의 영토를 정치적으로 그리고 교리적으로 독특한 다른 두 문화로 분리시켰다. 그렇게 독특한 신교도 문화 자체는 계속적으로 분리되어, 미국과 아프리카에서 더 작고 다른 무리들로 나누어졌다. 이슬람교와 마찬가지로, 유대교 역시 적어도 한 번은 분리되었다. 역사적으로, 교리의 분리와 그중 일부의 사멸은 표준적 패턴인 듯싶다. 여러 교리들과 문화들의 광범위한 **합체**는 거의 어느 곳에서도 찾아볼 수 없다. 그러한 과정 자체는 무의미한 역사적 굴곡만큼이나 방향을 잡지 못하거나 또는 수렴하지 못하는 것처럼 보인다.

그러나 내가 보기에, 자연과학의 영역에서는 그렇지 않았다. 여기에서도 물론 우리는 교설의 역사적 다양성을 볼 수는 있지만, 지난 2,000년 동안 그리고 특별히 최근 500년 동안 우리는 서로 다른 여러 과학 문화들에서 교설의 반복적 수렴과 체계적 통합을 본다. 다양한 종교에서 자기고립적이고 자기방어적인 분리가 있었던 것과 대조적으로, 현대 과학의 전체 학술 단체들은 모든 대륙과 모든 주요 문화로 확산되었다. 그리고 어느 분야의 과학자들이라도, 지구 어느 곳이든 동료 과학자들의 이론적 활동과 실험적 탐색에 예민하고 지속적으로 관심을 기울인다. 심지어 자신과 다른 해외 동료들의 '교설적' 경향이 자신의 것과 다를지라도, 그리고 **특별히** 다를 때, 더욱 관심을 갖는다. 정말로, 그리고 대부분 최고의 전문 연구 과학자들은, 호기심이 없는 종교 성직자들과 또다시 대조적으로, 호기심에서 그러한 차이에 집중적으로 평가하고 궁극적으로 해답을 찾는 길을 자신들의 삶의 목표로 삼는다.

확실히, 하나의 동일 실험 결과가 서로 다른 이론적 패러다임 내에서 서로 아주 다르게 해석될 수 있다. 즉, 우리 모두가 승복하는, 절대 중립적인 경험적 판단의 초석이란 결코 있을 수 없다. 그러나 여러 독특한 해석적 실천들이 자체의 내적 일관성을 위해서 평가될 수 있으며,

게다가 그 전체의 성공을 위해 서로 비교될 수 있다. 우리가 하나의 동일 현상을 '파악'하기 위하여 독특한 측정 도구와 독특하면서 중첩하는 개념 대응도를 사용할 경우에, 그러한 실험적 지시하기(experimental indexing) 역시, 독특하면서도 부분적으로 중첩하는 해석적 실천에서 만들어지는, 독특한 실험적 지시하기와 일관성을 위해서 평가될 수 있다. 다시 말해서, 우리는 본래적으로 둘로 의견이 갈리는 곳에, 셋째, 넷째, 다섯째 등의 독립적 의견을 가질 수도 있다. 끝으로, 우리는 자신이 주장하는 대응도 자체를 그 전체로서 다른 이웃의, 또는 하위 또는 상위 영역의 대응도 구조와 비교할 수 있으며, 이를 통해서 다양한 차원에서 그 대응도를, 우리의 인정에 대해 이미 독립적으로 주장하는 다른 대응도들에 비교하여 확증 또는 부당함을 평가할 수 있다.

이러한 방식으로, 우리가 이미 논의했으며, 과학 역사가 그 예를 보여주었듯이, 우리는 자신들의 현존하는 개념 대응도들을 체계적으로 평가하고, 상황에 따라서 그것들을 수정할 수 있다. 이러한 평가 과정이 역사에서 반복적으로 적용되는 만큼, 성공적 대응도들에 의해 보여주는 상대적 성공의 수준에서 판단함으로써, 이따금 우리는 경험 세계의 다양한 행동을 예측하고 조절할 능력을 상당히 발전시킨다. 다시 말해서, 그런 평가는 최소한 실천적 영역에서 **전진**을 보여주며, 이따금 극적인 발전을 보여주기도 한다.

그러나 이것이, 우주의 영원한 구조에 대한 우리의 성공적 대응도들이 그것에 관한 단일의 '완벽한' 그리고 최종의 대응도에 점차 가까워질 것임을 의미하는가? 거의 확실히 아니다. 우리의 잡다한 중첩하는 대응도들이 자주 **서로를** 점차 더욱 확증해줌으로써 조정된다는 것은 (심지어 그 예측의 정확성이 점차 증가하더라도) 모든 것들이 따르는 어떤 원형의 대응도(*Ur* map)가 있다는 것을 의미할 필요는 없다. 우리는 이러한 논지의 사례를 과학 역사에서 찾아볼 수 있다. 프톨레마이오스 천문학 전통은 '행성-운동' 모델들(지구 중심설의 모델들)의 계승을 추구하였다(그 모델들에서는 태양과 달도 '행성'에 포함시켰다). 그러한 각각의 모델들은 '행성'의 '지구-중심' 궤도 반경, 그보다 꽤 작은 주전원(epicycle) 반경, 그리고 행성을 주전원의 중심인 '동시심(equant points)' 주위의 주전원에 위치하기 등에 대한 개선된 추정 값을 업데이트하였다.[19] (그 지점에 상대적으로, 어느 특정 행성의 객관적 **각**변위는 시간적으로 항상 일정하였다.)[20]

이렇게 일반적 프톨레마이오스 체계를 계승하는 여러 버전들은, 지구에서 보이는 행성의 위치를 예측함에 있어 훨씬 성공적으로 개선된 것이며, 그리고 그 버전들 각각이 가정했던 궤도 매개변수들에 대한 고유한 파악은 서로 연이어 더욱 근접한다. 프톨레마이오스 지지자들은, 적어도 자신들의 초기 탐구 시기 동안에는 자신들이 진리에 가까이 다가서는 중이라고 정당하게 희망해볼 수 있었다.

그러나 결국 그 기대는 어긋나고 말았다. 수행(performance)의 한 차원을 개선하기 위해 고안된 완벽하며 후속적으로 조정되었던 어떤 모델도, 어느 다른 차원(예를 들어, 행성의 밝기를 예측함에서)의 중요한 수행 **감축**으로 이끌지 못했다.[21] 결국, 코페르니쿠스가 모든 행성들의 운행의 진짜 초점으로 지구 대신 태양으로 교체함에 따라서, 그 체계

19) (역주) 여러 모델을 그림으로 알아보는 것이 필요하겠다.

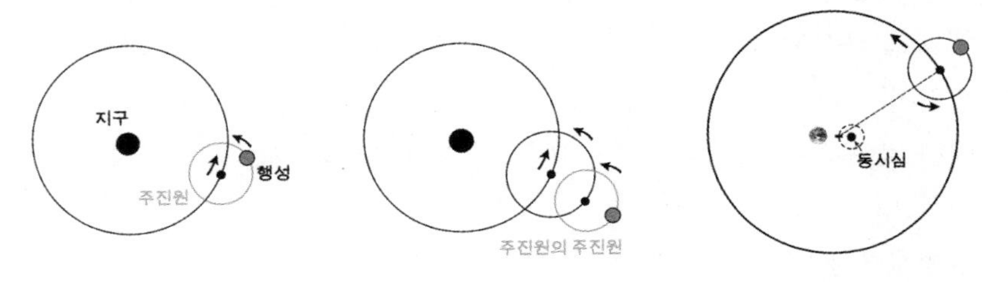

20) (역주) 즉, 지구로부터 행성의 위치는 주기적으로 일정 거리만큼 멀어지고 가까워지기를 반복한다.

21) (역주) 즉, 더욱 통합적으로 설명하게 해줄 단순한 이론으로 발전되지 못했다

전체가 뒤바뀌게 되었다. 그렇게 태양은 더 이상 행성일 수 없었으며, 지구는 많은 진짜 행성들 중 하나로, 즉 다른 행성들과 마찬가지로 자전하면서 하늘 주변을 공전하는, 그러면서도 독특한 궤도를 가지는 것으로 강등(또는 채용)되었다. 그러한 연구 프로그램의 초기 단계에서 보여주는 아주 실재적인 수렴에도 불구하고, 행성들 운동에 관한 완벽한 프톨레마이오스의 원형의 대응도(*Ur* map)는 존재하지 않는 것으로 증명되었다. 따라서 여러 성공적 프톨레마이오스 모델들은, 상호 수렴했음에도 불구하고, 그것을 향해 수렴하지 않았다.

그러나 프톨레마이오스 모험은, 여기서 지적되는 더욱 커다란 논점의 아주 겸손한 사례, 즉 간결성과 단순성을 위해 선택된 사례이다. '오조준된' 수렴의 더욱 극적인 사례는 고전 역학(Classical Mechanics)의 역사와, 그와 같은 중심 역할을 하였던 고전 물리학의 대통합에서 보여준다. 그것을 갈릴레오에 관한 이야기로 시작해보자. 갈릴레오는, 완벽히 외부 힘을 받지 않으면서 움직이는 물체는 영원히 그 본래의 속도를 유지할 것임을 인식하였다. 데카르트는, 갈릴레오의 잘 동기화되었으나 거짓인 추가적 가정, 즉 큰 범위의 그러한 관성 운동의 경로가 원일 것이라는 가정(갈릴레오가 코페르니쿠스의 **행성**운동을 관성운동으로 설명하고 싶어 하여 제안한)을 수정하고서, 외부 힘이 가해지지 않은 **직선운동**의 관점, 즉 현재 우리가 뉴턴 제1법칙으로 부르는 것에 내재된 관점을 적절히 파악했다. 나아가서, 가속도, 힘, 관성질량 등과 관련된 뉴턴의 둘째 법칙은, 화살, 포탄 그리고 모든 지상의 투사체들에서 보여주는, **비**-등속운동과 **비**-직선 투사체들에 대해서 확실한 예측과 설명을 가능하게 해주었다.

명시적 **동역학** 이론이 점차 형식을 갖춰감에 따라서, 다양한 행성들 운동에 관한 사실 그대로의 **운동학**이 매우 독립적으로 진행되었다. 즉, 태양-중심 원이라는 코페르니쿠스의 새로운 시스템으로부터, 행성 타원의 두 초점들 중 하나에 언제나 태양을 놓았던, 케플러의 새로운 시스템으로 나아갔다. 케플러에 따르면, 각 행성들은 그 궤도의 근지점 (태양으로부터 가장 가까운 지점)으로 접근하면서 속도를 높이며, 그 궤도의 원지점으로 접근하면서 속도를 줄이므로, 언제나 동일한 시간 내에 동일한 궤도 영역을 그린다.[22] 마찬가지로, 행성의 궤도 주기는, 공식 $P \propto \sqrt{R^3}$에 따라, 태양으로부터 점차 먼 거리에 놓일수록, 그 평균 궤도 반경에 따라서 정확히 증가한다. 강조하건대, 이러한 세 운동학 주장들은 행성운동에 관한 케플러의 세 가지 법칙을 구성한다.

동역학과 운동학의 발달은 내적 수렴 연구 프로그램이라 불릴 만하지만, 그러한 수렴은, 뉴턴의 보편 중력법칙이 코페르니쿠스와 케플러의 혼합 법칙들 모두에 추가되었을 때, 후속으로 출현한 놀라운 상호 확증에 비교해서 아주 미약한 것이었다. 이론 간 환원에 관한 앞선 논의에서 살펴보았듯이, 만약 가정적인 초-질량 태양이 모든 각각의 행성들에 대해서 $1/R^2$으로 **구심력**을 발휘한다면, 즉 **떨어지게 만든다**면, 그것은 각 행성들의 자연적 (직선) 관성운동을 지속적으로 타원으로 **비껴가게** 만들 것이다! 한 초점의 태양에 의해서! 그리고 각 행성들은 동일한 시간 내에 동일한 영역을 그림에 따라서 속도를 높이고 낮출 것이다! 그리고 행성들의 연차적 주기는 $\sqrt{R^3}$만큼 증가할 것이다!

유명하게, 본래 지구의 운동을 정교하게 만들었던 성숙한 **동역학** 대응도는, 본래 지구 밖의 운동을 정교하게 만들었던 성숙한 **운동학** 대응도의 등장에 따라서, 동일한 행성운동을 묘사해내었다. 다시 말해서, 그 두 대응도들이 서로 중첩하는 영역에서 동형으로 묘사하였다. 그러한 상호 확증은 (그다지) **완벽**하진 않았다! 지상의 투사체에 대한 초기 중력의 힘은, 그 투사체이 지면에 접근함에 따라서 (약간) **증가하는** 것으로 재인식되었어야 했다. 그리고 어느 행성의 타원의 초점도, 정확히

22) (역주) 케플러의 제2법칙으로, 태양 주위를 회전하는 행성은 단위시간 동안에 동일한 각속도를 갖는다. 즉, 동일 시간 동안에 동일한 면적을 그리며 회전운동을 한다.

태양의 중심이 아니라, 태양과 고려되는 행성의 **질량 합의 중심**에, 즉 태양의 실제 중심에서 살짝 다른 위치로 놓아야 했다. 여기에서 우리는, 두 대응도들이 가깝지만 완벽하지 못한 확증은 정당하게 그 하부 대응도에 약간 수정을 유발하는 사례를 볼 수 있다. 이제 우리는, 동역학적 관점에서 볼 때, 전혀 동역학적이지 않은 운동학 대응도가 **어디**에서 아주 조금 단순했는지, 그리고 (아주 작은) 오류를 갈릴레오와 케플러가 놓쳤던 **이유** 등을 알아볼 수 있다.

여기에, 가능한 확증에 대한 추가적 탐구를 통해서 유사한 성공이 이루어졌다. 지구 주변을 도는 달의 운동, 목성의 주변을 도는 위성의 운동 등은 동일한 패턴을 보여주었다. 그러한 경우들에 적용해보면, 동역학적 이야기는 관찰된 운동학적 이야기를 멋지게 긍정해주었다. 천왕성(Uranus)의 약간 변칙적인 행동과 같은, 약간의 확증 실패는 동역학적 이야기(그보다 그것을 적용하기 위해서 가정되었던 '초기 조건')를 약간 수정하도록 유도하였다. 다시 말해서, 천왕성 **너머에** 아직 알지 못하는 어느 행성을 가정하였으며, 그것에 대해 약간의 의견 충돌도 있었다. 약간의 계산이 알려주는바, 그런 행성이 분명 있어야 했으며, 따라서 천문 관찰자로 하여금 그것을 찾으려 했던 첫날밤에 해왕성(Neptune)이란 작은 푸른 행성 원반을 발견하도록 안내하였다.

그러나 아직도 수렴되어야 할 것, 앞서 우리가 살펴보았듯이, 아주 다른 영역, 즉 **가스**(*gases*)의 행동이 더 남아 있었다. 만약 우리가 논의를 위해서 어느 제한된 가스가 충돌하는 입자들 무리로 이루어졌으며, 그 입자들이 뉴턴의 법칙을 따른다고 가정한다면, 우리가 그 입자들의 집단적 행동의 성격을 연역할 수 있을 것이다. 특히, 우리가 연역할 수 있는바, (그 입자들이 용기의 벽에 작용하는) 압력은 그 입자들이 얼마나 빠르게 움직이는지, 그 입자들의 질량이 어떠한지, 그리고 얼마나 많은 입자들이 그 용기에 담겨 있는지 등에 따라서 달라질 것이다. 이러한 법칙들(여기에선 뉴턴의 제3법칙이 결국 중요해 보인다)에다가 대수학적 계산을 첨부하면, 벽에 미치는 압력 P는 n(미립자의 수)에 k(볼츠만 상수)의 곱에 $mv^2/2$(그 입자들의 평균 운동에너지)을 곱한 값 전체를 V(그 용기의 체적)로 나눈 것과 동일하다. 다시 말해서 P는 다음과 같이 계산된다.

$$n \times k \times (mv^2/2) \ / \ V$$

그러나 제한된 무리의 충돌하는 분자들의 행동에 대한 묘사는 아래의, 선행적으로 알려진, 고전 기체 법칙을 상당히 긍정하는 수식이다.

$$P = \mu \times \mathrm{R} \times T \ / \ V$$

여기에서 μ는 (비록 여기에서 분자 수 n 대신에 그램-분자-무게로 표현되긴 했지만) 가스의 **총량**이며, R은 비례상수이며, T는 (동역학함수의 $mv^2/2$에 상응하는) 가스의 **온도**이다. 가스의 온도가 가스의 평균 분자운동에너지와 단순히 **일치할까?** 그것은 아마도 여기에서는 물론 그 외에 상당히 많은 경우에서도, 충격적 확증을 설명해줄 듯싶다. 다시 말하건대, 뉴턴의 동역학 대응도는, 양자 모두를 상당히 입증해줄 정도로, 새로운 영역의 독립적 대응도를 긍정한다는 것을 입증해주었다. 확실히, 그리고 천문학적 사례에서, 말끔하게 정리되어야 다소 사소한 사항들 이 있지만, (우선적으로, 옛 이론과 새로운 이론은 소위 '이상 기체(ideal gases)'에 대해서만 정확하다) 앞서의 경우와 마찬가지로, 이러한 마무리 작업은 아직 더 많은, 그리고 더욱 정교하게 다듬어야 할 수렴이 남아 있음을 보여준다.

미시물리학적 수준에서부터 지상의 수준으로 그리고 천체물리학적 수준에 이르기까지, 광대한 범위의 통합은 정말로 그 자체가 이론적 수렴의 경우처럼 보인다. 그리고 그러한 통합은 실제로 그러하다. 그리고 그러한 통합은 정말로 놀랍다. 그러나 그러한 통합이 단일의, 유일한, 그리고 궁극적인 진리를 향한 수렴일까? 아쉽게도, 다시 한 번 그 대답은 "아니요"일 듯싶다. 또는 적어도 "필연적으로 그러하지는 않다"이다. 사실상, 보편 중력의 법칙을 포함하는 뉴턴 동역학 이야기는 체계적으로 그리고 명시적으로 **거짓**임이 드러났다. 확실히 말해서, 만약 우리가 뉴턴 법칙을 교체한 아인슈타인의 특수 상대성이론과 일반 상대성이론 모두를 배웠다면, 아인슈타인의 새로운 전망에서, 뉴턴의 법칙들은, 빛의 속도에 비해서 매우 낮은 속도를 보여주거나 또는 단지 적당한 중력장을 갖는, 제한적 현상의 경우에서 대략적으로 여전히 참으로 남는다. 그리고 우리는, 매우 올바르게 이러한 매우 제한적인 상호 확증이 아인슈타인의 새로운 개념의 편에 서서 중요한 논점임을 배웠다. 그러나 우리는, 이러한 교훈에서 유익하긴 하지만, 네 가지 충격적인 부정적 논점을 간과하는 경향이 있다. 그러한 논점은 현재의 맥락에서 특별히 강조되지 않을 수 없다.

첫째, 만약 우리가 가능한 전체 **범위**의 동역학 현상들을 고려해본다면, 즉 모든 면에서 0에서부터 빛의 속도에 가까운 상대적 속도를 보여주는 것들을 고려해본다면, 뉴턴 체계에서의 예측 수행은 급격히 애처롭게 보인다. 이러한 거대한 가능성 공간에서, 오직 0에 가까운 속도의 희박한 수준에서만, 뉴턴에 의해 묘사되는 현상이 나타날 뿐이다. 그 밖의 곳들에서는 결정적으로 뉴턴 방식에 따르지 않는다.

둘째, 이러한 빈약한 수준에서도, 아인슈타인에 의해 표상되는 실재는 뉴턴에 의해 묘사된 것과 아주 다르다. '길이', '시간', '에너지' 등에 대한 수많은 **값들**이 아마도 이론들마다 아주 다를 것이며, 그런 한에서 객관적 속성들 자체가 각각의 이론들 내에서 아주 다르게 **인식될** 수 있다. 뉴턴의 입장에서, 그러한 특징들은 사물의 **본질적 속성**이며, 그리고 그런 것들을 표현하는 술어는 일차 술어(one-place predicates)이다. 아인슈타인의 입장에서, 그러한 특징들은 그 속성의 담지자와 어떤 관성 기준 틀 사이에 보여주는 모든 **관계들**이며, 그것들을 표현하는 술어들은 **이차** 술어이다. 객관적 실재의 그러한 각자의 개념들은 여기에서, 심지어 낮은 속도의 경우일지라도, 매우 다르며, 그러한 차이는 전개되는 술어의 바로 그 구문론적 구조에서 드러난다.

셋째, 뉴턴이 질량에 의한 중력 때문에 사물들이 비-직선 경로로 움직인다고 보았던 모든 경우들에 대해서, 아인슈타인은 우리로 하여금 그 모든 사물들이 비유클리드 4차원 시공간 내의 측지선(geodesic path)을 따라 자체의 관성으로 이동하는 **힘에서 완전히 자유로운** 이동으로 보도록 만들었다. 다시 말해서, 아인슈타인의 일반상대성이론의 전체 핵심은 **중력**과 같은 것은 **결코 존재하지 않는다**. 큰 질량은 사물에 대해서 '힘'을 작용하지 않는다. 다르게 말해서, 큰 질량은 (그렇지 않다면 유클리드적이었을) 시공간 기하학을 변형시킴으로써, 그 변형된 시공간 내에서 국소 사물들의 본래적이며, 자연스럽고, 관성의 경로는 4차원 '세계-선(world-line)'을 따라 나선형으로 휘감아 돌며, 세계-선의 중심 질량이 그러한 국소 기하학적 변형의 원인이다.

마지막 넷째, 뉴턴의 입장에서, 공간과 시간은 실재의 완전히 다른 차원이었다. 반면에 아인슈타인의 입장에서, 그러한 구분은 단지 맥락-상관적이다. 그에게, 시공간 자체가 통합된 4차원 연결체이며, 뉴턴이 가정했던 어느 본질적 구분도 존재하지 않는다. 그보다 그 연결체 내에 시간 같은 차원으로 고려되는 것과 공간 같은 차원으로 고려되는 것은, 서로 다른 관찰자들마다 자체의 상대적 속도에 따라서, 엄밀히 **달라질** 것이다.

그래서 종합해보건대, 그 두 이야기들 사이의 큰 다중 차원의 **차이**는, 매우 실재적이나 상대적으로 작고 전망적으로 왜소한 (상호 긍정하는) 측면을 절대적으로 축소한다. 다시 말해서, 16세기에서부터 19세기 후반을 거치는, 고전 역학(Classical Mechanics)의 발달과 개진이, 아인슈타인 역학(Einstein Mechanics)에로 나아가거나 수렴하는 과정으로 납득될 만해 보이지 않는다. 정말로, 마치 앞서 코페르니쿠스의 그림이 프톨레마이오스의 그림을 폭파시켰던 것처럼, 아인슈타인 역학도 고전 역학을 구성하는 여러 가정들 모두를 폭파시켰다.

가정적 수렴에 대한 약간 늦은 그리고 온전히 다른 폭파는, 세 가지 장엄한 고전적 힘의 법칙들, 즉 중력, 전기력, 자기력 등의 법칙들의 운명을 바꿔놓았다. 이 세 법칙들 모두가 정확히 동일한 형식, 즉 두 사물이 끌어당기는 힘은 그 두 사물들이 갖는 질량(mass), 또는 전하(charges), 또는 극력(pole strengths) 등의 곱에 비례하는 역 제곱근 법칙(inverse square law)을 갖는다. 그것을 대수학으로 표현하면 다음과 같다.

$$F_G = g \times M_1 \times M_2 / R^2 \text{ (Newton)}$$
$$F_E = \varepsilon \times Q_1 \times Q_2 / R^2 \text{ (Coulomb)}$$
$$F_M = \mu \times P_1 \times P_2 / R^2 \text{ (Coulomb)}$$

모든 세 종류의 거리에-따른-작용의 (알려진) 형식에 대해, 이렇게 법칙 형식의 흥미로운 수렴은, 어떻게든 동일 **종류의** 무언가가 모든 세 경우들에 작용한다는 것을 암시해준다. (추정컨대, 어떤 종류의 각 힘의 분산이 본질적으로 유클리드 공간 전체에 아주 희박하게 퍼져 나가며, 그 공간 영역은 발생하는 질량/전하/극으로부터 거리의 제곱만큼 증가한다.) 그러나 중력에 대한 아인슈타인의 새로운 설명은 그렇게 비옥한 가정마저도 무참히 뭉개버렸다. 왜냐하면, 그의 설명에서, 중력 현상이란 유일하게 시공간 내의 기하학적 변형의 문제였으며, 그 어떤 힘도 전혀 포함하지 않았기 때문이다. 만약 그 설명이 참이라면, 그 밖의 무언가, 완전히 다른 무엇이 전기력과 자기력의 경우에 작용해야만 한다. 결국, 그것들 역시 시공간을 변형시킬 수는 없으며, 그 독특한 특권은 이미 질량에 부과되어 있다.

이러한 세 노정의 수렴은 양자 장이론(quantum field theory)의 후속 발달에 의해서 더욱더 그리고 심각하게 엉망이 되어버렸으며, 대전 입자들 사이의 동역학적 상호작용은, 어느 종류의 연속적 장(field)에 의해서가 아니라, **불연속 광자 교환**에 의해 설명되기에 이르렀다. 중력이론과 전자기이론 (그리고 궁극적으로 아원자 수준에서 활동적이라고 가정되는 독특한 모든 '힘들'에 관한 이론들) 사이의 노정에서 이러한 개념적 분리는 유명한 현대 수수께끼, 즉 큰 규모에서 현상들의 일반 상대성과, 아원자 수준에서 미립자와 여러 힘들에 대한 양자이론의 '표준 모델(standard model)'이라는, 우리 시대의 두 거대 이론적 체계들을 어떻게 통합할지 또는 조화시킬지의 문제로 발전되었다.

다시 말해서, 우리는 단일의 통합 이론을 향한 수렴의 경우로 바라보기 어렵게 된 것 같다. 그보다 우리는 현대의 열차 충돌 사고를 바라보고 있다. 즉, 우리는 그 충돌에 관여하는 서로 다른 두 열차들의 명확한 경험적 성공과 축적된 인식론적 탄력에 의해서 훨씬 더 미혹되고 있다.

서둘러 첨언하자면, 이것이, 언젠가 우리가 그러한 두 영역에 대한 통합 설명을 **제공할** 이론을 구성할 것임을 부정하지는 않는다. 오히려 그러한 통합 이론을 구성해낼 것이라 나는 기대한다. 그러나 대단히 중요하고 매우 성공적인 이러한 두 연구 프로그램들이 상호 수렴적 짝이 될 수는 없으며, 분명히 그러할 수 없다. 그와 반대로, 그 두 연구 프로그램들은 상호 **발산적**(*divergent*) 짝이다. 그것들이 서로 엇갈리는 것은, 그것들이 이야기하는 영역에서, 그것들이 적용하는 수학적 재원, 그것들이 표현하는 묘사, 그것들이 제공하는 추가적 발달에 대한 원형 등에서이다. 이것은 물리학 분야의 현재 상황을 흥미롭게 만들어주며, 심지어 우리를 흥분시키기까지 한다. 왜냐하면 무언가 그 발달을 분명 제시할 것이며, 그럴 수 있어 보이기 때문이다.

2단계 학습의 인류의 과학적 모험에 대한 일부 역사를 돌아보는 것만으로도 우리는 두 가지 교훈을 얻게 된다. 앞서 살펴보았듯이, 첫째 교훈은 다음과 같다. 과학 탐구 과정은, 사람과 문화 그리고 과학 하위 문화 등이 채택하는 개념 재원의 중요한 **발산**을 향한 중요한 재귀적 경향을 보여준다. 이것 역시, 앞서 살펴본 바와 같이, 1단계 학습의 독특하고, 더 기초적이며, 덜 민감한 과정에서 드러난, 개념적 **수렴**(*convergence*)을 향한 자연적이고 강건한 경향과 상반된다.

반면에, 이러한 사례들로부터 우리는 둘째 교훈을 얻는다. 특별히 2단계 학습 과정은, 세계적인 **과학 공동체**에 의해 실천되고 있듯이, 우리의 개념적이며 교설적인 발달에 대해 수렴해야 할 것을, 의도적이며 어느 정도 부자연스럽게, 요구한다. 이것은 그 자체로 쿤이 "정상과학(normal science)"이라 불렀던 것의 실천에서 직접적으로 그리고 아마도 가장 명확히 보여주며, 여기에서 어떤 분야 또는 하위 분야들은 어떤 영역의 다양한 현상들 모두를 단일 개념적 패러다임의 해석적 우산 아래 끌어 모으려는 목표를 추구한다. 이러한 연장된 과정에서, 그러한 패러다임의 성공은, 쟁점의 전체 영역에 걸친 **단일의** 예측과 설명을 제공할 (성장하는) 능력에 의해서 정확히 판결된다. 다시 말해서, 축적하는 예측과 설명에서의 성공은, 쟁점의 표적 영역 내에 **서로 다른** 여러 현상들에 대해서 **동일한** 개념 재원을 적용함으로써 이루어지는 '수렴'에서 나온다. 모든 성공적 연구 프로그램들이 과학 역사에서 계속적으로 보여주듯이, 우리는 프톨레마이오스 천문학, 뉴턴 역학, 아인슈타인 역학, 그리고 양자장이론 등의 모든 형성 시기에서도 그러한 패턴을 볼 수 있다.

이러한 강한 발달 경향, 즉 폐쇄적인 과학 공동체로부터 우선적으로 이끌어낸 해석적 표준을 인위적으로 **부과**함으로써 성취되는 그런 경향은, 쟁점의 영역에 대해 연구 공동체가 더욱 깊고 확장된 이해를 가지려는 희망에서 어느 연구 프로그램이라도 어느 개념의 성공적 재전개를 지속적으로 정교화하고, 적용하도록 유도한다. 또한 그런 발달 경향은, 관련 학문 분야가, 그런 풍성한 결실을 보여주기에 실패하는, 어느 대안적 혹은 경쟁적 개념 재전개(conceptual redeployment)를 **회의하도록** 유도한다. 그뿐만이 아니라, 그런 발달 경향은, 만약 그 선호 개념 재원이 그 학문 분야의 개념적 투자에 대한 응분의 보답 축소를 보여주기 시작한다면, 다시 말해서, 만약 그 개념 재원이 (쿤이 말했던) 일종의 만성적 '변칙 사례'와 마주친다면, 즉 현재 지배하는 패러다임 내에 성공적 일치화에 확고부동하게 저항하는 표적 영역 내의 현상과 마주친다면, 그 학문 분야로 하여금 현재의 선두 주자(선호 개념 전개)에 대한 신뢰를 **철회하도록** 유도한다.

앞서 살펴본 바와 같이, 라카토슈는, 일부 현재의 '경험 데이터' 기반에 반대하는 것(즉 '이론')의 일순간의 스냅사진에 대한 평가보다, **장기간**에 걸친 상대적 수행을 위한 연구 **프로그램들**에 대한 평가의 중요성을 강조했던 또 다른 현대의 인물이다. 두 사상가들(쿤과 라카토슈)은 과학적 과정의 동역학적 차원을 강조하였으며, 정적인 이론과 정적인 데이터 사이의 정적인 '확증' 또는 '반박' 관계에 반대하였다. 그리고 그들 두 사상가들은, 그러한 동역학적 과정을 영속적으로 형성하는 평가 활동의 **집단적** 또는 **사회적** 본성을 강조하였다.

다시 말하건대, 우리는 과학 과정에 대한 그림을 숙고하는 중이며, 이것을 "2단계 학습"이라 불렀다. 이것은 과학철학 내에 논리적 경험주의자 전통에 의해 주장되었던 언어 형식적 묘사와 뚜렷이 대비된다. 개념 재원을, 그것이 새로운 표적 영역의 범위에까지 성공적으로 확장 적용되도록, 처음부터 재전개를 통해 반복적으로 정교하게 조율하고 명확히 하는 과정은, 우리를 뜻밖의 놀라운 지적 오솔길로 안내한다. 예를 들어, 태양 궤도를 운행하는 어느 독립 물체의 자연적 궤적이 **꽃모양** 궤적(즉 한 초점의 태양 주위를 지속적으로 **진행하는** 타원 궤도)[23)]일 것이라고, 아인슈타인의 일반상대성이론이 그러한 경로를 예측하기 이전에, 누가 생각할 수 있었을까? 그리고, 충분한 양의 진동하는 전기 대전이, 검출 가능하고 대양을 횡단하는 **전자기파**를 발생시킬 것이라고, 패러데이(M. Faraday)의 통찰을 맥스웰(J. C. Maxwell)이 수학적으로 표현하여, 그 산출과 전파를 구체적으로 예측하기 이전에, 누가 생각할 수 있었을까? 그리고, 분자들이 **완벽한 탄성** 충돌에 의해 서로 집단적으로 상호작용한다는 (결국, 그것은 고전 열역학 제2법칙을 침해한다는) 것을, 새로운 통계역학이 고전 기체 법칙과, 가스 용기 내에 멈추지 않고 떠도는 미립자들의 브라운 운동(Brownian motion)의 다양한 사례들과 같은 것들을 설명해줄, 믿기지 않는 가설을 엄밀히 사용하기 이전에, 누가 믿을 수 있었을까?

물론, 이러한 모든 산출된 개별적 명료화는 기꺼이 인정받고 있다. (이미 알고 있듯이) 수성의 멋진 타원 궤도의 (설명할 수 없었던) 세차운동(precession)은 아인슈타인의 꽃-패턴에 완벽히 들어맞았다. 헤르츠(Hertz)(실험실에서)와 마르코니(Marconi)(북극에서)는 각기 특별한 부호의 전자기파를 전송하고, 명확히 검파해내었다. 그리고 분자들의 개별적인 상호작용에 대해, 완벽한 탄성을 가정한 것은, 대기에서 움직이는 분자들이, 마치 무리로 튀는 탁구공들처럼, 진공일지라도 점차 힘을 잃고 바닥으로 떨어지지 않는 이유를 적극적으로 **설명해주었다**.

분명히, 초기 성공적 개념 재전개의 다른 역사적 명료화들은 확증의 명확한 **실패**를 보여준다. 일식 중에 태양의 테두리를 지나는 별빛의 굴절에 대한 뉴턴의 예측은, 둘 중 한 요소로 인하여 거부되었다. 양극

23) (역주) 이것을 그림에서 알아보면 편하다.

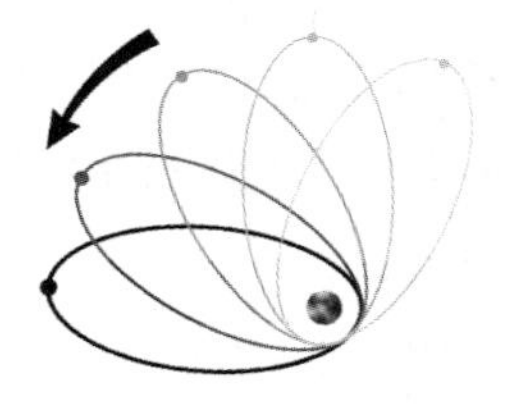

으로 대전된 원자핵 주변 궤도를 회전하는 (음극으로 대전된) 전자의 행동과 관련하여, 고전 전자기 예측은 우스꽝스런 혼란으로 유지되기 어렵게 되었지만, 그 궤도를 회전하는 전자들 자체는 완강한 지배력을 발휘하면서, 원소들의 주기율표라는 절묘한 구조를 낳았다. 그리고 아주 성공적이었던 열의 칼로리 이론의 주장에 따르면, (드릴로 포탄에 천천히 구멍을 뚫는 경우처럼) 물체의 일정한 마찰에 의해 측정 가능한 열 방출로 인하여, 물체에 처음부터 포함된 칼로리 유동체의 유한한 양이 0에 가깝게 내려가야 했다. 그러나 열 방출은 계속 줄어들면서 내려가지는 않았다. 전혀 그렇지 않았다. 그것은 마치 무한한 양의 칼로리 유동체를 포함한 물체와 같았으며, 이것은 누구의 셈법으로도 설명 불가능해 보였다.

이러한, 긍정적인 그리고 부정적인, 두 가지 결과들은 표준적으로 각기 확증과 반박으로 비쳐진다. 그렇게 지나친 단순 범주화는, 우리가 그것을 거리를 두고 살펴보면, 대부분 납득된다. 왜냐하면, 그런 범주화가, 그러한 두 종류의 결과들을 산출하는 인식론적 상황에서 불가피한 애매성, 불확실성, 유동성 등을 의도적으로 가볍게 보기 때문이다. 결국, 어느 '반박'이든 후속의 경험적 또는 개념적 발달에 의해서 평가절하될 수도 있다. 어느 '확증'이든, 그 '확증된' 이론으로는 궁극적으로 아무것도 할 수 없다는 반박 요인으로 밝혀질 수도 있다. 그러나 당시에 그리고 한창 논란 중인 시기에, 우리가, 당시의 불완전한 시험 데이터에 대한 우리의 초기 해석을 긍정과 부정 중 어느 운명으로 결정할지는 확신하기 어려우며, 확신할 수도 없다.

그보다, 진실은 아마도, 우리 모두가 경험적 및 이론적 발달의 (지속적으로 그리고 자주) 요동치는 강물의 흐름에 따라서 휘둘리는 존재라는 사실일 것이다. 이러한 발달들 중 어느 것도 우리의 궤적(여정)을 조정해줄 개별적 결정 요인이 되지는 못하다. 그러한 발달들 중 일부는 우리를 어느 특별한 경로의 하류 흐름으로 밀어 넣는 경향이 있으며, 그리고 다른 것들은 우리를 어느 좁은 소용돌이 속으로 밀어 넣는 경향이 있어서, 어쩌면 그곳에서 우리는 하류 흐름의 모험을 회복하여 최종 탈출하기까지 당분간 혼란 속에서, 혹은 독선적인 독단론에서 맴돌 수 있다.

그렇지만, 이러한 인식론적 흐름을 유지시켜주는 매개체는, 방금 채택한 비유적 표현처럼, 움직이는 물 분자들 집합이 아니다. 그것은 활성 뉴런의 집합이며, 그 뉴런 각각이 수천 혹은 수백만의 다른 뉴런들 활성에 영향을 미친다. 그러한 집단은 뇌의 수천만 뉴런들의 전체 활성 공간을 관통하는 자체의 독특한 경로를 맹렬히 찾아간다. 그 집단이 이후로 10분간, 또는 10일 동안, 또는 10년 동안 어느 인지적 행동 양식들로 정착할지는 확실히 부분적으로, 관련 주기 내의 감각 입력에 의해 결정될 것이다. 그러나 그러한 양식들은 또한 뇌의 순수한 내부 동역학적 모험에 의해서, 즉 뉴런 집단이 빠져 들어가는 개념 재전개에 의해서, 그리고 그러한 다양한 재전개가 찾아내는, 조금씩 다양한 많은 **부분적** 재강화와 실망 등에 의해서 결정될 것이다.

다시금 우리는 이렇게 물어야만 한다. 그것을 조정하도록 도와줄 동일한 객관적 환경과 함께, 국소 노이즈 또는 소용돌이를 잠재우기에 충분한 시간이 주어진다면, 이러한 2단계 학습 과정이, 여러 독특한 개인들과 문화에 걸쳐서, 공유하는 단일 양식의 개념 재원과 전개로 **수렴하는** 경향을 가질 것인가? 글쎄, **문화적으로 부과된** 명령이, (인공 측정 장치의 행동을 포함하여) 증가하는 큰 분량의 경험적 체험을 단일 체계의 개념 재원이란 설명적, 예측적, 조작적 우산 아래로 데려다주려 노력하기만 한다면, 그것이 확실히 **가능할** 수 있다. 정말로, 우리는 이러한 일반적 **종류**의 수렴이 충분한 시간적 주기에 걸친 과학 공동체의 현재진행의 활동에서 반복적으로 출현하는 것을 보아왔다. 그러한 예들 중 일부를 앞에서 간략히 살펴보았듯이, 그러한 예들은 상황적으로 감동적이며, 그 당시엔 정당하게 찬양되곤 하였다.

그러나 마찬가지로 종종 그러한 내적으로 수렴하는 여러 연구 프로그램들이 종국에 '협곡'으로 드러나는 곳으로 우리를 안내하기도 한다. 그러한 연구 프로그램들은, 관련 영역 내의 모든 현상들을 부드럽고 성공적인 이해로 모아질 수 없다고 밝혀지는 해석 양식으로 우리를 안내한다. 그러한 연구 프로그램들은, 어느 새롭고, 더 성공적이며, 아주 다른 해석 양식이 힘을 발휘하게 되면서, 궁극적으로 파멸되고 버려질 양식으로 우리를 안내한다. 정말로 그러한 내적으로 수렴하는 연구 프로그램들은, 아주 큰 범위를 위한 일반상대성의 연구 프로그램과, 아주 작은 영역을 위한 양자역학의 연구 프로그램에서 우리가 살펴본 것처럼, 종종 동시에 완전히 다른 두 개념적 방향으로 우리를 안내하기도 한다. 여기에서 여러 재원들의 통합을 향한, 문화적으로 부과된 명령은 각 프로그램 **내에** 매우 만족한 상태에 있거나, 그런 상태로 남을 수 있지만, 그러한 명령이, 우리가 그것들을 한 쌍으로 숙고해봄에 따라서, 명확히 좌절되기도 한다.

어쩌면 이러한 상황적 방해가, 전적으로 기대되는바, 온전히 자연스러운 일이며, 진정한 전체적 수렴이란 장기적 전망에서 매우 일관성이 있기는 하다. 결국, 로마는 하루에 이루어지지 않았으며, 우리는 자신들이 도전하는 인식론적 과제의 크기를 결코 알지 못한다. 아마도 우리는 그저 인내심을 가져야 할 듯싶다. 우리는 아마도 장기적 관점에서 일순간에 스쳐가는 문제를 그저 바라보고 있을 뿐일 듯싶다.

반면에 우리는 또한, 뇌의 (풍성하나) 명확히 유한한 뉴런의 재원에 의해, 인간 뇌에 부과된 한계를 결코 명확히 알지 못한다. [그래서 다음과 같이 묻게 된다.] 고작 백만 뉴런들이, 우주 전체의 진정한 기초 범주들 그리고 불변적 구조 등과 동형인 개념 대응도를 내재화하는 과제 수행에 **충분한** 숫자일까? 지금 나로선 전혀 알 수 없다. 물론, 현재로선 우리가 그러한 과제에 충분하지 **못할** 개연성이 있기는 하다. 어쩌면 그런 과제에 100조 혹은 그보다 많은 수의 뉴런이 필요할 수도 있다. 그러나 이러한 쟁점이 우리와, 구체적인 우리의 현재 구성에 관한 것은 아니다. 원리적으로 우리는 언제나 우리의 현재 재원의 추가적 논변을 지지하기 위해서, 더 많은 뉴런을 키우거나 또는 인공 피질 물질(artificial cortical material)을 만들어볼 수도 있다. 진정한 쟁점은, 대체적으로 우리와 같은 벡터-부호화, 헤브-업데이트, 활성-공간-형성, 개념 재전개, 세계-표상, 패러다임-확장 시스템 등이 객관적 실재에 대해 점차로 더욱 정확한 파악을 하게 해준다고 납득할 만하게 기대해볼 수 있는가에 있다.

여기에서 다시 한 번, 그러한 관점에 대해, 다소 중요한 낙관주의를 위한 명확한 근거가 있어 보인다. 결국 우리는 **이미** 우리 주변 객관적 세계의 상당한 부분에 대해 분명 효과적으로 파악하고 있으며, 그리고 우리가 어떻게 그러할 수 있는지를 어느 정도 구체적으로 **이미** 알고 있다. 1단계 학습과 2단계 학습이란 이중적 과정과, 그러한 학습 과정들이 어떻게 점진적으로 우주의 영원한 **추상적** 구조에 대해 적어도 일부 차원들을 표상해낼 수 있는지 등을 이해한다는 것은, 일상적 **광학** 카메라가 들어오는 빛을 어떻게 처리하는지, 그리고 카메라는, 그 렌즈가 향한 일순간의 **구체적** 장면에 대해 적어도 일부 국면들을 표상하는 필름 이미지를 어떻게 만들어내는지 등을 이해하는 것과, 원리적으로 전혀 다르지 않다. 비록 우리가 일반 카메라가 그 앞에 놓인 물리적 실재의 많은 차원들에 깜깜하다는 것을 완벽히 잘 알고 있다고 하더라도, 이러한 후자의 표상적 성취와 한계에 대한 형이상학적 고뇌에서, 우리는 스스로를 왜곡하지는 않는다. (예를 들어, 그 카메라는 단지 작은 창구의 광학 스펙트럼에 대해서만 반응한다. 즉, 그 카메라가 반응하는 빛의 파장은, 그 빛으로 반사되는 사물에 관한 전체의 물리적 정보에서 단지 적은 일부에 불과하다. 그래서 아주 작고, 아주 멀리 있는 사물들의 구체적 정보들은 그 표상 범위를 벗어난다. 게다가, 2차원 이미지는, 오직 다른 위치에 놓인 둘째 카메라에 의해서만 입체적으로 해소될, 많은 3차원 애매성을 해소하지 못하고 남겨둔다. 기타 등등.) 그리고 그러한 객관적 한계가 우리에게 중요하게 필요해질 경우, 우리는 단순히 그것을 우회하여 접근해볼 수 있다. 우리는 적외선 필름과 X-선 필름을 개발하여, 그러한 표준적 파장의 창구 이상을 볼 수 있다. 우리는 인공-색깔 사진을 만들어 관심 있는 특징적 장면을 두드러지게 만들 수 있다. 우리는 현미경과 망원경을 정교하게 만들 수 있다. 우리는 어느 임의 장면을 두 영사기로 촬영한 후에, 그것들을 동시에 입체로 보여줄 수 있다. 그리고 그 밖에 많은 다른 방법들을 만들어낼 수 있다.

주장컨대, 우리는 기능하는 뇌의 표상적 성취와 한계에 대한 형이상학적 고뇌에서 자신을 왜곡하지도 않는데, 왜냐하면 이러한 것들이, 광학 카메라의 미덕과 한계처럼, 과학적 연구에 의해 탐구되고 알게 되는 경험적 문제에 불과하기 때문이다. 우리는 이미, 제한적이나 1단계 학습의 과정이 적어도 어느 감각 영역에 대한 거대한 추상적 구조에 대응하는 개념 체계를 어떻게 조각할 수 있는지, 어느 정도 알고 있다. 그리고 또한 우리는 이미, 2단계 학습 과정이 그렇게 습득된 일부 체계를 재전개하여, 우리의 선천적 감각 시스템으로 직접 접근할 수 없는 추상 역역을 어떻게 표상할 수 있는지, 어느 정도 알고 있다. 우리의 뇌가 선천적 감각과 초감각 영역 모두에서 **어느 정도** 표상적 성공을 보여준다는 것은 결코 미스터리가 아니다.

더구나, 우리는 최소한, 우리의 선천적 인지 메커니즘에 의해 전형적으로 보여주는 인식론적 **한계**에 대해 파악해가고 있는 중이며, 이러한 점에서 우리는 그 메커니즘을 수정하거나 그 한계를 어느 정도 우회하려 하고 있다. 광학 카메라에서처럼, 많은 그러한 한계들은, 우리들 각각의 선천적 감각 양태들에 내재된 객관적 실재에 대한 아주 좁은 창구 때문이다. 이러한 한계들은, 우리의 성장하는 기술이 제공하는 많은 **인공의** 측정과 감지 도구들에 의해서 극적으로 극복되어왔고, 지금도 극복되는 중에 있다. 우리는 더 이상, 지구에 살아온 좁은 진화론적 삶의 압박에 의해 우리에게 부여된 생물학적 측정 도구의 옷을 걸침으로 인하여, 우리가 볼 수 없고, 들을 수 없고, 느낄 수 없으며, 냄새 맡을 수 없는 것들에 제약되지 않는다. 현대 과학의 감각 설비는 우리에게 무수한 새로운 영역들을 볼 수 있을 여러 '눈'을 제공해주었다. 세계의 더 넓은 범주들과 인과적 구조에 대해 이렇게 확장된 감각적 **통로**가 주어진다면, 우리는 이러한 초기에 감춰진 표적에 대해 훨씬 더 예리하고 멀리 바라볼 대응도를, 우리의 대응도 구성과 대응도 평가를 위한 선천적 생물학적 메커니즘과 다름없이, 구성할 수 있으며, 구성해왔다.

그러나 그러한 선천적 대응도-형성 메커니즘 역시 자체의 결함과 부패 가능성을 다양한 방식으로 드러내어왔다. 전형적인 시간적 순차가 적절한 재귀적 신경 그물망의 헤브 업데이트에 의해서 어떻게 학습될 수 있을지 우리가 분석을 통해서 살펴본 것처럼, 그러한 생물학적 과정 자체가 진정한 인과 과정과 단지 거짓 과정 사이를 구분하지는 못한다. 이러한 실패는 우리에게 친숙한데, 인간과 동물은 두 요소들 사이의 단지 지속적 연결 또는 시간적 연속에서, 우연적이든, 아니면 그 두 요소들 모두에 공통적으로 작용하는 어떤 숨겨진 제 3요소 때문이든 하여간, 직접 인과적 연결을 추론하는 경향을 가진다. 이러한 애매성을 돌파하기 위하여, 우리는 다양한 쟁점의 연결에 대해 간섭해보거나, 아니면 어떻게든 자연적 간섭 자체를 관찰할 궁리를 해봐야 한다. 그럼으로써, 우리는 비인과적 왕겨와 인과적 알곡을 구별할 것을 기대해볼 수 있다.

우리는 앞 장에서 인간이 상습적으로 가지는 성향을 알아보았다. 인간들은, 어떤 미심쩍은 영역을 이해할 수 있다는 희망에서 **부적절한** 개념 재원을 재전개하며, 그리고 그 재전개된 재원들이 인지적 수행에서 체계적으로 실패하더라도, 만약 비판적 평가가 전격적으로 이루어져서, 매우 정규적인 실패가 아니라면, 그 재원들을 고수하는 성향을 갖는다. 앞서 논의하였듯이, 이러한 종류의 결함은, 일상적 사람들이 자연적 사건들에서 펼쳐지는 다양한 **목적**을 보는, 만연한 경향에서 그 모습을 드러낸다. 그러나 이런 결함은 또한, 새롭고 더 나은 패러다임이 등장했음에도 불구하고, 노인 과학자들이 오래 친숙한 설명 패러다임을 스스로 고집스럽게 수행하려는 경향에서도 나타난다. 이러한 인지적 허약함을 우회하기 위하여, 우리는, 현대 과학의 성장하는 감각 설비에 더해서, 현대 과학의 **방법론적** 설비를 전개한다. 우리는 쟁점의 영역 전체에 걸쳐 선호하는 이론들을 반복적으로 시험하려 고집한다. 우리는, 자신들의 실험 결과의 통계적 의미를 평가하기 위하여, 노이즈를 최소화하거나 제거하기 위하여, 그리고 커다란 데이터 세트(data set) 내의 주요 변이 요소들을 알기 위하여, 여러 기술들을 전개한다. 우리는 잠재적 혼란 또는 좌절을 줄이기 위하여 실험 설계와 통제를 위한 기술을 전개한다. 이러한 것들은, '선별(cherry picking)'과 다른 형식의 실험적 편견을 회피하기 위한, 즉 자료의 잠재적 악용을 회피하기 위한 '이중 차단(double blind)' 절차와 같은 여러 기술들을 포함한다.[24] 우리는 다른 전문 공동체에 의해 주장된 결과에 대해서 비판적인 면밀한 조사를, 그리고 독립적 실험실에서 이루어진 적절한 발견에 대해서 반복 실험의 필요성을 고집스레 주장한다. 나아가서 우리는, 제안된 이론의 일관성과 설명의 부합(explanatory consilience)을, 전반적으로 자연에 따라서 그리고 기술-유도에 따라서, 여러 세기의 앞선 과학 활동으로 축적되어, 이미 확립된 (잠정적인) 이론적 지혜의 총체에 비추어 평가한다. 끝으로, 우리는 인기 있고 새롭고 잠재적으로 혁명적

24) (역주) '선별'이란 실험적 결과를 고려하여 최고의 선호 자료만을 선별하여 통계를 산출하는 것을 말하며, '이중 차단'이란 실험 결과의 곡해와 악용을 차단하기 위하여 투자자와 참여자 모두가 실험 내용과 과정을 알지 못하게 차단하는 경우를 말한다.

인, 즉 우리의 현재 관습적 지혜를 대체할, 이론들 사이에 잠재적 부합을 간파하려 애쓴다.

이러한 조합된 기술들을 가지고, 그리고 물론 우리가 다른 것들도 배워나가겠지만, 플라톤의 카메라(즉 뇌)는, 그런 기술들이 없다면 미약했을 자체의 수행 능력들을 상당히 강화할 수 있다. 여러 세기 동안 우리는 **좋은 과학을 어떻게 해야 할지**를 느리게 배워왔다. 즉, 우리는, 객관적 세계 자체에 관해 학습하는 것 이외로, 얼마간의 **규범적** 지혜를 획득해왔다. 따라서 그리고 다섯 문단 앞에서 논했듯이, 정말로, 부분적이지만, 더욱 커다란 실재의 구조를 더욱 넓고 예리하게 파악할 수 있는, 뇌의 능력에 대한 낙관주의 기반이 있다. 뇌의 내부 표상 캔버스는 재래식 카메라처럼 2차원 표면을 갖지 않는다. 그것은 천만 차원의 뉴런 활성 공간을 갖는다. 그리고 그 표상적 내용은 지엽적 사물들의 단명한 조성 상태가 아니다. 그것은 집합적으로 우주를 구성하는 추상적 보편자의 영원한 풍경이다. 그러면서도 뇌와 광학 카메라는 동일한 일을 수행한다. 물론 뇌는 더 야심적이다. 그렇지만 뇌는 더 많은 표상 재원을 갖는다.

우리는 분명히, 우리 인간이 끌어안고 살아가는 개념 대응도에 대해서 '미결정성' 형식을 인정해야만 한다. 전체 인종과 (우리가 고려하는) 많은 세기에 걸쳐, 환경적으로 유도되는 감각 활동의 총합이, 우리가 실재를 인식하도록 운명 지어진, 유일하게 필연적인 개념 재원을 산출할 것 같지는 않다. 세계에 개입하는 개인적 및 사회적 수준 모두에서, 전체적 인지 시스템은 너무 유동적이며, 너무 미묘하게 혼란스러워서, 그러한 독특하고 안정된 결과를 보증할 수 없다.

그러나 우리는 이러한 논점을, 특별히 언어 형식적, 논리적, 혹은 집합-이론적 모습에서 보여주는, 미결정성의 소식으로부터 전형적으로 유도되는 **회의적 실망**으로 해석할 필요는 없다. 그 반대로, 확신과 낙관주의를 추천하는 몇 가지 명확한 근거들이 있기 때문이다. 첫째로,

비록 인간 과학의 진화 경로가 정말로 진정한 비선형 동역학 시스템의 경로라면, 가능한 발달 경로의 범위는 폭넓게 다양하고 상호 유사하지 않아야 할 **필요는** 없다. 예를 들어, 태양계 역시 비선형적 시스템인데, 왜냐하면 대부분의 그 행성들의 경로 역사는 그 동역학적 가능성의 적은 범위 내에 단지 미약한 변동만을 보여주기 때문이다. 매년마다 지구의 궤도 운동은 아마도, 너무 많은 작은 섭동들이 있으며 그것은 언제나 변화하므로, 두 번 다시 엄밀히 동일한 경로를 개척하지는 않을 것이지만, 비록 그렇다고 하더라도 태양 주위의 연주기 순환은 서로 아주 유사하다. 발달하는 우리의 과학의 가능한 경로의 범위는 아마도, 개념적 진화의 꽤 좁은 전용 통로 이내로 유사하게 밀집될 것이다. 그러한 개념적 진화는 우리의 인지 재원의 특이한 본성과, 그 진화 작용을 통제하는 인식론적 환경 등에 의해 안내된다. 따라서 만약 우리가, 초기 그리스에서 시작된 과학적 발달 과정을 어떻게든 재출발시켜야 한다면, 그 과정은, 우리가 오늘날 사용하는 것들과 (동일하지는 않지만) 매우 유사한 일련의 개념 재원들이 인도하는 발달 경로를 따라야 할 것이다.

둘째로, 비록 우리의 지적 모험이 혼란스런 단절성을 보여주도록 운명 지어져 있어서, 우리의 지적 역사가 동일 지점에서 여러 번 재가동되어 매번 실질적으로 **서로 다른** 개념적 결과를 산출한다고 하더라도, 이것은, 그러한 결과들이 (아무리 다르더라도) 객관적 실재를 관통하는 충실한 표상이 아니라는 것을 (실제로 아닐지라도) 의미하지는 않는다. 두 개의 대응도는 실질적으로 서로 다를 수 있으며, 그렇더라도 여전히 그 둘 모두가 동일한 객관적 실재에 대해 매우 정교한 대응도일 수 있다. 왜냐하면 그 둘은 각기 공유하는 실재에 대해 독특한 국면 또는 교차하는 차원들에 집중할 수 있기 때문이다. 결국, 실재란 광범위하게 복잡하며, 어느 대응도에 대해서 그것이 실재의 **모든 것**을 파악하라는 것은 너무 많은 요구이다(예로, Giere 2006을 보라).

셋째 그리고 낙관주의를 위한 최종 이유로, 감각 입력에 의한 이론의 (온전히 실재적인) 미결정성으로부터, 여기에서 자연주의 용어로 고려되고 있는바, 깊은 회의적 결론, 즉 실재의 명시적 하부 영역, 소위 '경험-초월적 영역', 다시 말해서 단적으로 그리고 영원히, 우리의 이해 혹은 시야 밖의 영역이 있다는 결론이 도출되지 않는다. 일부 저술가들이 이론의 구문론적 관점과 이론의 의미론적 관점 모두에서 제시하는바, 실재 전체의 본성에 관한 어느 이론에 대해서도, 언제나 무한히 매우 다르면서도 경험적으로는 **동등한** 대안적 이론들이 있다. 그러한 이론들 각각은, 이론의 구문론적 관점에서, 정확히 동일한 종류의 '관찰 문장들'을 함의한다. 또는 그러한 이론들 각각은, 이론의 의미론적 관점에서, 정확히 동일한 '경험적 하부 구조'를 포함한다. 이러한 배경에서 그 저술가들은 말한다. 우리는 진정한 **경험적** 근거에서 그러한 여러 대안적 이론들 중 영원한 선택에 대한 희망을 전혀 가질 수 없다. 그러한 '경험-초월적 실재'에 대한 설명들 중 어떤 선택은 단지 실용적, 또는 심미적, 또는 다른 비사실적 바탕에 근거해야만 할 것이다.[25] 만약 이러한 '비경험적' 기준이 회피된다면, 우리가 그러한 대안적 이론들 중 어느 것에 대해 가장 책임 있게 말할 수 있는 것이란, 단지 그것이 '경험적으로 충족된다'는 것에 불과하다.

이러한 회의적 추론은, 비록 누군가 이론이 무엇인지에 대해 이러한 두 설명 중 하나 혹은 다른 것을 끌어안는다고 하더라도, 명확히 보증되지 않는다. 왜냐하면, 구문론적 설명으로나 의미론적 설명으로도 그렇게 굉장한 결론을 유지시켜주기에 충분한, ('경험적' 영역과 '경험-초

---

25) 이러한 입장으로 가장 탁월한 현대 주창자는 바스 반 프라센(Bas van Fraassen)이다. 그가 *The Scientific Image*(van Fraassen 1980)에서 "구성적 경험주의(Constructive Empiricism)"라 부르는 것에 대한 그의 체계적 방어를 살펴보라. 이 책에 대한 다양한 비판적 논평과, 그에 대한 반 프라센의 대답을 다음에서 보라. Churchland and Hooker 1986.

월적' 영역 사이의) 어떤 원리적 **구분**도 존재하지 않기 때문이다. 이렇다는 것은 더 전통적인 전망에서 보더라도 명확하다. 결국, 우리의 선천적 감각 기관들은 그 자체로 측정 및 감지의 '도구' 이상이다. 그리고 그러한 도구들의 (환경에 대한) 체계적 반응은 모든 면에서, 검류계, 자기계, 질량분석계, 또는 (어느 다른 감춰진 실재 국면과 원형 인과적 연결을 지닌) 그 밖의 다른 도구에 대한 반응에서처럼, 개념적 해석과 눈금을 확대시킬 필요가 있다. 열 현상과 관련하여 이 장의 앞에서 살펴보았듯이, 심지어 우리의 말초 감각 활동에 대한 자동적인 개념적 반응이라도, 그러한 활동 자체에 의해 미결정적이며, 그리고 관여하는 사람의 역사적, 문화적, 또는 도구적 환경에 의존하는, 무한히 다양한 있음직한 형식들을 가질 수 있다. 잘 알고 있듯이, 이것은 소위 '경험-초월적' 기준들, 예를 들어 통일성, 단순성, 상호 확증(mutual conformity) 혹은 부합(consilience), 풍부함, 그리고 실용적 유용성 등이, 심지어 우리의 **관찰** 존재론(*observational* ontology)과 우리의 자동적 **지각** 판단을 결정함에 있어, 분명 중심 역할을 한다. 우리의 인지 활동은 이러한 '체계적' 국면들에 의존하지 않을 수 없다. 나아가서, 비록 지각 인지가 아닐 경우라도 그러한 국면들을 벗어나서 '인지'란 명목의 가치를 지닐 수 없다.

현재 이 책의 자연주의 전망에서, 위에서 언급된 반이론적 회의주의의 독단성이 훨씬 더 명확히 드러난다. 왜냐하면 모든 이론들이 개념 대응도이며, 모든 개념 대응도들이 이론이기 때문이다. 어느 대응도가 실재의 표상으로 진지하게 선택되기 위해 중요한 점은, 어떻게든 또는 간접적이라도, 대응도를 **지시**할 수 있어야 한다는 것이다. (그렇지 않으면 그것은 순수 사변에 불과하다.) 우리가 대응도를 **어떻게** 정확히 가리키게 할 수 있는지는 전적으로 부차적인 문제이다. 하나의 대응도는 우리의 선천적 측정 및 감지 도구, 즉 우리의 선천적 감각기관의 활동에 의해 체계적으로 지시될 수 있다. 그렇지 않더라도, 대응도는 새롭고 인공적인 측정 및 감지 도구들, 즉 현대 과학의 도구적 설비들에 의해 체계적으로 지시될 수 있다. 그 적용된 도구들이 자연적인지 또는 인공적인지에 상관없이, 즉 그 기원이 진화적인지 아니면 기술적인지에 상관없이, 어느 개념 체계에 의해 유발되는 인식론적 **보증**에서 어떤 본질적 차이도 결코 있을 수 없다. 그 보증은 어느 경우이든 동일하다.

이러한 관측은 미결정성의 실재를 온전히 지지한다. 그러나 이러한 관측은, 완전히 그리고 영원히 인간 존재의 인식적 접근을 넘어서는, 실재의 어느 특별한 하부 영역, 즉 '경험-초월적' 영역이 있다고 생각하려는 유혹을 물리친다. 실재의 모든 국면들 각각이 실재의 나머지 다른 국면들과 어느 정도 인과적으로 상호작용하는 한에서, 실재의 모든 각 국면들은 원리적으로 최소한 비판적 인지 활동에 의해 **파악될 수** 있다. 우리는 어느 국면을 파악하는 일에서 성공할 것이란 어떤 보증도 없다. 그러나 성공할 가능성 또한 전적으로 배제되지 않는다.

5장

3단계 학습: 성장하는 문화 제도의 그물망을 통해서 1단계와 2단계 학습을 통제하고 확대하기

1. 인간의 인지 작용에서 언어의 역할

나는 지금까지 앞의 거의 모든 장에서, 개념 체계의 학습 및 전개의 모든 측면에서 언어 형식적 구조의 역할과 중요성에 대한 확고한 회의주의를 주장하였다. 나의 이러한 회의주의의 시작은 거의 40여 년 전으로 거슬러 올라가며, 나의 첫 번째 책(Churchland 1979)의 끝 부분에서 당시에 그 주장을 살펴볼 수 있다. 그 책의 한 장에서, 나는 "문장식 인식론(sentential epistemologies)"이라 묘사한 것의 적절성과 범위에 의문을 던졌다. 그때부터 지금까지, 이 논점에 대한 나의 회의주의는 오로지 확장되고 깊어졌을 뿐이다. 왜냐하면, 인지심리학, 고전 인공지능(classical AI), 여러 신경과학 분야 등등의 긍정적 그리고 부정적 발달이 그러한 회의적 염려의 경험적 및 이론적 실체를 제공했기 때문이다. 내가 그러한 여러 발달을 살펴보니, 그런 여러 발달은 (인정된 또는 거절된) 문장들의 전통 인식론의 운동장을 떠나야 할 필요성을 알려주었으며, 그 운동장에 전형적으로 어울렸던 논리적 또는 개연적 추론의 동역학도 내던져 버려야 할 필요성도 알려주었다. 이 책의 앞 장에서, 이제 내가 그런 전통적 그림의 여러 요소들에 대한 가장 유력한 대체물로 무엇을 붙들고 있는지 개괄적으로 알려주었다. 따라서 독자들은 지금쯤 그러한 대체물들에 대한 몇 가지 근거를 구체적으로 인식하였을 것이다. 이러한 벡터-부호화, 행렬-계산처리, 시냅스 수정, 대응도 구성, 원형-재전개 대안적 그림 등은 아주 명확히, 언어 형식적 구조와 그 규칙-지배 조작과 거의 또는 전혀 무관하다.

그럼에도, 인간의 언어 능력은 인간의 인식적 모험에서 부인할 수 없는 중요한 역할을 담당한다. 어느 다른 지구상의 피조물도 우리와 같은 인식적 성취의 광년(light-years)을 갖지는 못했으며, 어느 다른 지구상의 피조물도 언어를 구사하지 못한다. 이것이 단순한 우연의 일치일까? 우리는 그렇다고 생각하지는 않는다. 그렇다면 언어가 어떻게 그러한 인식적 성취를 향한 극적인 추진력을 제공할 수 있었을까?

언어는 많은 방식으로 그렇게 할 수 있는데, 앞으로 살펴보겠지만, 일단 근본적으로 인지가 언어-유사물이라는 해로운 망상에서 우리가 벗어나기만 한다면, 그러한 방식들을 기꺼이 더욱 잘 알아볼 수 있다. 여기에서 역설적이게도 앞 장에서 살펴본, 인지에 대한 언어-**이전**/언어-**이하**의 설명은, 우리로 하여금 진정한 변화를 일으킬 사건이 인간 언어의 발달이었음을 아마도 처음으로 인식하게 해준다. 정말로 이것은 전체 인간 계통의 진화사에서 가장 중요한 발달일 것이다.

언어는 그것의 소유자로 하여금 굉장히 많은 것들을 할 수 있게 해주지만, 아마도 그것들 중 가장 으뜸은 우리 동료 화자들(speakers)의 인지 활동을 조정하거나, 안내하거나, 또는 조절하는 것이다. 하나의 단칭 문장을 제시하여, 우리는, 화자들이 그 문장을 발생시킨 어떤 감각 활동 없이도, 그들의 선행의 개념 대응도들 중 어느 하나를 '인위적으로' 지시할 수 있다. 그리고 어느 일반 문장을 제시하여, 우리는 (그렇지 않아도 가능했겠지만, 그보다 훨씬 더 빠르게) 그들의 배경 대응도들을 확대하거나 업데이트하도록 해줄 수 있다. 누군가에게 일반 문장들 목록을 단순히 제공한다는 것은, 전문적인 내용을 배우는 사람이 빠르게 알 수 있도록 해주기는 하지만, 그들에게 효과적 개념 대응도를 형성하는 좋은 방법은 아니다.[1] 그러나 그러한 일반화는 학생들이 자신들의 경험 중 특정 요소에 관심을 집중하게 해주어, 그 경험을 훨씬 더 분명하게 보여주는 몇 가지 규칙들을 갖도록 해준다. 이것은 활발한 헤브식 업데이트를 강화시켜, 마침내 화자들이 그런 규칙들을 무의식적으로 이해하고, 자동적으로 파악할 수 있게 해준다.

더욱 중요하게, 만약 다른 사람의 인지 활동에 대한 그러한 상호 조정이 자주 넓게 일어난다면, 인지 과정은 **집단적**이 된다. 그래서 그 인지 과정은, **공동으로** 노력하는 많은(적어도 소수에서 또는 아마도 수백만 명의) 서로 다른 뇌들을 포함한다. 그래서 세계의 일반적 구조에 대해, 세계의 지역적이며 현재의 구성 상태에 대해, 그리고 아주 가까운 과거와 예상된 미래에 대한 그들의 합의적 이해는, 단일 뇌의 활동과 감각 입력에 의해서라기보다, 아주 **많은** 서로 다른(유사하나 동일 입장이 아닌) 뇌들의 활동과 입력에 의해서 형성된다. 이것은 모두의 인지 과정에 흘러들어가는 단일 정보의 질과 신뢰성 모두를 증가시킨다. 그리고 이렇게 강화된 단일 정보와 매우 독립적으로, 그것은, 그러한 단일 정보가 그 집단 내에 크게 자극하는, 건설적 인지 활동의 안정성과 통합성을 증가시킨다. 따라서 이러한 집단적 인지 활동의 전체적 질은, 고립된 개인에게서 나타나는 인지 활동의 질보다, 전형적으로 훨씬 더 높다. 특히, 만약 우리가 확장된 시간 주기에 걸친 인지적 질에 대해 이러한 대비를 할 경우 그러한데, 그것은 집단적 입력과 합의적 평가의 유리함이 축적의 기회를 증가시키기 때문이다.

---

1) (역주) 즉, 구체적 사례 혹은 실험 실습을 통해서 그들이 스스로 일반화를 습득하게 하기보다, 일반화 혹은 법칙부터 암기시키는 교육방법은 빠른 학습을 가능하게 하기는 하지만 그리 추천할 만한 방식은 아니다.

여기에서 고려되는 조건들 중 가장 중요한 것은 아마도, 인간 학습의 과정이 한 사람의 일생이란 시간 범위에 더 이상 한정되지 않으며, 단일 세대의 상상적 범위에 더 이상 제한적이지 않다는 데에 있다. 그 집단적 학습과정은 노인들의 참여를 점차 줄여가며, 신생의 형식으로 신선한 참여를 추가함에 따라서, 바야흐로 그 집단적 학습과정 자체는 실질적으로 불멸한다. 그 과정은 결코 불가피한 종말에 직면하지 않는다. 그 과정은 무한히 지속할 수 있어서, 그 과정으로 인해 펼쳐지는 개념적 이득을 거둬들이고, 그 이득을 진화하는 인지적 양태로 편입시킴으로써 후속 참여 세대들에게 자연스럽게 넘겨주며, 그럼으로써 그들에 의해서 전개되고, 재평가되며, 업데이트될 수 있다. 이제 우리는 어떤 필연적 제약도 없음을 아는, 또는 적어도 시간적으로 제약되지 않는, 인지 과정에 주목한다. 조금 더 수사적으로 말해서, 우리는 결코 꺼질 이유가 없는 불꽃, 즉 여러 세기를 걸쳐 타오를수록 더욱 밝게 빛나는 불꽃을 바라본다. 그리고 그것은 분명히, 언어를 발달시켜온, 인간 종에게 일어난 일이며, 그리고 유일하게 인간 종에게만 일어난 일이다.

그림 5.1은 그 발달의 초기 단계에서 쟁점의 과정을 도식적으로 보여주는 그림이다. 이 그림의 중간 위쪽 절반의 막힌 원통은 새롭게 발달된 인간 언어 체제에 대한 표식이다. 그 내부의 연필 모양의 항목들은 각자의 시간적으로 연장된 뇌의 노정(삶의 여정)이며, 뾰족한 부분은 개념적으로 삶의 시작점이고, 그것이 어른으로 성장하면서 확장되고, 결국 길이만큼 유한하게 끝난다. 언어 발달 이전에 그 항목들은, 언어가 계속적으로 가능하게 해주는, 일종의 체계적 상호작용을 하지 못한다. 우리는, 이 그림에서 언어가 발달된 후에 (두 문단 앞에서 묘사한) 집단적 인지 과정이 시작됨을 볼 수 있다. 이제 비로소 여러 뇌들은, 공유하는 언어에 앞서 불가능했던, 상호작용을 할 수 있다. 그리고 그리 오래되지 않아서, 우리는 추가적으로 언어 자체의 의미론적

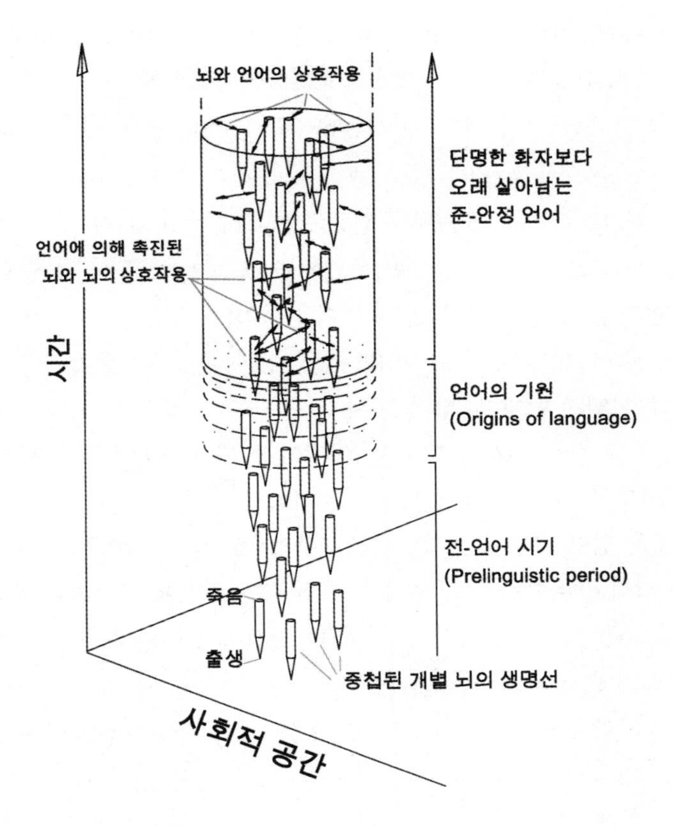

그림 5.1
언어의 기원과, 그 일부 인지적 결과

구조와 그것을 이용하는 다양한 개인들 사이에 상황적 상호작용이 일어나는 것을 볼 수 있다.[2] 왜냐하면, 주목하였듯이, 그 언어가 유지하는 인지 활동이 언어 공동체의 실재 파악 능력을 확장시키고 심화시킴에 따라서, 해당 언어의 어휘와 폭넓게 수용된 문장 모두가 확실히 반복적으로 진화하기 때문이다.

2) (역주) 그림에서 이것은 연필 모양의 항목들 사이에 쌍 화살표로 표시되었다.

분명히, 기능적 언어가 일단 자리를 잡기만 하면, 그 언어가 포함하는 범주의 분류표는, 그 공동체에 태어난 행운의 학습 중인 어린이가 개념 체계를 구성하도록 도와준다. 의심할 바 없이, 객관적 세계 자체는 지속적으로 각 어린이의 개념 발달에서 우선적 권위가 된다. 그러나 그들의 대화와 공동체의 활동에 의해 그들이 관심 갖는 대상과 특징들은, 그들이 사회적 고립 상태에 있을 때보다 훨씬 더 중요하게 나타난다. 그래서 환경적 언어의 거대한 범주 구조는, 각기 어린이들의 개념 체계 발달이 이루어지게 하는, 끌개(attractor)를 형성한다.

앞선 인지 세대에 의해 이미 시험되고, 조정되고, 성공적으로 자리 잡힌, 한 범주 체계에 대해서, 어린이가 개념 재원을 발달시킴에 따라서 이루어지는, 그 범주 체계의 일치화가 의미하는바, 그 활동 내에 각 새로운 참여 세대들은 그런 활동의 축적된 성공의 자동적 은혜를 입는다. 그리고 마찬가지로, 우리는 그 축적된 **실패에** 부주의한 **희생자들**이 있음도 알아보아야 한다. 그러나 이 시점에서 추정되는바, 증가되는 정보 입력의 은혜와, 각 단계마다 그 학습과정을 규정하는 합의된 비평과 평가의 은혜는, 적어도 전체적으로, 고립된 개인들에 의해 산출되어 왔을 그 어느 개념 대응도보다 더 우수한 개념 대응도를 산출하는 경향을 가질 것이다. 앞 장을 마치면서 주시할 수밖에 없었듯이, 인간 인지적 모험이 유일한 진리에 수렴할 것이란 어떤 보증도 없다. 역사와 현대 문화 모두에서 우리가 아프게 목격했듯이, 독단적으로 강압하면서도 오해된 정통은, 언제나 비판적 과정의 통합과 장기적 풍요에 대한 위협이다.

그러나 또한 우리가 목격하는바, 개념적 **진보**는, 현재 지배적 체계가 언제든 비판적 평가의 주제인 한에서, 그리고 여러 대안 체계들이 끊임없이 창안되고 탐구되는 한에서, 분명 영원한 가능성으로 남을 것이다. 일단 언어가 자리를 잡기만 하면, 그러한 비판적/창의적 활동들은 연속적으로 그 활동에 참여하는 단명한 개인들을 오래 살아남게 할 수 있다. 정말로, 우리가 앞에서 살펴보았듯이, 그러한 비판적 및 창조적 활동 **자체**는 우리의 논의와 발달에서 중심 주제이다.

2. 창발성과 통제 메커니즘의 의미

그림 5.1을 정교하게 그린 그림 5.2를 가지고 이야기를 해보자. 이 그림은 다양한 중요 인간 제도 혹은 규정 메커니즘들의 연속적 발달을 표현하려는 시도이다. 그러한 모든 메커니즘들은 앞선 언어의 존재에 의존하며, 그 모든 메커니즘들은 세계에 대해 축적한 사회적 이해의 질, 또는 그 이해를 평가하거나 변화시켜줄, 또는 그 모두를 위한, 인지적 절차의 질을 강화해준다.[3)]

첫째 주목해야 할 것으로, 언어의 존재는 장기간에 걸친 **구전**(*oral traditions*)의 발달을 가능하게 해주었다. 그 구전된 교훈적 이야기는 모닥불에 둘러앉은 아이들에게 전해졌으며, 구전된 영속적 전설은 어른에게 경배와 미덕을 고무시켰으며, 구전된 종교는 다소 체계적인 설명적 교설과 사회적 관습을 유지시켜주었다. 후속의 **기록** 문화 발달과 함께, 그것이 돌, 점토, 양피 또는 종이 등 어느 것에 쓴 것이든, 방금 언급된 설화가 안정성과 지속성을 획득하여, 많은 세기의 세대를 위한 문화를 형성해주었다. 그러한 준-영구적 표상 매개물은 또한, 방금 언급된 여러 구전들이, 아무리 그 본래적 동기가 친절함에서 시작되었다고 하더라도, 전형적으로 공상적이었던 것과 달리, 전적으로 공상적이지 않은 **역사적** 기록을 축적할 수 있게 해주었다.

발화된 언어에 내재되는 현재 개념 체계는 물론, 사회의 실제 과거 경험에 대한 신뢰할 만한 기록은 그 사회에게 상대적으로 안정된 전망

---

3) 여기 내 생각에 형식적 영향을 미친 책을 소개하지 않을 수 없다. C. A. Hooker 1995, *Reason, Regulation, and Realism: Toward a Regulatory Systems Theory of Reason and Evolutionary Epistemology.*

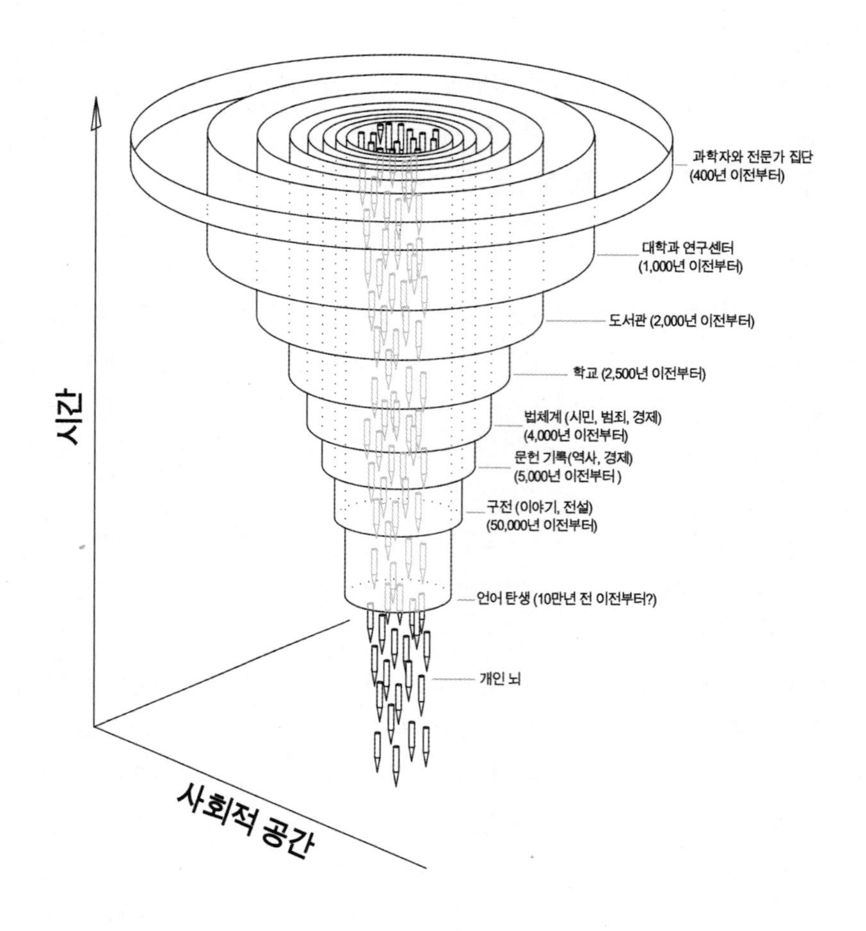

그림 5.2

포괄적 원뿔 모양의 여러 중첩 통제 메커니즘들

을 제공해주며, 그런 전망으로부터 사회적, 정치적, 경제적, 교리적, 그리고 개념적 변화의 본성을, 그런 기록이 전혀 없이 할 수 있는 것보다 훨씬 더 깊게, 알려준다. 왜냐하면, 그렇게 되면 우리가 회고를 통해서, 오랜 과거 동안에 어떤 발달이 이루어져왔는지, 실제 사회적 반응을 평가해볼 수 있기 때문이며, 그리고 우리가 당시에 더욱 잘 수행할 수 있었을지도 모를 가능한 대안적 반응도 고려해볼 수 있기 때문이다. 그렇게 하여 우리는 자신들의 실수로부터, 즉 살아 있는 기억 속의 실수만이 아니라, 성장하는 역사 기록에 영구히 헌정된 실수로부터, 학습할 기회를 갖는다. 또한 우리는, 어느 문제에 대한 엄청 많은 **가능한** 반응들을 알아볼 수 있으며, 그리고 모든 단계에서 그렇게 다양한 가능성들을 탐색하고 검토해볼 필요를 가지게 된다. 마찬가지로, 훨씬 평범하지만 여전히 전환적인 영구적 기록 보존 기능은, 그것을 가능하게 해주는 **경제적** 활동이다. 정말로 초기 메소포타미아 문화로부터 잔존하는 점토 서판 대부분은 누가 얼마나 많은 소를 가진 사람과 얼마나 많은 곡식 부대를 거래하였는지 등에 관한 것들이다. 어느 정도 안정된 경제 질서를 유지하는 일은, 성사된 교환을 추적할 신뢰 수단이 없이는 불가능하다.

안정된 영구적 문헌 기록은 또한 체계적 시민 통제, 형법, 경제 통제 등의 제도를 가능하게 해준다. 간단히 말해서, 그런 문헌 기록은, 다양하고 독특한 수준에서 인간 활동을 규정하고 통제하기 위한, 포괄적 법률 체계를 가능하게 해준다. 문헌 기록의 기술은 반복적으로 우리 집단 활동을 추적하게 해줄 뿐만 아니라, 매우 특별하고 은혜로운 방법으로 그러한 활동을 통제할 수 있게 해준다. 명시적 문헌에 의한 통제는, 모호한 관습과 특이한 기억보다 훨씬 더 효과적이며 균등하게 게시되고 강제될 수 있다.

또한 명시적으로 기록된 그러한 규정들은, 그것의 변화를 요구하는 모든 사람들에게 그 규정들이 명확해지고, 만약 그럴 경우에, 그러한 규정들을 권위적이며 매우 특별한 방식으로 **수정할** 수 있게 해준다.

당연하게, 그러한 영구적 기록물들의 저장, 검색, 체계적 이용 등을 위한 적절한 저장소는, 점차 고대 후기에, 우리의 성장하는 지적 교양의 다양한 국면에 헌정된 여러 도서관 및 학교의 발달과 함께 일반적이 되었다. 로마 이전 이탈리아의 피타고라스의 수학 단체, 아테네의 플라톤의 아카데미(Academy)와 아리스토텔레스의 리케움(Lyceum), 알렉산드리아의 대도서관 등이 얼른 떠올려지며, 그것들의 비판적이며 창조적인 예들은 이후 여러 세기에 걸쳐 반복적으로 모방되었다. 유럽의 르네상스 시기에, 영국, 프랑스, 이탈리아 등에서 장기간의 학습과 연구 제도들이 출현하였으며, (1264년에 설립된 옥스퍼드의 머튼 칼리지(Merton College)와 같은) 그 일부 제도들은 오늘날까지 살아 있다. 오늘날 우리가 말하는 이러한 '대학들'은 일반적으로 인간 지식의 창조, 평가, 전환 등을 위한 국제적 그리고 다중언어 메커니즘을 구성하며, 그런 메커니즘은 지구의 거의 모든 곳에서 문명을 변화시켜왔다.

더욱 최근에, 여러 특정 과학과 전문 **학회들**이 설립되었고, 그 학회들에 의해 여러 개별 학술 분야의 연구들이 이루어지고 있으며, 그럼으로써 인간 인지 활동의 확대와 규정을 위한 여러 메커니즘들이 창안되어왔다. 게다가, 그런 메커니즘들은 특정 지리적 장소에 얽매이지도 않는다. 여러 과학 전문 **학회지들**의 확산에 의해 동일한 일들이 벌어지고 있다. 반복적으로 학회와 학회지 모두의 설립은 대학에서 대학으로 확산될 수 있으며, 상당히 많은 수로 영구히 확산될 수 있다. 그렇게 확산된 메커니즘들의 존재는 장기적으로 어느 인지 분야로 통합되도록 불씨를 키우며, 그럼으로써 나름 소중한 활동에 참여하는 현 전문가 인간의 인지 과정을 조율하는 더 나은 수단을 제공한다.

그림 5.2에서 보여주었듯이, 이러한 동심원 시스템 각각의 층들 내의 활동은, 모든 다른 동시대의 층들 내의 활동에 현재진행으로 영향을 미쳐서, 상호적으로 그리고 누적적으로 도움을 준다. 그리고 그 전

체 시스템 자체는, 인지적으로 말해서, 중심부의 많은 개별 뇌들이, 그것이 없이는 불가능할 정도로, 그리고 최소한 우리의 집단적 지혜가 축적함에 따라 멈추지 않고 성장할 정도로 번성할 수 있는, 특별한 환경을 조성한다. 전체적으로 그런 전체 시스템은 완벽히 멋진 인지적 장치이며, 그리고 그 궁극적 기능은, 중심에 놓인 생물학적 뇌의 두 가지 기초 활동, 즉 1단계 혹은 **구조적** 학습과 2단계 혹은 **동역학적** 학습을 통제하고 확대하는 데에 있다. 이러한 두 가지 활동들은 분명히 우리 모두가 공유하는 또는 지구상의 대부분 다른 인지적 피조물들이 공유하는 활동이지만, 이러한 포괄적 인지적 원뿔 메커니즘의 유일한 기능적 은혜로 인하여, 우리는 모든 다른 피조물들을 멀리 따돌렸다. 우리는 심지어 그들에게 추적조차 허락하지 않는다.

그 그림이 묘사해주듯이, 이러한 조합된 통제 메커니즘 자체는 반복적으로 변화를 겪으며, 그리고 이런 거대 진화 과정은 3단계 또는 문화 학습이란 호칭을 받을 정도로 충분히 독특하며 강력하다. 분명히 우리 인간은 최근 3-4천 년에 걸쳐서 극적으로 성숙해졌다. 우리가 성숙한 측면은, 각각의 새로운 세대들이 계승하게 될 기초 개념 체계에서, 우리가 추구하는 첨단 과학에서, 우리가 매우 많은 세계의 국면들에 대해서 조절할 수 있게 해주는 기술에서, 우리를 유지시켜주는 경제 조직에서, 우리의 사회적 삶을 유지시켜주는 정치적 조직에서이며, 그리고 어쩌면 가장 중요한 것으로, 우리의 축적된 규제와 개념적 자본 내에서 혹은 이것들에 추가적으로, 제안된 변화를 효과적으로 **평가하기** 위해 우리가 전개하는, 비판적 방법론에서 우리는 성숙해졌다.

이러한 비판적 관습은, 어느 학술지 편집인이 소수의 상호 독립적 학술 평가자들에게 어느 유망한 과학자가 제출한 연구 논문을 보낼 경우에, 그 모습을 잘 드러낸다. 그 평가자들이 하는 일은, 현재 과학 활동을 위해 주장된 결과에 대해 그 적절성과 중요성, 활용된 실험 기술의 신뢰 가능성, 성취된 지적 작업의 전체적 질 등을 평가하는 것이다.

이러한 독립적 전문가들이 학술지 편집인에게 자신들의 (가능한 한 다양하게) 고려된 판단을 해주므로, 그 편집인은 자신에게 제출된 많은 연구 논문들에 대하여, 그리고 적어도 출판할 만하고, 학술지의 많은 독자들에게 분배할 만한지 등을 훨씬 더 잘 판단할 입장에 놓인다. 물론 그러한 판단은 언제나 오류 가능성을 갖지만, 방금 기술한 시스템은 편집인으로 하여금, 그것을 갖지 않았을 경우보다, 더 현명하게 판단할 수 있게 해준다. 그러한 추가적인 지혜를 반복적으로 증가시키는 것은 관련 학술 분야의 발달에 중요한 변화를 일으킬 수 있다.

과학자들이, 국내와 해외를 망라한 어느 학술 분야의 정기 또는 특별 주제 학술대회에 잠재적 발표를 위해 연구 논문을 제출할 때에도 동일한 일이 일어난다. 관련 학회에 선발된 조직위원들, 즉 관련 학회의 선발된 임원들은 소수 학회의 심사위원들로부터 가장 가치 있는 제출 원고들을 선택함에 있어, 그리고 동일 발표 세션에서 알려진 비평을 발표하기에 적절한 수준의 논평자를 선택함에 있어, 조언을 듣는다. 결국 종종 다양한 학술대회 참석자들(예를 들어, 최근 샌디에이고 대학 신경과학학회의 최근 정기 모임에 등록한 약 3만 명의 참가자들)은 자신들의 분야에서 최고의 그리고 최신의 저작들에 대한 비판적 논의에 참여한다. 이러한 논의는 그곳의 많은 참석자들에게 하나의 충격을 줄 수 있으며, 실제로 종종 그러하다. 그런 계기를 통해서 그런 참석자들은 자신의 관련 연구를 창의적으로 또는 비판적으로 추진하도록 고무되거나 자극될 것이다. 다시 말하건대, 이러한 조직된 사회적 제도는 가정적 정보의 분산을 극대화시켜주며, 그 전체 평가의 질을 높여주고, 그 인식을 확장시켜주며, 그리고 영향 받은 사람들이 새로운 대안적 결론을 내도록 자극할 것이다.

그보다 덜 명확하며 약간 덜 중요한 과정으로, 학자들과 과학자들은 자신들 스스로 추진하기에 너무 많은 비용이 드는 연구비를 지원받기 위해 제안하는 과정이 있다. 그러한 기금의 유입은 인문학에는 약소하며, 반면에 사회과학에는 더 크고, 경우에 따라서 의학, 생물학, 물리학 등에는 거대한 자금과 함께, 많은 사람들과 여러 해의 공동 노력이 들어간다. 학술지 제출과 마찬가지로, 그 연구비 제안서는, 적절한 전문가이면서도 (가정적으로 독립적인) 연륜 있는 학회 평가자들 집단에 의해서 평가된다. 그 평가자들은 스스로 실질적인 연구 경험을 가졌으며, 상당한 오류가 있겠지만, 자신들에게 제출된 많은 제안서들 중 가장 현명한 선택을 할 것 같은 사람들이다. 물론 이런 경합의 승자는 그 전문가 평가의 긴 과정을 단지 시작한 것에 불과하다. 왜냐하면, 그러한 연구의 최종 결과는 이후로 학술지와 (앞서 언급된) 학술대회 조직위원들에게 제출되어야만 하는데, 그것은 평가자들에 의해 평가받기 위해서, 그리고 크게는 과학 사회에 가능한 전파를 위해서, 그들에 의해 비판적 검토를 받기 위해서, 그리고 그들 자신의 연구 활동에 대한 가능한 수정을 위해서이다. 그러한 훨씬 더 거대한 사회는, 사용할 교과서를 쓰고 그 내용을 다음 세대에게 가르치는, 우리의 교육제도의 교과과정을 지속적으로 결정한다.

이렇게 세계적인 인지적 사업의 참가자들은 거대한 대학생 집단으로부터 배타적으로 선발된다. 이러한 참가자들은 확장된 일련의 평가 메커니즘들에 의해서 선택되며, 그 메커니즘들은 누가 대학원에 들어가는지, 누가 박사학위를 받을지, 누가 연구소에 채용될지, 누가 지난 전문적 수행 덕분에 정년을 보장받을지, 누가 상사로 위촉될지, 그리고 누가 (앞서 언급된) 전문학회, 학술지, 기금 운영 등을 좌우하는 임원으로 선택될지 등을 결정한다. 그 평가 과정의 모든 단계마다, 그렇게 많은, 그리고 이념적으로 다양한 평가자들은, 그들 스스로 그것을 통과했던 사람들이며, 그들 자신을 지속적 평가에 (다만 그 과정의 더 상위 단계에서) 자신을 내모는 사람들이다.

그러한 결과 자립적이며 자기-개조의(self-modifying) 인지적 조직체가 탄생하며, 그 조직체의 궁극적 기능은, 이미 살펴본 바와 같이, 개별 인간의 생물학적 뇌 내부 수준에서, 첫 두 단계 학습의 인지 활동을 통제하고 확대하는 일이다. 이러한 기술은 그 전체의 과정을 순수한 지적 과업인 것처럼 보이게 만들지만, 이 책의 앞에서 살펴보았듯이, 인지는 이론과 마찬가지로 강건하게 **실천적**이며, 방금 기술된 그 과정은, 대학과 연구 제도를 넘어서, 의사, 법률가, 모든 분야의 기술자, 항공기 조종사, 건축물과 전기 청부업자, 학교 교사 등은 물론, 다양한 다른 정보 집약적이며 일차적으로 경험이 풍부한 전문가들의 활동과 전문 연합회를 포함하기에 이른다. 앞선 여러 세기 동안에 그림 5.2의 여러 포개어진 메커니즘들은, 적어도 그 메커니즘들이 객관적 실재에 관한 우리의 이론적 파악을 변형시켜온 만큼, 우리의 실천적 삶을 극적으로 변화시켜왔다. 현대 세계를 유지시켜주는 많은 실천적 기술들은, 우리가 포괄하는 이론과 우리가 전개하는 개념 체계와 마찬가지로, (앞서 묘사된) 인지적 풍요로움의 산물이다. 정말로 그러한 중첩 통제 메커니즘들로 인하여 현대 문명의 거의 모든 국면들이 만들어졌다.

그리고 그러한 모든 메커니즘들은 결코 언어 없이 존재할 수 없을 것이며, 그러한 최초의 그리고 가장 기초적인 모든 사회 메커니즘들은 인간 인지를 통제하기 위해 존재한다. 그렇지만, 반면에 우리의 인지는 언어에 의해서, 즉 그 언어 동시대 내적 구조에 의해서, 그리고 언어가 가능하게 해주는 많은 사회 메커니즘들에 의해서 체계적으로 통제된다. 인지 그 **자체**는, 비록 그것이 전통적으로 갖가지 명제 태도들(propositional attitudes)의 추론을 유도하는 춤으로 묘사되기는 하지만, 적어도 그 일차적 형식에서 결코 언어 형식을 갖지는 않는다. 정말로 언어 **자체**는, 우리가 앞의 여러 장에 걸쳐 장황하게 살펴본 언어-이전의 인지 활동이란 기초 형식에 의해 습득하지 않는다면, 그리고 그 기초 형식에 의한 지속적 관리가 없다면, 결코 존재할 수 없다. 만약 우리가, 현재 의존하는 사회 메커니즘들의 계층 구조에 의해서, 기초 인지 활동들이 매우 효과적으로 통제되며 매우 놀랍게 증폭되는 방식을 이해하게 된다면, 그러한 기초 인지 활동들이 분명 설명될 것이며, 그 기초 형식들 역시 분명히 구체적으로 이해될 것이다.

3. 이러한 대뇌의 과정에 대해 몇 가지 선취점

이 장의 서두에서 밝혔듯이, 뇌 초월적 과정이 존재한다는 것은, 많은 선대의 저자들에 의해서 잘 인식되어왔으며 많이 논의되어왔다. 그렇지만 그런 과정의 근본적 본성에 대한 그들의 여러 묘사들은 서로 거의 일치하지 않는다. 초기 시도로 헤겔은, 우리가 분명히 수용할 수밖에 없는 은유를 진지하게 끌어들여 우리의 집합적 사회 메커니즘들을 "세계정신(World Spirit)"이라 규정하였으며, 그리고 그 메커니즘들이 전개되는 활동을, 이러한 장엄한 개체(Grand Individual)가 완전한 "자기의식"을 향해서 점차 다가가는 느린 과정의 단계로 보았다. 아주 많은 뇌 초월적 활동들의 순수한 인지적 본성이 드러난다면, 그리고 그 활동을 유지시켜주는 물리적 및 사회적 우주에 대해 점차 더욱 정밀한 묘사가 이루어진다면, 여기 헤겔이 선택한 말에 대해 동의하지 않을 수 없으며, 장엄한 그의 전망에 저항하기 어렵다.

그러나 결국, 헤겔이 채용한 **사람** 또는 **마음** 은유는 그것에 대한 설명 또는 예측의 실체를 거의 갖지 못한다. 그런 은유는, 마치 뉴턴이 달을 "날아가는 돌"에 은유했듯이, 그리고 마치 다윈이 핀치 새를 "무작위 변위와 선택적 복제"에 은유했듯이, 옛 개념을 새로운 영역에 새롭고 체계적으로 적용할 어느 방법도 갖지 못한다. 정말로 마음은, 다른 혼란스러운 형상들을 밝혀주기 위한 투명한 재원이라기보다, 그 자체가 매우 미스터리한 우리의 단편적 의문이다. 아무리 은유적 설명이 유용하다고 하더라도, 헤겔의 은유는 어떤 중요한 혹은 발전적인 연구 기획도 밝혀주지 못한다. 그의 은유는 설명할 수 없는 막다른 길로 조용히 미끄러져 들어간다.[4)]

우리의 집단적 노력에 대해 아주 다르고 꽤 나은 설명이 20세기 초반에 논리경험주의자들에 의해서 제시되었으며, 그들이 관찰 가능한 세계의 행동을 예측하고 설명하는 데에 비교적 성공함으로써, 그들은 뇌 초월적 과정을 문장을 가려내는 규칙-지배 과정이라고 묘사하였다. 그러한 철학자들은, 이론 또는 개념 체계를 상관 문장들의 집합 또는 그물망이라고 해석하고, **설명**, **예측**, **반박**, **확증**, **이론 간 환원**, **경험적 내용** 등과 같은 여러 용어들을 해명하기 위해, 유력하고 매우 체계적인 현대 논리학 이론의 재원을 채용하였다. (그 논리적 이론은 19세기 후반에 그리고 20세기 초반에 존재로 승격되었다.) 또한, 이런 용어들에 대한 해명을 통해서 그들은, **과학적 합리성**과 **지적 과정**이 궁극적으로 무엇일지에 대한 다양한 설명을 시도해볼 수 있었다. 분명히 모든 논리경험주의자들은, 이러한 언어 형식적 활동의 일차적 자리가 우리의 집단적 과학 기획에 참여하는 개별 과학자들의 머리 내부에 있다고 가정하였다. 그럼에도 불구하고, 그들은, 비록 언어라는 매개를 통해서 그러한 활동의 근본 요소들 모두가 **공적인** 인지 시장(인지적 공개 토론장)에 등장할 수 있다고 동의하였다. 그런 공개 시장에서, 관련자 모두가 명시적으로 언급되는 평가 **규칙들**에 따라 **집단적** 평가를 할 수 있으며, 그러한 규칙들은 궁극적으로 현대 **논리적** 이론으로부터 나온다. 그런 다음에 정화시키는 태양빛으로 채워진 그 요소들을 가지고, 과학적 활동은, 고립되고 통제 없는 개인들의 인지 활동에 매우 자주 나타나는 폐해의 특이성과 평가적 실패 없이, 발전할 수 있다.

---

4) (역주) 일반적으로 그리고 심지어 많은 학자들까지도 우리의 행동에 대한 결정과 책임은 뇌에 있다기보다 마음에 있다고 주장한다. 그런 주장에서 그들은 마치 마음이 무엇인지 투명하게 알고 있는 것처럼 가정한다. 그러나 마음이 무엇인가? 마음이 무엇인지 안다고 가정하는 사람들은 그 가정을 발전시키기 위해서 스스로 그 '마음'이 무엇인지 물어볼 필요가 있다. 이 질문에 대답할 가능성이 없는 그들은 앞으로 나가지 못하는 막다른 길목에서 공허한 '마음'을 붙들고 멈춰서 있다.

의심의 여지없이, 이것은, 헤겔보다 문제를 더 복잡하게 만드는, 분별없는 생각이다. 이것이 1960년대 초반 내 세대의 상상을 사로잡았던 광범위한 철학적 전망이었으며, 그 전망은 이후로 수십 년간 우리의 연구를 방향 지어왔다. 단지 일부만이 그 전망에서 벗어났으며, 많은 사람들은 아직도 그 전망을 의심조차 하려 하지 않는다. 그러나 우리는 그것을 의심해야만 한다. 그 이유는 그 전망이, 공적 시험과 집단적 평가가 잘못될 것을 강조하기 때문이 아니다. 당분간 그렇지 않기 때문이 아니다. 그 전망이, 경험적 세계에 대한 관찰 및 도구 질문이 잘못될 것을 강조하기 때문이 아니다. 약간 어긋날 것이기 때문이 아니다. 정말로 우리는 그러한 전망을 의심해야만 하며, 그것을 거부해야만 한다. 왜냐하면, 이론 자체가 결코 문장들의 집합이 아니기 때문이다. 문장이란 단지 상대적으로 저차원의 공적 대용물, 즉 이것이 우리로 하여금 무한히 특이적인 개념 체계 또는 이론을 대략적으로 상호 조율하게 해주어, 우리가 그것들을 더욱 효과적으로 적용하고 평가할 수 있게 해주는 공적 대용물일 뿐이다.

이론에 대한 **평가**란 궁극적으로, 기초 관찰 문장들 (가정되는) 집합에 대한 그것의 다양한 논리적 관계를 결정하는 문제가 아니다. 결코 그러한 집합은 없으며, 어느 이론의 미덕은, 어느 경우든 그 이론의 특정한 논리적 결과의 하나로 그런 문장들 집합을 갖는 것에 있지 않다. 그보다 이론의 미덕은, 그것을 전개하는 생명체의 지각적/도구적 경험을 해석하고 예측함에 있어, 정합적, 안정적, 그리고 성공적 매개체가 되는 것에 있다. 우리가 기억해야 할 것으로, 경험적 실재의 지각적/도구적 이해란 **일찌감치**, 아무리 처음 혹은 비교적 금시초문일지라도, **앞서 존재해온** 개념 체계 또는 이론을 체계적으로 지시하는 것을 포함하는 문제이다. 우리의 개념화된 지각, 그리고 그 궁극의 표상적 충족성 등은 여기에서 그 **문제**의 부분적 요소일 뿐, 그 해답이 아니다.

분명히, 개념적으로 중립적인, 모든 정상 인간들에게 공통적인, 그리고 우리가 받아들이거나 또는 터득하는 어느 이론을 평가함에 있어서 궁극적으로 중요한, **무언가**가 있다. 그것은 우리의 선천적 감각기관들의 생생한 물리적 활동이다. 그것은 감각 뉴런 상피(epithelial) 집단 전체의 (환경적으로 유도된) 활성 패턴이다. 그것은, 우리의 많은 가로대 뉴런 사다리에서 가장 첫째 가로대의 (공간적 및 시간적 모두의) 통계적 활동 양태, 즉 (그 첫째 가로대의 감각 변환기를 넘어서) 모든 가로대에서 발견되는 잘 훈련된 시냅스 행렬에서 그 어떤 계산처리를 수용하기 이전의 활동 양태이다.

그러나 우리는 그 자체로 그러한 생생한 감각 활성 패턴에 어떤 공적 접근도 할 수 없다. 그러한 활성 패턴들은 결코 언어 형식의 이론들과 어떤 논리적 관계를 갖지 않는다. 만약 우리가 경험주의자이고 싶다면(나 역시 그러한데), 특별히 만약 우리가, 언어-유사 구조는 전혀 비인간 동물들의 인지적 특징이 아닐 듯해 보이므로 논리경험주의자들이 소박하게 가정했던 언어의 근본 체계를 무엇이 구성하는지는 놔두고서라도, **동물 일반**의 뇌 내부의 경험적 인지에 관해 공상적이지 않은 이야기를 하고 싶다면, 우리는, 감각 경험이 궁극적으로 어떻게 개념 체계 또는 이론을 (우리가 의존하는) 표상에 정확하도록 조정하는지, 아주 다른 이야기를 할 수 있어야 한다.

그래서 다음과 같은 검토를 통해 더 나은 이야기를 할 필요가 있다. 반복적으로 그리고 다양한 경우들에 대해서, 평가 중인 개념 체계가 어떻게, 그 체계가 포함하는 특정 범주들에 다양한 경험적 사례들을 동일화시킬 수 있는지, 그 범주들이 반복적으로 또는 더 넓은 경험적 사례들을 전개함에 따라서 그러한 경험적 사례들의 더 많은 특징들을 예측할 수 있는지, 그리고 그 동물로 하여금 쟁점의 경험적 사례들을 통제 혹은 조작할 수 있게 해주는지 등을 검토해봐야 한다. 이제 우리는 3장에서 탐구된 은유, 즉 어느 지역에 대해 우리가 가진 어느 대략적 지도든 계속 가리킴으로써, 그리고 그 다양한 지도들을 대략 어떤 양식이든 중첩시켜 위험한 지역의 독특한 여러 지도들에 대한 인지적 수행을 계속 비교함으로써 어느 지역을 운행한다는, 은유로 돌아가 이야기해보자. 다양한 종류, 즉 놀라움, 실망, 혼란 등의 인지적 불일치는, 전개된 여러 배경 지도들의 일부 국면들, 또는 그 지도들이 특정 경험 영역에서 지적되는 방법 등에서 수정을 촉진하고, 마침내 수정해낼 것이다. 확실히, 인간의 특별한 경우에, 공적으로 유도되는 그러한 인식적 모험의 명시적인 언어 형식적 논의는 그 대응도들에 대한 평가를 극적으로 촉진하고, 그에 따라 우리의 기초 인식적 실행을 수정하도록 도와줄 수 있지만, 그것은 그러한 기초 인식적 실행 자체가 언어 형식적인 때문은 아니다. 그 실행은 언어 형식적이지 않다. 그 실행은 벡터-변환적이다. 그러나 여기에서 화제를 돌려보자.

몇 해 전, 자연주의 사회적 환경에서, 인간 인지에 대한 과격한 자연주의자 묘사가 리처드 도킨스(Richard Dawkins)의 저작에서 흘러나왔다. 그는 자신의 초기 저작, 『이기적 유전자(*The Selfish Gene*)』(1972)에서 대략적으로 묘사하였으며, 후기 저작, 『확장된 표현형(*The Extended Phenotype*)』(1982)에서 더 구체화시켰다. 이러한 명확히 매력적인 접근법은 지금 "밈 연구(memetics)"라고 널리 불리고 있으며, 이것은 진화생물학에서 그리고 바이러스와 같은 자연적 복제자의 행동에서 설명의 은유를 끌어들인다. 밈 연구는, 밈(*memes*)이라 불리는 사회적 수준의 복제자를, 하나의 가십거리, 기사, 대중적 노래 등에 삽입되는 것으로, 그리고 우리의 논의에서 가장 중요한 것으로, 여러 이유에서, 그런 것들을 듣거나 읽는 우리 복제자들에 동의를 지시하는 경향이 있는 '문장으로 구현된다'고 가정한다. 그 입장에 따르면, 특정 이론들은, 마치 다른 종류의 밈들처럼, 본질적으로 발화 또는 인쇄물 등에 삽입되어 군중 속으로 퍼져 나갈 수 있어서, 그런 것들을 마주대하는 개인들의 믿음 체계 내에 들어가 점차 많은 사람들에게 '감염시킬' 수 있다. 그러므로 이러한 관점에서, 집단적 과학 인지의 장기적 과정이란 일반적 진화의 한 단편이다. 그러한 진화의 과정은, 경쟁 유형 이론들의, 자발적 변이, 그리고 선택적 보존과 증식 등을 보여준다.

그리고 아마도 그 과정이 그러할 듯싶기도 하다. 그렇지만, 이러한 은유가 그 과정에 대해 의미 있는 설명의 빛을 던져주는지는 아주 다른 문제이다. 바이러스-유형(type)과 이론-유형 사이의 동역학적 상응(dynamical parallels)이 아주 희박하기 때문이다. 임의 이론-유형의 사례(token)는, 임의 바이러스-유형의 사례가 확실히 스스로 복제하듯이, 스스로를 복제하지 않는다. 그것은 그것에 감염된 개별자에서 수백만의 동일 딸 사례를 산출하지 않는다. 이론은 전형적으로 처음부터, 바이러스 모두가 그러하듯이, 앞선 이론들에 대한 우연적인 작은 변종으로 존재하지 않는다. 그러한 은유가, 경쟁하는 여러 이론들 사이에 발생하고 종국에 선택하는, 복잡한 사회적 동력의 (가정되는) 특별한 여러 특징들을 조명해주는 역할을 하지는 못한다. 모든 은유들이 우리에게 그러한 집단적 과정을 말해주므로, 과학적 이론들 역시, 그 특별한 기능과 원리적 평가들이 관련된 한에서, 가십거리, 또는 대중적 노래와 **마찬가지인 것처럼 보일 수** 있다. 이러한 어떤 것도 우리의 집단 과학적 노력이 궁극적으로 자연적 과정임을 부정하지 않는다. 분명히 그러하다. 그렇지만 그 문제되는 은유가 과학의 특이하게 강력한 산출에 대한 근본적 본성 내지 설명을 제공하는지는 완전히 불분명하다.

이러한 불평은, 도킨스에 의해 제안된 관점에서, 선택의 기초 단위가 여전히 **문장**, 또는 문장들 **집합**이라고 가정되고 있음을, 우리가 스스로 돌아보면 더욱 크게 다가온다. 복제하는 밈 이야기는 아마도, 논리경험주의자들이 지나치게 단순화시킨 규칙-반동 설명이란 케케묵은 규범성을 넘어서긴 하지만, 여전히 그 이야기는, 인지적 평가와 선택의 기초 표적이, 이 책 전체에서 계속해서 권유되는, 추상적 특징-영역들에 대한 고차원 신경 **대응도**가 아니라, **언어 형식적** 존재들이라는 의문스러운 생각에 매달린다. 비록 신선하고 동의할 만한 자연주의적 관점에서 나온 것이긴 하지만, 도킨스의 이야기는, 그에 앞선 다른 많은 설명들과 마찬가지로, 뇌의 독특한 운동학과 동역학을 언급함이 없이, 과학적 기획의 근본적 본성을 다시금 규정하려 든다.

앞선 은유를 반복하려는 도킨스 이야기는 마치, 신체적 신진대사에 관한 생화학, 성장과 복제에 관한 분자 유전학, 바이러스와 박테리아 침입자를 방어하는 면역학 메커니즘 등을 언급하지 않으면서, **생명**과 **건강**의 근본적 본성을 규정하려 드는 것과 같다. 사회는 정말로 생명을 유지하고 건강을 증진하기 위한 많은 고발달-사회적 수준 메커니즘들, 즉 농장, 슈퍼마켓, 보건소, 병원 등을 가지며, 그러한 메커니즘들은 확실히 소중하다. 그렇지만 분명히, 그러한 사회적 수준 메커니즘들에 단독으로 한정시키는, 생명 또는 건강에 관한 어떤 설명도 문제의 핵심에 이르지 못한다. 그렇게 하려면, 신체의 미시 구조와 신체의 미시 활동의 본성 등이 유일하게 필수적이다. 마찬가지로, 사회적 수준 메커니즘들에 단독으로 한정시키는 과학 또는 합리성에 관한 어떤 설명도 문제의 핵심에 이르지 못한다. 그렇게 하려면, 뇌의 미시 구조와 그 미시 활동의 본성 역시 유일하게 필수적이다.

이런 이야기가 동의하는바, 그림 5.2의 중첩된 통제 메커니즘들은, 무엇이 과학을 가능하게 만드는지 보여주며, 과학적 기획을 형성하는 통제 메커니즘들은 모든 수준에서 체계적 검토를 지시하는 역할을 담당한다. 만약 우리가, 그 통제 메커니즘이 (그것에 의해 통제되는) 개별 사람들의 내적 인지 활동에 미치는 효과를 이해하고 싶다면, 특별히 그 메커니즘의 실제 구조와 구체적인 기능 등에 대해 설명할 수 있어야 한다. 다시 말해서, 우리는 과학 제도의 **사회학**과, 그 제도들이 (개별 과학자들의 (1단계의) 구조적이며 (2단계의) 동역학적인) 뇌 활동과 어떻게 상호작용하는지 등을 이해해야만 한다. 이러한 충고는, 최근 수십 년간 과학사회학(Sociology of Science)으로 제시되어온 분야의 균형 잡히지 않은 실력과 솔직한 회의적 특징으로 인하여, 아마도 등

골이 서늘한 불안의 **전율**을 줄 수도 있다. 그러나 우리가 그러한 통제 제도의 **품격**을 높여주기만 한다면, 마땅히 그것을 추구해야 한다.

어느 지망생 과학자를 일반 전문 분야로 점차 끌어들이고, 특별히 어느 특정 분야의 기술과 야망을 점진적으로 소개해주는, (가장 명확하게는) 교과서, 교사, 체계적 교과과정, 기능적 실험실 공동체 등이 보여주는 역할은 분명히, 우리가 현재 구사하는 것보다 훨씬 더 크고 아주 (다르게) 상세히 이해되어야 한다. 어느 누구도, 이러한 사회적 수준의 요소들이 (싹트는 과학자의 개념 체계와 획득된 실천적 기술들을 구성하는) 신경계에 내재된 인지 대응도를 점진적으로 어떻게 형성하는지, 대답은커녕 질문조차 하지 않는다. 역시 중요한 것으로, 대응도 **재**전개와 **2단계** 학습 등의 과정 중에 창조적 상상하기, 비판적 탐색하기, 집단적 평가하기, 합의 도출하기 등에 의해서 구현되는 역할 또한 현재 가용한 것보다 더욱 크고, 개연적으로 아주 다르며, 더욱 구체적으로 이해되어야 한다. 과학자들이 채택하는 '방법론적 결정'과, 과학자들이 과학 기획을 진행하면서 내리는 '이론적 선택' 등에 대한 억측의 설명을 위해 제공하는 그들의 '설명 근거'에 대해서 회의적인 어느 세대의 사회학자들을, 아마도 우리는 용서할 수 있을 것이다. 왜냐하면 정말로 과학자들 스스로는 아마도 자신들의 설명을, 자신들의 인지적 행동에 대한 실제 인과 요소들과 실제 동역학을 적극적으로 잘못 표상하는, 방법론적 체계 내에서 허물없이 이야기할 수 있기 때문이다.

우리는 이러할 가능성을, 다음을 상상해봄으로써 즉시 인식할 수 있다. 헤겔식 체계는 19세기 후반 과학 공동체에 의해서, 과학적 인지의 운동학과 동역학에 대한 권위 있는 설명인 듯이, 전반적으로 수용되었으며, 따라서 모든 과학적 발달은, **정**, **반**, **합** 등의 상호작용으로 설명되었으며, 이것들이 집합적으로 우리를 완전한 **자기의식**에 더 가까워지게 해준다고 믿어졌다. (그럴 가능성을 보려면 아마도 상당한 상상력이 동원되어야 할 것이며, 다만 냉소적으로 볼 경우에만 그 탐구는 의미 있게 다가올 듯싶다.) 공교롭게도, 그리고 아주 다행스럽게도, 헤겔 체계는 과학 공동체에 의해, 특정 과학적 근본 이유를 구성하는 디폴트 체계(default framework, 기본 운영체계)로 채용되지 **않았다**. 이러한 차이는 논리경험주의자 체계에서 드러나며, 그 체계에서 모든 과학적 발달이, 다양한 **이론적 가설들**과 갖가지 **관찰 문장들** 사이에 유지되는, **논리적** 및 **수학적** 관계로 설명되었으며, 그런 관계에 대한 평가 과정은 우리를 **궁극적 진리**에 더 가까이 데려다준다고 믿어졌다.

확신하건대, 이것은, 방금 상상했던, 헤겔식 각본보다 훨씬 다행스런 역사적 발달이었다. 그러나 우리는 최소한, **이러한 체계 역시** 실재의 운동학과 동역학을 거짓 설명할 추상적 가능성을 쉽사리 알아볼 수 있으며, 특히 우리가 이 책의 앞 장에서 그러한 과정에 관해 알아본 내용에 비추어 그러해 보인다. 이러한 가능성에서 마치, 많은 사회학 탐구자들에 의해 이루어지는 원리적 결정들이 정당화되고, 과학자들 스스로에 의해 제공되는 (원리적 선택과 인식적 행위의) 설명적 근본 이유가 '보류될' 수 있을 것처럼 보였고, 나아가서 그러한 의심스런 설명들을, 명확히 사회적 수준의 압력과 힘, 예를 들어, 전문가 권위, 동료-집단에서 인정받고 싶은 욕구, 승진 이력, 이어지는 상금 등에 유일하게 호소하는 설명으로 대체할 수 있을 것처럼 보였다.

그러나 그럴 가능성이 그러한 것을 정당화하지 못한다. 광범위한 논리경험주의자 체계의 궁극적 지위가 무엇이든, 그 체계는 동시대 과학자들의 평가적 활동에 명백히 전제되어 있어서, 과학 공동체의 변증법적인 의사 결정 활동에서 핵심의 인과적 유력 요소를 말해주지 못한다. 그러한 체계는, 과학 공동체에 의해 광범위하고 무비판적으로 **수용**되므로, 그 공동체의 평가 및 의사 결정 활동에서 주요 **인과적 역할**을 하게 된다. 따라서 그러한 활동들과, 그 활동을 결정하는 힘 등에 대한 무시, 거부, 내지 무지 등은 풍성하게 설명해야 할 여러 문제들을 버리게 만들며, 그 문제들을 가장 조야한 정치적 풍자로 대체하게 만든다.

적절한 대비로, 시민이 투표소에서 투표하는 행위를 어떻게 설명할 수 있을지, 또는 [미국 의회] 상원(Senate)의 입법자들이 실체적 합법적 발의 또는 법조문을 통과 또는 거절하려는 행위를 어떻게 설명할 수 있을지에 대해 검토해보자. 좋든 싫든, 그러한 대리인들의 **도덕적** 확신은 자신들의 투표 행동을 결정함에 있어 중요 역할을 담당할 것이다. 확실히 우리는 관여된 시민 또는 상원의원에 대한 도덕적 확신을 깊이 **의심할** 수 있다. 정말로 우리는, 예를 들어 그들이 어떤 비이성적 종교를 가정하고 있다는 근거에서, 그들의 확신을 온전히 거부할 수 있다. 그러나 만약 우리가 관여된 개인들의 투표 행위를 이해하고 싶다면, 그러한 조합된 도덕적 확신을 체계적으로 **무시하려** 방침을 세우는 것은 바보스럽다.

둘째 대비로, 19세기 초반 기술자들의 설계 및 건설 행위에 대해 알아보자. 가정컨대, 그들은 증기로 움직이는 커다란 철로 기관차를 만들어내는 일에 바쁘다. 당시 지배적인 열역학은 열을 **칼로리 유동체**라고 묘사하였으며, 프랑스 과학자 카르노(Sadi Carnot, *Reflections on the Motive Power of Fire*)의 이론화에 힘입어, 우리는 스팀엔진의 작동을 그 (거짓) 이론에 깊이 의존해서 이해하였다. 그럼에도 불구하고, 그 이론은 기술자들의 행동을 안내하였고, 그들의 작업 행위를 이해하고 설명하려는 시도는 아마도 (비록 틀렸음에도 불구하고) 그 배경 체계의 구체적 내용에 대한 이해에 중요하게 의존하였다.

과학자들의 활동 역시 그와 전혀 다르지 않다. **과학자들**의 연구 행위를 이해하고 싶다면, 비록 어떤 측면에서 그들이 공유하는 설명의 근거를 제시해주는 그들의 배경 체계가 매우 실질적으로 오류 또는 피상적일 가능성이 있더라도, 우리는 그들이 서로 공유하는 그 설명의 근거를 이해할 필요가 있다. 그렇게 하려면, 우리는 이러한 통제 메커니즘들에 대한 탐구에서, 연구 중인 개별 과학 분야에 직접 친밀한 사람들에 의해, 즉 적어도 그 분야의 사람들에 의해 인정되는 분야의 역사, 개념적 및 도구적 재원, 현재의 문제와 설명적 욕구, 그리고 그 분야를 만족시키는 이론들의 미덕과 폐해 등을 잘 아는 사람들로부터 안내받을 필요가 있다. 분명히 말하건대, 그렇게 하자면 수많은 탐구자들이 요구된다. 그러나 그들은, 자신들이 참여하는 연구 공동체의 활동, 논증, 결정 등에서 스스로 유능하고 충분히 각인된 **참여자**가 아닐 수 있으며, 그리고 [자신의 연구 공동체에] 무슨 일이 벌어지는지 그 실체를 인식하지 못할 수 있거나, 또는 그 공동체의 연구 발달 방향을 결정하는 실재 인과적 요소들을 파악하지 못할 수 있음을 인식해야 한다.

사실상, 현대 과학의 모습을 결정해주는, 그 조합된 사회 제도들은, 멋진 설명적, 예측적, 기술적 성공을 위한 주요 **이유**이다. 그 제도들은, 우리가 뽑은 입법부, 우리 시민 및 경제 통제, 그리고 사법제도 등이 현대사회의 집단 활동을 지배하는 동일한 방식으로, 과학의 복잡한 활동들을 안내한다. 통제 메커니즘으로서, 그런 제도들은 의심의 여지없이 불완전하지만, 반복적으로 그 부족함이 명확해짐에 따라서 수정될 수 있다. 마치 과학 이론들 자체가 점차 정교해지고, 예리해지며, 포괄적이 되듯이, 우리의 과학적 **방법론** 역시 더욱 현명해지고 더욱 효과적이 될 수 있다. 그림 5.2는 그 자체로 전개되는 그러한 과정에 대한 대략적 그림일 뿐이다. 그리고 의심할 바 없이 추가적인 통제 원통(메커니즘)이 다가올 세기에 그 그림에 첨가될 수 있다. 인간 과학은 이제 막 시작했을 뿐이다.

4. 사회적 수준의 제도가 어떻게 2단계 학습을 조정하는가?

그림 5.2의 여러 중첩하는 제도들(institutions)이 **1단계** 학습 과정에 명확히 크게 도움이 된다는 이야기는 그렇다 치고, 그 제도들이 **2단계** 학습에 속하는 더욱 민첩한 과정들을 어떻게 조정 또는 변조하는가? 다시 말해서, 그 제도들이 우리로 하여금 어떻게 임의 영역 내에 새로

운 가설을 **형식화할 필요성**을 알아보게 하거나, 새로운 형식의 이해를 승인하게 만드는가? 그러한 제도들이 우리로 하여금 어떻게 새로운 가설들을 **생각하고**, 그러한 체계화된 제안들을 **평가하게** 만드는가?

앞서 매우 명확히 살펴보았듯이, 우리가 공유하는 언어와 이론적 어휘들은, 우리로 하여금 어느 임의 영역의 여러 개별적 개념 대응도들을, 그 영역의 추상적 구조에 대한 우리의 배경적 이해에 근거하여, 그리고 객관적 세계를 탐색하면서 그 대응도를 우리의 국소 감각적으로 그리고 도구적으로 **지시하는** 중에, **조율할** 수 있게 해준다. 그러한 복잡한 대응도들이 뇌 내부에 감추어져 있으며, 적어도 사람들마다 약간씩 특이하므로, 만약 그 대응도 소유자들이 **연합적** 인지 활동에 참여하고자 한다면, 그 대응도들은 어떤 방법으로든 **서로에 대해서** 면밀히 살펴볼 수 있어야 한다. 공유하는 어느 이론적 어휘 목록들과, 그리고 (그 어휘 목록들로 표현된) 공유하는 어느 수용된 문장들이, 대략적이긴 하지만, 사람들 상호간의 대응도-조율을 가능하게 해준다. 수십만 또는 수백만의 서로 다른 특유한 뉴런 차원을 지닌, 개별 대응도들이 보여주는 극도의 복잡성으로 인하여, 앞서 살펴보았듯이, **완벽한** 상호 대응하기(mutual mapping) 또는 개인들 사이의 조율하기가 불가능할 듯싶기도 하다. 어떤 두 사람이 동일한 교사로부터 그리고 동일한 학급에서 이론을 배운다고 하더라도, 세계에 대해 **정확히** 동일한 방식으로 인지하지는 않을 것이다. 그러나 대략적인 상호 대응하기는 전적으로 가능할 것이다. 그리고 일단 그것이 성취된 이후에는, 그런 대응하기가 매우 유용해질 수 있는데, 이후로 이어지는 그 사람들의 (그렇게 조율되는) 인지 활동들이, 만약 서로 엇갈리는 경우라면 상호 비판적 검토로 작용할 것이며, 만약 그 활동들이 서로 엇갈리지 않는 경우라면 상호 확증(확인)으로 작용할 것이기 때문이다.

개인들 사이의 차이는 그렇다고 치고, 그러한 대략적 조율은, 전체 공동체로 하여금 쟁점의 영역을 '운행하려는' 구성원들이 언제 그리고 어느 곳을 향해 나아가야 할지를 대략적으로 안내해줄 수 있다. 왜냐하면, 과학 공동체 구성원들의 개념 대응도들에 대한 그리고 그러한 대응도들을 (지각적으로 그리고 도구적으로) 지시하는 그들의 관습에 대한 대략적 조율을 통해서, 그 구성원들은, 이제까지 자신들이 공유하던 대응도들이 기대하던 결과로 이끌지 못하거나 체계적으로 어울리지 않는 지각적 또는 도구적 결과를 찾아낼 수 있기 때문이다. 다른 말로 해서, 그 대략적 조율은 그렇게 조율된 공동체로 하여금, (구성원들이 공유하는) 개념 대응도에 의해 가정적으로 묘사된 영역의 활동에서, 쿤이 말한 **변칙 사례**를 재인할 수 있게 해준다. 이탈된 약간의 문제와 혼란은 여기에서 중요 쟁점이 아니며, 게다가 어느 호감의 동업자가 동료에게 어느 반대 결과를 자신의 안정된 이해로 재통합하도록, (예를 들어, "그 전기 연결 지점을 좀 더 꽉 조여보게" 혹은 "이번에는 그 렌즈 마개를 열고 다시 사진을 찍어보게"라는 식으로) 분명히 도와줄 수 있기 때문이다. 그보다 여기에서 중요한 쟁점은, 구성원들의 대응도-유도 단일 기대와 그들의 실제 지각적 및 도구적 결과 사이의 부드러운 일치를 어떻게든 회복하고 유지하도록, 그 구성원들이 이용하는 실험 기술을 정교하게 조절하기 위해서 실험의 배경 가정들에 대해 재평가하려고 또는 전개되는 배경 개념 대응도를 재해석하려고 지속적으로 노력함에도 불구하고, 그 전체 공동체의 기대에 '반복해서 저항하는 실험 결과(변칙 사례)의 출현'이다.

인정되는바, 그러한 경우들은 아마도, 방금 제외시켰던 사소한 경우들에서부터, 정도에서 다를 수 있다. 그러나 거대한 변칙 사례들의 크기, 완고함, 보편성 등은 그 분야 전체 공동체에 관심을 불러일으킬 수 있으며, 점차로 더욱 좌절케 만드는 인지 상태를 교정하려는 광범위한 노력을 촉발시킬 수 있다. 그러한 노력은, 보수적인 것과 개선적인 것에서부터, 온건하지만 창의적으로 재구성한 것에 이르기까지, 그리고 철저히 혁명적인 것에 이르기까지 다양할 수 있다. 그러한 공동체의 확신이 (비교적 드물게는) 흔들릴 수 있어서, 옛 개념 대응도가 쟁점의 영역에서 점차 근본적으로 충분하지 않다고 비쳐질 수 있으며, 그래서 그 위치에 아주 다른 새로운 대응도를 전개하려는 시도가 이루어질 수 있다. 앞에서 살펴보았듯이, 쿤은 그러한 혼란의 시기를 "위기과학(crisis science)"이라고 묘사하면서, 어떻게 정상 과학 탐구 수행이 (조만간) 그러한 위기를 산출하도록 매우 잘 계획되어 있는지 몇 가지 구체적 사례를 들어 설명한다.[5] 나는 그의 묘사에 동의하지 않을 수 없는데, 왜냐하면 현재의 설명에서 쿤이 길게 설명했던 '정상과학(normal science)'이란 단지, 아무리 대략적인 것일지라도, 현존하는 대응도의 안내에 따라 새로운 영역을 운행하려 노력하는 과정이며, 그리고 그것이 흔히 보여주는 모호한 윤곽을 명확히 드러내고, 그 정상과학의 탐구가 진행됨에 따라서 누락된 세부 항목들을 채워 넣으려 노력하는 과정이기 때문이다. 만약 그러한 대응도가 정말로 쟁점의 영역을 근본적으로 잘못 표상한다면, (그 가정된 권위 아래 유도되는) **집단적인** 그리고 **상호 조율되는** 탐색은 정확히, 그 대응도가 자체의 목적을 달성하지 못하며, 그 실패 요인이 무엇인지를 점차 드러나도록 만든다.

중요하게 지적해야 할 것으로, 쿤은, 유사-문장 가설들이, 유사-문장 배경 가정들의 맥락에서, 유사-문장 관찰-주장들에 의해 논리적으로 반박된다는 것에 대해 (현재 이 책의 전망에서) 말하지 않는다. 그보다, 그는 '안내하는 패러다임(guiding paradigms)'에 대해, 그리고 그 패러다임을 약간 새로운 영역에 확장 적용하려다 마주치는 좌절과 실망에 대해 이따금, 심지어 반복적으로 말한다. 라카토슈(I. Lakatos)와 마찬가지로 쿤은 '정상과학'을, **항시 존재하는** 변칙 사례의 바다를 향해 **불규**

5) (역주) 쿤은 과학의 변화 과정을 '전-과학(prescience, 정상과학이 등장하기 이전의 시기)', '정상과학(normal science, 패러다임이 지배하는 시기)', '위기(crisis, 변칙 사례들이 나타나는 시기)', '혁명(revolution, 패러다임이 교체되는 시기)' 등으로 묘사한다.

칙적으로 나아가는 연구 **프로그램**을 구현하는 것으로 보며, 그러한 작거나 큰 변칙 사례들의 중요성은 처음에 그리 명확치 않으며, 그 해결책이 발견되는 데에 (이따금 엄청난) 시간이 걸린다. 그 두 저자들에 의해 적절히 기술되는바, 그 해결책을 찾아가는 전체의 과정은 물론 관여하는 일부 과학자들의 복잡한 언어활동에 의해서이다. (그리고 역시 행운도 따라주어야 한다.) 왜냐하면, 언어는, 불명확한 배경 대응도에 대해 대안적인 명확한 설명을 하도록, 그 대안적 설명을 쟁점의 미심쩍은 영역에 잘 맞춰 적용하도록, 그리고 그 적용에 대해 경험적으로 성공인지 아니면 실패인지에 대한 합의적 평가를 내리도록 촉진하기 때문이다. 그러나 이러한 소중한 대화에 기초하는 실제 운동학은, 매우 고차원적이고, 부분적으로 언급되는 대응도를, 애매하며 단지 부분적으로 인식되는 경험적 특징-영역에 전개될 것을 남겨두며, 그 전개에서 **보상** 또는 **실망**이 **예상**된다.[6]

이러한 일의 결과가 성공적이든 또는 그렇지 못하든 의심의 여지없이, 논리-언어적 용어를 사용하는 행위자에 의해서, 그 대응도의 기초 통합의 힘겨운 **확증**으로 인해서, 또는 그 대응도에 대한 혹은 그 대응도를 현재 사례에 특별히 적용한 것에 대한 대략적 **반박**으로 인해서, 재구성될 것이다. 그러나 사람들은 언제나, 자신들이 그 전체의 상태를 명확히 이해하였는데, 그것은 (복잡하고 유동적이며 완전히 결정되지 않은) 배경 가정들의 그물망에 이미 내재된 의미의 용어를 자신들이 사용하기 때문이라고 과장하곤 한다. 그렇지만 그 배경 가정들은 종종 그 자체가 쟁점의 연구 프로그램에서 부분적으로 문제가 된다. 마찬가

---

6) (역주) 즉, 언어적인 논박에 따라서 지배적 패러다임 또는 개념 체계가 혁명적으로 재구성되어야 하는 경우에, 그런 명시적 활동에 의한 재구성이 우리의 경험적 특징들을 어떻게 해명할 수 있을지 문제가 남는다. 그 해명에서 언어의 기초가 해명되는 보상이 따르겠지만, 지금까지 개념 체계가 틀렸다는 실망도 드러날 것이다.

지로, 그러한 논리-언어적 재구성은 인지 상태를 **분리된** 범주들과 **이치**(참/거짓) 평가에 의해서 묘사하곤 한다.[7] 다시 말해서, 그러한 재구성은 관여하는 연구자들의 뇌 내부의 표상, 즉 진정 연속적이며 심히 '아날로그(analog)' 과정으로 구성된 것에 대해 '디지털(digital)' 표상을 제공한다. 물론 그러한 막무가내의 재구성은 인지 과정에서 소중한 부분이며, 그것이 대응도 재구성을 위해 진정한 인과적 역할을 담당하긴 하다. 그러나 우리는, 그러한 재구성이 바로 동일 화자와 작가의 벡터-처리 과정 활동에 내재된 참된 인지 운동학과 실제 인지 동역학을 내재화하는 것이라고 추정하지는 말아야 한다. 그런 재구성이 그러하지는 않기 때문이다.

우리는 이러한 논점을 다른 전망에서, 즉 우리의 기록된 과학사에서 알아볼 수 있다. 18세기 후반과 19세기 초반 이전의 탁월한 과학자들, 예를 들어 아리스토텔레스, 베이컨, 갈릴레오, 데카르트, 라이프니츠, 뉴턴, 허셜(W. Herschel),[8] 패러데이(M. Faraday), 다윈 등의 본래 연구 저작들을 읽어보면, 그들이 오늘날 과학 연구자들과 과학철학자들이 매우 흔히 사용하는 운동학 어휘와 평가적 어휘를 사용하는 것을 찾아볼 수 **없다**. 우리는, '일반적 가설', '초기 조건', '관찰 예측', 그리고 일반적 가설과 초기 조건으로부터 '연역' 등에 대해 무심하게 바라본다. 그보다 우리는, '조사', '귀납', '유비', '탐색', '현상', '부합(consilience)' 등을 이야기한다. 우리는, 마치 "나는 가설을 만들지 않는다(*Hypoteses non fingo*)"라는 뉴턴의 유명한 말처럼, '가설'이란 말을 우선적으로 경멸적으로 말하는 경우를 보기도 한다.

더욱 현대적이며 더욱 친근한 과학적 자체-기술(scientific self-descrip-

---

7) (역주) 즉, 그러한 재구성은 우리의 인지 상태를, 언어 명시적인 혹은 단어에 대응하는 범주들에 의해서, 그리고 어느 문장이 사실과 대응하는지 여부에 따라 참 또는 거짓으로 평가되는 것으로 묘사한다.

8) (역주) 1781년에 천왕성을 발견한 천문학자.

tion)의 양식은 19세기 후반까지 완전히 나타나지 않았으며,[9] 추정컨대 그것은 더욱 성공적인 과학의 점진적 **수학화**를 반영하며, 성공적인 과학 내의 일반 법칙들과 그것에서 이끌어낸 형식적 연역은 점차 명확한 역할을 담당한다. 따라서 논리경험주의로 알려진 철학적 움직임은, 철학에서 '언어적 전환(linguistic turn)'과, 프레게, 러셀 그리고 다른 학자들의 손에 현대 논리학 이론의 성장과 별개로, 단순히 과학 자체 내에서 이미 벌어지고 있는 담화 경향을 따르는 것이었다. 그러한 과학자 자신들은 단순히 자신들이 개별 개념 대응도들을 상호 조율함에 있어서, 다양한 현상들에 대한 자신들의 시험적 적용을 조율함에 있어서, 그리고 그들이 관심 갖는 인지적 진출에 대한 성공 또는 실패와 관련하여 합의에 도달함에 있어서, 점점 더 나아지는 중이다.

그렇지만 그러한 증진된 조율이 여러 과학 분야들에 걸쳐 한결같지는 않다. 특수과학, 예를 들어 지질학, 생물학, 심리학, 진화 이론 등에 대해서, 논리경험주의자 체계는 그 분야 과학들의 동역학적 양태를 포착하기에 훨씬 미치지 못하는 캔버스였다. 우리는 지금도 그러한 과학 분야 내에 "진정한 법칙이란 결코 존재하지 않는다"고 흔히 비판적으로 말하는 것을 듣곤 한다. 그리고 꽤 유명한 칼 포퍼는, 자신의 생애 후반에 '경험적 반증 가능성'이란 자신의 특별한 시험에 실패한다는 가정에서, 특별히 다윈의 진화 이론에 대해 체계적으로 의심하고 있었다. 현재의 권위에 따르면, 과학에 대한 그런 특별한 비판은 잘못되었으며, 그리고 과학이 포함하는 어느 실체든 그것은, 과학 자체 내의 어떤 내재적 결함을 반영한다기보다, 친근한 논리경험주의자 체계의 막무가내 본성을 반영할 뿐이다. 모든 개념 대응도들이 고전 역학의 빈약한 단순성을 보여주지는 않으며, 그리고 모든 과학 영역들이, 마치 우리 행성들이 모두 태양 주위를 원운동 하듯이, 그런 이상화와 (과도한) 단순

9) (역주) 즉, 아직 우리는 과학이 무엇인지를 과학적으로 설명하지 못하고 있다.

화를 기꺼이 수용하지 않는다. 그러나 그러한 대응도들 모두가, 사람들이 묘사하려는 여러 영역들에 대해 명확하고 더욱 구체적으로 파악하려는 우리의 시도를 안내한다. 그리고 언어는 그러한 시도들이 집단적이며 누적될 수 있도록 해준다.

만약 언어와 (그 언어가 지원하는) 사회 제도들이 중요 인지적 위기가 재인되고 분리되도록 만들어준다면, 언어는, 소중한 인지적 출현 또는 개념적 전개를 발생시켜서, 그 위기에 대해 번번이 혁명적 **해결**로 우리를 안내하도록, 어떤 역할을 하는가? 내가 주장하건대, 그런 것들을 탐구하도록 촉발함에 있어, 상대적으로 그 역할이 미미하다. 여기에 대해서 심지어 논리경험주의자 전통도 이런 부정적 평가에 (적어도 대략적으로라도) 동의한다. 그러한 전통은 "평가의 맥락과 정당화의 맥락"이라 불리는 것에 대해 체계적 해명을 제공한다고 주장했지만, "**발견**의 맥락"을 위해 그러한 주장을 전혀 하지 못했다. 정말로 그러한 발견의 맥락을 해명하는 영역은 전형적으로, **경험심리학**의 문제로, 즉 **규범적 인식론**(normative epistemology)에 상반되는 것으로 떠밀려졌다. 과학적 인지에 대한 자연주의적 설명에 대해 이런 (자주 거부하는) 자세는, 당시 유행하던 논리적/언어 형식적 체계가 인지적 창의성의 문제를 설명하기 위한 어떠한 가시적 자원도 갖지 못한다는 것을 고려해보면, 충분히 납득될 만하다. 그 체계로는 여전히 그것을 해명할 가능성이 없다.

반면에, 재귀적 신경 그물망의 원형 활동 체계는, 그러한 인지적 출현 자체와 그 후속적 평가 모두를, 이미 존재하나 문제가 되는 설명 영역에서 새로운 연구 프로그램을 위한 잠재적 안내 패러다임이라고, 즉시 규명해준다. 4장에서 우리는 이러한 과정을 신경계산적 전망에서 살펴보았으며, 그러한 동일 전망은 그러한 '통찰적' 사건들의 성격적 특징에 대해 자연적 설명을 내놓는다. 즉, 그러한 통찰이 왜 그리 짧은 시간 내에 이루어지는지, 그러한 통찰이 유력한 재전개를 위해서 비교적 상세한 대응도들을 많이 갖추고 있는 사람에게서 왜 우선적으로 일어나는 경향을 보이는지, 그러한 통찰이 왜 자신의 지각 활동과 자신들의 해석적 관습 등에 대해 재귀적 변조에 특별히 숙달된 사람[10)]에게서 일어나는 경향을 보이는지 등에 대해 자연적으로 설명해준다. (그러한 사람들은 단순히 우리들 중 더 창조적인 동료들이다. 왜냐하면 추정하건대 그것이 창조성을 구성하기 때문이다.) 확실히, 번쩍이는 그런 개념 재전개들 중 어느 것이 어느 객관적 표상의 장점을 가질지(창조적인 결과로 인정받을지), 아무것도 보장해주지 못한다. 정말로 대부분의 그런 재전개들은 덧없고 쓸모없는 은유로 사라진다. 그러나 일부 재전개들은 과학 공동체의 나머지 사람들에게 달라붙으며, 그 후로 연속적으로 (언어 등에 의해서) 퍼져 나갈 것이다. 만약 그러한 재전개들이 그 점에서 장점을 갖는다고 평가받으면, 현재진행 연구의 새로운 프로그램을 연속적으로 고무시킬 수 있으며, 전 과학 분야의 결정적 장치를 끌어들일 수 있다.

그렇게 두각을 나타내는 '은유'의 중요한 재원이 지금의 논점에서, 즉 현대 수학 영역에서 언급되지 않았다. 특별히 그 전체 범위의 가능한 **관계들**과 **함수들**은, 어느 문제 되는 특징-영역을 구성하는 관계를 우리가 이해하길 바라는, 무한히 많은 가능한 모델들을 제공한다. 지금까지 이 책에서, 나는 앞서 소유하는 개념 대응도들의 재전개에 대해서, 마치 그러한 대응도들이 특별히 우리의 과학 모험의 초기 단계에서, 많은 대응도들이 실제로 그러했듯이, 변함없이 경험적 체험에서 나오는 것처럼 말해왔다. 그러나 그러한 제약에 반드시 따라야 할 어떤 이유도 없으며, 그 제약을 뛰어넘을 많은 이유들이 있다. 만약 은둔적이며 좁은 시각을 지닌 우리 인간의 좁은 **지각 경험**이, 객관적 물리 세계를 구성하는 어느 그리고 모든 복잡한 특징-영역들을 인지해내기 위

10) (역주) 즉, 특별히 비판적 사고에 숙달된 사람.

해 필수적인 모든 추상적 구조들을 펼쳐낼 수 있다면, 그것은 기적일 듯싶다. 왜냐하면 많은, 생명 유지를 위해 중요한 영역들이 우리의 선천적 감각기관들의 도달 범위, 예를 들어 아원자 및 초대거성, 고에너지 및 저에너지, 단파장 및 장파장, 매우 빠른 및 매우 느린 등의 범위를 넘어서기 때문이다. 다행스럽게도 수학은 우리로 하여금, 우리의 좁은 경험 환경에서 배울 수 있게 보여주는 한계를 훨씬 뛰어넘는, 무한히 다양한 관계와 기능적 모델들을 **탄생시킬** 수 있게 해준다.

따라서 그리고 여러 세기에 걸쳐서, 다양한 과학들은, 무리수의 대수학, 미분 및 적분 계산법, 비유클리드 기하학, 고차원 기하학, 복잡한 수의 대수학, 벡터/행렬 대수학, 비고전적 운산부호(nonclassical operators) 등과 같은 것들을 성공적으로 전개해왔다. 이렇게 대응도를 만드는 재원들은, 적어도 인간의 평범한 공통 감각을 구성하는 종류의 대응도들의 전망에서 점차 더욱 이색적인 모델들을 제공한다. 그러나 동일한 유형에 의해, 그러한 재원들은, 우리가 그렇지 않았으면 지배할 수 있었을 범위보다 훨씬 광범위한 재전개 가능한 재원들을 제공한다. 그리고 이것은 우리에게, 객관적 실재에 대해 접근하기 어렵지만 훨씬 더 기초적인 차원들과 잘 어울리는 것을 발견할 훨씬 더 큰 기회를 제공한다. 일반상대성과 양자역학은 그러한 비고전적 적용의 가장 찬양될 사례이지만, 그것들이 홀로 이루어지지는 않았다.

사실상, 이 책에서 보여주는 인지적 모델은 그 이상의 사례를 제공한다. 그것은 고차원 뉴런 활성 벡터의 체계이며, 이것은 시냅스 '공동작용'의 '행렬'에 의해서 '증식되며', 그렇게 하여 뉴런 집단 전체에 새로운 활성 벡터를 산출시키며, 그 집단에 대해 그러한 시냅스 연결은 어느 정도 잘 알려진 **수학적** 재원들을 새롭게 전개한다. 그러나 그것이 우리의 친숙한 경험의 요소들을 활용하는 전개일 가능성은 희박하다. 그보다 그러한 친숙하지 않은 체계는, 우리의 친숙한 경험에서 나오는 요소들을 배타적으로 **활용하는** 옛 체계, 즉 통속 심리학 체계와 충돌한다. 다시 말해서, 우리의 외적 발화를 모델로 내적 인지를 본뜨는 (확립된) 재전개와 투쟁하려 든다. 인지적 관성은 개념적 변화에 거대한 장벽일 수 있으며, 그 관성은 분명히 지금 쟁점의 경우에서도 존재해왔다. 어쩌면 이 책의 주요 목적은 그러한 관성을 약화시키려는 것이며, 그 관련 장애물들을 무력화시키는 것에 있다. 왜냐하면, 이러한 눈으로 볼 때, 변화의 시간과 그것에 영향을 미칠 기회가 이제 도래하였기 때문이다. 우리는 새로운 체계를 이제 막 구성하기 시작했다.

5. 상황 인지와 인지 이론

그림 5.2를 좀 더 살펴보면, 많은 독자들로 하여금 최근 사회과학자들과 철학자들에 의해 탐구되고 있는, 소위 '상황' 또는 '체화된' 인지(situated or embedded cognition)를 생각하도록 촉발할 수도 있다(Hutchins 1995, Clark 1998, 2003). 그 중심 생각은 이렇다. 인지 활동의 많은 중요한 형식들은 단지 뇌에만 제한되지 않으며, 관련된 인지 활동의 전체 부분으로, 연필 및 종이, 계산자, 전자계산기, 제도용 디바이더/컴퍼스, 제도용구, 안내서, 인간 회담자, 모든 종류의 외부 수학적 조작 등과 같은 다양한 형식의 외부 '발판'을 포함하기에 이른다. 따라서 우리가 인지의 본성에 관해 완전한 이야기를 하고 싶다면, 우리의 선천적 인지 장비에 대한 그러한 '확장'을 적절히 거론해야 한다.

분명히 그래야 할 것이다. 심지어 그림 5.2의 지나친 단순화 그림조차, 현대 인간의 뇌가 통제 및 능력 부여 시스템에 어떻게 체화되는지 그림으로 묘사해준다. 그리고 우리가 3단계 또는 문화적 학습이라 불렀던 것은, 엄밀히 말해서, 개인 뇌 외부의 다양한 형식의 인지적 발판에 대한 출현 및 발달이다. 그 발판은, 현대 인간의 선례 없는 인지 활동에 포함된 다양한 형식과 차원의 통제를 부여한다. 상황 인지의 챔피언은, 우리가 성급하게 가정할 수 있는 것처럼, 인간 인지의 미미한 특징을 심하게 부풀리지 않는다. (고백하건대, 수년 전에 나는 상황 인지에 대해서 처음 이렇게 반응했다.) 내가 지금까지 지목해왔듯이, 언어 **자체**가 바로 어쩌면 이러한 발판 또는 **통제 메커니즘들** 중 가장 최고의 변형적 힘일 것이며, 훨씬 많은 조금 약한 변형 메커니즘은 이러한 일차적 제도의 넓은 어깨에 기댄다. 이러한 것들은 우리 상황의 미미한 특징들이 아니다. 마찬가지로, 그러한 중첩 통제 메커니즘들이 제공하는 인지적 환경이 없다면, **2단계** 학습에 의해 산출되는 상황적 꽃들은 결코 처음부터 만개하지 않거나(또는 시들어버릴 운명에 있을 것이며), 적절한 과학 분야에 의해 평가받지 못하여, 역사에 기록되지 못하며, 인간성에 나타나지 않았을 것이다. 개인의 인지가 체화되는 '상황'은 우리 모두가 자랑스러워하는 많은 성취에서 마땅히 본질적이다.

그러나 어떤 종류의 일반적 설명이, 그 다양한 차원의 체화 '상황'에 대해서, 그리고 그 설명이 명확히 제공해줄 인간 인지의 놀라운 확장에 대해서, **충족될** 수 있을까? 이러한 명확해 보이는 단일 과정에 대해 약간의 빛을 (어느 빛이든) 던져줄 수 있을 어느 대략적인 비유적 현상이라도 있는가? 나는 그것이 있다고 믿으며, 나는 한 가지 뚜렷한 가능성을 간략히 탐구함으로써 이 책의 이야기를 마무리하려 한다. 그러한 가능성은 우리의 눈앞에 있다. 왜냐하면 그것이 우리를 포함하기 때문이다.

우리는 생각할 뿐만 아니라, 우리는 살아 있다. 우리는 인지할 뿐만 아니라, 우리는 신진대사를 한다. 그러한 신진대사 활동은,[11] 현대 생화학이 우리에게 가르쳐준 바에 따르면, 비록 모든 지구상의 동물들 전체에 기초적으로 동일하다고 할지라도, 엄청나게 복잡하다. 신진대사는 또한 어느 동물 신체의 내부 환경에 우선적으로 제한된다. 그 내

11) 『옥스퍼드 과학사전(*The Oxford Dictionary of Science*)』(Oxford: Oxford University Press, 1999)의 정의에 따르면, "살아 있는 유기체 내에 발생하는 화학적 반응의 총체이다."

부 환경은 음식이 소화되고, 체온이 통제되고, 단백질과 다른 화학물질들이 생산되며, 침입 박테리아 및 바이러스를 공격하고 파괴하는, 손상 부위가 수리되고 성장이 통제되며, 번식이 인지되고, 취소되거나 또는 시기에 맞춰지는 등등의 장소이다. 우리 모두는 물론 그러한 신체적 세계에 놓이게 된다. 그러나 어느 동물의 신진대사를 지원하는 메커니즘들은 우선적으로 자체의 내부에 놓여 있다.

그러한 만큼, 일부 동물들은 자신들의 내부 신진대사 활동을 통제하기 위해 필요한 알맞은 **외부** 자원을 활용한다. 이제, 비어 있는 늙은 나무 속 깊은 곳에 마른 나뭇잎과 포근한 이끼를 깐 은둔처를 가진 다람쥐에 대해 생각해보자. 이러한 신체 외부의 배열은 매일 밤마다 다람쥐의 신체 온도를 통제하는 데 분명 도움이 되며, 그리고 추운 겨울 동안에 특별히 중요하게 도움이 된다. 마찬가지로, 가을 동안에 축적해 둔 그 다람쥐의 견과류 창고 역시 메마른 겨울 내내 영양 섭취, 즉 견과류 공급에서 계절별로 차이가 있더라도 영양 섭취를 할 수 있게 해준다. 이 모든 것들이 그 다람쥐로 하여금 번식할 가능성을 높여준다. 또한 이 모든 것들의 신진대사 모험의 초기 단계에서 스스로 번식하기 어렵다는 상황을 알아볼 수 있게 해준다. 이 다람쥐는 생존하고 성공적으로 번식하는 복잡한 부담을 지기 위해 일부 '신체 외부의 신진대사 발판'을 전개한다. 그러한 발판으로 인해서, 그 다람쥐의 순수한 내적 재원은 중요하게 강화된다.

우리는 의심할 바 없이, 인위적인 '상황 신진대사'의 많은 다른 사례들을 열거할 수 있다. 그러나 대부분 그런 사례들은, 우리가 인간의 경우들을 말할 때까지, 단지 비슷한 정도로 알맞은 것일 수 있다. 그러므로 우리는 우리와 모든 다른 지구 생물들 사이의 (정말 넓은 스펙트럼의 불연속점들이 있지만) 중요한 불연속점을 마주 대한다. 예를 들어, 우리 자신의 온도를 통제하기 위해서, 인간은 적어도 10만 년 동안, 그리고 우리의 선대 인간 종은 그보다 더 오랫동안 **불**을 이용했다. 우리는 또한 동일한 기능을 위해서, 인공의 **옷**(처음엔 동물 가죽)을 만들었다. 이 지구상의 그 어느 다른 생물도 그렇게 하지 못했다. 추가적으로, 불에 익히는 것 또한 어느 음식이든, 특별히 고기류를 더 안전하고, 더 쉽게 소화하도록, 더욱 신진대사가 잘되도록 만든다. 이것은 다른 동물들에 비해 중요한 영양 공급의 유리함을 제공해주었다. 이러한 중요한 신진대사 목적 이외에, 어느 다른 동물도 결코 불을 지배하지는 못했다.

우리와 다른 동물들 사이의 간격은, 우리가 오늘날 다양한 종류의 치명적인 박테리아나 바이러스 침입자들에 대항하는 우리의 면역 시스템을 강화하기 위해 흔히 전개하는, 다양한 **백신**을 생각해볼 때, 더욱 벌어진다. 우리는 이러한 백신들에 추가해서, (우리의 면역 시스템과 독립적으로 그러한 침입자들을 공격하고 파괴하기 위해 제조된) 질병 치료 **약물들** 전체 스펙트럼(항생제가 그 목록에서 첫째인)을 추가해야 한다. 그러한 외부 침입자들 이외에, 많은 신진대사의 기능 부전들, 즉 인간 신체에 본래적으로 걸리기 쉬운 당뇨병, 암, 무수한 자가면역 질병들 등등에 대해 생각해보자. 이 모든 질병들은 관련 신진대사 활동 차원에 맞춘 적합한 약물에 의해 통제된다. 그리고 또한 그러한 통제 활동을 관장하기 위해 필수적인 폭넓은 제도들, 예를 들어 의료 전문가, 대학 내의 여러 생화학 학과들, 그러한 연구 결과를 조사하는 미국 식품의약국(FDA), 그 관련 물질들을 제조하는 화학 회사들, 환자의 회복을 위해 그런 물질들을 문제의 신진대사 작용에 최종 투여하는 병원과 의료 제도들 등등의 폭넓은 제도들에 관심을 가져보자. 이러한 '신진대사 발판들'은 우리 국가 경제의 중요 부분을 구성한다.

다람쥐의 변변찮은 견과류 창고를 다시 떠올려보자. 우리 인간은, 전 인구에 안정적으로 식량을 저장 및 공급하기 위한 거대한 산업을 유지할 뿐만 아니라, 처음으로 그러한 식량을 생산하고 거두기 위한 대규모 산업, 즉 농업을 유지한다. 미국이나 캐나다의 곡창지대 상공을 날아울러, 사방팔방으로 지평선에 닿아 있는 바둑판 모양의 경작지들을 내려 보면, 우리는 대륙의 모든 사람들의 신진대사가 어떤 '상황에 있는지' 정확히 알아보게 된다. 그러한 '상황'에 둘러싸여 있지 않다면, 우리 대부분이 굶게 될 것이다. 우리가 사는 집과 우리가 일하는 빌딩들이 없다면, 우리 대부분은 (적어도 겨울에) 노출로, 또는 어떤 종류의 질병으로, 만약 우리가 그러한 아주 기초적인 질병을 회피하지 못한다면 궁핍해질 것이다. 우리 모두는 말한다. 마치 인간의 인지 기관들이 (우리가 바라는) **이성적** 활동을 유지하고, 통제하고, 증폭하는 등을 하게 해주는 여러 메커니즘들의 서로 맞물린 시스템의 은혜로운 보호를 받는 것처럼, 인간의 신진대사 역시 (우리가 바라는) **건강한** 활동을 유지하고, 통제하고, 증폭하는 등을 가능하게 해주는 여러 메커니즘들의 서로 맞물린 시스템의 은혜로운 보호를 받는다. 그러나 우리의 신진대사 활동을 관장하는 여러 시스템들은 심지어, 우리의 인지 활동을 관장하는 시스템들보다, 적어도 크기에 있어서 더욱 확장된다. 그 양자 시스템들의 도움에 의해서, 그 시스템들은 대부분의 현대 문명이란 장치를 조직해낸다. 그리고 오직 인간들만이 그런 시스템을 소유한다.

이러한 점에서, 어느 낭만적인 (또는 냉소적인) 독자는 아마도, 내가 헤겔주의의 어떤 새로운 형태를 부활시키려 한다고, 다시 말해서, 우리의 신진대사를 유지시켜주는 조직적 장치를 마치 어떤 종류의 거대한 **살아 있는 유기체**처럼 묘사한다고, 그리고 우리의 인지를 유지시켜주는 조직적 장치를 마치 어떤 종류의 거대한 **마음**처럼 묘사한다고 생각할 수도 있겠다. 그러나 강조하건대 그것은 다음 두 가지 이유에서 나의 목적이 아니다. 첫째, 나는, "살아 있는 동물"에 대한 우리의 고전적, 전-과학적(prescientific) 개념이 그러한 초개인적 신진대사-통제 메커니즘의 본성에 대해 하여간 어떤 빛을 던져줄 것이라고 믿지 않는다. 그리고 둘째, 나는 '마음'에 대한 우리의 고전적, 통속 심리학적 개념이

우리의 초개인적 인지-통제 메커니즘의 본성에 대해 하여간 어떤 빛을 던져줄 것이라고 믿지 않는다.[12]

그보다, 첫째의 경우에 우리에게 필요한 것은, 그리고 우리가 이미 가진 것은, 어느 동물을 살아 있게 만드는 복잡한 신진대사 활동에 대한 **새롭고 과학적으로 알려진** 개념이다. 이런 개념은, 인간이 오랫동안 채용해온 통제 메커니즘을 우리가 훨씬 더 자세히 알도록 해준다. 그러한 개념은, 그러한 메커니즘들이 어떻게 자양분을 공급하고 회복하는 일을 수행하는지 우리가 알게 해주며, 우리로 하여금 지속적인 토대에서 새로운 통제적 관습을 탄생시키도록 만든다. 마찬가지로, 둘째의 경우에 필요한 것은, 어느 동물이 생각할 수 있게 만들어주는 인지 활동에 대한 **새롭고 과학적으로 알려진** 개념이다. 이것은, 내가 이 책에서 대략적으로 그려보려 했던, 인지신경생물학(Cognitive Neurobiology)이 최근에 우리에게 제공하기 시작한 것이다. 그리고 이것은, 우리가 오랫동안 전개해온 여러 통제 제도들을 훨씬 더 자세히 알게 해준다. 그런 인지신경생물학은, 그러한 통제 제도들이 어떻게 자체의 통제 역할을 수행하고, 자체의 평가 과제를 이행하여, 새로운 메커니즘들, 즉 컴퓨터 기술과 인터넷 등을 탄생시키는지 우리에게 알려준다. 옛 신화와 통속 개념들은 이런 점을 위해 우리에게 필요한 것은 아니며, 특별히 헤겔의 은유와 같은 재전개를 위해서 필요하지도 않다. 인지 이론(cognitive theory)과 관련하여 우리에게 필요한 것은 **뇌 활동**에 관한 포괄적이며 유력한 이론이다. 그 이론을 가진 이후에, 그리고 오직 그런 연후에야, 우리는, 우리의 둘째 사회 제도들이 뇌의 활동을 통제하고 증폭하는 매우 중요한 역할에 대해 구체적으로 이해할 수 있다.

---

12) (역주) 오히려 체화된 인지를 거론하는 이들이, 기묘한 이원론의 입장에서, 그러한 것들에 기대는 경향을 보여준다.

부 록

뉴턴 역학으로부터 연역되는 케플러 제3법칙

F는 힘. g는 만유인력 상수. M은 태양의 질량. m은 행성의 질량. R은 행성의 궤도 반경. a는 가속도. v는 행성의 궤도 속도.

(1)	$F = \frac{gMm}{R^2}$	뉴턴의 중력법칙
(2)	$F = ma$	뉴턴의 둘째 운동법칙
(3)	$a = \frac{v^2}{R}$	원운동에서 물체의 구심 가속도
(4)	$P = \frac{2\pi R}{v}$	행성 주기의 정의
(5)	$\frac{gMm}{R^2} = ma$	(1)과 (2)로부터
(6)	$\frac{gMm}{R^2} = \frac{mv^2}{R}$	(3)과 (5)로부터
(7)	$v = \frac{2\pi R}{P}$	(4)로부터
(8)	$gMm / R^2 = \frac{m(2\pi R / P)^2}{R}$	(6)과 (7)로부터
(9)	$gMm / R^2 = \frac{m(4\pi^2 R^2 / P^2)}{R}$	(8)로부터 (이제 (9)의 양 변을 R^2으로, 그리고 양변을 P^2 곱한다.∝)
(10)	$gMmP^2 = m(4\pi^2 R^3)$	(9)로부터
(11)	$P^2 \propto R^3$	(10)으로부터 ((10)의 P^2와 R^2과 다른 모든 요소들은 상수이며, 따라서 제거된다.)
(12)	$P \propto \sqrt{R^3}$	(11)로부터

참고문헌

Akins, K. 2001. More than mere coloring: A dialog between philosophy and neuroscience on the nature of spectral vision. In *Carving Our Destiny*, ed. S. M. Fitzpatrick, and J. T. Bruer, Washington, D. C.: Joseph Henry Press.

Anglin, J. M. 1977. *Word, Object, and Conceptual Development*. New York: Norton.

Belkin, M. and Niyogi, P. 2003. Laplacean Eigenmaps for dimensionality reduction and data representation, *Neural Computation* 15 (6):1373-1396.

Blanz, V., A. J. O'Toole, T. Vetter, and H. A. Wild. 2000. On the other side of the mean: The perception of dissimilarity in human faces. *Perception* 29 (8):885-891.

Briggman, K. L., and W. B. Kristan, 2006. Imaging dedicated and multi-functional neural circuits generating distinct behaviors. *Journal of Neuroscience* 26: 10925-10933.

Churchland, P. M. 1979. *Scientific Realism and the Plasticity of Mind*. Cambridge: Cambridge University Press.

Churchland, P. M., and Hooker, C. A. 1985. *Images of Science: Essays on Realism and Empiricism.* Chicago: The University of Chicago Press.

Churchland, P. M. 1985. The ontological status of observables: In praise of the superempirical virtues, in P. M. Churchland, and C. A. Hooker, *Images of Science*. Chicago: University of Chicago Press. Reprinted in P. M. Churchland, *A Neurocomputational Perspective*(Cambridge, MA: MIT Press, 1989).

Churchland, P. M. 1988. Perceptual plasticity and theoretical neutrality: A reply to Jerry Fodor. *Philosophy of Science* 55 (2):167-187.

Churchland, P. M. 1998. Conceptual similarity across sensory and neural diversity: The Fodor/Lepore challenge answered. *Journal of Philosophy* 95 (1):5-32.

Churchland, P. M. 2001. Neurosemantics: On the mapping of minds and the portrayal of worlds. in The Emergence of Mind, ed. K. E. White. Milan: Fondazione Carlo Elba. Reprinted as Chapter 8 of P. M. Churchland, *Neurophilosophy at Work* (New York: Cambridge University Press, 2007).

Churchland, P. M. 2007a. *Neurophilosophy at Work.* New York: Cambridge University Press.

Churchland, P. M. 2007b. On the reality (and diversity) of objective colors: How color-qualia space is a map of reflectance-profile space. *Philosophy of Science* 74 (2):119-149. Reprinted as chapter 10 of P. M. Churchland, *Neurophilosophy at Work*(New York: Cambridge University Press, 2007); and in *Essays in Honor of Larry Hardin*, ed. M. Matthen and J. Cohen(Cambridge, MA: The MIT Press, 2010).

Churchland, P. S., and C. A. Suhler, 2009. Control: Conscious and otherwise. *Trends in Cognitive Science* 13 (8):341-347.

Clark, A. 1998. *Being There: Putting Mind, Body, and World Together Again*. Cambridge: MIT Press.

Clark, A. 2003. *Natural Born Cyborgs*. Oxford: Oxford University Press.

Cottrell, G. 1991. Extracting features from faces using compression networks: Face, identity, emotion and gender recognition using holons. In *Connectionist Models: Proceedings of the 1990 Summer School*, ed. D. Touretsky, et al. San Mateo: Morgan Kaufmann.

Cottrell, G., and A. Laakso. 2000. Qualia and cluster analysis: Assessing representational similarity between neural systems. *Philosophical Psychology* 13(1):77-95.

Cummins, R. 1997. The lot of the causal theory of mental content. *Journal of Philosophy* 94 (10):535-542.

Dawkins, R. 1976. *The Selfish Gene*. Oxford: Oxford University Press.

Dawkins, R. 1999. *The Extended Phenotype*. Oxford: Oxford University Press.

Dennett, D. C. 2003. *Freedom Evolves*. New York: Viking Books.

Fodor, J. A. 1975. *The Language of Thought*. New York: Thomas Y. Crowell.

Fodor, J. A. 1983. *The Modularity of Mind*. Cambridge, MA: The MIT Press.

Fodor, J. A. 1990. *A Theory of Content and Other Essays*. Cambridge, MA: The MIT Press.

Fodor, J. A. 2000. *The Mind Doesn't Work That Way: The Socope and Limits of Computational Psychology*. Cambridge, MA: The MIT Press.

Fodor, J. A., M. Garrett, A. Garrett, F. Merrill, E. Walker, C. T. Parkes, and H. Cornelia. 1985. Against definitions. In *Cognition 8*. Amsterdam: Elsevier Science. Reprinted in *Concepts: Core Readings*, ed. E. Margolis and S. Laurence, 491-512(Cambridge, MA: The MIT Press, 1999).

Fodor, J. A. and E. Lepore. 1992. Paul Churchland and state-space semantics. Ch. 7 of Fodor, J. A. and E. Lepore, *Holism: A Shopper's Guide*. Oxford: Blackwells.

Fodor, J. A. and E. Lepore. 1999. All at sea in semantic space: Churchland on meaning similarity. *Journal of Philosophy* 8:381-403.

Garzon, F. C. 2000. State-space semantics and conceptual similarity: A reply to Churchland. *Philosophical Psychology* 13 (1):77-96.

Gettier, E. 1963. Is justified true belief knowledge? *Analysis* 23:121-123.

Giere R. 2006. *Scientific Perspectivism.* Chicago: University of Chicago Press.

Goldman, A. 1986. *Epistemology and Cognition.* Cambridge, MA: Harvard University Press.

Graziano, M., C. S. Taylor, and T. Moore. 2002. Complex movements evoked by microstimulation of precentral cortex. *Neuron* 34:841-851.

Grush, R. 1997. The architecture of representation. *Philosophical Psychology* 10(1):5-25.

Hardin, L. 1993. *Color for Philosophers: Unweaving the Rainbow.* Indianapolis: Hackett.

Hebb, D. O. 1949. *The Organization of Behavior.* New York: Wiley.

Hooker, C. A. 1995. *Reason, Regulation, and Realism: Toward a Regulatory Systems Theory of Reason and Evolutionary Epistemology.* Albany, NY: SUNY Press.

Hopfield, J. J. 1982. Neural networks and physical systems with emergent collective computational abilities. *Proceedings of the National Academy of Sciences* 79:2554-2558.

Hurvich, L. M. 1981. *Color Vision.* Sunderland, MA: Sinauer.

Hutchins, E. 1995. *Cognition in the Wild.* Cambridge, MA: MIT Press.

Jameson, D. and L. M. Hurvich, eds. 1972. *Visual Psychophysics,* vol. VII, no. 4, of *Handbook of Sensory Physiology.* Berlin: Springer-Verlag.

Johansson, G. 1973. Visual motion perception. *Scientific American* 232 (6):76-88.

Kristan, W. B. and K. L. Briggman, 2006. Imaging dedicated and multi-functional neural circuits generating distinct behaviors. *Journal of Neuroscience* 26:10925-10933.

Kuhn, T. S. 1962. *The Structure of Scientific Revolutions.* Chicago: University of Chicago Press.

Lakatos, I. 1970. Falsification and the methodology of scientific research programmes. In I. Lakatos and A. Musgrave, *Criticism and the Growth of Knowledge*. Cambridge: Cambridge University Press.

Leopold, D. A., A. J. O'Toole, T. Vetter, and V. Blanz. 2001. Prototype-referenced shape encoding revealed by high-level aftereffects. *Nature Neuroscience* 4:89-94.

Mates, B. 1961. *Stoic Logic*. Berkeley: University of California Press.

O'Brien, G., and J. Opie. 2004. Notes towards a structuralist theory of mental representation. In *Representation in Mind*, ed. H. Clapin, P. Staines, and P. Slezak. Amsterdam: Elsevier.

O'Brien, G., and J. Opie. 2010. Representation in analog computation. In *Knowledge and Representation*, ed. A. Newen, A. Bartels, and E. Jung. Stanford, CA: CSLI Publications.

O'Toole, A. J., J. Peterson, and K. A. Deffenbacher. 1996. An "other-race effect" for categorizing faces by sex. *Perception* 25 (6):669-676.

Popper, K. 1972. Science: conjectures and refutations. In K. Popper, *Conjectures and Refutations: The Growth of Scientific Knowledge*, 41-42. New York: Harper & Row.

Port, R. F., and T. Van Gelder. 1995. *Mind as Motion: Explorations in the Dynamics of Cognition*. Cambridge: The MIT Press.

Quine, W. V. O. 1951. Two dogmas of empiricism. *Philosophical Review* 60:20-43. Reprinted in W. V. O. Quine, *From a Logical Point of* View (Harvard University Press, 1953).

Rizzolatti, G., L. Fogassi, and V. Gallese 2001. Neurophysiological mechanisms underlying the understanding and imitation of action. *Nature Reviews: Neuroscience* 2 (9):661-670.

Rorty, R. 1979. *Philosophy and The Mirror of Nature*. Princeton, NJ: Princeton University Press.

Roweis, S. T. and S. K. Saul. 2000. Nonlinear dimensionality reduction by locally linear embedding. *Science* 290 (5500): 2323-2326.

Rumelhart, D. E. and J. L. McClelland. 1986. On learning the past tenses of english verbs. In *Parallel Distributed Processing*, vol. 2, 216-271. Cambridge, MA: MIT Press.

Sejnowski, T. J. and S. Lehky. 1980. Computing shape from shading with a neural network model. In *Computational Neuroscience*, ed. E. Schwarz. Cambridge, MA: MIT Press.

Shepard, R. N. 1980. Multidimensional scaling, tree-fitting, and clustering. *Science* 210:390-397.

Sherman, S. M. 2005. Thalamic relays and cortical functioning. *Progress in Brain Research* 149:107-126.

Sneed, J. D. 1971. *The Logical Structure of Mathematical Physics*. Dorecht, Holland: Reidel.

Stegmuller, W. 1976. *The Structuralist View of Theories*. New York: Springer.

Suhler, C. L., and P. S. Churchland, 2009. Control: conscious and otherwise. *Trends in Cognitive Science* 13 (8):341-347.

Tenenbaum, J. B., V. de Silva, and J. C. Langford. 2000. A global geometric framework for nonlinear dimensionality reduction. *Science* 290 (5500): 2319-2323.

Tiffany, E. 1999. Comments and criticisms: semantics San Diego style. *Journal of Philosophy* 96 (8):416-429.

Usui, S., S. Nakauchi, and M. Nakano. 1992. Reconstruction of Munsell color space by a five-layer neural network. *Journal of the Optical Society of America* 9 (4):516-520.

van Fraassen, B. 1980. *The Scientific Image*. Oxford: Oxford University Press.

Van Gelder, T. 1993. Pumping intuitions with Watt's engine. *CogSci News* 6 (1):4-7.

Wang, J. W., A. M. Wong, J. Flores, L. B. Vosshall, and R. Axel. 2003. Two-photon calcium imaging reveals an odor-evoked map of activity in the fly brain. *Cell* 112 (2):271-282.

Zeki, S. 1980. The representation of colours in the cerebral cortex. *Nature* 284:412-418.

찾아보기

지은이 폴 처칠랜드(Paul M. Churchland)
캘리포니아 주립대학교 샌디에이고(UCSD)의 철학과 명예교수이다. 주요 저서로 『이성의 엔진, 영혼의 자리(*The Engine of Reason, the Seat of the Soul*)』(MIT Press, 1996), 『신경철학 연구(*Neurophilosophy at Work*)』(Cambridge University Press, 2007) 등이 있다.

옮긴이 박제윤
현재 인천국립대학교 기초교육원 객원교수이다. 처칠랜드 부부의 신경철학을 주로 연구하며, 패트리샤 처칠랜드의 저서 『뇌과학과 철학(*Neurophilosophy*)』(1986), 『신경 건드려보기(*Touching a Nerve*)』(2013), 『뇌처럼 현명하게(*Brain-Wise*)』(2002)를 번역하였다. 논문으로 「처칠랜드의 표상 이론과 의미론적 유사성」(인지과학회, 2012), 「창의적 과학방법으로서 철학의 비판적 사고: 신경철학적 해명」(과학교육학회, 2013) 등이 있다.

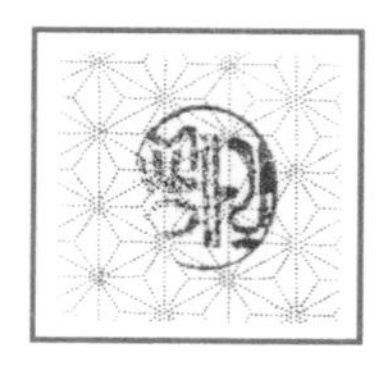

플라톤의 카메라

1판 1쇄 인쇄　2016년 2월 20일
1판 1쇄 발행　2016년 2월 25일

지은이　폴 처칠랜드
옮긴이　박 제 윤
발행인　전 춘 호
발행처　철학과현실사

등록번호　제1-583호
등록일자　1987년 12월 15일

서울특별시 종로구 동숭동 1-45
전화번호 579-5908
팩시밀리 572-2830

ISBN 978-89-7775-792-9 93470
값 20,000원